普通高等教育"十一五"国家级规划教材

电机及电力拖动

第 5 版

主　编　李光中
副主编　钟义长
参　编　谢卫才　肖强晖
主　审　黄守道

机械工业出版社

本书主要叙述电机与电力拖动的基本理论，包括电机学和电力拖动基础的基本内容。全书共五篇十五章，包括直流电机及拖动、变压器、交流电机及拖动（含感应电动机新技术）、同步电机（含风力发电机新技术）、控制电机（伺服电动机、测速发电机、自整角机、旋转变压器、步进电动机）的基本原理及其电力拖动问题。每章附有若干习题。

本书在内容选择和讲述方法方面，符合教学要求，力求结合实际、突出重点、叙理简明、概念清晰，以便更好地为专业培养目标服务。本书新制作了配套电子课件及习题解答。

本书是应用型本科自动化专业的教材，其他电类专业和高专、高职、中等专业学校也可选用，并可供有关工程技术人员参考和自学。

图书在版编目（CIP）数据

电机及电力拖动／李光中主编. -- 5 版. -- 北京：
机械工业出版社，2024. 8. --（普通高等教育"十一五"
国家级规划教材）. -- ISBN 978-7-111-76287-4

Ⅰ. TM3；TM921

中国国家版本馆 CIP 数据核字第 2024TS3344 号

机械工业出版社（北京市百万庄大街 22 号　邮政编码 100037）
策划编辑：王雅新　　　　　　　责任编辑：王雅新　刘琴琴
责任校对：郑　婕　李小宝　　　封面设计：王　旭
责任印制：任维东
三河市骏杰印刷有限公司印刷
2024 年 10 月第 5 版第 1 次印刷
184mm×260mm · 20.5 印张 · 468 千字
标准书号：ISBN 978-7-111-76287-4
定价：65.00 元

电话服务　　　　　　　　　网络服务
客服电话：010-88361066　　机 工 官 网：www.cmpbook.com
　　　　　010-88379833　　机 工 官 博：weibo.com/cmp1952
　　　　　010-68326294　　金 书 网：www.golden-book.com
封底无防伪标均为盗版　　机工教育服务网：www.cmpedu.com

前 言 Preface

本书是在普通高等教育"十一五"国家级规划教材《电机及电力拖动》（第4版）的基础上，根据应用型本科教学的要求而修订的。

本次修订保持了原教材的体系，对以下部分内容进行了修订：

1）修订了第一篇，重写了第一章第三节直流电机的电枢绕组、第九节无刷直流电动机简介；删除了第二章第十节。

2）修订了第二篇，重写了第三章第二节变压器的空载运行、第三节变压器的负载运行、第五节变压器参数的测定和标幺值；删除了第四章。

3）修订了第三篇，重写了第四章第四节（注：第5版第四章第四节，下同）绕组的磁动势；重写了第五章第五节三相感应电动机的参数测定；重写了第七章第一节单相感应电动机、第三节单相串励电动机和直线电动机简介、第四节感应电动机新技术。

4）修订了第四篇，重写了第八章第一节同步电机的基本类型；重写了第九章第二节同步发电机的电枢反应、第三节同步发电机的负载运行、第四节同步发电机的并联运行、第五节风力发电机新技术；重写了第十章第一节同步电动机的基本方程式和相量图。

5）修订了第五篇，重写了第十一章第一节直流伺服电动机。

根据新形态教材的基本要求，融合了现代信息技术，全书新增了有关电机、变压器三维结构示意图，设计了直流电机、变压器、感应电动机、同步电动机结构介绍动图，读者可扫描二维码进行浏览；全书采用双色印刷，突出标注重点内容和重点结论。

此次修订由湖南工程学院李光中教授任主编、钟义长博士任副主编，湖南工程学院谢卫才教授、湖南工业大学肖强晖教授参加了修订工作。全书由李光中教授统稿，湖南大学黄守道教授主审。

由于编者水平有限，书中难免有错漏之处，热忱欢迎读者批评指正。编者对使用过《电机及电力拖动》第1~4版的师生、工程技术人员以及提出宝贵意见的读者表示衷心感谢。

编　者

目 录 Contents

第四篇　同 步 电 机

第五篇　控 制 电 机

绪　论

一、电机及电力拖动技术的发展概况

在各个行业、各个领域的生产制造中，广泛地使用着各种各样的生产机械。各种生产机械都需要有原动机拖动才能正常地工作。目前拖动生产机械的原动机一般都采用电动机，这种以电动机来拖动生产机械的拖动方式就称为"电力拖动"。电力拖动之所以能得到广泛应用，是因为它具有许多优点：

1）电动机是一种将电能转变为机械能的电机，而电能具有许多宝贵的性质，它能够以很小的损失输送很远的距离，而且在使用电能的地方，电能分配也非常简便。

2）电机的种类和型式很多，可以充分满足各种不同类型的生产机械对原动机的要求。

3）电动机的控制方法简便，易于实现自动控制。

电力拖动主要由电动机、传动机构和控制设备三个基本环节组成，它们之间的关系如下所示：

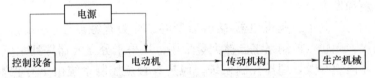

电力拖动的发展过程，也就是这三个基本环节的发展过程。

电机是电动机和发电机的统称，它是一种将电能转换成机械能或将机械能转换成电能的电磁装置。电机是随着生产的发展而发展的，反过来，电机的发展又促进了社会生产力的不断提高。从19世纪末期起，电动机就逐渐代替蒸汽机作为拖动生产机械的原动机。一个世纪以来，电机的基本结构似乎并没有大的变化，但是电机的类型却有了很大发展，在运行性能、经济指标等方面也都有了很大的改进和提高，而且随着自动控制系统和计算装置的发展，在一般旋转电机的理论基础上又发展出许多种高可靠性、高精度、快速响应的控制电机，成为电机学科的一个独立分支。

我国的电机制造工业自新中国成立以来发展很快。建国前，当时的电机制造厂主要做些装配和修理工作，生产的电机容量很小，如发电机的单机容量不超过200kW，电动机不超过134kW，变压器不超过2000kV·A。建国后，我国的电机制造工业从仿制进入到自行试验研究和自行设计的阶段。现在我们已经建立了自己的电机工业体系，有了统一的国家标准和统一的产品系列。我国生产的各种类型的电机不仅能够满足国民经济各部门的需要，而且许多产品已经达到世界先进水平。

关于应用各种电动机拖动生产机械的电力拖动技术，其发展也是有过程的。

最初电动机拖动生产机械的方式是通过天轴来实现的，就是用一台电动机通过天轴及机械传动系统带动整个车间的生产机械，这种拖动方式称为"成组拖动"。它的能量损耗大、生产率低、劳动条件差，而且容易出事故。一旦电动机发生故障，成组

的生产机械将停产，甚至整个车间的生产可能停顿。这种陈旧、落后的拖动技术现在已经淘汰。

从20世纪20年代起，开始采用由一台电动机拖动一台生产机械的系统，称为"单电动机拖动系统"。与成组拖动相比，它省去了大量的中间传动机构，使机械结构大大简化，提高了传动效率，增强了灵活性。由于电机与生产机械在结构上配合密切，可以更好地满足生产机械的要求。

随着生产技术的发展和生产规模的扩大，各种大型的复杂的机器设备被制造出来，在一台生产机械上就具有多个工作机构，同时运动的形式也相应增多，这时如果仍由一台电动机拖动，则生产机械内部的传动机构就会变得异常复杂。因此，从20世纪30年起，开始发展采用"多电机拖动系统"，即一台生产机械中的每一个工作机构分别由一台电动机拖动，这样不仅大大地简化了生产机械的机械结构，而且可以使每一个工作机构各自采用最合理的运动速度，进一步提高了生产率。目前较大型的生产机械如龙门刨床、摇臂钻、铣床等，都采用多电机拖动系统。

生产的发展对拖动系统又提出了更高的要求，如要求提高加工精度和工作速度，要求快速起动、制动和逆转，实现很宽范围内的调速及整个生产过程的自动化等，这就需要有一整套自动控制设备组成"自动化的电力拖动系统"。

随着电机及电器制造工业以及各种自动化元件的发展，自动化电力拖动系统也得到不断的更新和发展。

最初采用的控制系统是继电器-接触器型的，称为有触点控制系统。随着电子技术的迅速发展，无触点控制系统已被大量采用，从采用分立元器件到集成电路，一直发展到近几年出现的微处理器控制系统。但是有触点控制系统由于有它本身的优点，目前仍被广泛采用。

建国以来，我国的电力拖动自动化技术有很大发展，已经建立了一些自动化水平较高的工厂，自行设计和制造了一批有一定水平的生产自动线，而且随着科学技术的发展，在这方面的发展也必将取得更大的成就。

二、本课程的性质、任务和内容

本课程是自动化专业的一门专业基础课。

本课程的任务是使学生掌握常用交/直流电机、控制电机及变压器的基本结构和工作原理，以及电力拖动系统的运行性能、分析计算、电机选择及试验方法，为学习"电气控制""自动调速系统"等课程准备必要的基础知识。

本课程研究电机与电力拖动系统的基本理论问题，主要包括直流电机及拖动、变压器、交流电机及拖动、同步电机、控制电机五部分。学完本课程后，应达到下列要求：

1) 掌握常用交/直流电机及变压器的基本理论。

2) 掌握控制电机的工作原理、主要性能及用途。

3) 掌握电动机的机械特性及各种运转状态的基本理论。

4) 掌握电力拖动系统中电动机调速方法的基本原理和技术经济指标。

5) 掌握选择电动机的原则和方法。

6) 掌握电机的基本试验方法与技能，并具有熟练的运算能力。

7）了解电机与电力拖动今后的发展方向。

为了深入掌握本课程的有关内容，在教学过程中应布置适当份量的课外作业；除了课堂教学外，还必须进行必要的实验。

本书各章后附有习题，可供参考。

本课程在学生学过高等数学、大学物理、电工基础中电路与磁路等有关内容后讲授。由于电力拖动系统的内容很多，根据教学大纲的要求，本课程仅讨论电力拖动系统的某些基本原理，如交/直流电机的起动、制动、调速等，本书主要介绍其基本原理、方法和特性，至于如何实现自动起动、制动及调速的线路以及分析系统的动态特性等问题，将在有关的后续课程中进一步讲授。

1

第一篇 直流电机及拖动

第一章

直流电机

电机是电动机和发电机的统称，是一种实现机电能量变换的电磁装置。把电能变换为机械能的称为电动机；把机械能变换为电能的称为发电机。事实上，这种能量的变换过程是可逆的，即从工作原理来说，任何一台旋转电机既可以作为电动机也可以作为发电机。由于电流有交流、直流之分，所以电机也就分为交流电机和直流电机两大类。

直流电动机具有良好的起动性能和调速性能，所以它被广泛地应用于电力牵引、轧钢机、起重设备以及要求调速范围广泛的切削机床中，在自动控制系统中，小功率直流电动机的应用也很广泛。直流发电机则作为各种直流电源使用。

与交流电机相比，直流电机的结构复杂，需消耗较多的有色金属，维修比较麻烦。目前由晶闸管整流元件组成的直流电源设备正逐步取代直流发电机，但直流电动机由于其性能优越，在电力拖动系统中，仍占很重要的地位。利用晶闸管整流电源配合直流电动机而组成的调速系统正在迅速地发展中。

本章主要研究换向器式直流电机，分析它们的工作原理、结构、电路系统和磁路系统、运行时的电磁过程及工作特性，并对无刷直流电动机做简单介绍。

第一节　直流电机的工作原理与结构

一、直流电机的工作原理

图 1-1 表示一台最简单的两极直流电机的模型。它在空间有一对位置固定的磁极（称为主磁极），两磁极间有一个用导磁材料制成的圆柱体（称为电枢铁心），在电枢铁心上放置了由 A 和 x 两根导体连成的一个电枢线圈，线圈的首端和末端分别连到圆弧形的铜片（称为换向片）上，分别表示为换向片 1 和换向片 2。换向片固定在转轴上，与电枢一起旋转。换向片之间以及换向片与转轴之间都互相绝缘。这种由换向片构成的整体称为换向器。在换向片上放置着一对固定不动的电刷 B_1 和 B_2，它与换向片之间保持滑动接触。电枢线圈通过换向片和电刷与外电路接通。

设在图 1-1 所示瞬间，电枢由原动机带动，以恒定的转速 n 逆时针方向转动，电枢线圈导体 A 和 x 将切割磁力线而感应出电动势。根据右手定则，可以判定导体 A 的电动势方向为穿出纸面，用 ⊙ 表示；导体 x 的电动势方向为进入纸面，用 ⊗ 表示。由图可见，此时电刷 B_1 与导体 A 所连的换向片 1 相接触；而电刷 B_2 则与导体 x 所连的换向片 2 相接触，因此电刷 B_1 的极性为 "＋"，电刷 B_2 的极性为 "－"。

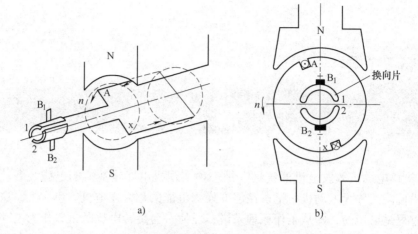

图 1-1　最简单的两极直流电机

根据电磁感应定律，导体的感应电动势为

$$e = B_x lv \qquad (1-1)$$

式中　B_x——导体所处位置的径向磁通密度；

　　　l——导体切割磁力线部分的长度，称为有效长度；

　　　v——导体切割磁力线的速度，即电枢旋转的线速度。

则整个线圈从 x→A 的感应电动势 $e_{xA} = 2B_x lv$。由于转速 n 是恒定的，故 v 为一定值；对于已制成的电机，l 也是一定的，所以电动势 e_{xA} 与磁通密度 B_x 成正比，这说明线圈电动势的变化规律与气隙磁场沿圆周的分布规律相同。知道了 B_x 的分布曲线，也就可以知道线圈电动势的变化规律。为此可以假想把电枢从外圆上某点切开，把圆周拉成一直线作为横坐标，并以磁通密度 B_x 为纵坐标，而绘出 B_x 的分布曲线，如图 1-2 所示。一般假定以 N 极下的磁通密度为负值，S 极下的磁通密度为正值。

有了 B_x 的分布曲线以后，因为 $e_{xA} \propto B_x$，所以只要改变坐标刻度，曲线也可以表示为线圈电动势随时间的变化规律。可以看出，线圈电动势是交变的。

当电枢转过 180° 后，导体 x 到了原来导体 A 的位置，导体 A 则到了原来导体 x 的位置。由于电刷在空间固定不动时，这时电刷

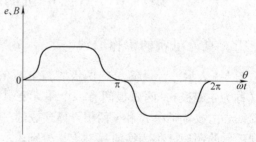

图 1-2　直流电机气隙中磁通密度的分布曲线或线圈电动势的变化曲线

B_1 与换向片 2 相接触，电刷 B_2 与换向片 1 相接触。由于此时导体 x 的电动势方向为 ⊙，导体 A 的电动势方向为 ⊗，所以电刷 B_1 的极性仍为 "+"，电刷 B_2 的极性仍为 "−"，这样就在电刷 B_1 与 B_2 之间得到一个方向不变的电动势。若在 B_1、B_2 之间接上一个负载，负载上就会流过一个方向不变的电流，这就是直流发电机的工作原理。显然在一个线圈的情况下，电刷 B_1 与 B_2 之间的电动势的方向虽然不变，但在数值上却是变化的，因此在实际电机中，电枢绕组是由许多线圈按照一定规律连

接起来而构成的，这就使电刷间电动势的脉动程度大大降低，使用时可以认为产生的是一个恒定直流。

如果电刷 B_1、B_2 不是固定在空间，而是随着电枢一起旋转，即电刷 B_1 始终与换向片1接触，电刷 B_2 始终与换向片2接触，那么电刷间的电动势就不可能是直流，而成为交流了。这就说明，直流电机电枢绕组所感应的电动势是交流电动势，通过换向器配合电刷的作用，才把交流电动势"换向"成为直流电动势，所以人们常把这类电机称为直流换向器电机。

如果不用原动机去带动电枢旋转，而是由外电源从电刷 B_1、B_2 输入直流电流，使电流从正电刷 B_1 流入，从负电刷 B_2 流出，则此时 N 极下的线圈电流总是由首端流向末端，S 极下的线圈电流总是由末端流向首端，所以 N 极下和 S 极下的线圈受到的电磁力的方向是始终不变的，它们产生的转矩的方向也就不变。这个转矩使电枢始终沿一个方向旋转，就把电能变换成机械能，使之成为一台直流电动机而带动生产机械工作。

从上述直流电机的工作原理来看，一台直流电机若在电刷两端加上直流电压，输入电能，即可拖动生产机械，将电能变为机械能而成为电动机；反之若用原动机带动电枢旋转，输入机械能，就可在电刷两端得到一个直流电动势作为电源，将机械能变为电能而成为发电机。这种一台电机既能作电动机又能作发电机运行的原理，在电机理论中称为电机的可逆原理。

二、直流电机的基本结构

直流电机由静止部分（定子）和转动部分（转子）这两大部分组成。定、转子之间有一定的间隙，称为气隙。定子的作用是产生磁场和作电机的机械支撑，它包括主磁极、换向极、机座、端盖、轴承和电刷装置等。转子上用来感应电动势而实现能量转换的部分称为电枢，它包括电枢铁心和电枢绕组，此外转子上还有换向器、转轴和风扇等。图 1-3 为一直流电机的剖面图及其主要部件示意图。

下面简要介绍直流电机的主要零部件的基本结构、作用和材料。

（一）定子部分

1. 主磁极

主磁极简称主极，用来产生主磁通。除个别类型的小型直流电机主磁极采用永久磁铁外，一般直流电机的主磁极都是采用电磁铁，它包括主极铁心和套在铁心上的主极绕组（称为励磁绕组），如图 1-4 所示。主极铁心靠近电枢的一端称为极靴（或称为极掌）。为了减少电枢旋转时极靴表面的涡流损耗，主极铁心一般用厚 $1\sim1.5$mm 的低碳钢板冲片叠压而成。主极上的励磁绕组是用圆截面或矩形截面的绝缘导线绕制而成的一集中绕组，与铁心相绝缘，整个主极用螺钉固定在机座上。电机运行时，在主极绕组中通以直流，产生励磁磁动势，产生主磁通。主极铁心也有采用冲片叠压而成隐极的形式，如图 1-5 所示，这时大槽中嵌放励磁绕组，小槽中嵌放补偿绕组（关于补偿绕组的作用详见本章第六节）。

主磁极总是成对的，相邻磁极的极性按 N 极和 S 极交替排列。

直流电机主要
部件示意图

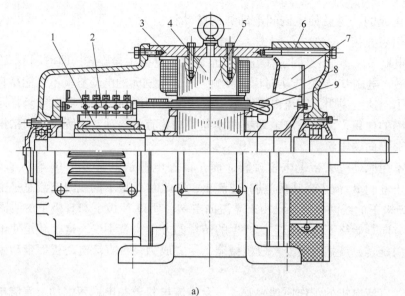

a)

1—换向器　2—电刷装置　3—机座　4—主磁极　5—换向极　6—端盖
7—风扇　8—电枢绕组　9—电枢铁心

直流电机动图

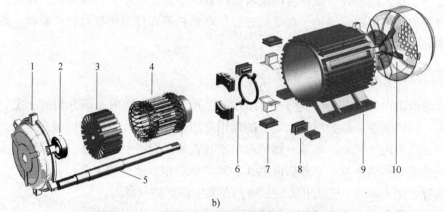

b)

1—端盖　2—轴承　3—电枢铁心　4—电枢绕组和换向器　5—转轴　6—电刷装置
7—主磁极铁心励磁绕组　8—换向极铁心换向极绕组　9—机座　10—风扇

图 1-3　直流电机剖面图及其主要部件示意图

a）剖面图　b）主要部件示意图（参见动图）

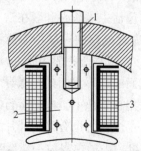

图 1-4　直流电机的主磁极

1—固定主极铁心的螺钉　2—主极铁心　3—励磁绕组

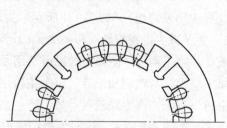

图 1-5　隐极式定子铁心冲片

2. 换向极

换向极又称附加极或间极，它的作用是用来改善换向，其原理将在本章第六节中说明。换向极也是由铁心和套在上面的换向极绕组构成的，大功率直流电机和换向要求高的电机，其换向极铁心用相互绝缘的薄钢片叠成，中小功率直流电机的换向极铁心则用整块钢制成。换向极绕组要与电枢绕组相串联，因此通过的电流较大，一般用截面较大的矩形导线绕成，而且匝数较少，如图 1-6 所示。

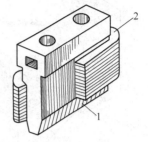

图 1-6　直流电机的换向极
1—换向极铁心　2—换向极绕组

换向极装在相邻两主极之间，用螺杆固定在机座上。换向极的数目一般等于主磁极的数目，在功率很小的电机中，换向极数有时只有主磁极数的一半，也有不装换向极的。

3. 机座

直流电机的机座有两个作用，一是用来固定主磁极、换向极和端盖，并借助底脚将电机固定在基础上；另一个作用是作为电机磁路的一部分，所以机座都由导磁性能较好的材料制成，通常采用铸钢件或用钢板卷焊而成。机座中有磁通经过的部分称为磁轭。

对于隐极式直流电机，磁轭、主极和换向极用硅钢片一次冲出，这时机座仅起固定支撑作用。

4. 电刷装置

电刷的作用是把转动的电枢与外电路相连接，使电流经电刷输入电枢或从电枢输出，并且通过电刷与换向器的配合，在电刷两端获得直流电压。为了使电刷与旋转的换向器有良好的滑动接触，需要有一套电刷装置。电刷装置由电刷、刷握、刷杆、刷杆座和汇流条等组成，根据电流的大小，每一刷杆上可以有由一个或几个电刷组成的电刷组。电刷组的数目（也就是刷杆数）一般等于主极数，并沿圆周均匀分布。图 1-7 为电刷与刷握装置。电刷放在刷握的刷盒内，用弹簧把它压紧在换向器圆周表面上；刷握固定在刷杆上，刷握与刷杆之间应有良好的绝缘。同极性的各刷杆上电刷用汇流条连接在一起。刷杆座应能移动，用以调整电刷位置。图 1-8 是一种对电刷具有恒压的新型刷握装置。

（二）转子部分

1. 电枢铁心

电枢铁心有两个作用，一是作为磁的通路，二是用来嵌放电枢绕组。电枢铁心由于和主磁场之间有相对运动，为了减少铁心中的磁滞和涡流损耗，电枢铁心一般用厚 0.5mm 的涂有绝缘漆的硅钢片冲片叠压而成，每片冲片冲有嵌放电枢绕组的槽，有的还冲有轴向通风孔。对于容量较大的电机，为了加强冷却，把电枢铁心沿轴向分成数段，段与段之间留有宽 10mm 的通风道，整个铁心固定在转子支架或转轴上。电枢铁心冲片和装配好的电枢铁心如图 1-9 所示。

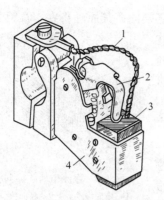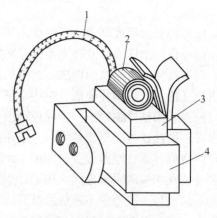

图 1-7　电刷与刷握装置　　　　　　　图 1-8　恒压刷握装置

1—铜丝辫　2—压紧弹簧　3—电刷　4—刷盒　　　1—铜丝辫　2—压紧弹簧　3—电刷　4—刷握

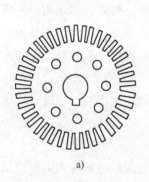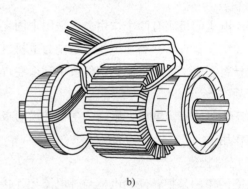

a)　　　　　　　　　　　　　　b)

图 1-9　电枢铁心冲片和装配好的电枢铁心

a）电枢铁心冲片　b）电枢铁心

2. 电枢绕组

电枢绕组的作用是感应电动势和通过电流，使电机实现机电能量变换，它是直流电机的主要电路部分。电枢绕组是用带有绝缘的圆形或矩形截面的导线绕成的线圈（或称元件）按一定的规律连接而成；嵌放在电枢铁心槽内，并与换向器作相应的连接。线圈与铁心之间以及上下层线圈之间均要妥善绝缘，如图 1-10 所示。绕组嵌入槽内后，用槽楔压紧，线圈伸出槽外的端接部分用热固性无纬玻璃丝带扎紧，以防止电枢旋转时产生的离心力将导线甩出。

也有一种无槽直流电机。这时电枢绕组均匀地排列在无槽的电枢铁心表面，用玻璃丝带绑扎，并用热固性树脂粘固成一整体，无槽直流电机因转动惯量小，有很好的快速反应性能。

3. 换向器

图 1-11 为拱形换向器的结构图，它是由许多带有鸠尾的梯形铜片组成的一个圆筒，片与片之间用云母绝缘，两端用 V 形钢环借金属套筒和螺纹压圈拧紧成一整体。V 形钢环与换向片之间用 V 形云母环进行绝缘，每一换向片上刻有小槽，以便焊接电枢绕组元件的引出线。拱形换向器的结构复杂，目前小型直流电机正广泛采用塑料换

向器，如图 1-12 所示，它用酚醛玻璃纤维把换向片热压成一整体，既简化了工艺，又节省了材料。

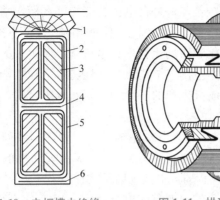

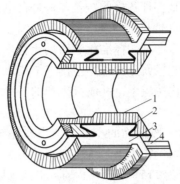

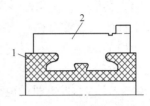

图 1-10　电枢槽内绝缘

1—槽楔　2—线圈绝缘　3—导体
4—层间绝缘　5—槽绝缘
6—槽底绝缘

图 1-11　拱形换向器

1—V 形套筒　2—云母环
3—换向片　4—连接片

图 1-12　塑料换向器

1—塑料套筒　2—换向片

第二节　直流电机的铭牌数据及主要系列

一、直流电机的铭牌数据

电机制造厂按照国家标准，根据电机的设计和试验数据，规定了电机的正常运行状态和条件，通常称之为额定运行情况。凡表征电机额定运行情况的各种数据，称为额定值。额定值一般都标注在电机的铭牌上，所以也称为铭牌数据，它是正确合理使用电机的依据。

直流电机的额定值主要有下列几项：

1）额定功率（额定容量）P_N，单位为 W 或 kW。

电机容量是指电机的输出功率，对发电机是指出线端输出的电功率，对电动机是指转轴上输出的机械功率。

2）额定电压 U_N，单位为 V。

3）额定电流 I_N，单位为 A。

4）额定转速 n_N，单位为 r/min。

对发电机有 $$P_N = U_N I_N \tag{1-2}$$

对电动机有 $$P_N = U_N I_N \eta_N \tag{1-3}$$

式中　η_N——电动机的额定效率。

电机在实际应用时，是否处于额定运行情况，则要由负载大小来决定。一般不允许电机超过额定值运行，因为这会降低电机的使用寿命，甚至损坏电机；但电机长期处于低负载下工作，则电机功率没有得到充分利用，效率降低、不经济，所以应根据负载情况合理选用电机，使电机接近于额定运行情况运行，才是经济合理的。

12

二、直流电机系列

生产机械对电机的要求是各种各样的，若要求每台电机都能恰好在额定情况下运行，就需要有成千上万种品种规格的电机，这在实际上是不可能的，也是不经济的。为了合理选用电机和不断提高产品的标准化和通用化程度，电机制造厂生产的电机有很多是系列电机。所谓系列电机就是在应用范围、结构形式、性能水平和生产工艺等方面有共同性，功率按一定比例递增，并成批生产的一系列电机。我国目前生产的直流电机的主要系列有：

（1）Z_3 系列　该系列为一般用途的小型直流电机系列，是一种基本系列。"Z"表示直流，"3"表示第三次改型设计。系列容量为 0.4~200kW，电动机的电压为110V、220V；发电机的电压为115V、230V；通风形式为防护式。

（2）ZF 和 ZD 系列　该系列为一般用途的中型直流电机系列。"F"表示发电机，"D"表示电动机。系列容量自55kW（320r/min）到1450kW（1000r/min）。电动机的电压为220V、330V、440V、600V；发电机的电压为230V、330V、460V、660V。发电机的通风形式为开启式和管道通风防护式；电动机为强迫通风式。

（3）ZZJ 系列　该系列为起重、冶金用直流电动机系列。电压有 220V、440V 两种。励磁方式有串励、并励、复励三种。工作方式有连续、短时和断续三种，基本形式为全封闭自冷式。

此外，还有 ZQ 直流牵引电动机系列及 Z-H 和 ZF-H 船用电动机和发电机系列等。

第三节　直流电机的电枢绕组

一、直流电机电枢绕组的一般介绍

电枢绕组是直流电机的一个重要部分，电机中能量的变换就是通过电枢绕组而实现的，所以直流电机的转子也称为电枢。此外，电枢绕组的结构对电机最基本的参数和性能也都有影响，因此对电枢绕组提出了一定的要求，这就是在允许通过规定的电流和产生足够的电动势的前提下，尽可能地节省材料，并且要结构简单、运行可靠等。

组成电枢绕组的基本单元称为"元件"，一个元件由两条元件边和端接线组成。元件边置于槽内，能切割磁力线感应出电动势，故亦称为"有效边"。为了能使元件的端接部分平整地排列，每个槽中的元件边分上、下两层叠放：一个元件的一个元件边放在某一个槽的上层，则它的另一个元件边就放在另一个槽的下层，所以电枢绕组都是双层绕组，如图 1-13所示。

每一个元件的末端（下层边）按照一定的

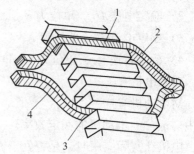

图 1-13　绕组元件在槽中的位置

1—上元件边　2—后端接线
3—下元件边　4—前端接线

规律和另一个元件的首端（上层边）相连，接到一个换向片上，所有元件依次串联，最后使整个电枢绕组通过换向片连成一个闭合电路，这是电枢绕组的一个特点，也是电枢绕组构成的原则。

为了改善电机性能，往往需要用较多的元件来构成电枢绕组。由于工艺和其他方面的原因，电枢铁心开的槽数不能太多，因此就只能在每个槽的上、下层各放置若干个元件边。为了确切地说明每个元件边所处的具体位置，引入"虚槽"的概念。设槽内每层有 u 个元件边，则把每个实际槽看作包含 u 个"虚槽"，每个虚槽的上、下层各有一个元件边，图 1-14 表示当 $u=3$ 时，元件边的布置情况。

若实槽数为 Z，虚槽数为 Z_i，则

$$Z_i = uZ \qquad (1-4)$$

以后在说明绕组元件的空间排列情况时，都一律以虚槽进行编号，用虚槽数作为计算单位。

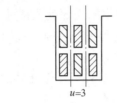

$u=3$

绕组元件可以是一匝或多匝，匝数的多少也就等于每一元件边所包含的串联导体数。因为每一个元件有两个元件边，而每一换向片连接一个元件的始端和另一个元件的末端；又因为每一个虚槽包含着两个元件边，所以绕组的元件数 S、换向片数 K 和虚槽数 Z_i 三者应相等，即

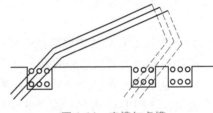

图 1-14　实槽与虚槽

$$S = K = Z_i = uZ \qquad (1-5)$$

明确了绕组连接的原则和基本特点，下面介绍直流电机电枢绕组的基本形式。

二、直流电枢绕组的基本形式

（一）单叠绕组

单叠绕组的连接特点是每个元件的两个出线端连接在相邻的两个换向片上，为了正确地将绕组元件嵌放在电枢槽内，并将出线端正确地连接在换向片上，必须先求出绕组节距。

1. 绕组节距

（1）第一节距 y_1　一个元件的两个有效边之间的距离称为第一节距或后节距，用虚槽数表示。在电机中，若沿电枢圆周表面相邻两磁极的距离称为极距 τ，则为了获得较大的线圈电动势，第一节距 y_1 应等于或接近于一个极距，极距按下式计算：

$$\tau = \frac{\pi D_a}{2p} \qquad (1-6)$$

式中　D_a——电枢外径；

　　　p——磁极对数。

若极距用虚槽数表示，则

$$\tau = \frac{Z_i}{2p} \qquad (1-7)$$

由于 Z_i 不一定能被极数 $2p$ 整除，而 y_1 又必须为整数，所以应使

$$y_1 = \frac{Z_i}{2p} \mp \varepsilon = 整数 \qquad (1-8)$$

若 $\varepsilon = 0$，则 $y_1 = \tau$，称为整距绕组；若 $\varepsilon \neq 0$，则当 $y_1 > \tau$ 时，称为长距绕组；当 $y_1 < \tau$ 时，称为短距绕组。

（2）合成节距 y 相串联的两个元件的对应边之间的距离称为合成节距，用虚槽数表示。合成节距表示每串联一个元件后，绕组在电枢表面前进或后退了多少个虚槽，它是反映不同形式绕组的一个重要标志。对于单叠绕组，若 $y = \pm 1$，这就表示每连接一个元件，在电枢表面就要移过一个虚槽。若 $y = +1$，则表示向右移过一个虚槽，称为右行绕组。若 $y = -1$，则称为左行绕组。左行单叠绕组因元件出线端交叉，用铜也多，一般不采用。

（3）换向器节距 y_K 一个元件的两个出线端所连接的换向片之间的距离称为换向器节距，以换向片数表示。由于元件数等于换向片数，因此元件边在电枢表面前进（或后退）多少个虚槽，其出线端在换向器上也必然前进（或后退）多少个换向片，所以换向器节距必然等于合成节距，即

$$y = y_K \qquad (1-9)$$

（4）第二节距 y_2 相串联的两个元件中，第一个元件的下层边与第二个元件的上层边之间的距离称为第二节距或前节距，用虚槽数表示。

单叠绕组元件各节距的关系表示在图 1-15 中，元件的上层边用实线表示，下层边用虚线表示，由图 1-15 可见，对单叠绕组

$$y = y_1 - y_2 \qquad (1-10)$$

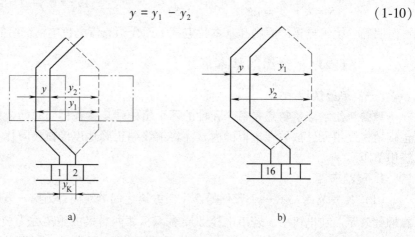

图 1-15 单叠绕组元件

a）右行 b）左行

2. 单叠绕组的连接方法和特点

下面以一个实例来说明。

设 $2p = 4$，$S = K = Z_i = 16$，单叠右行绕组。

（1）计算节距 $y_1 = \frac{Z_i}{2p} \pm \varepsilon = \frac{16}{4} \pm 0 = 4$，采用整距绕组，因为是单叠右行，故 $y =$

$y_K = 1$，所以 $y_2 = y_1 - y = 4 - 1 = 3$。

（2）画出展开图　如图1-16所示。作图步骤如下：

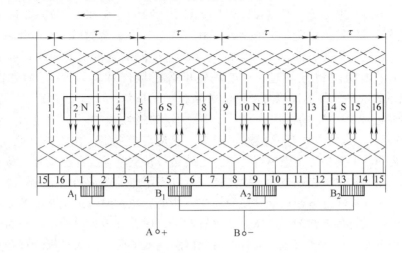

图 1-16　单叠绕组的展开图

$2p = 4$　$Z_i = K = S = 16$

先画16个槽和16个换向片，为了作图方便，使换向片宽度等于槽与槽之间的距离，并将元件、槽和换向片按顺序编号。编号时把元件号码、元件上层边所在槽的号码以及与元件上层边相连接的换向片号码编得一致，即1号元件的上层边放在1号槽内并与1号换向片相连接。这样当1号元件的上层边放在1号槽内（上层边用实线表示）并与1号换向片相连后，因为 $y_1 = 4$，则1号元件的下层边应放在第5号槽（$1+y_1 = 5$）的下层，下层边用虚线表示，编号为5′；因 $y = y_K = 1$，所以1号元件的末端应连接在2号换向片上（$1+y_K = 2$）。一般应使元件左右对称，这样1号换向片与2号换向片的分界线正好与元件的中心线相重合。然后将2号元件的上层边放入2号槽的上层（$1+y = 2$），下层边放在6号槽的下层（$2+y_1 = 6$），2号元件的上层边连在2号换向片上，下层边连在3号换向片上。依次类推，最后第16号元件的下层边与1号换向片相连，整个绕组形成一个闭合回路，绕组连接完毕。绕组元件的连接顺序如下所示：

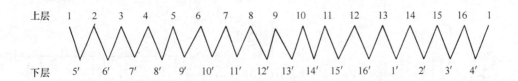

（3）放置磁极和电刷　在绕组展开图上均匀放置4个磁极（$2p = 4$）。假定N极的磁通是进入纸面，S极的磁通是从纸面穿出，电枢自右向左运动，根据右手定则就可判定各元件边的感应电动势的方向。在图示这一瞬间，1、5、9、13四个元件正处于磁极几何中性线上，感应电动势为零，这四个元件把整个绕组分成四段，每段由三个电动势方向相同的元件相串联。由于每段电路中对应元件所处的磁场位置相同，所以

每段电路的电动势大小相等，但方向两两相反，因此在整个闭合回路内互相抵消，总电动势为零，不会产生环流。

为了引出最大电动势，必须在换向片 1 和 2、5 和 6、9 和 10、13 和 14 之间，也就是在磁极轴线位置，放置 4 组电刷 A_1、B_1、A_2、B_2，因为这时 A、B 电刷之间所包含的元件，其电动势的方向都是相同的（实际上电刷的宽度为换向片宽度的 1.5～3 倍，这里为了说明问题方便起见，电刷宽度等于换向片宽）。为了清楚起见，将图 1-16 所示瞬间各元件的连接与电刷的关系整理、排列，可得到如图 1-17 所示的电路图。这时电刷 A_1、A_2 的极性为"+"，B_1、B_2 的极性为"-"，而且 A_1 与 A_2、B_1 与 B_2 电位相等，这就可以把它们连接起来，于是整个绕组就由 4 条并联支路组成，正负电刷之间的电动势称为电枢电动势，也就是每条支路的支路电动势。从图上可以看到，由于电刷和主磁极在空间是固定的，所以当用原动机带动电枢旋转时，虽然每条支路中的元件连同与电刷接触的换向片在不断地变化，但每条支路中各元件在磁场中所处的位置以及各支路的元件总数并没有改变，因此在电刷 A、B 之间的电动势其方向和大小不变，是一个直流电动势。由此再次展示了换向器和电刷装置在直流发电机中的作用。对于直流电动机，也是由于换向器和电刷装置的作用，使处于 N 极下和 S 极下的元件受到电磁力的方向和大小始终不变，从而形成一个恒定的电磁转矩。

因为每条支路的元件都是处于同一磁极下，因此每条支路就对应于一个磁极，本例 $2p=4$，所以支路数也等于 4。由此可以得出一个重要的结论：单叠绕组的并联支路数等于电机的极数，若以 a 表示支路对数，则

$$2a = 2p \tag{1-11}$$

综上所述，要使电刷间的电动势为最大，电刷必须和位于几何中性线的元件相连接。对于端接部分对称的元件，电刷的实际位置必须在磁极轴线上；如果元件不是对称的，则电刷的实际位置就不在磁极轴线上了，如交直流两用手电钻的电动机，它的绕组元件是不对称的，如图 1-18 所示，这时电刷的实际位置就不是在磁极轴线上。因此绕组元件的形状不同，电刷的实际位置就不一样。然而从获得最大电枢电动势的角度来看，电刷必须和位于几何中性线的元件连接，在电机中把这种情况称为"电刷在几何中性线"。在以后的讨论中，电刷位置均不是指的实际位置，而以和电刷相连元件的位置作为电刷位置，这样就不必考虑元件形状对电刷实际位置的影响了。

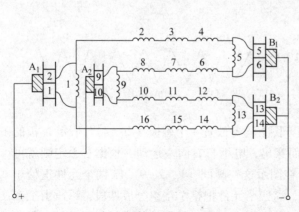

图 1-17　单叠绕组并联支路图

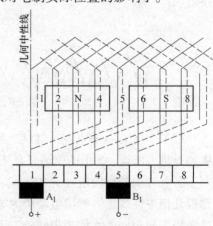

图 1-18　不对称元件的电刷位置

（二）单波绕组

单波绕组是直流电枢绕组的另一种基本形式，它的连接规律与单叠绕组不同。在单叠绕组中，每个元件都是与相邻的元件相连接，而单波绕组的每个元件是与相距约两个极距的元件相连接，即是与相邻的一对磁极下所处磁场位置相近的元件相连接，如图 1-19 所示。

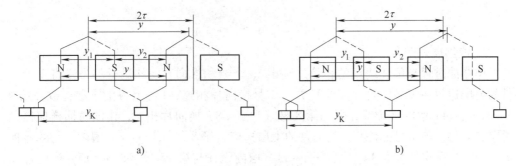

图 1-19　单波绕组元件
a）左行绕组　b）右行绕组

1. 绕组节距

单波绕组的绕组节距也分为第一节距、合成节距、换向器节距和第二节距等。它们的定义和单叠绕组的节距定义相同。

第一节距 y_1 因为与元件连接方式无关，所以单波绕组的第一节距 y_1 的计算方法，与单叠绕组相同，即

$$y_1 = \frac{Z_i}{2p} \pm \varepsilon = \text{整数}$$

合成节距 y 与换向器节距 y_K，在单波绕组中 $y=y_K$ 依然成立，但因为单波绕组的连接方法与单叠绕组不同，所以计算公式也不一样。前面已经指出，合成节距 y 或换向器节距 y_K 是反映不同形式绕组的一个重要标志，下面将根据对单波绕组换向器节距计算公式的推导来进一步理解单波绕组的连接规律。因为单波绕组每连接一个元件就约前进了一对极距的距离，若电机有 p 对极，则连接了 p 个元件就沿电枢前进了一周，根据换向器节距的定义，元件将跨过 py_K 个换向片，但不能回到起始的换向片上，否则绕了一周后，就自行闭合，无法再连接其他元件。所谓单波绕组就是指当连接了 p 个元件后，第 p 个元件的末端应落在与起始换向片相邻的换向片上，即

$$py_K = K \pm 1 \tag{1-12}$$

若取 $py_K = K+1$，则表示绕完一周后，单波绕组落在起始换向片右边的换向片上，称为单波右行，这时端接部分交叉，一般不采用。反之，若取 $py_K = K-1$，则表示绕完一周后，单波绕组落在起始换向片左边的换向片上，称为单波左行。

由式（1-12）可得

$$y_K = y = \frac{K \pm 1}{p} = \text{整数} \tag{1-13}$$

第二节距 $y_2 = y - y_1$

现以一具体例子说明单波绕组的连接。设 $2p=4$，$Z_i=S=K=15$，单波左行绕组。计算绕组节距，得

$$y_1 = \frac{Z_i}{2p} \pm \varepsilon = \frac{15}{4} - \frac{3}{4} = 3 \quad （为一短距绕组）$$

$$y = y_K = \frac{K-1}{p} = \frac{15-1}{2} = 7$$

$$y_2 = y - y_1 = 7 - 3 = 4$$

2. 绕组展开图

作图的过程与单叠绕组的相仿，画出 15 个槽和换向片，并进行编号。将 1 号元件的上层边放在 1 号槽内（实线）并与 1 号换向片相连，1 号元件的下层边放在第 4 号（$1+y_1=4$）槽内（虚线）并与第 8 号（$1+y_K=8$）换向片相连，作图时同样应使元件左右对称。与 1 号元件相连的元件的上层边应在第 8 号（$1+y=8$）槽内，与 8 号换向片相连，下层边在第 11 号（$8+y_1=11$）槽内，并与第 15 号（$8+y=15$）换向片相连，因为 $p=2$，所以绕了两个元件后，就沿电枢前进了约一周，回到起始换向片左边的换向片上。依次类推，最后连接成一闭路，如图 1-20 所示（省略表示下层边的虚线）。

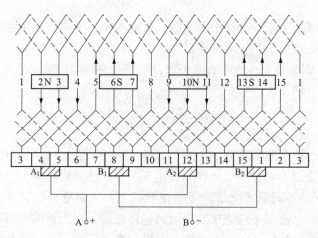

图 1-20　单波绕组展开图

绕组元件的连接顺序如下所示：

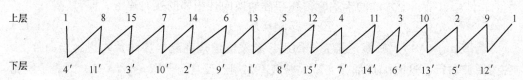

3. 放置磁极和电刷

因 $2p=4$，将 4 个磁极均匀分布，当采用对称元件时，电刷位置应在磁极轴线上，依次为 A_1、B_1、A_2、B_2。

把图 1-20 所示瞬间的各元件连接情况与电刷的关系整理、排列，可画出图 1-21 的电路图。由图可见，同极性下的元件构成一条支路，同磁极极性下的电刷的极性也

相同，整个单波绕组只有两条支路，而与极数无关，即

$$2a = 2 \qquad (1\text{-}14)$$

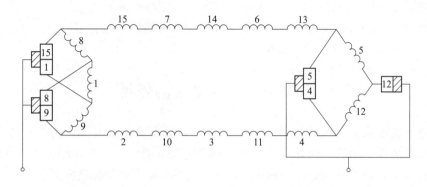

图 1-21　单波绕组并联支路图

这是单波绕组的一个特点，由于单波绕组只有两条支路，因此只要有两组电刷（一正一负），电机便可工作，而不会影响电枢电动势的大小。但电刷组数减少，却使每组电刷上通过的电流增大。为了限制电刷的电流密度就必须增加电刷数，从而使换向器的长度加长，故一般电刷组数仍等于极数，称为全额电刷。

（三）复叠、复波绕组简介

1. 复叠绕组

复叠绕组的连接方式与单叠绕组相似，只是 $y = y_K = \pm m$，其中 m 为大于 1 的整数，$m = 2$ 称为双叠绕组，$m = 3$ 称为三叠绕组，…。采用最多的是双叠绕组，它的连接示意图如图 1-22 所示。双叠绕组实际上可以看成是由单号元件和双号元件分别构成两个"单叠绕组"，然后通过电刷把它们并联起来。显然双叠绕组的支路数是单叠绕组的两倍，一般来说，复叠绕组的支路数为

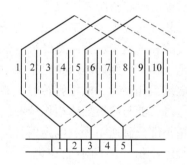

图 1-22　双叠绕组连接示意图

$$2a = 2mp \qquad (1\text{-}15)$$

2. 复波绕组

复波绕组与单波绕组的区别在于 p 个元件串联后，不是回到与起始换向片相邻的换向片上，而是回到与起始换向片距离 m 片的换向片上，即

$$y = y_K = \frac{K \pm m}{p} = 整数 \qquad (1\text{-}16)$$

$m = 2$ 称为双波，$m = 3$ 称为三波，…。

复波绕组也可看成是由 m 个"单波绕组"组成，并通过电刷把所有支路并联起来，显然复波绕组的支路数等于单波绕组支路数的 m 倍，即

$$2a = 2m \qquad (1\text{-}17)$$

除了上述的叠绕组、波绕组外，在大型直流电机中还采用叠、波绕组共同组成的混合绕组，也称为"蛙式绕组"，读者可参读有关著作，这里不作详细叙述。

（四）各种绕组的适用范围

（1）单叠绕组 适用于中型中压及大型高压电机，因为此时电流较大，而单叠绕组的支路数 $2a=2p$，所以可以使支路电流限制在一定范围内。

（2）单波绕组 适用于电流不大的中小型中压及高压电机。

（3）复式绕组 一般用于大电流电机中。

第四节 直流电机的磁场

直流电机中除了主极磁场外，当电枢绕组中有电流流过时，还将会产生电枢磁场。电枢磁场与主磁场的合成形成了电机中的气隙磁场，它直接影响电枢电动势和电磁转矩的大小。要了解气隙磁场的情况，就首先要了解主磁场和电枢磁场。

一、直流电机的空载磁场

电机空载时，发电机不输出电功率，电动机不输出机械功率。这时电枢电流很小（他励发电机空载时电枢电流为零），电枢磁动势也很小，所以电机空载时的气隙磁场可以看作是主磁场。当励磁电流通入励磁绕组，各主磁极就依次呈现为 N 极和 S 极，由于电机磁路结构对称，不论极数多少，每对极的磁路是相同的，因此只要讨论一对极的磁路情况就可以了。

从一对极来看，空载磁场的分布如图 1-23 所示。由 N 极出来的磁通，大部分经过气隙和电枢齿，分两路经过电枢轭，再经过电枢齿和气隙进入相邻的 S 极，然后经过定子轭，两路磁通回到原来出发的 N 极，成一闭合回路。这部分磁通和电枢绕组、励磁绕组相匝链，电枢旋转时，能在电枢绕组中感应电动势，而当电枢绕组中有电流流过时，能与载流导体相作用，产生电磁转矩，这部分磁通称为主磁通 Φ。此外，还有一小部分磁通不经过电枢而直接进入相邻的磁极或磁轭，形成闭合回路，它不与电枢绕组匝链，因而不能在电枢绕组中感应电动势，也不产生电磁转矩，称为漏磁通 Φ_σ。

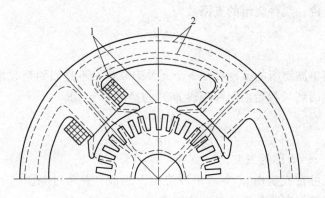

图 1-23 空载磁场的分布

1—漏磁通 2—主磁通

主磁通磁回路的气隙较小，磁导率较大；漏磁通回路的气隙较大，磁导率较小，而作用在这两条磁回路的磁动势是相同的，所以漏磁通要比主磁通小得多，一般 $\Phi_{\sigma}=(15\sim20)\%\Phi$。

从主磁通每条磁力线所通过的磁回路来看，若不计铁磁材料的磁压降和电枢表面的齿槽影响，则在气隙中各点所消耗的磁动势是相等的，均为励磁磁动势。在极靴下，气隙小，气隙中各点磁通密度大；在极靴范围外，气隙增大很多，因此磁通密度自极尖处开始显著减小至两极间的几何中性线处磁通密度为零。由此得出直流电机空载磁场的磁通密度分布曲线，如图 1-24 所示，它是一个梯形波，对称于磁极轴线。

对于一定的电机，要产生一定的主磁通 Φ，需要有一定的励磁磁动势 F_{f}。励磁磁动势变化时，主磁通 Φ 也随之改变。表示主磁通 Φ 与励磁磁动势 F_{f} 的关系曲线称为电机的磁化曲线。电机的磁化曲线可以通过电机磁路计算求得。主磁通的磁回路由主极铁心、气隙、电枢齿、电枢轭和定子轭五部分组成，作用于整个磁回路的磁动势等于这五部分的磁压降之和。当磁通较小时，铁心没有饱和，磁压降很小，整个磁路的磁动势几乎全部消耗在气隙上，而气隙的导磁系数是一常数，因此磁通较小时，磁化曲线近似为一直线；当磁通增大时，铁心逐渐饱和，磁压降增大，因此相对来说，磁通的增加远比磁动势的增加为少，使磁化曲线逐渐弯曲；当磁通很大时，曲线呈饱和特性，电机的磁化曲线如图 1-25 所示。考虑到电机的运行性能和经济性，电机一般运行在磁化曲线开始弯曲的部分（称为膝部），如图 1-25 中的 a 点，对应的 Φ_{N} 是指在空载额定电压时的每极磁通，对应的励磁磁动势为 F_{fN}。

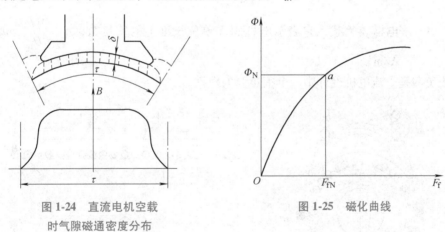

图 1-24 直流电机空载
时气隙磁通密度分布

图 1-25 磁化曲线

在实际电机中，因励磁绕组的匝数已经确定，所以电机的磁化曲线也可以表示为主磁通与励磁电流 I_{f} 的关系。

二、直流电机负载时的磁场及电枢反应

当电机有负载时，电枢绕组中有电流流过，它将产生一个电枢磁动势，因此负载时的气隙磁场将由主极磁动势与电枢磁动势共同作用所产生。通常把负载时电枢磁动势对主磁场的影响称为电枢反应，电枢反应对电机的运行性能影响很大。

电枢磁动势是由电枢电流所产生的，从对电枢绕组的分析可以知道，相邻两电刷之间形成一条支路，在同一支路内元件中的电流是同方向的；而在同一电刷两侧

22

的元件中，其电流是相反的。因此电刷是电枢表面导体中电流方向的分界线。显然，电枢反应将与电刷的位置有关，下面将以直流发电机为例，分别讨论不同电刷位置时的电枢反应。

（一）电刷在几何中性线上时的电枢反应

前已说明，所谓电刷在几何中性线，指的是它的电气位置，表示电刷与位于几何中性线的元件相连。为使作图简单起见，元件只画一层，省去换向器，电刷就放在几何中性线上直接与元件接触，如图 1-26a 所示。因为电刷是电枢表面电流方向的分界线，若电枢上半部分电流方向为流出纸面，则电枢下半部分电流方向为流入纸面，从而可以画出电枢磁场磁力线的分布图，见图 1-26a 中的虚线。可见这时候电枢磁场的轴线与电刷轴线重合，并与主极轴线垂直，这时的电枢磁动势称为交轴电枢磁动势，它对主磁场的影响称为交轴电枢反应。

为了进一步研究电枢磁动势的大小和电枢磁场的分布情况，假定电枢绕组的总导体数为 N，导体中的电流为 i_a（i_a 也就是支路电流），电枢直径为 D_a，并将图 1-26a 展开为图 1-26b。由于电刷在几何中性线上，电枢绕组支路的中点 O 正好处于磁极轴线上，以 O 点为坐标原点，距原点 $\pm x$ 处取一闭合回路，根据全电流定律，可知作用在这个闭合回路上的磁动势为

$$2x \frac{Ni_a}{\pi D_a} = 2xA \tag{1-18}$$

式中 A——电枢线负载，它表示电枢圆周单位长度上的安培数，$A = \dfrac{Ni_a}{\pi D_a}$，单位为 A/m。

线负载是直流电机设计中一个很重要的数据。

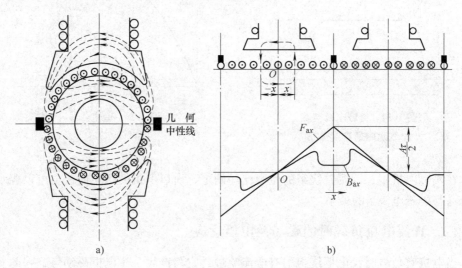

图 1-26 电刷在几何中性线上的电枢磁动势和磁场
a）电枢磁场 b）电枢磁动势和磁场的分布

若忽略铁心磁阻，那么磁动势就全部消耗在两个气隙中，故离原点 x 处一个气隙

所消耗的磁动势（每极安培数）为

$$F_{ax} = \frac{2xA}{2} = Ax \qquad (1-19)$$

式（1-19）说明，在电枢表面上不同 x 处的电枢磁动势的大小是不同的，它与 x 成正比。若规定电枢磁动势由电枢指向主极为正，则根据式（1-19）可以画出电枢磁动势沿电枢圆周的分布曲线，称为电枢磁动势曲线，如图 1-26b 中的三角形波，在正负两个电刷中点处，电枢磁动势为零，在电刷轴线处 $\left(x = \dfrac{\tau}{2} \right)$ 达最大值 F_a，且

$$F_a = A\frac{\tau}{2} \qquad (1-20)$$

知道了电枢磁动势分布曲线，在忽略铁心磁阻时，可以根据电枢周围各点气隙长度求得磁通密度分布曲线。在极靴下任一点的电枢磁通密度为

$$B_{ax} = \mu_0 H_{ax} = \mu_0 \frac{F_{ax}}{\delta} \qquad (1-21)$$

如果气隙是均匀的，即 δ 为常数，则在极靴范围内，磁通密度分布也是一条通过原点的直线。但在两极极靴之间的空间内，因气隙长度大为增加，磁阻急剧增大，虽然此处磁动势较大，磁通密度却反而减小，因此磁通密度分布曲线呈马鞍形，曲线也表示在图 1-26b 中。

为了分析电枢磁动势对主磁场的影响，在图 1-26 的基础上，表明主极极性，因为是发电机，导体电动势与电流同方向，就可用右手定则判定电枢转向为由右向左，这样就得到了图 1-27，其中图 1-27b 为展开图，主磁场的磁通密度分布曲线为 B_{0x}。

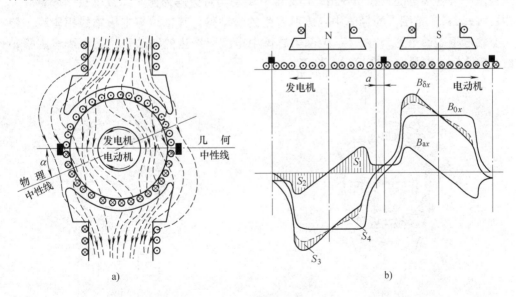

图 1-27　交轴电枢反应

若磁路不饱和，可用叠加原理，将 B_{ax} 与 B_{0x} 沿电枢表面逐点相加，便得到负载时气隙磁场 $B_{\delta x}$ 的分布曲线，比较 $B_{\delta x}$ 和 B_{0x} 两条曲线，可以看出此时电枢反应的性质。

（1）使气隙磁场发生畸变 每一磁极下，主极磁场的一半被削弱，另一半被加强。磁场为零的位置由空载时在几何中性线顺转向移动了一个角度。电机中 N 极与 S 极的分界线称为物理中性线，在物理中性线处，磁场为零。故在空载时，物理中性线与几何中性线重合；负载时，由于电枢反应的影响，气隙磁场发生畸变，所以物理中性线与几何中线性不再重合，而且磁场的分布曲线也与空载时不同。

（2）对主磁场起去磁作用 在磁路不饱和时，主极磁场被削弱的数量恰好等于被加强的数量（图 1-27b 中的面积 S_1 和 S_2），因此负载时每极下的合成磁通量与空载时相同。但是如前所述，电机一般运行于磁化曲线的膝部，不可能处于磁化曲线的直线部分，因此，主极的增磁部分因磁密增加使饱和程度提高，铁心磁阻增大，从而使实际的合成磁场曲线（用虚线表示）比不计饱和时要低，与不饱和时相比，增加的磁通要少些；主极的去磁部分因磁通密度减小使饱和程度降低，铁心磁阻减小，与不饱和时相比减少的磁通要少些，由于磁阻变化的非线性，磁阻的增加比磁阻的减小要大些，增加的磁通就会小于减少的磁通（图 1-27b 中的面积 $S_3 > S_4$），因此负载时每极磁通比空载时每极磁通略为减少，这种去磁作用完全是由于磁路饱和引起，称为附加的去磁作用。

因为电刷位于几何中性线时，电枢磁动势是个交轴磁动势，因此上述两点也就是交轴电枢反应的性质。

（二）电刷不在几何中性线时的电枢反应

假设电刷从几何中性线顺电枢转向移动 β 角度，相当于在电枢表面移过 b_β 的距离，如图 1-28a 所示。因为电刷是电枢表面导体电流方向的分界线，故电刷移动后，电枢磁动势轴线也随之移动 β 角，这时电枢磁动势可分解为两个相互垂直的分量。其中由 $(\tau - 2b_\beta)$ 范围内的导体中电流所产生的磁动势，其轴线与主极轴线相垂直，称为交轴电枢磁动势 F_{aq}，由 $2b_\beta$ 范围内导体中电流所产生的磁动势，其轴线与主极轴线相重合，这就是直轴电枢磁动势 F_{ad}。

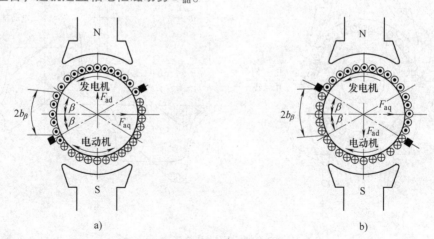

图 1-28 电刷不在几何中性线上的电枢反应

这样当电刷不在几何中性线时，电枢反应将分为交轴电枢反应和直轴电枢反应两部分。交轴电枢反应的性质已在前面做了分析，直轴电枢反应因直轴电枢磁动势和主极轴线是重合的，因此，若 F_{ad} 和主极磁场方向相同，则起增磁作用；若 F_{ad} 和主极磁场方向相反，则起去磁作用。显然，当电刷顺转向移动时，F_{ad} 起去磁作用；而当电刷逆转向移动时，F_{ad} 起增磁作用。

上述分析是以发电机为例说明的。对电动机而言，若保持主磁场的极性和电枢电流的方向不变，则可看出电动机的转向将与作发电机运行时的转向相反。因此对直流电动机而言，当电刷顺转向移动时，F_{ad} 起增磁作用；而当电刷逆转向移动时，F_{ad} 起去磁作用。必须说明，不论是发电机还是电动机，为了使电枢反应能起增磁作用而移动电刷，从换向的角度看，都是不允许的。

第五节　直流电机的电磁转矩和电枢电动势的计算

一、电磁转矩的计算

电机有负载时，电枢绕组中有电流流过，载流导体在气隙磁场中将受到电磁力的作用，电磁力对电枢轴心所形成的转矩称为电磁转矩，下面以发电机为例来建立电磁转矩的计算公式。

假定电枢导体在电枢表面均匀分布，电刷在几何中性线，此时电枢由原动机带动，以恒定的转速 n 逆时针方向旋转，电枢绕组各导体切割磁力线而感应出电动势，电动势方向可由右手定则判定。当有负载时，电枢导体中就有电流，方向和电枢电动势方向一致，如图 1-29 所示。同时电枢导体将受到电磁力的作用，方向可由左手定则判定，从而产生电磁转矩。由于电枢表面各处的磁通密度不同，因而各处导体所受电磁力的大小也不同，设某一导体所处的气隙磁通密度为 B_x，则该导体所受的切线方向的电磁力为

$$f_x = B_x l i_a \tag{1-22}$$

式中　B_x——导体所在处的气隙磁通密度；

　　　l——导体的有效长度；

　　　i_a——导体电流即支路电流。

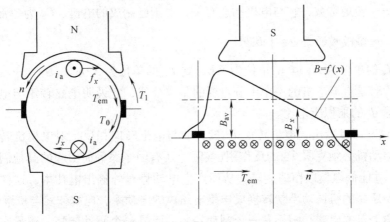

图 1-29　直流发电机的电磁转矩

由 f_x 产生的电磁转矩为

$$T_x = f_x \frac{D_a}{2} = B_x l i_a \frac{D_a}{2} \tag{1-23}$$

式中　　D_a——电枢直径。

若电枢总导体数为 N，电枢表面 dx 段上共有导体数为 $\dfrac{N}{\pi D_a} dx$，dx 段导体所产生的电磁转矩为

$$dT = T_x \left(\frac{N}{\pi D_a} dx \right) = \frac{N}{2\pi} i_a B_x l \, dx \tag{1-24}$$

因为

$$i_a = \frac{I_a}{2a} \tag{1-25}$$

式中　　I_a——电枢电流；

a——支路对数。

所以

$$dT = \frac{N}{4\pi a} I_a B_x l \, dx \tag{1-26}$$

在一个极距内导体电流所产生的电磁转矩为

$$T_\tau = \int_0^\tau \frac{N}{4\pi a} I_a B_x l \, dx = \frac{N}{4\pi a} I_a \int_0^\tau B_x l \, dx \tag{1-27}$$

因为每个极下导体电流所产生的电磁转矩的大小和方向都是相同的，所以总的电磁转矩为

$$T_{em} = 2p T_\tau = 2p \frac{N}{4\pi a} I_a \int_0^\tau B_x l \, dx$$

$$= \frac{pN}{2\pi a} I_a \Phi = C_T I_a \Phi \tag{1-28}$$

$$C_T = \frac{pN}{2\pi a} \tag{1-29}$$

式中　　C_T——转矩常数，它与电机构造有关，对于已制成的电机，C_T 为一常数；

Φ——每极磁通，$\Phi = \displaystyle\int_0^\tau B_x l \, dx$。

若取 I_a 的单位为 A，Φ 的单位为 Wb，则 T_{em} 的单位为 N·m。

式(1-28)是直流电机的一个十分重要的基本公式，它说明电磁转矩与电枢电流 I_a 和每极磁通 Φ 的乘积成正比。

从图 1-29 可以看出，电磁转矩 T_{em} 的方向与电枢转向相反，对电枢旋转起制动作用。因此原动机必须克服 T_{em} 的反作用(实际上还有因摩擦等而引起的其他制动性质的转矩 T_0)，才能使电枢以恒速旋转，从而产生电动势对外输出电功率，这样原动机克服电磁转矩所做的机械功率就转换成电枢电路中的电功率，电机作发电机运行。

直流电动机的电磁转矩不是一个制动转矩，而是一个驱动转矩，正是在电磁转矩的作用下，电枢才能旋转，带动生产机械。

二、电枢感应电动势的计算

电枢旋转时，电枢导体切割气隙磁场而产生感应电动势，一条支路内所有串联导体的电动势之和，即为直流电机的电枢电动势。现以电动机为例，对电枢电动势的计算公式进行推导。仍然假定电枢导体在电枢表面均匀分布，电刷在几何中性线，整距绕组。

作电动机运行时，外电源向电枢绕组输入直流电流，设在 N 极下导体电流的方向为穿出纸面，在 S 极下导体电流的方向为进入纸面，这时电枢将产生电磁转矩 T_{em}，使电枢以 n 的转速顺时针方向旋转，如图 1-30 所示。当电枢旋转时，电枢导体必然会切割气隙磁场，产生感应电动势，根据式(1-1)，电枢表面上某一处导体的感应电动势为

$$e_x = B_x l v_a$$

式中
$$v_a = \frac{\pi D_a n}{60} = 2\frac{pn}{60}\tau \tag{1-30}$$

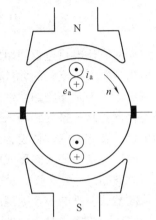

图 1-30 直流电动机电枢电动势

由于电枢表面各处的磁通密度不同，故各处导体的感应电动势也不同，假设平均磁通密度为 B_{av}，可求出每根导体的平均电动势 e_{av}，即

$$e_{av} = B_{av} l v_a = B_{av} l\tau \frac{v_a}{\tau} = \frac{v_a}{\tau}\Phi \tag{1-31}$$

每条支路的导体数为 $\frac{N}{2a}$，所以电枢电动势

$$E_a = \frac{N}{2a}e_{av} = \frac{N}{2a}\frac{v_a}{\tau}\Phi$$

将式(1-30)代入上式，整理后得

$$E_a = \frac{pN}{60a}n\Phi = C_e n\Phi \tag{1-32}$$

式中
$$C_e = \frac{pN}{60a} \tag{1-33}$$

C_e 称为电动势常数，是一个与电机结构有关的量，对已制成的电机，C_e 为一个常数。

若取 n 的单位为 r/min，Φ 的单位为 Wb，则 E_a 的单位为 V。

式(1-32)说明电枢电动势与转速和每极磁通的乘积成正比，它也是直流电机一个十分重要的基本公式。

电枢电动势的方向可用右手定则判定，它与导体电流 i_a 的方向相反，所以在电动机中，电枢电动势是个反电动势，外电源必须克服反电动势的作用，才能使电机正常工作，这样就把电源的电功率转换成电动机的机械功率。

发电机的电枢电动势计算公式与电动机的相同，只是对发电机来说，电枢电动势的性质不同，它不是一个反电动势。

若绕组不是整距的，或者电刷不在几何中性线上，则电枢电动势比式（1-32）计算的略小，一般影响不大。

由式（1-29）和式（1-33），可以得出

$$C_\mathrm{T} = \frac{60}{2\pi}C_e = 9.55C_e \qquad (1-34)$$

第六节　直流电机的换向

根据对直流电机电枢绕组的分析，当电枢旋转时，每一条支路的元件数目是不变的，但组成每一条支路的元件却在依次循环地轮换。一条支路中的某个元件在经过电刷后就成为另一条支路的元件，并且在电刷的两侧，元件中的电流方向是相反的。这就是说，元件从一条支路转入另一条支路时，元件中的电流将改变一次方向，这种元件中电流改变方向的过程就称为"换向"。

换向问题是一切换向器式电机的共性问题，如果换向不良，将会在电刷下发生火花，当火花超过一定程度，就会损坏电刷和换向器，使电机不能工作，因此换向问题也是换向器式电机的一个关键问题。

国家对电机换向时产生的火花等级及相应的允许运行状态有一定的规定，读者可参阅国家标准 GB/T 755—2019《旋转电机　定额和性能》。

影响换向过程的因素很多，有电磁的、机械的、化学的等诸多方面的因素，它们互相交织在一起，使得对换向过程的研究变得十分复杂，本节主要从电磁理论方面对换向过程进行阐述，并在此基础上提出改善换向的方法。

一、换向的电磁理论

图 1-31 表示一个单叠绕组元件的换向过程，设电刷宽度等于换向片宽度，片间绝缘宽度忽略不计，电刷不动，换向器以 v_K 的速度自右向左运动。

图 1-31a 中，电刷仅与换向片 1 接触，此时元件 1 属于电刷右边的一条支路，元件中的电流假定为 $+i_a$，表示换向开始。

图 1-31b 中，电刷同时与换向片 1 和 2 相接触，元件 1 被电刷短路，元件中的电流发生了变化，表示元件 1 正在进行换向。

图 1-31c 中，电刷仅与换向片 2 相接触，元件 1 由电刷右边的一条支路转入电刷左边的一条支路，元件 1 中的电流由 $+i_a$ 变为 $-i_a$，元件 1 换向结束。

从换向开始到换向结束的过程就称为换向过程，换向过程所经过的时间称为换向周期 T_K，通常只有千分之几秒。正在进行换向的元件称为换向元件，换向元件中的电流称为换向电流 i。电枢某一槽中从第一个元件开始换向到最后一个元件换向结束，该槽在电枢表面所经历的距离称为换向区域。

（一）换向元件中的电动势

1. 电抗电动势 e_x

在换向过程中，换向元件中的电流由 $+i_a$ 变化到 $-i_a$，必然会在换向元件中产生自感电动势 e_L。此外，因电刷宽度通常为 2~3 片换向片的宽度，这样就有几个元件同时

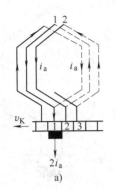 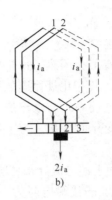 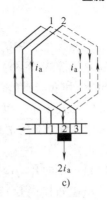

图 1-31　当 $t=T_K$ 时元件 1 的换向过程

进行换向，在换向元件中除了自感电动势外，还有由其他换向元件电流的变化而引起的互感电动势 e_M。自感电动势 e_L 和互感电动势 e_M 的合成，称为电抗电动势 e_x，有

$$e_x = -L_r \frac{di_a}{dt} \tag{1-35}$$

式中　L_r——换向元件的等效合成漏电感。

根据楞次定律，电抗电动势的作用是阻止电流变化的，因此 e_x 的方向总是与换向前的电流方向相同。

2. 旋转电动势 e_r

这是由于换向元件切割换向区域内的磁场而感应的电动势。换向区域内的磁场可能由下列三种磁动势的作用而建立，即主极磁动势、电枢交轴磁动势和换向极磁动势。当电刷放在几何中性线上时，该处的主磁场为零，换向区域的磁场仅由电枢交轴磁动势和换向极磁动势所建立，下面对这两种磁动势的作用分别进行考虑。

从图 1-27 可以看出，对发电机而言，当元件从 S 极下的支路经过换向转移到 N 极下的支路时，元件中的电流方向由换向前的 $\otimes$ 变为换向后的 $\odot$，而此时电刷下的电枢交轴磁场的方向是由电枢指向定子（自左向右），即图中左侧是处在电枢交轴磁场的 S 极下，则由右手定则可以判定，换向元件切割电枢交轴磁场而产生的旋转电动势的方向为 $\otimes$，即与元件换向前的电流方向相同。对电动机也可得出同样的结论。因此，不论直流发电机还是直流电动机，换向元件切割电枢交轴磁场而产生的感应电动势方向总是与元件换向前的电流方向相同，即与 e_x 同方向。

而换向元件切割换向极磁场而产生的电动势方向取决于换向极磁场的极性，为了改善换向，换向极磁动势总是与极下电枢磁动势的方向相反。

因此换向元件中的总电势为 $\sum e = e_x + e_r$，假定 $\sum e$ 的方向与元件换向前的电流同向时为正，反向时为负，则在换向元件中可能出现三种情况，$\sum e = 0$、$\sum e < 0$、$\sum e > 0$，下面将分别进行讨论。

（二）换向元件的电动势平衡方程式

为了清楚起见，将图 1-31 中的换向元件 1 单独画出，如图 1-32 所示。图中 i 表示换向电流，i_1、i_2 表示元件出线端 1 和 2 中的电流，R_{S1} 和 R_{S2} 表示电刷与换向片 1 和 2 的接触电阻，元件电阻略去不计，于是以图所示的电流和电动势的正方向为参考方向，可以列出元件 1 回路的电动势平衡方程式

$$i_1 R_{S1} - i_2 R_{S2} = \sum e \qquad (1\text{-}36)$$

（三）换向元件中的电流变化规律

要直接按式(1-36)进行分析有很大困难，这是因为接触电阻 R_{S1} 和 R_{S2} 与许多因素有关，其变化规律不能用一简单的数学公式表示。其次，电抗电动势 e_x 与电流的变化规律有关，而使 $\sum e$ 的值随时间的变化而变化。为了便于分析，假定：

1）每一换向片与电刷接触表面上的电流分布是均匀的。

2）电刷与换向片每单位面积上的接触电阻为一常数，即接触电阻与接触面积成反比。

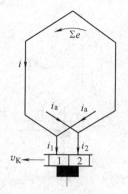

图 1-32　换向元件

3）换向元件中的合成电动势 $\sum e$ 在换向过程中保持不变，即取 $\sum e$ 的平均值。

令 S、R_S 为换向片与电刷完全接触时的接触面积和接触电阻，以换向开始时的瞬间作为时间的起点，$t = 0$；S_1、S_2 分别表示时间为 t 时，换向片 1 和 2 与电刷的接触面积，R_{S1} 和 R_{S2} 表示相应的接触电阻，则

$$\begin{cases} R_{S1} = R_S \dfrac{S}{S_1} = R_S \dfrac{T_K}{T_K - t} \\[3mm] R_{S2} = R_S \dfrac{S}{S_2} = R_S \dfrac{T_K}{t} \end{cases} \qquad (1\text{-}37)$$

从图 1-32 可得

$$\begin{cases} i_1 = i_a + i \\ i_2 = i_a - i \end{cases} \qquad (1\text{-}38)$$

将式(1-37)、式(1-38)代入式(1-36)，求得

$$i = i_a \left(1 - \frac{2t}{T_K}\right) + \frac{\sum e}{R_{S1} + R_{S2}} = i_L + i_K \qquad (1\text{-}39)$$

式中，$i_L = i_a \left(1 - \dfrac{2t}{T_K}\right)$ 称为换向电流；$i_K = \dfrac{\sum e}{R_{S1} + R_{S2}}$ 称为附加电流。

1. 当 $\sum e = 0$ 时

这时

$$i = i_L = i_a \left(1 - \frac{2t}{T_K}\right) \qquad (1\text{-}40)$$

说明：当 $\sum e = 0$ 时，电流 i 与时间 t 成线性关系，如图 1-33 的曲线 1 所示。这时的换向过程称为直线换向。直线换向时，换向电流的变化规律仅由换向片和电刷间的接触电阻的变化所决定，故也称为电阻换向。

由于 $\sum e = 0$，所以电动势方程变为 $i_1 R_{S1} + i_2 R_{S2} = 0$，从数值来看

$$\frac{i_1}{i_2} = \frac{R_{S2}}{R_{S1}} = \frac{S_1}{S_2}$$

即

$$\frac{i_1}{S_1} = \frac{i_2}{S_2} \qquad (1\text{-}41)$$

说明：电刷与换向片 1 接触部分的电流密度始终等于电刷与换向片 2 接触部分的

电流密度，当换向结束时 S_1 为零，i_1 也为零，电刷下不会产生火花，所以直线换向是一种最理想的换向情况。

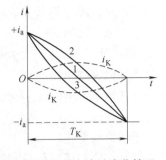

图1-33 换向电流变化情况

2. 当 $\sum e > 0$ 时

这时 i_K 不为零，而且 i_K 为正，即 i_K 与元件换向前的电流同方向，它阻止电流的变化，使 $i = 0$ 所需的时间大于 $\frac{1}{2}T_K$，比直线换向延迟了一段时间，故称为延迟换向。这时电流的变化规律如图1-33中的曲线2所示。显然由于 i_K 的存在，使电刷滑出换向片的一边（后刷边）的电流密度大于电刷进入换向片的一边（前刷边）的电流密度，它使后刷边的发热加剧，并且当电刷离开换向片1的瞬间，因 $i_1 = i_K \neq 0$，就好像用开关断开一个有负载的电路，会在开关两端产生电弧一样，在后刷边产生火花，这将对换向产生不良影响。

3. 当 $\sum e < 0$ 时

此时情况正与 $\sum e > 0$ 时相反，这时 i_K 不是阻止电流变化，而是加速电流的变化，使 $i = 0$ 的时间小于 $\frac{1}{2}T_K$，如图1-33中的曲线3所示，所以称为超越换向。显然，这时电刷前刷边的电流密度大于后刷边的电流密度，当发生过分的超越换向时，前刷边因发热过甚，也会发生火花。通常希望电机在换向时能略微超越。

二、改善换向的方法

改善换向的目的在于消除电刷下的火花，而产生火花的原因除了上述的附加电流 i_K 外，还有机械和化学方面的原因，如换向器偏心，换向器表面不圆整、不清洁，片间绝缘突出，电刷压力不适当，电刷在刷握内太松或太紧等。本小节主要从消除产生火花的电磁性原因着手，介绍一些常用的改善换向的方法。

从电磁方面来看，要减小火花就是要减少附加电流 i_K。根据 $i_K = \dfrac{\sum e}{R_{S1} + R_{S2}}$，要减小 i_K，可以设法使 $\sum e = 0$，或者增大电刷接触电阻。因此常用的改善换向的方法有以下两种。

（一）装置换向极

这时电刷仍放在几何中性线，同时在几何中性线位置安置一个换向极，使之产生一个换向极磁场作用于换向区域。这样换向元件就将切割换向极磁场而产生一个电动势。若要使换向元件中 $\sum e = 0$，就要求换向元件切割换向极磁场而产生的电动势与换向元件切割电枢磁场产生的电动势大小相等、方向相反。前面已经分析，换向元件的电抗电动势都是与元件换向前的电流同方向的。对发电机而言，换向前元件的电动势和电流是同方向的，因此，欲使 $\sum e = 0$，就要求换向极磁场的极性与元件换向前所处的主极磁场的极性相反。

对电动机而言，因元件电动势和电流是反向的，为使 $\sum e = 0$，换向极磁场的极性就必须与元件换向前所处的主极磁场的极性相同。这样就不难决定换向极的极性。

对发电机，顺电枢转向，换向极极性应与下一个主极极性相同，其排列顺序为 N、S_K、S、N_K（N_K、S_K 为换向极极性）。

对电动机，顺电枢转向，换向极极性应与下一个主极极性相反，其排列顺序为 N、N_K、S、S_K。

为了使负载变化时，换向极磁动势也能作相应变动，使在任何负载时换向元件中的 $\sum e$ 始终为零，就要求换向极绕组必须和电枢串联，并保证换向极磁路不饱和。

换向极的极性布置和换向极绕组的连接示意如图 1-34 所示。

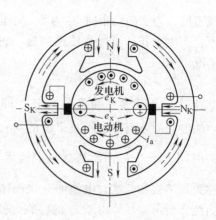

图 1-34　用换向极改善换向

（二）正确选用电刷

增加电刷接触电阻可以减少附加电流 i_K。电刷的接触电阻主要与电刷材料有关，目前常用的电刷有石墨电刷、电化石墨电刷和金属石墨电刷等。石墨电刷的接触电阻较大，金属石墨电刷的接触电阻最小。从改善换向的角度来看似乎应该采用接触电阻大的电刷，但接触电阻大，则接触压降也增大，使能量损耗和换向器发热加剧，对换向也不利。所以合理选用电刷是一个重要的问题。根据长期运行经验，对于换向并不困难，负载均匀，电压在 80～120V 的中小型电机通常采用石墨电刷；一般正常使用的中小型电机和电压在 220V 以上或换向较困难的电机采用电化石墨电刷；而对于低压大电流电机，则采用金属石墨电刷。

国产电刷的技术数据，读者可参阅国家有关标准和手册。需要强调的是，在更换电机的电刷时，必须选用同一牌号或特性尽量接近的电刷，以免造成换向不良。

三、防止环火与补偿绕组

在直流电机中，除了上述的电磁性火花外，有时还因某些换向片的片间电压过高而发生所谓电位差火花。电位差火花连成一片，在换向器上形成一条长电弧，将正、负电刷连通，如图 1-35 所示，这种现象称为"环火"，是一种十分危险的现象，它不仅会烧坏电刷和换向器，而且将使电枢绕组受到严重损害。

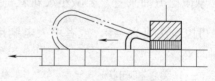

图 1-35　环火图

现以单叠绕组为例，说明电位差火花的形成。从图 1-36 可见任意相邻两换向片间的电压 U_{Kx} 等于连接到该两换向片的元件内的感应电动势，在一定的电枢转速下，U_{Kx} 与元件边所处位置的 $B_{\delta x}$ 成正比。空载时，由于气隙磁场分布较均匀，片间电压的分布也较均匀；负载时，由于交轴电枢反应，使气隙磁场发生畸变，从而使片间电压分布不均匀而出现一个最大值 U_{Kmax}，如图 1-37 所示。当 U_{Kmax} 超过一定限度时，就会使换向片间的空气隙游离击穿，产生火花，这就称为电位差火花。

由此可见，要消除环火，就必须消除电位差火花，也就是要消除交轴电枢反应的影响，为此可采用装置补偿绕组的方法。

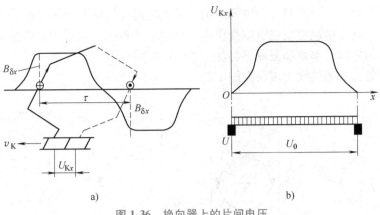

图 1-36　换向器上的片间电压

a) 片间电压　b) 空载时的片间电压分布曲线

　　补偿绕组嵌放在主极极靴上专门冲出的槽内，如图 1-38 所示。补偿绕组应与电枢串联，并使补偿绕组磁动势与电枢磁动势相反，这就保证在任何负载下，电枢磁动势都能被抵消，从而减少了因电枢反应而引起的气隙磁场的畸变，也就减少了产生电位差火花和环火的可能性。

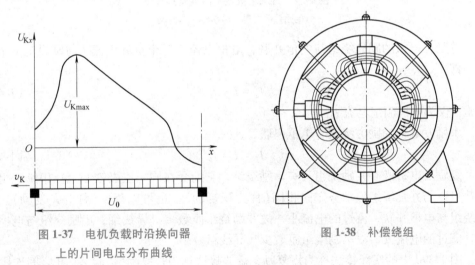

图 1-37　电机负载时沿换向器
上的片间电压分布曲线

图 1-38　补偿绕组

　　装置补偿绕组使电机结构变得复杂，成本增加，因此只在负载变动大的大、中型电机中采用。

　　还应指出的是环火的发生除了上述的电气原因外，因换向器外圆不圆、表面不干净也可能形成环火，因此加强对电机的维护工作，对防止环火的发生有着重要作用。

第七节　直流发电机

一、直流发电机的励磁方式

　　直流发电机的励磁方式是指电机励磁电流的供给方式，分为他励和自励两大类。

他励——励磁电流由另外的电源供给，励磁电路与电枢无电的联系。

自励——励磁电流由发电机本身供给。自励电机按励磁绕组与电枢的连接方式不同，又可分为并励、串励和复励三种。

各种励磁方式的接线图表示在图1-39中。

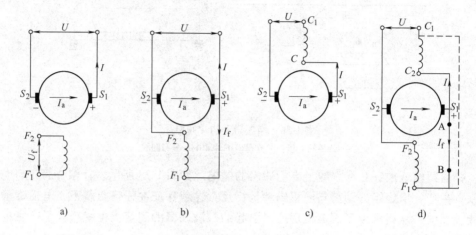

图1-39　直流电机按励磁分类接线图
a)他励　b)并励　c)串励　d)复励

并励发电机的励磁绕组与电枢并联，电枢电流 I_a 等于负载电流 I 与励磁电流 I_f 之和，即

$$I_a = I + I_f \qquad (1\text{-}42)$$

通常 I_f 仅为电机额定电流 I_N 的 $1\% \sim 5\%$。

串励发电机的励磁绕组与电枢串联，这时

$$I_a = I = I_f \qquad (1\text{-}43)$$

复励发电机既有并励绕组又有串励绕组，它们套在同一主极铁心上。串励绕组磁动势可以与并励绕组磁动势方向相同（称为积复励），也可以相反（称为差复励）。并励绕组与电枢并联，流过的电流小，故并励绕组匝数多、导线细；串励绕组与电枢串联，流过的电流大，故串励绕组匝数少、导线粗。

图1-39d 中的实线接法称为短复励，虚线接法称为长复励（去除 A、B 之间连线）。对电机的运行性能来说，长、短复励并没有什么差别。

不同的励磁方式，将使电机的运行性能发生很大的差异，所以在分析电机的运行性能时，将按励磁方式对电机进行分类、讨论。

二、直流发电机的基本方程式

直流发电机的基本方程式包括电动势平衡方程式、转矩平衡方程式和功率平衡方程式。

（一）电动势平衡方程式

发电机空载时，电枢电流 I_a 很小（对他励发电机，$I_a = 0$），电枢电动势 E_a 等于端电压 U。负载时，在 E_a 作用下，电枢有电流 I_a 流过，若以 E_a、U、I_a 的实际方向为正

方向，则根据基尔霍夫第二定律，E_a、U、I_a之间的关系为

$$E_a = U + I_a R_a + 2\Delta U_b \qquad (1\text{-}44)$$

这就是发电机的电动势平衡方程式。式中，R_a为电枢的总电阻，包括电枢绕组本身的电阻和串励绕组、换向极绕组和补偿绕组的电阻；$2\Delta U_b$为一对电刷的接触压降，不同牌号的电刷其值也不同，一般为$0.6 \sim 1.2\mathrm{V}$。在一般定性的分析讨论中，也可把电刷接触压降归并到电枢回路的电压降中去，电动势平衡方程式可写成

$$E_a = U + I_a R_a$$

但此时R_a中应包括电刷接触电阻。

对直流发电机来说，$E_a > U$。

(二) 转矩平衡方程式

发电机空载时，为了使发电机能维持恒速运转，则原动机的输出转矩T(即驱动转矩)必须克服由于机械摩擦等引起的制动转矩T_0，T_0也称为空载转矩。

当发电机有负载时，电枢电流I_a与气隙磁场相互作用产生电磁转矩T_{em}。在发电机中，电磁转矩T_{em}是制动转矩，所以为了使电机恒速旋转，驱动转矩T除了克服空载转矩T_0外，还必须克服电磁转矩T_{em}的制动作用，即

$$T = T_{em} + T_0 \qquad (1\text{-}45)$$

式(1-45)称为转矩平衡方程式，在发电机中，$T > T_{em}$。

(三) 功率平衡方程式

发电机工作时，原动机向发电机输入机械功率P_1。P_1中因机械摩擦等消耗的一部分称为空载功率P_0，其余的部分便转化为电功率P_{em}，P_{em}也称为电磁功率，所以功率平衡方程式应为

$$P_1 = P_{em} + P_0 \qquad (1\text{-}46)$$

以下对电磁功率P_{em}和空载功率P_0做进一步分析。

1. 电磁功率P_{em}

负载时电枢有电动势E_a，在E_a作用下产生电流I_a，显然发电机中的电磁功率

$$P_{em} = E_a I_a \qquad (1\text{-}47)$$

应用式(1-28)和式(1-32)得

$$P_{em} = E_a I_a = \frac{pN}{60a}\Phi n I_a$$

$$= \frac{p}{2\pi}\frac{N}{a}\Phi I_a \frac{2\pi n}{60}$$

$$= T_{em}\omega \qquad (1\text{-}48)$$

式中 ω——电枢旋转的机械角速度，$\omega = \dfrac{2\pi n}{60}$。

式(1-48)的物理意义是：

$T_{em}\omega$是原动机为克服电磁转矩所需输入的机械功率，$E_a I_a$则为电枢发出的电磁功率，两者相等，所以电磁功率就是机械功率转换为电功率的部分，它是从机械量计算电磁量的一个桥梁。

电磁功率P_{em}除去电枢回路电阻上的损耗$p_{Cua} = I_a^2 R_a$和电刷接触损耗$p_{Cub} = 2\Delta U_b I_a$

外，其余的便是对负载输出的功率 P_2 和励磁回路的损耗 p_{Cuf}（对他励机，p_{Cuf} 不包括在电磁功率中）。

因为

$$P_2 = UI \qquad p_{Cuf} = UI_f$$

所以

$$E_a I_a = UI + UI_f + I_a^2 R_a + 2I_a \Delta U_b$$

$$= U(I + I_f) + I_a^2 R_a + 2I_a \Delta U_b \tag{1-49}$$

此式也可直接从电动势平衡方程式求得，只要在式（1-44）的两边各乘以 I_a 再加上 UI_f 即可。

2. 空载功率 P_0

P_0 主要包括机械损耗功率 p_Ω 和铁耗功率 p_{Fe}，另有部分附加损耗 p_s。

机械损耗包括轴承摩擦损耗、电刷摩擦损耗、定子与转子和空气的摩擦损耗（也称为通风损耗）等部分。

铁耗 p_{Fe} 是由于电枢转动时，主磁通在电枢铁心内交变而引起的。

机械损耗和铁耗与负载大小无关，电机空载时即存在，而且在运行过程中数值几乎不变，所以机械损耗和铁耗也称作不变损耗。

附加损耗又称作杂散损耗，它大致包括以下损耗：结构部件在磁场内旋转而产生的损耗；因电枢齿槽影响，当电枢旋转时，气隙磁通发生脉动而在主极铁心中和电枢铁心中产生的脉动损耗；因电枢反应使磁场畸变而在电枢铁心中产生的损耗；由于电流分布不均匀而增加的电刷接触损耗；换向电流所产生的损耗等。这些损耗有的与负载大小有关，属于可变损耗；有的与负载无关，属于不变损耗。它们产生的原因很复杂，也很难精确计算，通常采用估算的办法确定。国家标准规定直流电机的附加损耗为额定功率的 $0.5\% \sim 1\%$。

空载功率 $P_0 = T_0 \omega$，空载功率也称为空载损耗。

综合上述分析，可写出功率平衡方程式，即

$$P_1 = P_{em} + P_0$$

$$= (P_2 + p_{Cua} + p_{Cub} + p_{Cuf}) + (p_\Omega + p_{Fe}) + p_s \tag{1-50}$$

图 1-40 是根据式（1-50）而画出的直流发电机的功率图。若是他励电机，则励磁回路功率由外电源供给，而不包括在输入的机械功率之中。

三、他励发电机的特性

直流发电机运行时，可以测得的物理量有发电机的端电压 U、负载电流 I、励磁电流 I_f 和转速 n。一般发电机都应在额定转速 n_N 下运行，则其他三个物理量之间的关系就用来表征发电机的特性。具体讨论时，保持其中一个量不变，另外两个量的关系就构成发电机的某一种特性。于是就可以

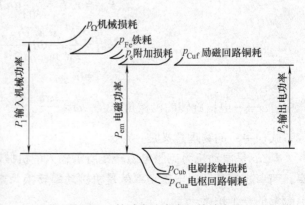

图 1-40 并励直流发电机的功率图

得到：

（1）负载特性　I 为常数的条件下，$U = f(I_f)$。其中 $I = 0$ 时称为空载特性，这是一条很重要的特性。

（2）外特性　I_f 为常数的条件下，$U = f(I)$。一般只讨论 $I_f = I_{fN}$ 时的一条特性曲线，此时当 $U = U_N$ 时，$I = I_N$。

（3）调节特性　U 为常数的条件下，$I_f = f(I)$。一般只讨论 $U = U_N$ 的一条特性曲线。

此外，发电机的特性还包括效率特性，即 $\eta = f(P_2)$。

下面对他励发电机的各种特性进行分析。

（一）空载特性

空载特性是当 $n = n_N$、$I = 0$ 时 $U = f(I_f)$ 的关系曲线，此特性曲线可用试验方法求得，其接线图如图 1-41 所示。发电机由原动机拖动，保持转速 $n = n_N$，开关 S_1 打开，励磁回路外加电压 U_f，合上开关 S_2 并调节励磁回路中的磁场调节电阻 R_{pf}，使励磁电流 I_f 从零开始逐渐增大，直到 $U_0 = (1.1 \sim 1.3)U_N$ 为止；再逐步减小 I_f，则 U_0 也随之减小，当 $I_f = 0$ 时，U_0 并不等于零，此电压称为剩磁电压，其值约为 U_N 的 2%～5%；然后改变励磁电流的方向，并逐渐增大，则空载电压由剩磁电压减小到零后又逐渐升高，但极性相反，直到负的 U_0 为额定电压的（1.1～1.3）倍为止。接着又把 I_f 减小到零。这样就可以测得一系列 I_f 值和对应的 U_0 值，绘出 $U_0 = f(I_f)$ 的曲线。曲线成一磁滞回线，如图 1-42 所示。曲线分为上、下两条支线，一般取其平均值作为空载特性曲线，如图 1-42 中的虚线所示。

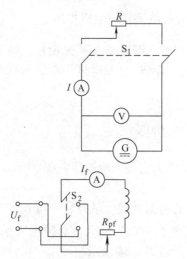
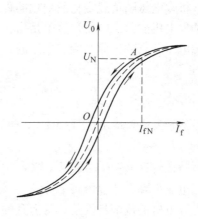

图 1-41　他励发电机接线图　　　图 1-42　直流发电机的磁滞回线

空载特性曲线的形状与电机的磁化曲线形状相似，因为空载时 $U_0 = E_a$，根据电动势公式，对于已制成的电机，C_e 为一常数，当转速一定时，$E_a \propto \Phi$，所以 $U_0 = E_a \propto \Phi$。而励磁磁动势 $F_f \propto I_f$，所以改变磁化曲线的坐标，就可以得到空载特性。

必须指出，电机的磁化曲线是表示电机磁路情况的一条特性曲线，每一台电机只有一条磁化曲线，而空载特性曲线是对应于某一转速的，当转速不同时，空载特性曲线将随转速的升降而成正比的上升或下移，在讨论并励发电机的自励条件时，将要用到这一性质。

（二）外特性

外特性是当 $n=n_N$、$I_f=I_{fN}$ 时 $U=f(I)$ 的关系曲线，此特性曲线也可由试验方法直接求得，仍按图 1-41 接线，并将开关 S_1 合上，保持 $n=n_N$，调节负载电阻 R 和磁场调节电阻 R_{pf}，使 $U=U_N$ 时 $I=I_N$，此时的励磁电流即为额定励磁电流 I_{fN}。在试验过程中，保持 $I_f=I_{fN}$ 值不变，此后逐步增大负载电阻 R，负载电流 I 就逐步减小，电枢电压则逐步增加，直到 $I=0$，测得一系列 I 和对应的 U 值，即得到发电机的外特性曲线，如图 1-43 所示。

可以看出，他励发电机的外特性是一条略微下垂的曲线，即随着负载的增加，电机的端电压将有所下降。引起端电压下降的因素有两个：

1）电机有负载后，电枢反应的去磁作用，使电枢电动势 E_a 比空载时小。

2）电枢回路的电压降 $I_a R_a$。

这两个因素都随负载的增加而增大，由电动势方程 $U=E_a-I_a R_a$ 可知，端电压就随负载的增大而减小。

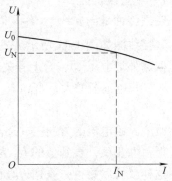

图 1-43 他励发电机的外特性

当负载电阻 $R=0$，即发电机短路时，短路电流 $I_K=\dfrac{E_a}{R_a}$，其值可达额定电流的数十倍，这样大的电流将使电机损坏。

发电机端电压随负载变化而变化的程度，用电压调整率 ΔU^* 来衡量。国家标准规定，他励发电机的额定电压调整率是指在 $n=n_N$、$I_f=I_{fN}$ 时发电机从额定负载过渡到空载时，端电压升高的数值与额定电压的百分比，即

$$\Delta U_N^* = \frac{U_0 - U_N}{U_N} \times 100\%$$

一般他励发电机的 ΔU^* 为 5%~10%，可以认为它是一个恒压电源。

（三）调节特性

调节特性是在 $n=n_N$、$U=U_N$ 时 $I_f=f(I)$ 的关系曲线。从外特性可知，当负载增大时，端电压下降，若要维持 $U=U_N$ 不变，则随着负载的增大，必须增大励磁电流，所以他励发电机的调节特性是一条上升的曲线，如图 1-44 所示。

（四）效率特性

效率特性是在 $n=n_N$、$U=U_N$ 时发电机的效率与负载的关系曲线（实际上电压 U 将随负载变化而变化，但因变化不大，可近似认为 $U=U_N$）。

效率是指输出功率与输入功率之比，即

$$\eta = \frac{P_2}{P_1} \times 100\% \tag{1-51}$$

根据他励发电机的功率关系，可得

$$\eta = \frac{P_2}{P_1} = \frac{P_2}{P_2 + \sum p} = \frac{P_2}{P_2 + p_{Fe} + p_\Omega + p_{Cua} + p_{Cub} + p_s}$$

$$= \frac{P_2}{UI + p_{Fe} + p_\Omega + p_{Cua} + p_{Cub} + p_s} \tag{1-52}$$

式中　$\sum p$——全部损耗，其中有一部分是不随负载变化的，称为不变损耗，如p_{Fe}、p_Ω、p_s中也有一部分是不变损耗；有一部分是随负载变化而变化的，称为可变损耗，如p_{Cua}、p_{Cub}和一部分附加损耗，它们一般与负载电流的二次方成正比。

当发电机空载时，$P_2 = 0$，所以$\eta = 0$。

当负载较小时，由于可变损耗小，总损耗中以不变损耗为主，此时增加负载，总损耗增加不多，而输出$P_2 = UI$则与电流成正比增加，所以效率随负载增加而上升很快。继续增加负载，当可变损耗与不变损耗相等时，效率达到最大值。这个关系也可将式(1-52)对I求导而得，令$\frac{d\eta}{dI} = 0$即可。若再继续增加负载，则因可变损耗在总损耗中占主要地位，且与I_a的二次方成正比，而输出功率仅与I成正比，因此效率反而下降，效率特性如图1-45所示。

通常在设计电机时，需要将各种损耗做适当的分配，使最大效率出现在$(75\% \sim 100\%)P_N$范围内，这样电机在实际使用时，能够处在较高的效率下运行，比较经济。这种要求同样适用于其他各种类型电机(包括交流电机和变压器)，所以图1-45的效率特性曲线的形状具有典型意义。

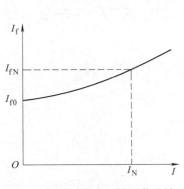

图1-44　他励发电机的调节特性

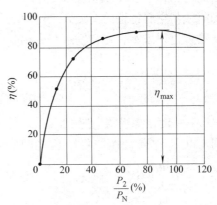

图1-45　他励发电机的效率特性

四、并励发电机

并励发电机是一种自励电机，它的励磁电流不需要由外电源供给，而是取自发电机本身，所以称为"自励"。

并励发电机的励磁绕组是与电枢并联的，要产生励磁电流I_f，电枢两端必须要有电压，而在电压建立起来之前，$I_f = 0$，没有励磁电流，电枢两端又不可能建立起电压，因此有必要在分析并励发电机的运行特性前，先讨论一下它的电压建立过程，也称为"自励过程"。

（一）自励过程

设发电机已由原动机拖动至额定转速，由于电机磁路中有一定的剩磁，在发电机的端点将会有一个不大的剩磁电压。这时把并励绕组并接到电枢上去，便有一个不大的电流流过励磁绕组，产生一个不大的励磁磁动势。如果励磁绕组与电枢的连接正确，则励磁磁动势产生的磁场与剩磁同方向，使电机内的磁场得到加强，从而使电机的端电压升高。在这一较高端电压的作用下，励磁电流又进一步升高，如此反复作用下去，发电机的端电压便"自励"起来，但是发电机的电压能否稳定在某一数值，还需做进一步的分析。

由于并励发电机的励磁电流 I_f 仅为额定电流 I_N 的 1%～5%，因此发电机空载时的电压 U_0 可近似看作等于 E_a，所以从电枢回路来看，I_f 与 U_0 的关系也可以用空载特性表示，见图 1-46 曲线 1。另一方面，若从励磁回路来看，I_f 与 U_0 的关系又必须满足欧姆定律，即

$$I_f = \frac{U_0}{R_f} \tag{1-53}$$

式中 R_f——励磁回路总电阻。

当 R_f 一定时，I_f 与 U_0 呈线性关系，见图 1-46 的直线 2，该直线的斜率为 $\tan\alpha = \frac{U_0}{I_f} = R_f$，故称直线 2 为磁场电阻线，简称为场阻线。

由此可见，I_f 与 U_0 的关系既要满足空载特性，又要满足场阻线，则最后稳定点必然是场阻线与空载特性的交点 A，A 点所对应的电压即是空载时建立的稳定电压。

从物理过程来看，在自励过程中励磁电流是变化的，这时励磁回路的电动势方程应为

$$U_f = i_f R_f + L_f \frac{di_f}{dt} \tag{1-54}$$

式中 L_f——励磁绕组的电感。

图 1-46 中空载特性与场阻线之间的阴影部分表示了 $L_f \frac{di_f}{dt}$ 的值，当电机进入空载稳定状态时，励磁电流不再变化，$di_f = 0$，$L_f \frac{di_f}{dt} = 0$，即最后的稳定点必定是空载特性与场阻线的交点。

综上所述，并励发电机的空载稳定电压 U_0 的大小取决于空载特性与场阻线的交点。因此调节励磁回路中的电阻，也就是改变场阻

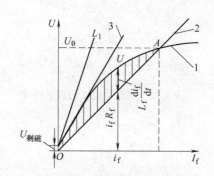

图 1-46 并励发电机的自励
1—空载特性 2—场阻线 3—临界场阻线

线的斜率，即可调节空载电压的稳定点。如果逐步增大电阻 R_f（即增大磁场调节电阻 R_{pf}），场阻线斜率增大，空载电压稳定点就沿空载特性向原点移动，空载电压减小；当场阻线与空载特性的直线部分相切时，两线无固定的交点或交点很低，空载电压变为不稳定，如图 1-46 中的直线 3，这时对应的励磁回路的总电阻称为临界电阻。

从并励发电机的自励过程可以看出，要使发电机能够自励，必须满足下述三个条件，称为自励条件。

1) 发电机的主磁极必须要有一定的剩磁。这是电机自励的必要条件。

2) 励磁绕组与电枢的连接要正确，使励磁电流产生的磁场与剩磁同方向。必须指出，若在某一转向下，励磁绕组与电枢的连接能使电机自励，则改变转向后，电机便不能自励。这是因为发电机的转向改变后，剩磁电压的方向也随之改变，由此产生的励磁电流对剩磁起去磁作用。所以，所谓励磁绕组与电枢的连接正确是对某一旋转方向而言的。发电机应按制造厂规定的旋转方向运行。

3) 励磁回路的总电阻要小于临界电阻。由于对应于不同的转速，电机的空载特性位置也不同，因此对应于不同的转速便有不同的临界电阻。如果保持励磁回路的总电阻不变，则发电机在高速时能自励，而在低转速时也许就不能自励。一般发电机应保持在额定转速 n_N 下运行。

（二）运行特性

因为并励发电机的 $I_a = I + I_f$，所以在同样的负载电流下，并励发电机的电枢电流 I_a 要比他励发电机大，由此而产生的电枢电阻压降和电枢反应的去磁作用也比他励时大。但是一般并励电机的励磁电流 I_f 较小，不会引起端电压的显著变化，因此并励发电机的空载特性和调节特性与他励发电机并无多大差别。下面只分析并励发电机的外特性。

并励发电机的外特性是在 $n = n_N$、$R_f = R_{fN} =$ 常数（注意：不是 $I_f =$ 常数）时，$U = f(I)$ 的关系曲线。用试验方法求取外特性时，先将电机拖动到额定转速 $n = n_N$，使电机自励建立电压，然后调节励磁电流和负载电流，使电机达到额定运行状态，即 $U = U_N$、$I = I_N$，此时励磁回路的总电阻即为 R_{fN}。保持 R_{fN} 不变，求取不同负载时的端电压，就可得到如图 1-47 中曲线 1 所示的外特性曲线，图中曲线 2 表示接成他励时的外特性。比较这两条曲线，可以看出并励发电机的外特性有两个特点。

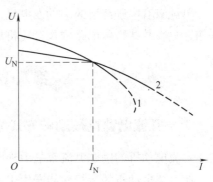

图 1-47 并励发电机的外特性

（1）并励发电机的电压调整率较他励时大 这时因为他励发电机的励磁电流 $I_f = I_{fN} =$ 常数，它不受端电压变化的影响，而并励发电机的励磁电流却随电枢端电压的降低而减小，这就使并励发电机，除存在电枢反应去磁及电枢回路电阻电压降的影响外，其电枢电动势进一步下降，因此并励发电机的外特性比他励时要下降得快一些。并励发电机的电压调整率一般在 20% 左右。

（2）稳态短路电流小 当负载电阻短路时（$R = 0$），电枢端电压 $U = 0$，励磁电流 I_f

也为零。这时电枢绕组中的电流由剩磁电动势所产生。由于剩磁电动势不大，所以稳态短路电流也不大。

必须强调指出，并励发电机的稳态短路电流虽然不大，但若发生突然短路，则因为励磁绕组有很大的电感，励磁电流及其所建立的磁通不能立即消失，因此短路电流的最大值仍可达到额定电流的8~12倍，还是有损坏电机的危险。

五、复励发电机

复励发电机分积复励和差复励两类。在积复励发电机中，并励绕组起主要作用，它使发电机空载时产生额定电压。串励绕组的作用只是用来补偿负载时电枢电阻压降和电枢反应的去磁作用，使电机在一定的负载范围内保持端电压的恒定，这就克服了他励和并励发电机的电压随负载增加而下降的缺点。

根据串励绕组的补偿程度，积复励电机又可分为平复励、过复励和欠复励三种。若发电机在额定负载时的端电压等于空载电压，就称为平复励，它说明这时串励绕组磁动势恰好能补偿电枢反应的去磁作用和电枢的电阻压降。若补偿有余，则额定负载时的端电压将高于空载电压，称为过复励。反之，补偿不足就称为欠复励。复励发电机的外特性如图1-48所示。

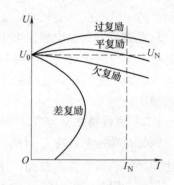

图 1-48　复励发电机的外特性

在差复励发电机中，由于负载时串励绕组磁动势使电机磁通进一步减小，因此端电压急剧下降，接近于恒流源的特性，利用这一特性，差复励发电机常用作直流电焊机。

单纯只有串励绕组的串励发电机，因为负载变化时端电压变化很大，故一般很少采用，只在某些特殊电路中作升压机用。

第八节　直流电动机

一、直流电动机按励磁方式分类

直流电动机的励磁电流都是由外电源供给的，和直流发电机相似，励磁方式不同也会使直流电动机的运行性能产生很大差异。按照励磁方式的不同，直流电动机可分为他励、并励、串励、复励电动机。

1. 他励电动机

电枢绕组和励磁绕组分别由两个独立的直流电源供电，电枢电压 U 与励磁电压 U_f 彼此无关，如图1-49a所示。

2. 并励电动机

励磁绕组和电枢并联，由同一电源供电，励磁电压 U_f 等于电枢电压 U，如图1-49b所示，从性能上讲与他励电动机相同。

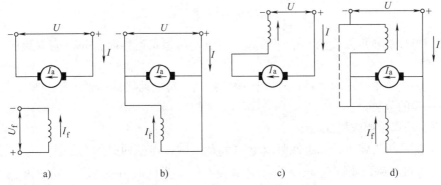

图 1-49 直流电动机的励磁方式
a)他励 b)并励 c)串励 d)复励

3. 串励电动机

励磁绕组与电枢串联后再接于直流电源，这时 $I=I_a=I_f$，如图 1-49c 所示。

4. 复励电动机

有并励和串励两个励磁绕组，如图 1-49d 所示。它也分积复励和差复励两类，因为差复励电动机运行时转速不稳定，实际上不采用。

二、直流电动机的基本方程式

（一）电动势平衡方程式

直流电动机稳定运行时，设电枢两端外加电压为 U，电枢电流为 I_a，电枢电动势为 E_a，则从电动机的工作原理可以知道，这时 E_a 与 I_a 是反向的，即 E_a 是个反电动势。若以 U、E_a、I_a 的实际方向为正方向，则可列出直流电动机的电动势平衡方程式

$$U = E_a + I_a R + 2\Delta U_b \tag{1-55}$$

式中　R——电枢电路总电阻，$R = R_a + R_{pa}$，包括电枢电阻 R_a 和与电枢串联的附加电阻 R_{pa}。

（二）转矩平衡方程式

电动机的电磁转矩是个驱动转矩。当电动机以恒定的转速稳定运行时，电磁转矩 T_{em} 与负载转矩 T_z 及空载转矩 T_0 相平衡，即

$$T_{em} = T_z + T_0 \tag{1-56}$$

由此可见，电动机轴上的输出转矩 T_d 只是电磁转矩的一部分，它与负载转矩相平衡，即

$$T_d = T_{em} - T_0 = T_z \tag{1-57}$$

当电动机转速发生变化时，因为电动机转子和被它拖动的生产机械都具有转动惯量，就会产生一个惯性转矩 $T_j = J \dfrac{\mathrm{d}\omega}{\mathrm{d}t}$。根据力学知识，在一个机械系统中，任何瞬间都必须保持转矩平衡，于是电动机的转矩方程式应为

$$T_{em} = T_z + T_0 + T_j$$

$$= T_z + T_0 + J \frac{d\omega}{dt} \tag{1-58}$$

式(1-58)是转矩方程的一个一般式，当电动机稳定运行时，$d\omega = 0$、$T_j = 0$，就变为式(1-57)了。

在电力拖动中，式(1-58)也称作运动方程式，对电动机的运动方程式将在第二章再做进一步的分析。

（三）功率平衡方程式

直流电动机工作时，从电网吸取电功率 P_1，除去电枢回路的铜损耗 p_{Cua}，电刷接触损耗 p_{Cub} 及励磁回路铜耗 p_{Cuf}，其余部分便是转变为机械功率的电磁功率 P_{em}，所以直流电动机的电磁功率 P_{em} 也就是电枢所发出的全部机械功率 $T_{em}\omega$。

从电能的观点来看，由于电动机的电枢电动势是个反电动势，它与 I_a 反向，所以 $E_a I_a$ 表示电枢所吸收的电功率。因此和发电机一样，电动机的电磁功率也可以写成

$$P_{em} = T_{em}\omega = E_a I_a \tag{1-59}$$

电磁功率并不能全部用来输出，它必须补偿机械损耗 p_Ω、铁耗 p_{Fe} 和附加损耗 p_s，最后剩下的部分才是对外输出的机械功率 P_2，所以

$$P_{em} = p_\Omega + p_{Fe} + p_s + P_2 = P_0 + P_2 \tag{1-60}$$

最后可写出直流电动机的功率平衡方程式为

$$\begin{aligned} P_1 &= p_{Cua} + p_{Cub} + p_{Cuf} + P_{em} \\ &= p_{Cua} + p_{Cub} + p_{Cuf} + p_\Omega + p_{Fe} + p_s + P_2 \\ &= \sum p + P_2 \end{aligned} \tag{1-61}$$

由式(1-61)可绘出直流电动机的功率图，如图1-50所示。

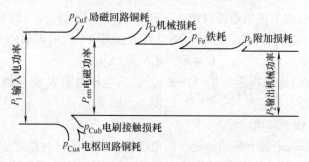

图1-50 直流电动机功率图

三、他励（并励）直流电动机的工作特性

他励（并励）直流电动机的工作特性是指在 $U = U_N$、电枢回路的附加电阻 $R_{pa} = 0$、励磁电流 $I_f = I_{fN}$ 时，电动机的转速 n、电磁转矩 T_{em} 和效率 η 三者与输出功率 P_2 之间的关系，即 n、T_{em}、$\eta = f(P_2)$。在实际应用中，由于电枢电流 I_a 较易测量，且 I_a 随 P_2 的增大而增大，故也有将工作特性表示为 n、T_{em}、$\eta = f(I_a)$ 的。

下面介绍如何用试验方法求取工作特性曲线，并从理论上加以分析。

试验时的接线图如图1-51所示，图中 R_{st} 为起动电阻，R_{pf} 为磁场调节电阻。在 $U =$

U_N 时，调节电动机的负载和励磁电流，使输出功率为额定功率 P_N、转速为额定转速 n_N，此时的励磁电流即为 I_{fN}。保持 $U = U_N$、$I_f = I_{fN}$ 不变，改变电动机的负载，测得相应的转速 n、负载转矩 T_z 和输出功率 P_2，就可画出如图 1-52 所示的工作特性。

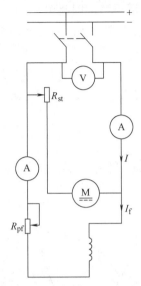

图 1-51　并励电动机接线图　　　　图 1-52　并励电动机的工作特性

（一）转速调整特性

以 $E_a = C_e \Phi n$ 代入电动势平衡方程式 $U = E_a + I_a R_a$，即可得到转速公式

$$n = \frac{U_N - I_a R_a}{C_e \Phi} \tag{1-62}$$

式（1-62）对各种励磁方式的电动机都适用。对于一定的电动机，C_e 为一常数，则当 $U = U_N$ 时，影响转速的因素有两个：一是电枢回路的电枢压降 $I_a R_a$；二是磁通 Φ。因为 $I_f = I_{fN} =$ 常数，因此磁通仅受电枢反应的影响。当负载增加时，电枢电流 I_a 增大，电枢压降 $I_a R_a$ 也随之增大，使转速下降，而电枢反应的去磁作用却使转速上升，这两个因素的相反作用，结果使电动机的转速变化很小。若 $I_a R_a$ 的影响很大，则转速随负载增大而下降；反之，若电枢反应的去磁作用影响大，则转速将随负载的增大而上升，但这是一种不稳定的运行情况。实际上，在设计电动机时，同时考虑了上述两个因素的影响，而使电动机具有略为下降的转速调整特性。某些并励电动机，为了使之工作稳定，有时在主极铁心上加上一个匝数很少的串励绕组，称为稳定绕组（串励磁动势仅占总磁动势的10%），以补偿电枢反应的去磁作用，但仍然称作并励电动机。

电动机从空载到满载转速变化的程度，用空载转速 n_0 与额定转速 n_N 之差与额定转速的百分比表示，称为电动机的额定转速调整率 $\Delta n\%$。

$$\Delta n\% = \frac{n_0 - n_N}{n_N} \times 100\% \tag{1-63}$$

并励电动机的转速调整率很小，只有 2% ~ 8%，基本上可以认为是一种恒速电动机。

（二）转矩特性

输出功率 $P_2 = T_z\omega$，所以 $T_z = \dfrac{P_2}{\omega} = \dfrac{P_2}{2\pi n/60}$。由此可见，当转速不变时，$T_z = f(P_2)$ 为一通过原点的直线。实际上，当 P_2 增加时转速 n 有所下降，因此 $T_z = f(P_2)$ 的关系曲线将稍向上弯曲。而电磁转矩 $T_{em} = T_z + T_0$，因此只要在 $T_z = f(P_2)$ 的曲线上加上空载转矩 T_0，便可得到 $T_{em} = f(P_2)$ 的关系曲线。

（三）效率特性

根据直流电动机的功率平衡方程式和能量图，可得出

$$\eta = \frac{P_2}{P_1} \times 100\% = \left(1 - \frac{\sum p}{P_1}\right) \times 100\%$$

$$= \left[1 - \frac{p_{Fe} + p_\Omega + p_s + p_{Cuf} + p_{Cua} + p_{Cub}}{U(I_a + I_f)}\right] \times 100\% \tag{1-64}$$

对效率特性的分析与发电机相同，这里不再讨论。

四、串励电动机的工作特性

因为串励电动机的励磁绕组与电枢串联，故励磁电流 $I_f = I_a$ 与负载有关。这就是说，串励电动机的气隙磁通 Φ 将随负载的变化而变化，这是串励电动机的特点(他励或并励电动机，若不计电枢反应，可以认为 Φ 与负载无关)，正是这一特点，使串励电动机的工作特性与他励电动机有很大差别，如图 1-53 所示。

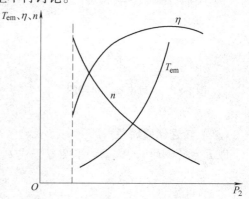

图 1-53　串励电动机的工作特性

（一）转速调整特性

串励电动机当输出功率 P_2 增加时，电枢电流 I_a 随之增大，电枢回路的电阻压降也增大，同时因为 $I_a = I_f$，所以气隙磁通也必然增大。从转速公式式(1-62)可知，这两个因素均使转速下降。因此转速 n 随输出功率的增加而迅速下降。当负载很轻时，因为 I_a 很小，磁通 Φ 也很小，因此电枢必须以很高的转速旋转，才能产生足够的电动势 E_a 与电网电压相平衡。所以串励电动机绝对不允许在空载或负载很小的情况下起动或运行。在实际应用中，为了防止意外，规定串励电动机与生产机械之间不准采用传动带或链条传动，而且负载转矩不得小于额定转矩的 1/4。

由于串励电动机不允许空载运行，因此国家标准规定，串励电动机的转速调整率定义为

$$\Delta n\% = \frac{n_{\frac{1}{4}} - n_N}{n_N} \times 100\% \tag{1-65}$$

式中　$n_{\frac{1}{4}}$——当 $P_2 = \dfrac{1}{4}P_N$ 时的转速。

（二）转矩特性

由于串励电动机的转速 n 随 P_2 的增加而迅速下降，所以轴上的输出转矩 T_z 将随

P_2 的增加而迅速增加。也就是说，$T_{em}=f(P_2)$ 的曲线将随 P_2 的增加而很快地向上弯曲，这也可以从串励电动机中 $I_f=I_a$ 这一点来说明。

因为 $T_{em}=C_T\Phi I_a$，当磁路未饱和时，$\Phi\propto I_a$，所以 $T_{em}\propto I_a^2$。当负载较大时，因磁路饱和，Φ 近似于不变，$T_{em}\propto I_a$。这就是说，随着 P_2、I_a 的增大，电磁转矩 T_{em} 将以高于电流一次方的比例增加，这种转矩特性使串励电动机在同样大小的起动电流下产生的起动转矩较他励电动机大。而当负载增大时，电动机转速会自动下降，这对于某些生产机械是十分适宜的。因此串励电动机常作为牵引电机应用在电力机车上。

（三）效率特性

串励电动机的效率特性与他励电动机相仿，需要指出的是，串励电动机的铁耗不是不变的，而是随 I_a 的增大而增大。此外，因负载增加时转速降低很多，所以机械损耗随负载增加而减小。因此，若不计附加损耗，$P_0=p_{Fe}+p_\Omega$ 基本上仍保持不变。而串励电动机的励磁损耗 $p_{Cuf}=I_a^2R_f$ 将与 I_a 的二次方成正比，是一可变损耗，这样当 $P_0=p_{Fe}+p_\Omega=I_a^2(R_a+R_f)$ 时，串励电动机的效率最高。

五、复励电动机的工作特性

复励电动机的工作特性介于他励与串励电动机之间。如果并励绕组的磁动势起主要作用，工作特性就接近于他励（或并励）电动机，但和他励电动机相比，复励电动机有如下优点：当负载转矩突然增大时，由于串励绕组中的电流加大，磁通 Φ 增大，促使电磁转矩很快增大，这就使电动机能迅速适应负载的变化。其次，由于串励绕组的存在，即使当电枢反应的去磁作用较强时，仍能使电动机具有下降的转速调整特性，从而保证电动机能稳定运行。如果是串励绕组磁动势起主要作用，工作特性就接近于串励电动机，但这时因为有并励磁动势存在，电动机空载时不会有发生高速的危险。

差复励电动机因为在运行中有可能发生运行不稳定的现象，故极少采用。

图 1-54 所示为直流电动机不同励磁方式的转速调整特性。

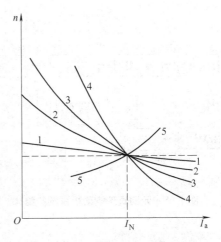

图 1-54 直流电动机的转速调整特性
1—并励电动机　2—并励为主的复励电动机
3—串励为主的复励电动机　4—串励
电动机　5—差复励电动机

六、电动机的适用范围

根据不同励磁方式，直流电动机的工作特性不同，一般他励或并励电动机适用于起动转矩稍大的恒定负载和要求调速的传动系统，如离心泵、金属切削机床；复励电动机则用于要求起动转矩较大、转速变化不大的负载，如空气压缩机等；串励电动机用于要求很大的起动转矩、转速允许有较大变化的负载，如各种类型的电车、起锚机等。

第九节 无刷直流电动机简介

一、无刷直流电动机的组成

无刷直流电动机是一种典型的机电一体化产品，它是由电动机本体、逆变器、转子位置检测器和控制器组成的自同步电动机系统或自控式变频同步电动机，其系统的组成如图 1-55 所示。

（一）电动机本体

无刷直流电动机与换向器式直流电动机相比，不同的是：其转子为永磁结构，转子镶嵌有永磁体，永磁体多采用钕铁硼等高矫顽力、高剩磁感应密度的稀土永磁材料制作；定子为电枢，定子铁心中嵌有多相对称绕组，每相绕组与逆变器中的各开关相连；没有电刷和机械换向器，有转子位置检测器。因此无刷直流电动机也称为永磁无刷直流电动机，其结构如图 1-56 所示。

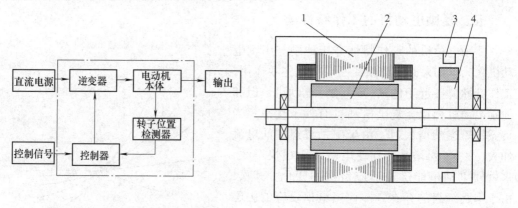

图 1-55 无刷直流电动机系统的组成

图 1-56 无刷直流电动机结构
1—定子 2—永磁转子 3—检测器定子 4—检测器转子

除了图 1-56 所示的内转子结构外，无刷直流电动机还有外转子结构。采用外转子结构时，其定子绕组出线和位置传感器引线都从电动机转轴引出。

（二）逆变器

逆变器将直流电转换成交流电向电动机供电，与一般逆变器不同，它的输出频率不是独立调节的，而是受控于转子位置信号，是一个"自控式逆变器"。由于采用自控式逆变器，无刷直流电动机输入电流的频率和电动机转速始终保持同步，电动机和逆变器不会产生振荡和失步。

无刷直流电动机的逆变器主开关一般采用 IGBT 或功率 MOSFET 等全控型器件，有些主电路已有集成的功率模块（PIC）和智能功率模块（IPM），选用这些模块可以提高系统的可靠性。

无刷直流电动机定子绕组的相数可以有不同的选择，绕组的联结方式有星形和三角形，而逆变器又有半桥型和全桥型两种。不同的组合会使电动机产生不同的性能和成本，实际应用时，综合以下指标做出正确的选择：

（1）绕组利用率　无刷直流电动机各相绕组是断续通电的。相数越多，每相绕组通电的时间就越少，为提高绕组的利用率，三相绕组优于四相和五相绕组。

（2）转矩脉动　无刷直流电动机相数越多，输出转矩脉动越小，而且采用桥式主电路比采用非桥式主电路时，输出转矩脉动小。

（3）制造成本　相数越多，逆变器电路使用的开关管就越多，成本越高。桥式主电路所用的开关管比半桥式多一倍，成本要高；多相电动机的逆变器结构复杂，成本也高。

目前，星形联结三相桥式逆变器主电路组合应用最多。

（三）位置检测器

位置检测器的作用是检测转子磁极相对于定子绕组的位置信号，为逆变器提供换相信息。位置检测包括有位置传感器检测和无位置传感器检测两种方式。

（1）有位置传感器检测方式　位置检测器由定子和转子两部分组成（见图1-56），其转子与电动机本体同轴，以跟踪电动机本体转子磁极的位置；其定子固定在电动机本体定子上，以检测和输出转子位置信号。转子位置传感器的种类包括磁敏式、电磁式、光电式、接近开关式、正余弦旋转变压器式以及编码器等。

（2）无位置传感器检测方式　不安装机械式位置传感器，而通过检测和计算与转子位置有关的物理量间接地获得转子位置信息，主要方法有反电动势检测法、续流二极管工作状态检测法、定子三次谐波检测法和瞬时电压方程法等。

（四）控制器

控制器是无刷直流电动机正常运行并实现各种调速伺服的指挥中心，控制器的主要形式有模拟控制系统、基于专用的集成电路控制系统、数模混合控制系统和全数字控制系统。它主要完成以下功能：

1）对转子位置检测器输出的信号、PWM调制信号、正反转和停车信号进行逻辑综合，为驱动电路提供各开关管的斩波信号和选通信号，实现电动机的正反转及停车控制。

2）产生PWM调制信号，使电动机的电压随给定速度信号而自动变化，实现电动机开环调速。

3）对电动机进行速度闭环调节和电流闭环调节，使系统具有较好的动态和静态性能。

4）实现短路、过电流、过电压和欠电压等故障保护功能。

二、无刷直流电动机的工作原理

以图1-57所示的无刷直流电动机系统来说明无刷直流电动机的工作原理。电动机本体的电枢绕组为三相星形联结，位置传感器与电动机本体同轴，控制电路对位置信号进行逻辑变换后产生驱动信号，驱动信号经驱动电路隔离放大后控制逆变器的功率开关管，使电动机的各相绕组按一定的顺序工作。

当转子旋转到图1-58a所示的位置时，转子位置传感器输出的信号经控制电路逻辑交换后驱动逆变器，使VT_1、VT_6导通，即A、B两相绕组通电，电流从电源正极流出，经VT_1流入A相绕组，再从B相绕组流出，经VT_6回到电源负极。电枢绕组在空

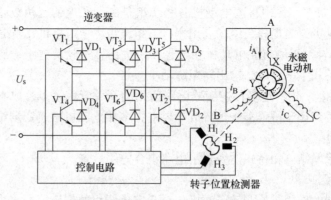

图 1-57 无刷直流电动机系统

间产生的磁动势 F_a，如图 1-58a 所示，此时，定转子磁场互相作用，使电动机的转子顺时针转动。

当转子在空间转过 60°电角度，到达如图 1-58b 所示位置时，转子位置传感器输出的信号经控制电路逻辑交换后驱动逆变器，使 VT$_1$、VT$_2$ 导通，A、C 两相绕组通电，电流从电源正极流出，经 VT$_1$ 流入 A 相绕组，再从 C 相绕组流出，经 VT$_2$ 回到电源负极。电枢绕组在空间产生的磁动势 F_a 如图 1-58b 所示，此时，定转子磁场互相作用，使电动机的转子继续顺时针转动。

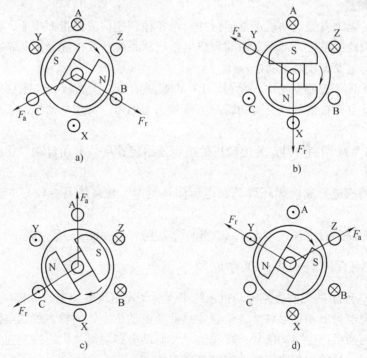

图 1-58 无刷直流电动机的工作原理示意图

a) VT$_1$、VT$_6$ 导通，A、B 相通电　b) VT$_1$、VT$_2$ 导通，A、C 相通电

c) VT$_3$、VT$_2$ 导通，B、C 相通电　d) VT$_3$、VT$_4$ 导通，B、A 相通电

转子在空间每转过 60°电角度，逆变器开关就发生一次切换，功率开关管的导通逻辑为 VT₁、VT₆→VT₁、VT₂→VT₃、VT₂→VT₃、VT₄→VT₅、VT₄→VT₅、VT₆→VT₁、VT₆。在此期间，转子始终受到顺时针方向的电磁转矩作用，沿顺时针方向连续旋转。

在图 1-58a 到图 1-58b 的 60°电角度范围内，转子磁场沿顺时针连续旋转，而定子合成磁场在空间保持图 1-58a 中的 F_a 的位置静止。只有当转子磁场连续旋转 60°电角度，到达图 1-58b 中的 F_r 位置时，定子合成磁场才从图 1-58a 的 F_a 位置跳跃到图 1-58b 的 F_a 位置。可见，定子合成磁场在空间不是连续旋转的，而是一种跳跃式旋转磁场，每个步进角是 60°电角度。

转子在空间每转过 60°电角度，定子绕组就进行一次换流，定子合成磁场的磁状态就发生一次跃变。可见，电动机有六种磁状态，每一状态有两相导通，每相绕组的导通时间对应于转子旋转 120°电角度。我们把无刷直流电动机的这种工作方式称为两相导通星形三相六状态，这是无刷直流电动机常用的一种工作方式。

由于定子合成磁动势每隔 1/6 周期(60°电角度)跳跃前进一步，在此过程中，转子磁极上的永磁磁动势却是随着转子连续旋转的，这两个磁动势之间平均速度相等，保持"同步"，但是瞬时速度却是有差别的，两者之间的相对位置是时刻变化的，所以，它们互相作用下所产生的转矩除了平均转矩外，还有脉动分量。

三、无刷直流电动机的特点

与有刷直流电动机相比，无刷直流电动机有以下特点：

1)可靠性高，寿命长。它的工作期限主要取决于轴承及其润滑系统。高性能的无刷直流电动机工作寿命可达数十万小时。

2)无电气火花；机械噪声低；维护和修理简单。

3)可工作于高真空、不良介质环境。

4)可在高转速下工作，专门设计的高速无刷直流电动机的工作转速可达每分钟 10 万转以上。

5)绕组安放在定子上，有利于散热；易得到更高的功率密度。

6)必须与电子换向线路配套使用，从而使总体成本增加，但从控制的角度看，有更大的使用灵活性。

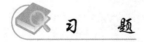 习 题

1. 直流电机有哪些主要部件？各用什么材料制成？起什么作用？

2. 一直流电动机，已知 $P_N = 13$kW，$U_N = 220$V，$n_N = 1500$r/min，$\eta = 0.85$，求额定电流 I_N。

3. 一直流发电机，已知 $P_N = 90$kW，$U_N = 230$V，$n_N = 1450$r/min，$\eta = 0.89$，求额定电流 I_N。

4. 一台 p 对极的直流发电机，若将电枢绕组由单叠改为单波(导体数不变)，问额定电压、额定电流和额定功率如何变化？

5. 计算下列各绕组的节距 y_1、y_2 和 y，绘制绕组展开图，安放主磁极和电刷，并求出支路对数。

(1) 单叠绕组 $2p = 4$，$S = K = 18$；

(2) 单波绕组 $2p = 4$，$S = K = 19$。

6. 一台 4 极直流发电机，电枢绕组为单叠整距绕组，每极磁通 $\Phi = 3.5 \times 10^{-2}$Wb，电枢总导体数 $N = 152$，求当转速 $n = 1200$r/min 时的空载电动势 E_a。

（1）若改为单波绕组，其他条件不变，则当空载电动势为 210V 时，发电机转速应为多少？

（2）若保持每条支路的电流 $i_a = 50$A 不变，求电枢绕组为单叠和单波时，发电机的电磁转矩 T_{em} 各为多少？

7. 什么叫电枢反应？电枢反应的性质与哪些因素有关？一般情况下，发电机的电枢反应性质是什么？对电动机呢？

8. 什么叫换向？为什么要改善换向？改善换向的方法有哪些？

9. 说明装置换向极改善换向的原理。一台发电机改作电动机或转向改变时，换向极绕组是否需要改接？为什么？

10. 一台 4 极 82kW、230V、930r/min 的并励发电机，在 75℃ 时的电枢回路电阻 $R_a = 0.0259\Omega$，励磁绕组电阻 $R_{rf} = 22.8\Omega$，额定负载时励磁回路串入调节电阻 $R_{pf} = 3.5\Omega$，电刷压降 $2\Delta U_b = 2$V，铁耗和机械损耗 $p_{Fe} + p_\Omega = 2.3$kW，附加损耗 $p_s = 0.05P_N$。求额定负载时，发电机的输入功率、电磁功率、电磁转矩和效率。

11. 一台并励直流电动机，在额定电压 $U_N = 220$V，额定电流 $I_N = 80$A 的情况下运行，75℃ 时的电枢电阻 $R_a = 0.01\Omega$，电刷接触压降 $2\Delta U_b = 2$V，励磁回路总电阻 $R_{rf} + R_{pf} = 110\Omega$，附加损耗 $p_s = 0.01P_N$，效率 $\eta = 0.85$。求：（1）额定输入功率 P_1；（2）额定输出功率 P_2；（3）总损耗 $\sum p$；（4）电枢铜耗 p_{Cua}；（5）励磁回路损耗 p_f；（6）电刷接触损耗 p_{Cub}；（7）附加损耗 p；（8）机械损耗和铁耗 $p_\Omega + p_{Fe}$。

12. 什么叫发电机的外特性？他励发电机和并励发电机的外特性有什么不同？为什么？

13. 一并励发电机，额定运行时情况正常，当转速降为 $\frac{1}{2}n_N$ 时，电枢电压 $U = 0$，试分析原因。

14. 一台并励直流电动机，铭牌数据为 $P_N = 96$kW，$U_N = 440$V，$I_N = 255$A，$I_{fN} = 5$A，$n_N = 1550$r/min，并已知 $R_a = 0.078\Omega$。试求：

（1）电动机的额定输出转矩 T_N；

（2）电动机的额定电磁转矩 T_{em}；

（3）电动机的理想空载转速 n_0。

15. 电动机的工作特性是指什么？试比较不同励磁方式对工作特性的影响。

16. 试说明无刷直流电动机与普通永磁直流电动机的基本构造和工作原理。

17. 无刷直流电动机与换向器式直流电动机相比较有何优点？

第二章

直流电动机的电力拖动

第一节 电力拖动系统的动力学

电力拖动系统是由电动机拖动，并通过传动机构带动生产机械运转的一个动力学整体。虽然电动机可以有不同的种类和特性，生产机械的负载性质也可以是各种各样的，但从动力学的角度来看，它们都服从动力学统一的规律，所以在研究电力拖动时，首先分析电力拖动系统的动力学问题。

一、运动方程式

在第一章中，已经引出了电动机的运动方程式，即式（1-58）

$$T_{em} = T_z + T_0 + T_j$$

若将 $T_2 = T_z + T_0$ 代入上式，则电动机的运动方程式变为

$$T_{em} - T_2 = T_j = J \frac{d\omega}{dt} \tag{2-1}$$

式中　J——转动惯量，$J = m\rho^2 = \dfrac{GD^2}{4g}$。其中，$m$ 与 G 分别为旋转部分的质量与重力，单位分别为 kg 和 N；ρ 与 D 分别为惯性半径与惯性直径，单位为 m；g 为重力加速度，$g = 9.81 \text{m/s}^2$。

通常电动机的转速用每分钟的转数 n 表示，而不用角速度 ω，这样就得到运动方程式的实用形式

$$T_{em} - T_2 = \frac{GD^2}{375} \frac{dn}{dt} \tag{2-2}$$

式中　GD^2——飞轮矩，$GD^2 = 4gJ$，单位为 N·m^2；

375 是具有加速度量纲的。

应当注意，GD^2 是代表物体旋转惯性的一个整体物理量，在实际应用中，不论是计算还是书写时，GD^2 都要写在一起，不能分开，因为分开后，每个符号所代表的物理量就是另外一种内容了。

物体的 GD^2 的求法，可参看工程力学教材，电动机和生产机械的 GD^2 可由产品样本和有关设计资料中找到。

从式（2-2）中可见：

当 $T_{em} < T_2$ 时，$\dfrac{dn}{dt} < 0$，电动机减速；当 $T_{em} > T_2$ 时，$\dfrac{dn}{dt} > 0$，电动机加速。在这两种情况下，电动机都处于过渡过程中。

当 $T_{em} = T_2$ 时，$\dfrac{dn}{dt} = 0$，电动机恒速运行。

二、运动方程式中转矩正、负号的规定

由于电动机的运动状态不同，以及生产机械、负载类型不同，作用在电动机转轴上的电磁转矩（拖动转矩）T_{em} 和阻转矩 T_2 不仅大小在变化，方向也是变化的，因此运动方程式可写成

$$\pm T_{em} - (\pm T_2) = \frac{GD^2}{375} \frac{dn}{dt} \tag{2-3}$$

在应用运动方程时，必须注意转矩的正负号，一般规定如下：

首先确定某一旋转方向为正方向，当电磁转矩 T_{em} 的方向与旋转方向相同时，T_{em} 前面取正号，反之取负号。

对阻转矩 T_2，若 T_2 的方向与旋转方向相同，则 T_2 前取负号，反之取正号，恰好与 T_{em} 的情况相反。

动态转矩 T_j 的大小和正负，则由 T_{em} 与 T_2 的代数和来决定。

三、工作机构转矩、力、飞轮矩和质量的折算

在一拖动系统中，如果电动机和工作机构直接相连，这时工作机构的转速等于电动机的转速。若忽略 T_0，则工作机构的负载转矩就等于作用在电动机转轴上的阻转矩。这种系统称为单轴系统。

而实际的拖动系统往往不是一种单轴系统，也就是说，电动机并不直接和工作机构相连接，而是通过一套传动机构，使电动机的角速度 ω 传递到工作机构时，变成符合工作机构所需要的角速度 ω_z，这种系统称为多轴系统。图 2-1a 所示就是一种四轴的拖动系统。

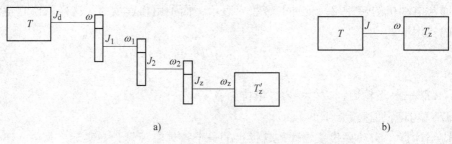

a)　　　　　　　　　　　　　　　b)

图 2-1　电力拖动系统示意图

a) 传动图　b) 等效折算图

显然，要研究一个多轴电力拖动系统的运动情况，就必须列出每根轴的运动方程式和各轴之间互相联系的方程式，这是相当复杂和麻烦的。就电力拖动系统而言，主要是把电动机作为研究对象，并不需要详细研究每根轴的问题。因此，为了简化计

算，通常都把实际的多轴系统折算成为一个等效的单轴系统，折算的原则是保持拖动系统在折算前后，其传送的功率和储存的动能不变，如图 2-1b 所示。

若以电动机轴为研究对象，需要折算的量有工作机构的负载转矩、系统中各轴（除电动机轴之外）的转动惯量 J_1，J_2，$\cdots$，J_z。对于某些作直线运动的工作机构，则必须把进行直线运动的质量 m_z 及运动所需克服的阻力 F_z 折算到电动机轴上。

（一）工作机构负载转矩 T_z' 的折算

设工作机构的负载转矩为 T_z'，转速为 ω_z，则对应的功率

$$P_z' = T_z'\omega_z \tag{2-4}$$

而折算后的功率 P_z 也可表示为

$$P_z = T_z\omega \tag{2-5}$$

式中 T_z——折算到电动机轴上的等效负载转矩；

ω——电动机转子的角速度。

根据折算前后功率不变的原则，应有下列关系：

$$T_z'\omega_z = P_z' = P_z = T_z\omega \tag{2-6}$$

$$T_z = T_z'\frac{\omega_z}{\omega} = \frac{1}{j}T_z' \tag{2-7}$$

式中 j——电动机与工作机构的转速比，$j = \dfrac{\omega}{\omega_z} = \dfrac{n}{n_z}$。

式(2-7)说明，在工作机构的低速轴上，转矩 T_z' 较大，而折算到电动机的高速轴上时，其等效的转矩 T_z 就减小了，仅等于 T_z' 的 $1/j$。这从功率不变的观点来看是可以理解的，低速轴转矩大，高速轴转矩小，如果不考虑损耗，则两者功率是相等的。实际上在传动过程中，传动机构存在着功率损耗，称为传动损耗。传动损耗可以在传动效率 η_c 中考虑。

当电动机拖动生产机械工作时，传动损耗应由电动机承担，电动机输出的功率比生产机械消耗的功率大，这时的功率关系应为

$$P_z = P_z'\frac{1}{\eta_c} \tag{2-8}$$

即

$$T_z\omega = T_z'\omega_z\frac{1}{\eta_c}$$

所以

$$T_z = T_z'\frac{1}{j\eta_c} \tag{2-9}$$

如果电动机处于某种制动状态，则传动损耗由生产机械的负载负担，如吊车卷扬机构在下放重物时，功率是由重物下放时的位势能克服传动机构的摩擦损耗后传到电动机轴上，因此功率平衡关系记为

$$T_z\omega = T_z'\omega_z\eta_c \tag{2-10}$$

即

$$T_z = \frac{T_z'}{j}\eta_c \tag{2-11}$$

这时折算到电动机轴上的功率较工作机构上的功率小。

上述公式中，转速比 j 为电动机轴与工作机构轴的转速之比，若已知多级传动机

构中每级转速比 j_1，j_2，…，则总的转速比 j 应为各级转速比之积

$$j = j_1 j_2 \cdots \tag{2-12}$$

一般设备上，电动机是作高速运转的，而工作机构是作低速运转的，这时 $j \gg 1$。

传动效率 η_c 是传动机构的总效率，在多级传动中，如各级的传动效率分别为 η_{c1}，η_{c2}，…，则总效率为

$$\eta_c = \eta_{c1} \eta_{c2} \cdots \tag{2-13}$$

不同种类的传动机构，其每级效率是不同的，并且负载大小不同时，效率也不同。通常在进行粗略计算时，不考虑这个差别，而采用满载效率进行计算。

（二）工作机械具有直线运动的工作机构

如龙门刨床工作台带动工件前进，以某一切削速度进行切削，这时切削力将在电动机轴上反映一个阻转矩 T_z，折算方法与上述相同，也是以传递功率不变为原则，再考虑到传动效率，则可直接写出

$$T_z = 9.55 \frac{F_z v_z}{n \eta_c} \tag{2-14}$$

式中　F_z——工作机构的直线作用力，单位为 N；

　　　v_z——工作机构直线运动的速度，单位为 m/s；

　　　n——电动机转速，单位为 r/min；

　　　η_c——传动效率；

　　　T_z——直线作用力 F_z 折算到电动机轴上的阻转矩，单位为 N·m。

（三）传动机构与工作机构飞轮矩的折算

在一多轴系统中，为了反映系统中不同转速的各轴的转动惯量对运动系统的影响，可以将传动机构各轴的转动惯量 J_1，J_2，…及工作机构的转动惯量 J_z 折算到电动机轴上，用电动机轴上一个等效的转动惯量 J 来表示。由于各轴的转动惯量对运动过程的影响直接反映在各轴所储存的动能上，因此折算时，实际系统与等效系统储存的动能应相等，这是转动惯量折算时的一个原则。若各轴的角速度分别为 ω_1，ω_2，…，则

$$\frac{1}{2} J \omega^2 = \frac{1}{2} J_d \omega^2 + \frac{1}{2} J_1 \omega_1^2 + \cdots + \frac{1}{2} J_z \omega_z^2 \tag{2-15}$$

$$J = J_d + J_1 \left(\frac{\omega_1}{\omega} \right)^2 + \cdots + J_z \left(\frac{\omega_z}{\omega} \right)^2 \tag{2-16}$$

若用飞轮矩和每分钟的转数表示，则得

$$GD^2 = GD_d^2 + GD_1^2 \left(\frac{n_1}{n} \right)^2 + \cdots + GD_z^2 \left(\frac{n_z}{n} \right)^2 \tag{2-17}$$

一般情况下，在系统总的飞轮矩中，电动机轴上的飞轮矩 GD_d^2 所占比重较大，工作机构轴上飞轮矩的折算值 $GD_z^2 \left(\frac{n_z}{n} \right)^2$ 所占比重较小，粗略计算时往往可忽略不计。

（四）工作机构直线运动质量的计算

工作机构作直线运动时，其质量 m_z 中储存有动能，为了把速度为 v_z 的质量 m_z 折算到电动机轴上，用电动机轴上一个转动惯量为 J_z 的转动体与之等效，也需要进行折

算。折算的原则仍然是转动体与质量 m_z 中储存的动能相等。即

$$\frac{1}{2}J_z\omega^2 = \frac{1}{2}m_z v_z^2 \qquad (2-18)$$

把 $J_z = \dfrac{GD_z^2}{4g}$，$\omega = \dfrac{2\pi n}{60}$ 及 $m_z = \dfrac{G_z}{g}$ 代入式（2-18），经化简得

$$GD_z^2 = \left(\frac{60}{\pi}\right)^2 \frac{G_z v_z^2}{n^2} = 365 \frac{G_z v_z^2}{n^2} \qquad (2-19)$$

应用上述分析中介绍的方法就能够把一个多轴拖动系统简化成一个单轴拖动系统，这样只需要用一个运动方程式，即可研究实际多轴系统的问题。

例 2-1　如图 2-2 所示的龙门刨床传动系统，试求折算到电动机轴上的静态转矩和传动系统的总飞轮矩。已知：电动机 M 的转速 $n = 860\text{r/min}$，工作台重 $m_1 = 3003.1\text{kg}$，工件重 $m_2 = 600\text{kg}$，切削力 $F = 19620\text{N}$，各齿轮的齿数及飞轮矩

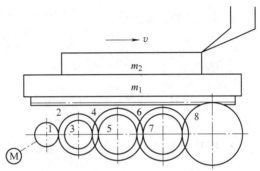

图 2-2　龙门刨床传动系统

见表 2-1，每对齿轮的传动效率 $\eta_c = 0.8$，齿轮 8 的直径 $D_8 = 0.5\text{m}$。

表 2-1　例 2-1 用表

齿 轮 号	1	2	3	4	5	6	7	8
齿数 z	15	47	22	58	18	58	14	46
$\dfrac{GD^2}{\text{N}\cdot\text{m}^2}$	3.04	14.91	7.85	23.6	13.7	37.3	25.5	41.2

解　把刨床运动分为旋转与直线运动两部分。

1. 旋转部分（不包括电动机电枢）的飞轮矩 GD_c^2。

因互相啮合的齿轮转速比与它们的齿数比成反比，所以由式（2-17）得

$$GD_a^2 = GD_1^2 + (GD_2^2 + GD_3^2)\left(\frac{z_1}{z_2}\right)^2 + (GD_4^2 + GD_5^2)\left(\frac{z_1}{z_2}\right)^2\left(\frac{z_3}{z_4}\right)^2 +$$

$$(GD_6^2 + GD_7^2)\left(\frac{z_1}{z_2}\right)^2\left(\frac{z_3}{z_4}\right)^2\left(\frac{z_5}{z_6}\right)^2 + GD_8^2\left(\frac{z_1}{z_2}\right)^2\left(\frac{z_3}{z_4}\right)^2\left(\frac{z_5}{z_6}\right)^2\left(\frac{z_7}{z_8}\right)^2$$

$$= \left[3.04 + (14.91 + 7.85)\times\left(\frac{15}{47}\right)^2 + (23.6 + 13.7)\times\left(\frac{15}{47}\right)^2\times\left(\frac{22}{58}\right)^2 +\right.$$

$$(37.3 + 25.5)\times\left(\frac{15}{47}\right)^2\times\left(\frac{22}{58}\right)^2\times\left(\frac{18}{58}\right)^2 + 41.2\times$$

$$\left.\left(\frac{15}{47}\right)^2\times\left(\frac{22}{58}\right)^2\times\left(\frac{18}{58}\right)^2\times\left(\frac{14}{46}\right)^2\right]\text{N}\cdot\text{m}^2$$

$$= 6.01\text{N}\cdot\text{m}^2$$

2. 直线运动部分的 GD_b^2。

齿轮 8 的转速为

$$n_8 = n\frac{z_1}{z_2}\frac{z_3}{z_4}\frac{z_5}{z_6}\frac{z_7}{z_8} = 860 \times \frac{15}{47} \times \frac{22}{58} \times \frac{18}{58} \times \frac{14}{46}\text{r/min} = 9.8\text{r/min}$$

工作台的直线运动速度（即切削速度）

$$v = \pi D_8 n_8 = \pi \times 0.5 \times 9.8\text{m/min} = 15.4\text{m/min} = 0.257\text{m/s}$$

由式（2-19）得

$$GD_b^2 = \frac{365(G_1 + G_2)v^2}{n^2}$$

$$= \frac{365 \times (9.81 \times 3003.1 + 9.81 \times 600) \times 0.257^2}{860^2}\text{N} \cdot \text{m}^2 = 1.15\text{N} \cdot \text{m}^2$$

3. 折算到电动机轴上的传动系统的总飞轮矩 GD^2（不包括电动机电枢）为

$$GD^2 = GD_a^2 + GD_b^2 = 6.01\text{N} \cdot \text{m}^2 + 1.15\text{N} \cdot \text{m}^2 = 7.16\text{N} \cdot \text{m}^2$$

4. 折算到电动机轴上的静态转矩 T_z。由式（2-14）得

$$T_z = 9.55\frac{F_z v_z}{n\eta_c} = 9.55 \times \frac{19620 \times 0.257}{860 \times 0.8}\text{N} \cdot \text{m} = 136.7\text{N} \cdot \text{m}$$

第二节　生产机械的负载转矩特性

生产机械的负载转矩 T_z 的大小和许多因素有关，通常把负载转矩 T_z 与转速的关系 $T_z=f(n)$ 称为生产机械的负载转矩特性，有时也简称为负载性质。生产机械的负载性质基本上可以归纳为三大类。

一、恒转矩负载

凡负载转矩 T_z 的大小为一定值，而与转速无关的称为恒转矩负载。根据负载转矩的方向是否与转向有关，又分为两大类。

（一）反抗性的恒转矩负载

这时负载转矩 T_z 总是反抗运动的。显然反抗性转矩负载特性曲线应在第一与第三象限内，如图 2-3 所示。

（二）位能性的恒转矩负载

这时负载转矩 T_z 具有固定的方向，且不随转向的改变而改变，如起重类型的负载，不论重物是提升还是下放，负载转矩的方向不变，因此位能性的恒转矩负载特性曲线应在第一与第四象限内，如图 2-4 所示。

但是在某种情况下，例如，机车下坡时，位能性负载的负载力矩对电动机起加速作用，当电动机处于这种运转状态时，负载转矩特性应在第二象限。

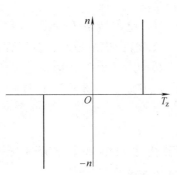

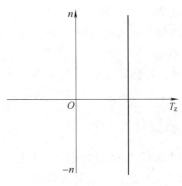

图 2-3　反抗性恒转矩负载特性　　　　图 2-4　位能性恒转矩负载特性

二、恒功率负载

负载功率 P_z 为一定值，负载转矩 T_z 则与转速 n 成反比，如车床车削工件，粗加工时，切削量大，切削阻力大，用低速；精加工时，切削量小，为保证加工精度，用高速，负载功率近似为一恒值，恒功率负载特性如图 2-5 所示。

三、通风机负载

属于通风机负载的生产机械有鼓风机、水泵、液压泵等，它们的特点是负载转矩与转速的二次方成正比，$T_z=kn^2$，其负载特性曲线如图 2-6 曲线 1 所示。

上述介绍的是 3 种典型的负载转矩特性，而实际的负载转矩特性往往是几种典型特性的综合。例如，实际的鼓风机除了主要是通风机负载特性外，由于其轴上还有一定的摩擦转矩 T_{z0}，因此实际鼓风机的负载特性应为

$$T_z = T_{z0} + kn^2$$

见图 2-6 中的曲线 2。

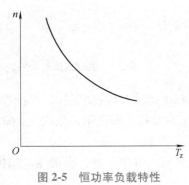

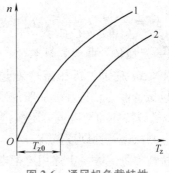

图 2-5　恒功率负载特性　　　　图 2-6　通风机负载特性

第三节　他励直流电动机的机械特性

他励直流电动机的机械特性是指电动机在电枢电压、励磁电流、电枢总电阻为恒值的条件下，电动机转速 n 与电磁转矩 T_{em} 的关系曲线 $n=f(T_{em})$ 或电动机转速 n 与

电枢电流 I_a 的关系曲线 $n = f(I_a)$，后者也就是转速调整特性。

根据运动方程式（2-1），当电动机恒速运行时，电磁转矩 $T_{em} = T_2$，其中 T_2 包括负载转矩 T_z 和空载转矩 T_0，由于在一般情况下，T_0 所占比重较小，在工程计算中可以忽略不计，这样负载转矩 T_z 就等于电动机轴上总的阻转矩 T_2，而与电磁转矩 T_{em} 相平衡。在以下的分析中，若无特别的说明，都是在忽略 T_0 的情况下进行的。

一、机械特性方程式

直流电动机的机械特性方程式，可由直流电动机的基本方程式导出。由式（1-62）和式（1-28），便可求得用电流 I_a 表示的机械特性方程式

$$n = \frac{U}{C_e \Phi} - \frac{R}{C_e \Phi} I_a \tag{2-20}$$

和利用电磁转矩 T_{em} 表示的机械特性方程式

$$n = \frac{U}{C_e \Phi} - \frac{R}{C_e C_T \Phi^2} T_{em} \tag{2-21}$$

当电源电压 $U = $ 常数，电枢电路总电阻 $R = $ 常数，励磁电流 $I_f = $ 常数（若忽略电枢反应，则 $\Phi = $ 常数）时，电动机的机械特性如图 2-7 所示，是一条向下倾斜的直线，这说明加大电动机的负载，会使转速下降。特性曲线与纵轴的交点为 $T_{em} = 0$ 时的转速 n_0，称为理想空载转速。

$$n_0 = \frac{U}{C_e \Phi} \tag{2-22}$$

实际上，当电动机旋转时，不论有无负载，总存在有一定的空载损耗和相应的空载转矩。所以电动机的实际空载转速 n_0' 将低于 n_0。由此可见式（2-20）和式（2-21）右边第二项即表示电动机带负载后的转速降，如用 Δn 表示，则

$$\Delta n = \frac{R}{C_e \Phi} I_a = \frac{R}{C_e C_T \Phi^2} T_{em} = \beta T_{em} \tag{2-23}$$

式中 β——机械特性曲线的斜率。

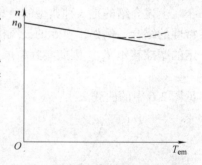

图 2-7 他励直流电动机的机械特性

β 越大，Δn 越大，机械特性就越"软"，通常称 β 大的机械特性为软特性。一般他励电动机在电枢没有外接电阻时，机械特性都比较"硬"。机械特性的硬度也可用额定转速调整率 $\Delta n_N \%$ 来说明，见式（1-63），转速调整率小，则机械特性硬度就高。

机械特性方程式除了上述用电枢电压和电动机参数表示外，也可用电动机的堵转数据表示。

当电动机堵转时，转速 $n = 0$，则电枢电动势 E_a 也为零，这时的电枢电流称为堵转电流 I_k

$$I_k = \frac{U}{R} \tag{2-24}$$

由 I_k 产生的电磁转矩称为堵转转矩 T_k

$$T_k = C_T \Phi I_k \tag{2-25}$$

于是机械特性方程式为

$$n = \frac{U}{C_e \Phi} - \frac{R}{C_e \Phi} I_a = \frac{U}{C_e \Phi}\left(1 - \frac{R}{U} I_a\right) = n_0\left(1 - \frac{I_a}{I_k}\right) \tag{2-26}$$

同理可写出

$$n = n_0\left(1 - \frac{T}{T_k}\right) \tag{2-27}$$

在某些情况下，利用堵转数据表示的机械特性方程更为方便。例如，减弱磁通时的人为机械特性就采用堵转数据表示。

二、固有机械特性和人为机械特性

固有机械特性是当电动机的工作电压和磁通均为额定值，电枢电路中没有串入附加电阻时的机械特性，其方程式为

$$n = \frac{U_N}{C_e \Phi_N} - \frac{R_a}{C_e \Phi_N} I_a \tag{2-28}$$

或

$$n = \frac{U_N}{C_e \Phi_N} - \frac{R_a}{C_e C_T \Phi_N^2} T_{em} \tag{2-29}$$

固有机械特性如图 2-8 中 $R = R_a$ 的曲线所示，由于 R_a 较小，故他励直流电动机固有机械特性较硬。

人为机械特性是人为地改变电动机参数或电枢电压而得到的机械特性，他励电动机有下列三种人为机械特性。

（一）电枢串接电阻时的人为机械特性

此时 $U = U_N$、$\Phi = \Phi_N$、$R = R_a + R_{pa}$，人为机械特性的方程式为

$$n = \frac{U_N}{C_e \Phi_N} - \frac{R_a + R_{pa}}{C_e C_T \Phi_N^2} T_{em} \tag{2-30}$$

与固有特性相比，理想空载转速 n_0 不变，但转速降 Δn 增大。R_{pa} 越大，Δn 也越大，特性变"软"，如图 2-8 中曲线 1、2 所示。

这种人为机械特性是一组通过 n_0 但具有不同斜率的直线。

（二）改变电枢电压时的人为机械特性

此时 $R_{pa} = 0$，$\Phi = \Phi_N$，特性方程式为

$$n = \frac{U}{C_e \Phi_N} - \frac{R_a}{C_e C_T \Phi_N^2} T_{em} \tag{2-31}$$

由于电动机的工作电压以额定电压为上限，因此电压在改变时，只能在低于额定电压的范围内变化。与固有特性相比较，特性曲线的斜率不变，理想空载转速 n_0 随电压减小成正比减小，因此改变电压时的人为特性是一组低于固有机械特性而与之平行的直线，如图 2-9 所示。

（三）减弱磁通时的人为机械特性

减弱磁通可以在励磁回路内串接电阻 R_{pf} 或降低励磁电压 U_f，此时 $U = U_N$、

$R_{pa}=0$，特性方程式为

$$n = \frac{U_N}{C_e\Phi} - \frac{R_a}{C_e C_T \Phi^2}T_{em} \tag{2-32}$$

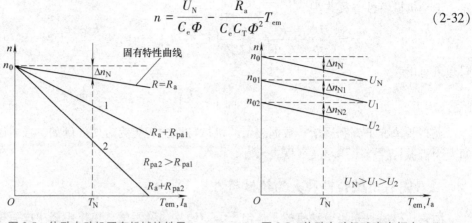

图 2-8 他励电动机固有机械特性及
串入电阻时的人为机械特性

图 2-9 他励电动机改变电枢电
压时的人为机械特性

或

$$n = \frac{U_N}{C_e\Phi} - \frac{R_a}{C_e\Phi}I_a \tag{2-33}$$

当 Φ 为常数时，因为 $T_{em} \propto I_a$，所以 $n=f(I_a)$ 和 $n=f(T_{em})$ 可以用同一曲线表示。但是在讨论减弱磁通的人为特性时，因为 Φ 是个变量，所以 $n=f(I_a)$ 和 $n=f(T_{em})$ 必须分别表示，而且这时机械特性采用堵转数据表示比较方便。

根据式（2-26），$n=n_0\left(1-\dfrac{I_a}{I_k}\right)$，因为 $I_k=\dfrac{U}{R_a}=$ 常数，而 $n_0=\dfrac{U_N}{C_e\Phi}$ 随 Φ 的减小而成反比增大，因此 $n=f(I_a)$ 的人为特性是一组通过横坐标 $I=I_k$ 点的直线，如图 2-10a 所示，磁通越小，特性的硬度越小。

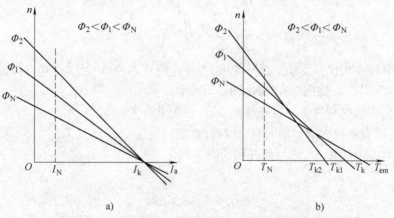

a)

b)

图 2-10 他励电动机减弱磁通时的人为机械特性

根据式（2-27），$n=n_0\left(1-\dfrac{T}{T_k}\right)$，当磁通减弱时，因为 I_k 不变，所以 T_k 随磁通的减弱成正比减小，而理想空载转速 n_0 则增大，Φ 值不同时的人为机械特性 $n=f(T_{em})$ 如图 2-10b 所示。从这组曲线可以看出，在一般情况下，因为 $T_2 \leqslant T_N \leqslant T_k$，所以减弱磁通可以使转速升高，但当负载转矩特别大或者工作磁通特别小时，如再减弱磁通，反而会使转速下降。

三、机械特性的绘制

根据机械特性方程式绘制或计算机械特性时，需要知道电动机的内部结构参数（如 C_e、C_T）。通常这些参数只有设计部门掌握，因此一般情况下，都是利用电动机的铭牌数据或实测数据来绘制机械特性的。绘制时需要知道的数据包括电动机的额定功率 P_N、额定电压 U_N、额定电流 I_{aN} 和额定转速 n_N。

（一）固有特性的绘制

他励电动机的固有机械特性为一直线，所以只要求出直线上任意两点的数据就可以画出这条直线。一般选择理想空载点（$T_{em}=0$，$n=n_0$）和额定运行点（$T_{em}=T_N$，$n=n_N$）。

对于理想空载点，已知 $n_0 = \dfrac{U_N}{C_e \Phi_N}$，根据电动势平衡方程式

$$C_e \Phi_N n_N = E_{aN} = U_N - I_{aN} R_a$$

得

$$C_e \Phi_N = \frac{U_N - I_{aN} R_a}{n_N}$$

式中，U_N、I_{aN}、n_N 均可由铭牌数据求得，R_a 可以实测，也可以用下式估算，其值为

$$R_a = \left(\frac{1}{2} \sim \frac{2}{3} \right) \frac{U_N I_{aN} - P_N}{I_{aN}^2} \tag{2-34}$$

式（2-34）是一个经验公式，它认为在额定负载下，电枢铜耗占电动机总损耗的 $\dfrac{1}{2} \sim \dfrac{2}{3}$，这是符合实际情况的。

求出 R_a 后，就可算出 $C_e \Phi_N$，理想空载点即可求得。

对于额定点，$T_N = C_T \Phi_N I_{aN}$。由式（1-34），$C_T = 9.55 C_e$，所以得 $T_N = 9.55 C_e \Phi_N I_{aN}$。$C_e \Phi_N$ 前已求得，I_{aN} 已知，则 T_N 即可算出，n_N 可由铭牌数据求得，因而额定点即可确定。

联接理想空载点和额定点的直线，即为所求的固有特性。

（二）人为机械特性的绘制

人为机械特性的绘制有两种情况，一种是已知参数求特性，另一种是已知特性求参数。

人为机械特性的计算方法和固有特性的计算方法相似，只要把相应的参数值代入相应的人为特性方程即可。

下面用一实例来说明各种特性的绘制方法。

例 2-2 一台他励直流电动机的铭牌数据为 $P_N = 22\text{kW}$，$U_N = 220\text{V}$，$I_N = 116\text{A}$，$n_N = 1500\text{r/min}$。

1. 绘制固有特性曲线。

2. 分别绘制下列三种情况的人为机械特性曲线：（1）电枢电路中串入电阻 $R_{pa} =$

0.7Ω 时；（2）电源电压降至 $\frac{1}{2}U_N = 110V$ 时；（3）磁通减弱至 $\frac{2}{3}\Phi_N$ 时。

3. 当轴上负载转矩为额定转矩时，要求电动机以 $n = 1000r/min$ 的速度运转，试问有几种可能的方案，并分别求出它们的参数。

解 1. 绘制固有特性曲线

（1）估算 R_a 由式（2-34），$R_a = \left(\frac{1}{2} \sim \frac{2}{3}\right)\frac{U_N I_N - P_N}{I_N^2}$，本例中系数取 $\frac{2}{3}$ 进行计算。

即

$$R_a = \frac{2}{3} \times \frac{220 \times 116 - 22000}{116^2}\Omega = 0.175\Omega$$

（2）计算 $C_e\Phi_N$

$$C_e\Phi_N = \frac{U_N - I_N R_a}{n_N} = \frac{220 - 116 \times 0.175}{1500}V/(r \cdot min^{-1}) = 0.133V/(r \cdot min^{-1})$$

（3）理想空载点

$$T_{em} = 0, \quad n_0 = \frac{U_N}{C_e\Phi_N} = \frac{220}{0.133}r/min = 1654r/min$$

（4）额定点

$$n = n_N = 1500r/min$$

$$T_{emN} = 9.55C_e\Phi_N I_N = 9.55 \times 0.133 \times 116N \cdot m = 147.2N \cdot m$$

连接额定点和理想空载点，即得固有机械特性曲线，如图 2-11 所示。

2. 绘制人为机械特性

（1）电枢电路中串入电阻 $R_{pa} = 0.7\Omega$ 理想空载点仍为 $n_0 = 1654r/min$，当 $T_{em} = T_{emN}$ 时，即 $I_a = 116A$，电动机转速为

$$n = n_0 - \frac{R_a + R_{pa}}{C_e\Phi_N}I_a = 1654r/min - \frac{0.175 + 0.7}{0.133} \times 116r/min = 890r/min$$

人为机械特性 $n = f(T_{em})$ 为通过（$T_{em} = 0$，$n_0 = 1654r/min$）和（$T_{em} = 147.3N \cdot m$，$n = 890r/min$）两点的直线，如图 2-12 中的曲线 1 所示。

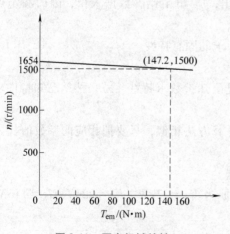

图 2-11 固有机械特性

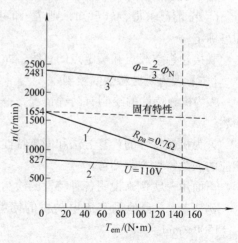

图 2-12 人为机械特性

（2）电源电压降至110V　理想空载点 n_0' 与电压成正比变化，所以

$$n_0' = 1654 \times \frac{110}{220} \text{r/min} = 827 \text{r/min}$$

当 $T_{em} = T_{emN}$ 时，即 $I_a = 116 \text{A}$，得转速 n 为

$$n = 827 \text{r/min} - \frac{0.175}{0.133} \times 116 \text{r/min} = 674 \text{r/min}$$

人为机械特性 $n = f(T_{em})$ 为通过（$T_{em} = 0$，$n_0 = 827 \text{r/min}$）和（$T_{em} = 147.3 \text{N} \cdot \text{m}$，$n = 674 \text{r/min}$）两点的直线，如图 2-12 中的曲线 2 所示。

（3）磁通减弱至 $\frac{2}{3}\varPhi_N$　理想空载转速 n_0'' 将升高

$$n_0'' = \frac{U_N}{\frac{2}{3}C_e\varPhi_N} = \frac{220}{\frac{2}{3} \times 0.133} \text{r/min} = 2481 \text{r/min}$$

当 $T_{em} = T_{emN}$ 时，转速 n 为

$$n = n_0'' - \frac{R_a}{9.55 \times \left(\frac{2}{3}C_e\varPhi_N\right)^2} T_{emN} = 2481 \text{r/min} - \frac{0.175}{9.55 \times \left(\frac{2}{3} \times 0.133\right)^2} \times 147.3 \text{r/min}$$

$$= 2137.7 \text{r/min}$$

其人为机械特性为通过（$T_{em} = 0$，$n = 2481 \text{r/min}$）和（$T_{em} = 147.3 \text{N} \cdot \text{m}$，$n = 2137.7 \text{r/min}$）两点的直线，如图 2-12 中的曲线 3 所示。

3. 当轴上负载转矩为额定时，要求转速为 1000r/min，可以采取两种方案：第一，电枢串电阻；第二，降低电枢电压。其参数分别计算如下：

（1）电枢串电阻 R_{pa}　当负载为额定转矩时，电流也为额定值，所以将有关数据代入人为特性方程式即得

$$1000 = \frac{220}{0.133} - 116 \times \frac{0.175 + R_{pa}}{0.133}$$

解得　$R_{pa} = 0.575 \Omega$。

（2）降低电枢电压　同上，将数据代入人为特性方程式得

$$1000 = \frac{U}{0.133} - 116 \times \frac{0.175}{0.133}$$

解得　$U = 112.7 \text{V}$，即电压由 220V 降至 112.7V。

四、电力拖动系统稳定运行的条件

设有一电力拖动系统，原来运行于某一转速，由于受到外界某种短时的扰动，如负载的突然变化或电网电压波动等（注意：这种变化不是人为的调节），而使电动机转速发生变化，离开了原平衡状态。如果系统在新的条件下仍能达到新的平衡，或者当外界的扰动消失后，系统能恢复到原来的转速，就称该系统能稳定运行；否则就称为不稳定运行，这时即使外界的扰动已经消失，系统速度也会无限制地上升或者是一直下降，直到停止转动。

为了使系统能稳定运行，电动机的机械特性和负载的转矩特性必须配合得当，这就是电力拖动系统稳定运行的条件。

为了分析电力拖动系统稳定运行的问题，将电动机的机械特性和负载的转矩特性画在同一坐标图上，如图 2-13 所示。图 2-13a 和图 2-13b 表示了电动机的两种不同的机械特性。

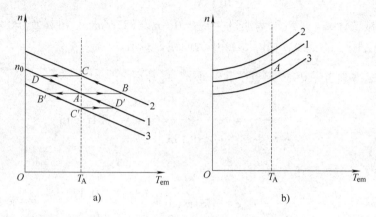

图 2-13   电力拖动系统稳定运行的条件
a) 稳定运行   b) 不稳定运行

根据运动方程式，当电动机的电磁转矩 T_{em} 等于总负载转矩 T_2 时，$T_j = j\dfrac{d\omega}{dt} = 0$，即 ω 为一定值，说明系统运行于一个确定的转速 n，在图 2-13a 的情况下，系统原来运行在两条特性曲线的交点 A 处，A 点称为运行工作点。设由于外界的扰动，如电网电压波动，使机械特性偏高，由曲线 1 转为曲线 2。扰动作用使原平衡状态受到破坏，但瞬间转速还来不及变化，电动机的转矩则增大到 B 点所对应的值。这时电磁转矩将大于负载转矩，所以转速将沿机械特性曲线 2 由 B 点增加到 C 点。随着转速的升高，电动机转矩也就重新变小，最后在 C 点得到新的平衡。当扰动消失后，机械特性由曲线 2 恢复到原机械特性曲线 1，这时电动机的转速由 C 点过渡到 D 点，由于电磁转矩小于负载转矩，故转速下降，最后又恢复到原运行点 A，重新达到平衡。

反之，如果电网电压波动使机械特性偏低，由曲线 1 转为曲线 3，则瞬间工作点将跃变到 B' 点，电磁转矩小于负载转矩，转速将由 B' 点降低到 C' 点，在 C' 点取得新的平衡；而当扰动消失后，工作点将又恢复到原工作点 A。

这种情况就称为系统在 A 点能稳定运行。

而图 2-13b 则是一种不稳定运行的情况。

由以上分析，可得出如下结论：在工作点上，若

$$\frac{dT_{em}}{dn} < \frac{dT_2}{dn} \tag{2-35}$$

则系统能稳定运行，式（2-35）即为稳定运行条件。显然在图 2-13b 中的 A 点，$\dfrac{dT_{em}}{dn} > \dfrac{dT_2}{dn}$。

由于大多数负载转矩都是随转速的升高而增大或者保持恒值，因此只要电动机具有下降的机械特性，就能满足稳定运行的条件。一般来说，电动机如果具有上升的机械特性，运行是不稳定的，但若拖动某种特殊负载，如通风机负载，那么只要能满足式(2-35)的条件，系统仍能稳定运行。

应当指出，式（2-35）所表示的电力拖动稳定运行的条件，不论对直流电动机还是交流电动机都是适用的，因而具有普遍意义。

第四节　他励直流电动机的起动

直流电动机从接入电网开始，一直到达到稳定运行速度的整个过程称为直流电动机的起动过程或称起动。要使电动机的转速从零逐步加速到稳定的运行速度，在起动时，电动机必须要产生足够大的电磁转矩，电动机在起动瞬间（$n=0$）的电磁转矩称为起动转矩 T_{st}

$$T_{st} = C_T \Phi I_{st} \tag{2-36}$$

式中　I_{st}——起动电流，它是 $n=0$ 时的电枢电流。

因为起动瞬间 $n=0$，电枢电动势 $E_a=0$，而电枢电阻又很小，所以起动电流 $I_{st}=\dfrac{U_N}{R_a}$，将达到很大的数值。过大的起动电流会引起电网电压的波动，影响电网上其他用户的正常用电，并且还会使电动机轴上受到很大的冲击。像这种不采取任何措施就直接把电动机加上额定电压的起动方法，称为直接起动。除了个别功率很小的电动机可以采用外，一般直流电动机是不容许直接起动的。

对直流电动机的起动，一般提出了如下几个基本要求：

1）要有足够大的起动转矩。

2）起动电流要在一定的范围内。

3）起动设备要简单、可靠。

其中最根本的原则是确保有足够大的起动转矩和限制起动电流。

直流电动机常用的起动方法有电枢串电阻起动和减压起动两种。不论是哪一种起动方法，起动时均应保证电动机的磁通达到最大值，这是因为 $T=C_T\Phi I_a$，同样电流下，Φ 大则 T 也大。

一、电枢电路串电阻起动

（一）起动特性

电动机起动时，励磁电路的调节电阻 $R_{pf}=0$，使励磁电流 I_f 达到最大。电枢电路串接可变电阻 R_{st}（称为起动电阻），电动机加上额定电压，起动电流 $I_{st}=\dfrac{U_N}{R_a+R_{st}}$，$R_{st}$ 的数值选取应使 I_{st} 不大于容许值。

由起动电流产生的起动转矩使电动机开始转动并逐渐加速，随着转速的升高，电枢反电动势 E_a 逐渐增大，使电枢电流逐渐减小，电磁转矩也随之减小，这样转速的上升就逐渐缓慢下来。为了缩短起动时间，保证电动机在起动过程中的加速度不变，就要求在起动过程中电枢电流维持不变，因此随着电动机转速的增加，就应将起动电阻平滑地切除，最后调节电动机转速达到运行值。

欲按要求平滑地切除起动电阻，在实际上是不可能的，一般是将起动电阻分为若干段，逐段加以切除。通常利用接触器来切除起动电阻，由于每一段电阻的切除需要有一个接触器控制，因此起动级数不宜过多，一般分为2~5级。下面对这种起动方法做进一步的分析。设有一直流电动机，采用三级起动，图2-14为电动机的起动线路和机械特性，电枢利用接触器 KM 接入电网，起动电阻 R_{st1}、R_{st2}、R_{st3} 利用接触器 KM1、KM2、KM3 来切除。起动开始瞬间电枢电路中接入全部起动电阻，起动电流 $I_{st1}=\dfrac{U_N}{R_a+R_{st1}+R_{st2}+R_{st3}}$，达到最大值，$I_{st1}$ 称为尖峰电流，一般当电动机功率 $P_N<150\mathrm{kW}$ 时，$I_{st1}\leqslant 2.5I_N$；当 $P_N>150\mathrm{kW}$ 时，$I_{st1}\leqslant 2I_N$。接入全部起动电阻时的人为机械特性如图2-14b 中的曲线1所示。随着电动机开始旋转并不断加速，电枢电流和电磁转矩将逐渐减小，它们沿着曲线1的箭头所指的方向变化。

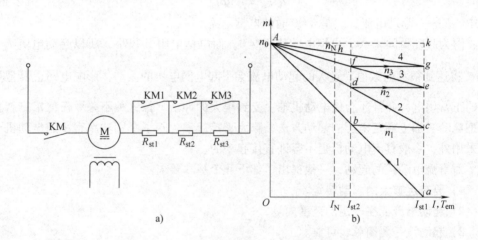

图 2-14　他励电动机起动线路及机械特性

当转速升高至 n_1，电流降至 I_{st2}（图2-14b 中 b 点）时，接触器 KM1 触头闭合，将电阻 R_{st1} 短路，I_{st2} 称为切换电流，一般取 $I_{st2}=(1.1~1.2)I_N$。电阻 R_{st1} 切除后，电枢电路中的电阻减小为 $R_a+R_{st2}+R_{st3}$，与之对应的人为机械特性如图2-14b 中的曲线2所示。在切除电阻的瞬间，由于机械惯性，转速不能突变，仍为 n_1，电动机的运行点由 b 点沿水平方向跃变到曲线2上的 c 点，选择恰当的 R_{st1} 值，可使 c 点的电流值仍为尖峰电流 I_{st1}。这样，电动机又进一步加速，电流和转速便沿曲线2箭头所指方向变化，待变化到 d 点，电流又降到 I_{st2} 时，接触器 KM2 触头闭合，将 R_{st2} 短接，电动机工作点由 d 点水平移到曲线3上的 e 点。曲线3是电枢总电阻为 R_a+R_{st3} 时的人为机械特性，e 点的电流仍为尖峰电流 I_{st1}，电流和转速就沿曲线3变化。依次类推，在最后一级电阻 R_{st3} 切除后，电动机将过渡到固有特性（曲线4）上，并沿固有特性加速，到达 h 点时，电磁转矩与负载转矩相等，电动机便在 h 点所对应的转速上稳定运行，起动过程结束。

（二）起动电阻计算

起动电阻计算如下：电动机在起动过程中，当切除第一级电阻时，运行点将由 b 移至 c（见图 2-14b），b、c 两点转速相等，即 $n_b = n_c$，因而 $E_b = E_c$。这样，在 b 点：$I_{st2} = \dfrac{U - E_b}{R}$；在 c 点：$I_{st1} = \dfrac{U - E_c}{R_1}$。两式相除得

$$\frac{I_{st1}}{I_{st2}} = \frac{R}{R_1}$$

同样，当运行点自 d 点移至 e 点时，有

$$\frac{I_{st1}}{I_{st2}} = \frac{R_1}{R_2}$$

而从 f 点移至 g 点时有

$$\frac{I_{st1}}{I_{st2}} = \frac{R_2}{R_a}$$

这样，三级起动时就有

$$\frac{I_{st1}}{I_{st2}} = \frac{R}{R_1} = \frac{R_1}{R_2} = \frac{R_2}{R_a}$$

其中
$$R = R_a + R_{st1} + R_{st2} + R_{st3}$$
$$R_1 = R_a + R_{st2} + R_{st3}$$
$$R_2 = R_a + R_{st3}$$

R、R_1、R_2 为三级起动时各级的总电阻值。

设 $\beta = \dfrac{I_{st1}}{I_{st2}}$，$\beta$ 称为起动电流比（或起动转矩比），则

$$\begin{cases} R_2 = \beta R_a \\ R_1 = \beta R_2 = \beta^2 R_a \\ R = \beta R_1 = \beta^3 R_a \end{cases} \tag{2-37}$$

$$\begin{cases} R_{st3} = R_2 - R_a = (\beta - 1) R_a \\ R_{st2} = R_1 - R_2 = \beta R_{st3} \\ R_{st1} = R - R_1 = \beta R_{st2} \end{cases} \tag{2-38}$$

$$\beta = \sqrt[3]{\frac{R}{R_a}} \tag{2-39}$$

推广到起动级数为 m 的一般情况，则有

$$\beta = \sqrt[m]{\frac{R}{R_a}} \tag{2-40}$$

在具体计算时，可能有下述两种情况：

（1）起动级数 m 未定 此时可按尖峰电流 I_{st1}、切换电流 I_{st2} 的规定范围，初选 I_{st1} 及 I_{st2}，即初选 β 值，并用式（2-40）求出 m（显然该式中 $R = \dfrac{U}{I_{st1}}$），若求得 m 为分数，则将之加大到相近的整数值，然后将 m 的整数值代入式（2-40）求其新的 β 值，用新

的 β 值代入式（2-38）求各部分起动电阻。

（2）起动级数 m 已知　先选定 I_{st1}，算出 $R = \dfrac{U}{I_{st1}}$，将 m 及 R 代入式（2-40）算出 β，然后用式（2-38）算出各级起动电阻。

例 2-3　一台直流他励电动机的 $P_N = 10kW$，$U_N = 220V$，$I_N = 54.2A$，$n_N = 2250r/min$，最大起动电流为 $2I_N$，$R_a = 0.264\Omega$，$GD^2 = 9.81 \times 0.5 N \cdot m^2$。现用两级起动电阻起动，计算起动电阻值。

解　$m = 2$

取尖峰电流 $I_{st1} = 2I_N = 2 \times 54.2A = 108.4A$

$$R = \frac{U_N}{I_{st1}} = \frac{220V}{108.4A} = 2.03\Omega$$

得

$$\beta = \sqrt{\frac{R}{R_a}} = \sqrt{\frac{2.03}{0.264}} = 2.77$$

则各级起动总电阻值为

$$R = \beta^2 R_a = 2.03\Omega$$

$$R_1 = \beta R_a = 2.77 \times 0.264\Omega = 0.73\Omega$$

则各级起动电阻值为

$$R_{st1} = R - R_1 = 2.03\Omega - 0.73\Omega = 1.3\Omega$$

$$R_{st2} = R_1 - R_a = 0.73\Omega - 0.264\Omega = 0.466\Omega$$

二、减压起动

减压起动只能在电动机有专用电源时才能采用。起动时，降低电源电压，起动电流便随电压的降低而成正比减小，电动机起动后，再逐步提高电源电压，使电磁转矩维持在一定数值，保证电动机按需要的加速度升速。在实用上以往多采用发电机-电动机组，即所谓的 G-M 系统，就是说每一台电动机专门由一台发电机供电。关于 G-M 系统的分析将在本章第六节中叙述。近年来，随着晶闸管技术的发展，直流发电机正在逐步被晶闸管整流电源所取代。

减压起动虽然需要专用电源，设备投资较大，但它起动电流小，升速平稳，并且起动过程中能量消耗也小，因而得到广泛应用。

第五节　他励直流电动机的电气制动

在电力拖动系统中，为了满足生产上的技术经济和安全的要求，往往需要使电动机尽快地停转或者由高速运行迅速转为低速运行，为此需要对电动机进行制动。此外，对于位能负载的工作机构，利用制动可以获得稳定的下降速度。因此，制动是电动机一个很重要的运行状态。

制动可以采用机械的方法进行，称为机械制动，也可采用电气制动。凡电动机的电磁转矩方向与旋转方向相反时，就称电动机处于制动运行状态。

电气制动的方法有三种：能耗制动、反接制动和回馈制动（也称为再生制动）。

现分别叙述。

一、能耗制动

图 2-15 为能耗制动时的接线图。电动机先是处于电动工作状态，制动时，保持励磁电流不变，将电枢两端从电网断开，并立即把它接到一个制动电阻 R_z 上，在这一瞬间，由于磁通 Φ 和转速都未变，因此电枢电动势 E_a 也未变，因 $U=0$，所以 E_a 将在电枢闭合回路中产生电流 I_a。

显然 $I_a = -\dfrac{E_a}{R_a+R_z}$，电枢电流为负值，表示它的方向与电动状态时的方向相反，由此而产生的电磁转矩 T_{em} 也随之反向，由原来与 n 同方向变为与 n 反向，成为制动转矩而对电动机起制动作用。这时电动机由生产机械的惯性作用拖动而发电，将生产机械储存的动能转换成电能，消耗在电阻 R_a+R_z 上，直到电动机停止转动为止。所以这种制动方式称为能耗制动。

能耗制动时，电枢电压 $U=0$，电枢回路中的总电阻为 R_a+R_z，所以能耗制动时的机械特性方程式为

$$n = -\frac{R_a + R_z}{C_e\Phi}I_a \tag{2-41}$$

和

$$n = -\frac{R_a+R_z}{C_eC_T\Phi^2}T_{em} \tag{2-42}$$

由此可见，能耗制动的机械特性为一通过原点的直线。当 n 为正时，I_a 和 T_{em} 为负，所以特性位于第二象限，如图 2-16 所示。特性的斜率 $\beta = \dfrac{R_a+R_z}{C_eC_T\Phi^2}$ 与电枢串电阻 R_z 时的人为机械特性的斜率相等，两条特性互相平行。实质上，能耗制动的机械特性是一条电枢电压等于零、电枢串电阻的人为机械特性。

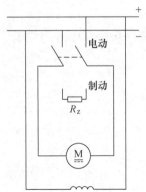

图 2-15　他励电动机能耗制动接线图　　图 2-16　他励电动机能耗制动时的机械特性

在图 2-16 中，如果制动前电动机工作在固有机械特性上的 A 点，则开始制动时，因转速不变，工作点将沿水平方向跃变到能耗制动特性曲线上的 B 点。在制动转矩作用下，电动机减速，工作点将沿特性曲线下降，制动转矩也逐渐减小，当 $T_{em}=0$ 时，

$n=0$，电动机停转。

改变制动电阻 R_z 的大小，可得到不同斜率的特性曲线。R_z 越小，特性曲线的斜率越小，曲线就越平坦，制动转矩就越大，制动作用就越强。

为了避免过大的制动转矩和制动电流对系统带来的不利影响，通常限制最大制动电流不超过 2~2.5 倍的额定电流，也就是说，在选择 R_z 时，应使

$$R_a + R_z \geqslant \frac{E_a}{(2 \sim 2.5) I_N} \approx \frac{U_N}{(2 \sim 2.5) I_N} \tag{2-43}$$

如果电动机拖动的是位能性负载，当转速制动到零时，在位能负载的作用下，电动机将反方向加速。此时，n、E_a 的方向与电动状态时相反，而 I_a 与 T_{em} 则与电动状态时相同，因 T_{em} 与 n 反向，仍对电动机起制动作用。特性曲线位于第四象限。随着反向转速的增加，制动转矩也不断增大，当制动转矩与负载转矩平衡时，电动机便在某一转速下稳定运行（见图 2-16 中的 C 点），制动电阻越大，稳定的转速就越高，这种能耗制动属于稳定的制动运转状态。如电力机车下坡时，可采取能耗制动来实现等速运行。

能耗制动操作简便，但制动转矩在转速降到较低时变得很小。若为了使电动机更快地停转，可以在转速降到较低时，再加上机械制动。

例 2-4 1. 例 2-2 的电动机在额定工作状态时，进行能耗制动，取最大制动电流 $I_{zd} = 2I_N$，试求电枢电路中应串入的电阻 R_z；2. 用例 2-2 的电动机拖动起重机，当轴上负载转矩为额定转矩的 $\frac{2}{3}$ $\left(\right.$或电流为额定电流的 $\frac{2}{3}\left.\right)$ 时，要求电动机在能耗制动状态下，以 800r/min 的速度下放重物，试求电枢电路中应串入的电阻 R_{z2}。

解 1. 能耗制动时最大电流出现在制动开始瞬间，此时的感应电动势为

$$E_a = C_e \Phi_N n_N = 0.133 \times 1500 \text{V} = 199.5 \text{V}$$

电枢电路的总电阻为

$$R = \frac{E_a}{I_{zd}} = \frac{199.5 \text{V}}{2 \times 116 \text{A}} = 0.86 \Omega$$

电枢电路中应串入的电阻 $R_z = R - R_a = 0.86\Omega - 0.175\Omega = 0.685\Omega$

2. 能耗制动时的机械特性方程式为

$$n = -\frac{R_a + R_{z2}}{C_e \Phi_N} I_a$$

将已知数据代入，因是下放重物，n 为负值，解得

$$R_{z2} = 1.20\Omega$$

二、反接制动

反接制动可以用两种方法来实现，即电枢反接与倒拉反接。

（一）电枢反接制动

当电动机在电动运转状态下，以稳定的转速 n 运行时，维持励磁电流不变，突然改变电枢两端外施电压的极性，由原来的正值变为负值，即电压由原来与 E_a 反向变为与 E_a 同向，此时电枢电流为

$$I_a = \frac{-U_N - E_a}{R_a} = -\frac{U_N + E_a}{R_a} \qquad (2\text{-}44)$$

I_a 为负值，则由此产生的电磁转矩亦为负值，与旋转方向相反，起制动作用，这就称为电枢反接制动。

电动状态时，$I_a = \frac{U_N - E_a}{R_a}$，电流大小决定于 U_N 和 E_a 之差。而反接制动时，$I_a = -\frac{U_N + E_a}{R_a}$，电流大小决定于 U_N 和 E_a 之和。因此反接制动时，电枢电流是非常大的，从而产生强烈的制动作用，使电枢迅速停转。

但是过大的电枢电流和强烈的制动作用，会引起电网电压的波动和使整个系统受到极大的机械冲击。因此，在反接制动时必须在电枢电路中串入附加电阻 R_z，R_z 的大小应使反接制动时，电枢电流 $I_a \leqslant 2.5 I_N$。

电动机反接制动时，U 为负值，所以机械特性方程式为

$$n = -\frac{U_N}{C_e \Phi_N} - \frac{R_a + R_z}{C_e \Phi_N} I_a = -n_0 - \frac{R_a + R_z}{C_e \Phi_N} I_a \qquad (2\text{-}45)$$

和

$$n = -n_0 - \frac{R_a + R_z}{C_e C_T \Phi_N^2} T_{em} \qquad (2\text{-}46)$$

特性曲线通过 $-n_0$ 点，斜率 $\beta = \frac{R_a + R_z}{C_e C_T \Phi_N^2}$，与电枢串入电阻 R_z 时的人为机械特性平行，如图 2-17 中的直线 bc 所示。从图中可以看出，反接制动时，电动机由原来的工作点 a 沿水平方向跃变到反接制动特性上的 b 点，并随着转速的下降，而沿直线 bc 下降。但是当 $n=0$ 时，$T_{em} = T_e \neq 0$，如果负载是反抗性负载，且 $|T_e| \leqslant |T_z|$ 时，电动机便停止不转。如果 $|T_e| > |T_z|$，这时在反向转矩作用下，电动机将反向起动，并沿特性曲线加速到 d 点，电动机以 $-n$ 的速度稳定运行在反向运转的电动状态。若制动的目的是为了停车，则在这种情况下，当电动机转速 n 接近于零时，必须立即断开电源。

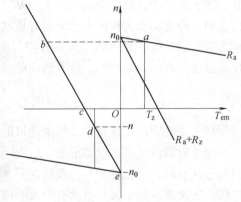

图 2-17　他励电动机反接制动时的机械特性

电动机反接制动时，电网供给的能量和生产机械的动能都消耗在电阻（$R_a + R_z$）上。

（二）倒拉反接制动

倒拉反接制动可用起重机提升重物为例来说明。设起重机提升重物 G 时，负载转矩为 T_z，转速为 n_a，电动机处于电动运转状态，工作在固有特性上的 a 点，如图 2-18 所示。

在电动机接线保持不变的情况下，电枢电路中串入电阻 R_{z1}，电枢电路的总电阻

74

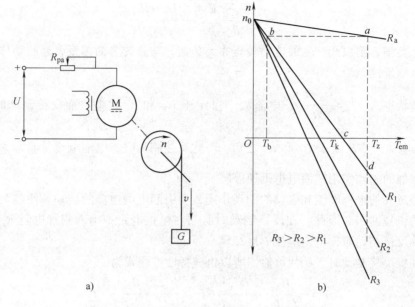

图 2-18 他励电动机倒拉反接制动时的机械特性

$R_1 = R_a + R_{z1}$。在串入电阻的瞬间，电动机转速仍为 n_a，工作点由固有特性上的 a 点沿水平方向移到人为机械特性（对应于 R_1）上的 b 点。这时电动机产生的电磁转矩 T_b 小于负载转矩 T_z，电动机将减速，转速与电磁转矩沿人为特性曲线由 b 点向 c 点变化，在 c 点 $n=0$，相应的转矩为 T_k。因 $T_k < T_z$，所以在重物的重力作用下，电动机反向起动，即电动机的转向由原来提升重物变为下放重物。因磁通未变，电枢电流的方向未变，所以电磁转矩的方向也未变，当电动机转向改变后，电磁转矩与转向反向，电动机进入制动运转状态。随着转向的改变，电枢电动势 E_a 反向，由原来 E_a 与 U 反向变为 E_a 与 U 同向，这时电枢电流 $I_a = \dfrac{U-(-E_a)}{R_1} = \dfrac{U+E_a}{R_1}$ 便大为增加，和电枢反接制动相似，因此倒拉反接时，虽然电动机的接线没有改变，也仍然属于反接制动状态。

随着电动机反向转速的增加，E_a 增大，电枢电流 I_a 和电磁制动转矩也相应增大，当到达 d 点时，电磁转矩与负载转矩平衡，电动机便以 $-n_d$ 的速度稳定运转，使重物以较低的速度平稳下放。电动机串入的电阻越大，最后稳定的转速也越高。

倒拉反接时的机械特性方程式和电动运转状态时相同，仍为

$$n = n_0 - \frac{R}{C_e \Phi_N} I_a$$

和

$$n = n_0 - \frac{R}{C_e C_T \Phi_N^2} T_{em}$$

但倒拉反接时，电枢要串入较大的电阻，而使 $\dfrac{R}{C_e \Phi_N} I_a = \dfrac{R}{C_e C_T \Phi_N^2} T_{em} > n_0$，所以 n 为负值，因此倒拉反接制动的机械特性是电动状态时的机械特性在第四象限的延伸部分。

必须指出，在实际运用中，都是直接从堵转点开始的，即串入电阻后再加电枢

电压。

倒拉反接时，电网仍向电动机输入功率，同时随着重物下放，重物的位势能也向电动机输入机械功率，这两部分功率全部消耗在电阻（$R_a + R_z$）上。

例 2-5 例 2-2 中的电动机运行在倒拉反接制动状态，以 800r/min 的速度下放重物，轴上仍为额定负载。试求电枢电路中应串入的电阻 R_z、从电网输入的功率 P_1、从轴上输入的功率 P_2 及电枢电路电阻上消耗的功率。

解 倒拉反接制动的机械特性方程式为

$$n = n_0 - \frac{R_a + R_z}{C_e \Phi_N} I_a$$

将有关数据代入，解得

$$R_z = 2.64\Omega$$

电网输入的功率为

$$P_1 = U_N I_N = 220 \times 116W = 25520W = 25.52kW$$

轴上输入的功率即为电动机的电磁功率，所以

$$P_2 = E_a I_a = C_e \Phi_N n I_a = 0.133 \times 800 \times 116W = 12342W = 12.342kW$$

电阻消耗的功率

$$p_{Cua} = I_a^2 (R_a + R_z) = 116^2 \times (0.175 + 2.64) W = 37879W = 37.879kW$$

可见

$$P_1 + P_2 = p_{Cua}$$

三、回馈制动（再生制动）

假设电动机在电动状态的运行中，由于某种因素，如用电动机拖动的机车下坡，使电动机的转速高于理想空载转速时，则电动机处于回馈制动状态。因为当 $n > n_0$ 时，$E_a > U$，电枢电流 $I_a = \dfrac{U - E_a}{R} = -\dfrac{E_a - U}{R}$ 与原来 $n < n_0$ 时的方向相反，因磁通 Φ 未变，所以电磁转矩随 I_a 反向而反向，而对电动机起制动作用。电动状态时，电枢电流由电网的正端流向电动机，而在回馈制动时，电流由电枢流向电网的正端，这时电动机将机车下坡时失去的位能转变为电能反馈给电网，因而称为回馈制动。

回馈制动的机械特性方程式与电动状态时完全一样，由于回馈制动时，$n > n_0$，I_a、T_{em} 均为负值，所以机械特性是电动状态机械特性延伸到第二象限的一条直线，如图 2-19 所示（见直线 1）。电枢电路串入电阻后，将使特性曲线的斜率增大（见直线 2）。

回馈制动有两种运转状态。

（一）稳定的回馈制动运转状态

如上所述，位能性负载的负载转矩对电动机的加速作用，使电动机处于回馈制动状态，随着转速的升高，电动机的电磁制动转矩也不断增大，当电动机产生的电磁制动转矩和位能负载的加速转矩平衡时，电动机便以稳定的速度运转，如图 2-19 中的 a 或 b 点所示。

（二）过渡的回馈制动运转状态

若电动机原来工作在电动运转状态，拖动的负载转矩为 T_z，转速为 n_1。这时如果突然将电枢两端的电压由 U_1 降低到 U_2，在这瞬间，因转速未变，电枢电动势也未变，

这就可能出现电动势 E_a 大于电压 U_2 的情况，使电动机进入回馈制动运转状态。

电压由 U_1 降低到 U_2，人为机械特性将平行向下移动，理想空载转速 n_{01} 相应地减小到 n_{02}，如图 2-20 所示。在降低电压的瞬时，电动机的工作点沿水平方向由 a 点跃变到 b 点，这时的电枢电动势 $E_{ab} = C_e \Phi n_1$，而 $U_2 = C_e \Phi n_{02}$，因为 $n_1 > n_{02}$，所以 $E_{ab} > U_2$，使电枢电流反向，电磁转矩也随之反向，对电动机起制动作用，使电动机迅速减速。当转速降低到 $n = n_{02}$ 时，制动过程结束。从 n_{02} 降到稳定运行的 n_2，属于电动运转状态的减速过程。

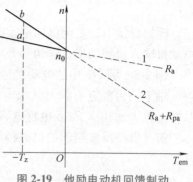

图 2-19　他励电动机回馈制动
状态的机械特性

当他励电动机增加磁通时，也同样会出现过渡的回馈制动，如图 2-21 所示。

回馈制动时，由于有功率回馈到电网，因此与能耗制动及反接制动相比，从能量观点看，回馈制动是比较经济的。

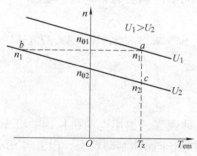

图 2-20　降低电源电压减速时
产生的回馈制动过程

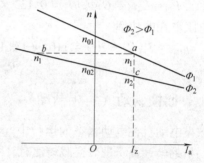

图 2-21　增大磁通减速时
产生的回馈制动过程

例 2-6　例 2-2 中电动机在固有特性上作回馈制动下放重物，$I_a = 100\text{A}$，试求重物下放时电动机的转速。

解　设电动机提升重物时，转向为正，则下放重物时，转向为负，电动机属于回馈运行状态，反转回馈制动的机械特性为

$$- n = - n_0 - \frac{R_a}{C_e \Phi_N} I_a$$

将有关数据代入得

$$- n = - 1654\text{r/min} - \frac{0.175}{0.133} \times 100\text{r/min} = - 1785.6\text{r/min}$$

所以重物下放时电动机的转速为 1785.6r/min。

第六节　他励直流电动机的调速

为了提高劳动生产率和保证产品质量，要求生产机械在不同的情况下有不同的工作速度，如轧钢机在轧制不同的品种和不同厚度的钢材时，就必须有不同的工作速度以保证生产的需要，这种改变速度的方法称为调速。

调速可以用机械的方法、电气的方法或者机械、电气相配合的方法。本书只讨论电气的调速方法及其优缺点。

必须指出，调速是为了生产需要而人为地对电动机转速进行的一种控制，它和电动机在负载变化时而引起的转速变化是两个不同的概念。调速需要人为地改变电气参数，有意识地使电动机工作点由一条机械特性转换到另一条机械特性上，从而在某一负载下得到不同的转速，而因负载变化所引起的转速变化则是自动进行的，这时电气参数不变，电动机工作点只在一条机械特性上变动。

根据直流电动机的转速公式

$$n = \frac{U - I_a(R_a + R_{pa})}{C_e \Phi}$$

可见，当电流 I_a 不变时（即在一定的负载下），只要在电枢电压 U、电枢电路中的附加电阻 R_{pa} 和每极磁通 Φ 三个量中，任一个发生变化，都能引起转速的变化，因此，他励直流电动机可以有三种调速方法。为了评价各种调速方法的优缺点，对调速方法提出了一定的技术经济指标，通常称为调速指标，下面先对调速指标做一分析。

一、调速指标

调速指标包括下列四个方面：

（一）调速范围

调速范围指生产机械可能达到的最高转速 n_{max} 与最低转速 n_{min} 之比，用系数 D 表示

$$D = \frac{n_{max}}{n_{min}} \qquad (2\text{-}47)$$

不同的生产机械对调速范围的要求也不同，如车床 $D = 20 \sim 100$，龙门刨床 $D = 10 \sim 40$，轧钢机 $D = 3 \sim 120$ 等。这里的 D 是指生产机械总的调速范围，它可以通过电气或机械电气相配合的方法来实现。本书只讨论电气调速的方法，因此式（2-47）中的 n_{max} 和 n_{min} 可以假定就是电动机所允许达到的最高和最低转速。显然，要扩大调速范围，必须尽可能地提高电动机的最高转速和降低电动机的最低转速。

电动机的最高转速受到电动机机械强度、换向、电压等级方面的限制，因此，在额定转速以上再要提高转速，其提高的范围是不大的。电动机的最低转速则受到低速运行时相对稳定性的限制。

（二）静差率（相对稳定性）

相对稳定性是指负载转矩变化时，转速变化的程度。转速变化小，相对稳定性就好。相对稳定性的程度用静差率 δ 表示。当电动机在某一机械特性上运转时，由理想空载增加到额定负载，电动机的转速降落 Δn_N 与理想空载转速之比，就称为静差率，用百分数表示，即

$$\delta = \frac{\Delta n_N}{n_0} \times 100\% \qquad (2\text{-}48)$$

显然，电动机的机械特性越硬，则静差率就越小，相对稳定性也越高。但是静差率与机械特性的硬度又有不同之处，两条互相平行的机械特性硬度是相同的，但静差率不同。如图 2-22 所示，特性曲线 1 与 3 相平行，$\Delta n_1 = \Delta n_3$，硬度相等，但因 $n_{03} < n_{01}$，所以 $\delta_1 < \delta_3$，这就说明硬度相等的两条机械特性，理想空载转速越低，静差率就越大。

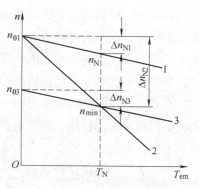

图 2-22　不同机械特性下的静差率

静差率与调速范围是互相联系的两项指标，由于最低转速决定于低速时的静差率，因此调速范围必然受到低速时静差率 δ 的制约，由式（2-47）和式（2-48）可知

$$D = \frac{n_{max}}{n_{min}} = \frac{n_{max}}{n_0 - \Delta n_N} = \frac{n_{max}}{n_0\left(1 - \frac{\Delta n_N}{n_0}\right)} = \frac{n_{max}\delta}{\Delta n_N(1 - \delta)} \qquad (2-49)$$

不同的生产机械对静差率的要求也不同，一般设备要求 $\delta < 30\% \sim 50\%$，而精度高的造纸机则要求 $\delta \leqslant 0.1\%$。

在设计调速方案时，可以根据生产要求提出的 D 与 δ，算出允许的 Δn_N，然后决定采用何种调速方法。反之，也可以选定某一种调速方法，这样低速特性已定，于是在一定的 Δn_N 下，算出调速范围，以校验能否满足生产需要。例如，在图 2-22 中，利用特性曲线 2 和 3 都可以得到最低转速 n_{min}，则 $D = \dfrac{n_{max}}{n_{min}}$ 就已确定。如果生产机械要求 $\delta = 50\%$（即 $\delta = 0.5$），则由式（2-49）可求得低速时容许的转速降为 $\Delta n_N = n_{min}$，由图 2-22 可见，$\Delta n_{N2} > \Delta n_{N3}$，因此一般应该采取特性 3 的调速方法。若 $\Delta n_{N2} < n_{min}$，也可采用特性 2 的调速方法，但相对稳定性较差。

（三）调速的平滑性

在一定的调速范围内，调速的级数越多就认为调速越平滑，相邻两级转速之比称为平滑系数 φ

$$\varphi = \frac{n_i}{n_{i-1}} \qquad (2-50)$$

φ 值越接近 1，则平滑性越好，当 $\varphi = 1$ 时，称为无级调速，即转速是连续可调的。

（四）调速的经济性

经济性包含两方面的内容，一方面是指调速所需的设备投资和调速过程中的能量损耗，另一方面是指电动机在调速时能否得到充分利用。一台电动机当采用不同的调速方法时，电动机容许输出的功率和转矩随转速变化的规律是不同的，但电动机实际输出的功率和转矩是由负载需要所决定的，而不同的负载，其所需要的功率和转矩随转速变化的规律也是不同的，因此在选择调速方法时，既要满足负载要求，又要尽可能使电动机得到充分利用。经分析可知，电枢回路串电阻调速以及降低电枢电压调速适用于恒转矩负载的调速，而弱磁调速适用于恒功率负载的调速。

二、电枢电路串电阻调速

假定电动机原来工作点在固有特性上的 a 点（见图2-23），转速为 n_1，当电枢串入电阻后，工作点将转移到相应的人为机械特性上，从而得到较低的运转速度。整个调速过程如下：调速开始时，在电枢电路中串入电阻 R_{pa}，电枢总电阻为 $R_1 = R_a + R_{pa}$。这时因转速还未变，电枢电动势 E_a 未变，电动机的工作点由 a 点沿水平方向跃变到对应于电枢电阻为 R_1 的人为机械特性上的 b 点，

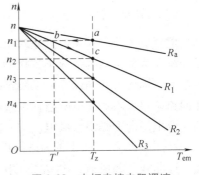

图 2-23　电枢串接电阻调速

电磁转矩由原来的 $T_a = T_z$ 下降为 $T_b = T'$，因为 $T' < T_z$，故电动机减速，随着 n 的下降，E_a 减小，电枢电流 I_a 和电磁转矩则逐渐回升，直到 $n = n_2$ 时（人为机械特性上的 c 点），电磁转矩 $T_c = T_z$，电动机就以较低的速度 n_2 稳定运行，调速过程结束。电枢电路中串入的电阻值不同，可以得到不同的稳定转速，串入的电阻值越大，最后稳定运行的转速就越低。调速过程中电流和转速的变化过程如图2-24所示。

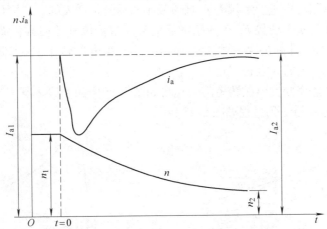

图 2-24　他励电动机改变电枢回路电阻的调速过程

这种调速方法，在额定负载下，转速只能从额定转速 n_N 往下调，以额定转速为最高转速。在低速时，由于机械特性很软，静差率大，因此允许的最低转速较高，调速范围 D 一般小于2，并且调速的平滑性差。从调速的经济性来看，如果负载为恒转矩负载，则电动机在调速前后，电磁转矩是相等的，因磁通未变，所以调速前后电枢电流 I_a 也是相等的。调速后，电动机从电网上吸取的功率与调速前相等，仍为 $P_1 = U_N I_a$，但输出功率 $P_2 = Tn$ 却因转速的降低而减小，减小的部分就是在电阻 R_{pa} 上的损耗。可见这种调速方法是不太经济的。

需要指出的是，作为调速用的附加电阻 R_{pa}（称为调速电阻）和作为起动用的电阻 R_{st}（起动电阻），它们的作用有共同之处，都是用来得到不同的机械特性，但是起动电阻是短时工作的，而调速电阻则应按长期工作考虑，因此决不能把起动电阻当作调速电阻使用。

三、弱磁调速

弱磁调速是一种用改变电动机中磁通的大小进行调速的方法。由于电动机通常都是在电压为额定值的情况下工作的，而额定电压时电动机的磁通已使电动机的磁路接近饱和，因而改变磁通只能从额定磁通往下调，故称为弱磁调速。减弱磁通可以在励磁回路中接入磁场调节电阻，以减小励磁电流，对于较大功率的电动机，也可用专用的可调电源向励磁绕组供电。

在图 2-25 中，曲线 1 为电动机的固有机械特性曲线，曲线 2 为减弱磁通的人为机械特性曲线。调速前，电动机工作在固有机械特性上的 a 点，这时电动机的磁通为 Φ_1，转速为 n_1，转矩为 T_z，相应的电流为 I_{a1}。减弱磁通时，考虑到电磁惯性远小于机械惯性，因此当磁通由 Φ_1 减小到 Φ_2 时，转速还来不及变化，电动机的工作点由 a 点沿水平方向移到曲线 2 的 c 点，这时电动机的电枢电动势 E_a 将随 Φ_1 的减小而减小。因电枢电阻很小，而且稳定运行时，U 与 E_a 相差不大，由 $I_a = \dfrac{U - E_a}{R_a}$ 可见，E_a 的减小将引起电流 I_a 的急剧增加，一般情况下，I_a 增加的相对数量比磁通减小的相对数量要大，所以电磁转矩 $T_{em} = C_T \Phi I_a$ 在磁通减小的瞬间是增大的，从而使电动机的转速升高；转速的升高使电动势 E_a 从开始降低的某一最低值开始回升，而电流 I_a 和电磁转矩 T_{em} 则从开始上升到的某一最大值逐渐减小，当电磁转矩 T_{em} 下降到等于 T_z 时，电动机便在曲线 2 上的 b 点稳定运行，新的转速 $n_2 > n_1$。实际上由于励磁回路的电感较大，磁通不可能突变，电磁转矩的变化将如图 2-25 中的曲线 3 所示，调速过程中电枢电流 I_a 和转速 n 的变化过程如图 2-26 所示。

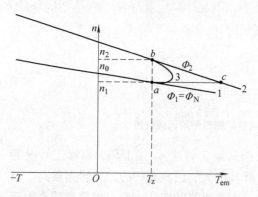

图 2-25　减弱磁通的人为机械特性

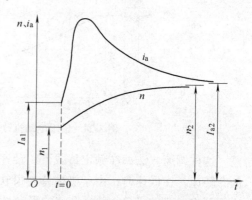

图 2-26　他励电动机改变励磁电流调速
时电流和转速的变化过程

对恒转矩负载，调速前后电动机的电磁转矩相等。因为 $\Phi_2 < \Phi_1$，所以调速后最后稳定的电枢电流 $I_{a2} > I_{a1}$，当忽略电枢反应的影响和电枢电阻压降 $I_a R_a$ 的变化时，可近似认为磁通与转速成反比

$$\frac{n_1}{n_2} = \frac{\Phi_2}{\Phi_1} \tag{2-51}$$

弱磁调速时，转速是往上调的，以电动机的额定转速 n_N 为最低转速，而最高转

速则受到电动机本身换向条件和机械强度的限制，同时若磁通过弱，电枢反应的去磁作用显著，将使电动机运行的稳定性受到破坏。一般情况下，弱磁调速的调速范围$D \leqslant 2$。

弱磁调速是在功率较小的励磁电路中进行的，控制方便，能量损耗小，设备简单，并且调速的平滑性也好。虽然弱磁调速因电枢电流增大，使电动机的输入功率变大，但由于转速升高，输出功率也增大，电动机的效率基本不变，因此，弱磁调速的经济性是比较好的。

四、降低电枢电压调速

直流电动机的工作电压不能大于额定电压，因此电枢电压只能向小于额定电压的方向改变，降低电压后的人为机械特性与固有机械特性平行，硬度不变，在容许的静差率的范围内，n_{min}可以较小，最高转速n_{max}则等于额定转速n_N，调速范围D可达$2.5 \sim 12$。

降压调速需要有专用的可调直流电源，过去都是用一台直流他励发电机单独向一台直流电动机供电，组成所谓发电机-电动机机组（G-M系统），如图2-27所示。

采用G-M系统，可以大大提高电动机的调速性能和起动性能。因此，尽管设备投资较大，但在调速性能要求比较高的生产机械，如轧钢机、龙门刨床等设备中仍然得到广泛的应用。近年来随着晶闸管整流技术的迅速发展，用晶闸管整流电源供电的直流调速系统的应用越来越广。关于这方面的内容，将在其他有关课程中进行讨论，本节只讨论G-M系统的运行性能。

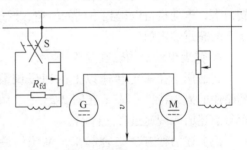

图 2-27　发电机-电动机机组

(一) 机械特性和调速特性

在电动机和发电机的电枢回路中，电动机的电枢电动势为

$$E_{ad} = C_{ed}n\Phi_d = E_{af} - I(R_{af} + R_{ad}) \tag{2-52}$$

式中　E_{af}——发电机的电枢电动势；

R_{af}——发电机的电枢电阻；

R_{ad}——电动机的电枢电阻；

Φ_d——电动机的每极磁通。

所以，电动机的机械特性方程式为

$$n = \frac{E_{af} - I(R_{af} + R_{ad})}{C_{ed}\Phi_d} = \frac{E_{af}}{C_{ed}\Phi_d} - \frac{R_{af} + R_{ad}}{C_{ed}\Phi_d}I \tag{2-53}$$

和

$$n = \frac{E_{af}}{C_{ed}\Phi_d} - \frac{R_{af}+R_{ad}}{C_{ed}C_{Td}\Phi_d^2}T_d \tag{2-54}$$

电动机的理想空载转速

$$n_0 = \frac{E_{af}}{C_{ed}\Phi_d} \tag{2-55}$$

转速降 $$\Delta n = \frac{R_{af} + R_{ad}}{C_{ed}\Phi_d}I = \frac{R_{af} + R_{ad}}{C_{ed}C_{Td}\Phi_d^2}T_d \tag{2-56}$$

82

G-M 系统的机械特性与他励直流电动机的机械特性相似，所不同的是在 G-M 系统中不用电动机的电枢电压 U，而用发电机的电动势 E_{af}，这是因为接到大电网的他励电动机，可以认为电枢电压 U 是不变的。而在 G-M 系统中，因为 R_{af} 和 R_{ad} 属于同一数量级，发电机电枢电阻对电压的影响不能忽略，只有 E_{af} 可以认为是个常数，所以电动机的转速降不仅由电动机的电枢电阻决定，而且发电机的电枢电阻也同样引起转速降，这就使 G-M 系统的机械特性比他励直流电动机的机械特性稍软一些。

G-M 系统的调速方法有：

1. 改变发电机电动势调速

它适用于在额定转速以下的速度调节，可以通过调节发电机励磁回路的调节电阻 R_{pf} 来达到。当 R_{pf} 增加时，发电机的励磁电流减小，电动势 E_{af} 也减小，电动机的转速就降低，对应于不同的 E_{af} 值，可以得如图 2-28 所示的一组人为机械特性，在一定的转矩下，电动机可以得到不同的转速，调速范围 D 一般为 6~8，调节时，发电机的电压不能超过额定值。

2. 改变电动机的磁通调速

它适用于在额定转速以上的速度调节，改变磁通的人为特性也表示在图 2-28 上，调速过程与前述弱磁调速过程一样。

把上述两种方法结合起来，系统的调速范围可以扩大，一般小容量系统 $D = 10 \sim 15$，大容量系统 $D = 25 \sim 40$。

若要进一步扩大 G-M 系统的调速范围，则主要是设法减小容许的最低转速，这可以采取电机放大机励磁或晶闸管励磁，通过电机放大机或速度调节器的反馈和放大环节，自动补偿电动机的转速降，从而使机械特性硬度大大提高，调速范围 D 可达 100 以上。

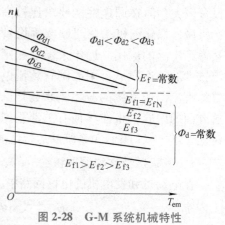

图 2-28 G-M 系统机械特性

（二）起动和制动

1. 起动

首先必须使电动机励磁，并调节励磁电流达到额定值，然后再使发电机励磁（在图2-27中，合上开关 S），由于励磁电路电感较大，励磁电流由零按指数规律逐渐增长到稳定值，所以发电机的感应电动势也是从零逐渐升高的，这就不会发生起动电流过大造成对电动机的冲击，保证了电动机能平稳起动，而不需要在电枢电路中串接起动电阻，节省了设备和起动时的能量损耗。

2. 制动

若要使电动机停转，只要将开关 S 断开，电动机就能获得电气制动而迅速停下来。制动过程如下：当开关 S 断开时，发电机的励磁绕组通过放大电阻 R_{fd} 形成闭合回路，由于励磁绕组的自感作用，励磁电流不会立即消失，而是逐渐减小，因此发电机的电枢电动势也是逐渐减小的，但是电动机的励磁这时并未改变，转速也来不及变化，于是就会出现电动机电动势大于发电机电动势的现象，电枢电流反向，即

$$I = \frac{E_{af} - E_{ad}}{R_{af} + R_{ad}} = -\frac{E_{ad} - E_{af}}{R_{af} + R_{ad}} \tag{2-57}$$

由于电流反向，发电机和电动机的电磁转矩也都改变了方向。电动机变为发电机运行于回馈制动状态，将拖动系统的动能变为电能输入发电机，从而实现电气制动。

3. 反转

要实现电动机反馈，只要将开关 S 投到相反位置即可，这时加在发电机励磁绕组上的电压极性改变，励磁电流由原来的正值降为零，再反向增长。发电机的电动势也相应地由正值逐渐变负，加在电动机两端的电压也随之由正逐渐变负，电动机便反向旋转。因为发电机电动势是逐渐变化的，所以反向时不会像前述电枢反接那样产生很大的冲击电流，电动机能够实现比较平稳的反转。

例 2-7 例 2-2 中的电动机，当额定负载时，求：

1. 电枢电路中串入电阻 $R_{pa} = 0.575\Omega$ 时，电动机的稳定转速。
2. 电源电压下降到 110V，$R_{pa} = 0$ 时，电动机的稳定转速。
3. 减弱磁通使 $\Phi = 0.9\Phi_N$，$R_{pa} = 0$ 时，电动机的稳定转速。

解 1. $n = \dfrac{U_N - I_N(R_a + R_{pa})}{C_e\Phi_N} = \dfrac{220 - 116 \times (0.175 + 0.575)}{0.133}$ r/min $= 1000$ r/min

2. $n = \dfrac{U - I_N R_a}{C_e\Phi_N} = \dfrac{110 - 116 \times 0.175}{0.133}$ r/min $= 674.4$ r/min

3. 因负载转矩不变，所以

$$C_T I_N \Phi_N = C_T I_a \Phi$$

即

$$I_a = \frac{\Phi_N}{\Phi} I_N = \frac{1}{0.9} \times 116\text{A} = 128.9\text{A}$$

代入

$$n = \frac{U_N - I_a R_a}{C_e\Phi}$$

得

$$n = \frac{220 - 128.9 \times 0.175}{0.9 \times 0.133}\text{r/min} = 1649.5\text{r/min}$$

第七节　串励直流电动机的电力拖动

一、串励直流电动机的机械特性

串励直流电动机的几个基本关系式从形式上看和他励直流电动机相同。

电动势平衡方程式　　　　　$U = E_a + I_a(R_a + R_{pa})$

转矩公式　　　　　　　　　$T_{em} = C_T \Phi I_a$

电动势公式　　　　　　　　$E_a = C_e \Phi n$

机械特性方程式
$$n = \frac{U}{C_e \Phi} - \frac{R_a + R_{pa}}{C_e \Phi} I_a$$

$$n = \frac{U}{C_e \Phi} - \frac{R_a + R_{pa}}{C_e C_T \Phi^2} T_{em}$$

但是与他励直流电动机不同的是串励电动机的电枢电流 I_a 就是励磁电流，因此磁通 Φ 将随电枢电流 I_a 的变化而变化，它们之间的关系曲线就是电动机的磁化曲线。由于磁化曲线难以准确地用数学公式表示，因而也不能直接用机械特性方程式去分析、计算转速 n 与电流 I（或与转矩 T_{em}）的关系。

为了对串励电动机的机械特性做定性的分析，可以近似地认为磁化曲线由两条直线构成，如图 2-29 所示。在电枢电流 $I_a \leqslant I_{a1}$ 时，$\Phi \propto I_a$，即 $\Phi = K I_a$；当 $I_a > I_{a1}$ 时，Φ 为常数。将 $\Phi = K I_a$，$T_{em} = C_T K I_a^2$ 代入机械特性方程式得

$$n = \frac{U_N}{C_e K I_a} - \frac{R_a + R_{pa}}{C_e K I_a} I_a = \frac{A}{I_a} - B \tag{2-58}$$

式中，$A = \dfrac{U_N}{C_e K}$；$B = \dfrac{R_a + R_{pa}}{C_e K}$。

和

$$n = \frac{U_N \sqrt{C_T}}{C_e \sqrt{K}} \frac{1}{\sqrt{T_{em}}} - B = \frac{A'}{\sqrt{T_{em}}} - B \tag{2-59}$$

式中，$A' = \dfrac{U_N}{C_e} \sqrt{\dfrac{C_T}{K}}$。

式（2-58）和式（2-59）说明，当 $\Phi = K I_a$ 时，串励电动机的机械特性为一双曲线；当 $I_a > I_{a1}$、Φ 为常数时，机械特性为一直线。实际上，电动机的磁化曲线是连续变化的，因此串励电动机的机械特性曲线是由轻载时的双曲线随负载增加而逐渐趋向于一条直线，如图 2-30 所示。

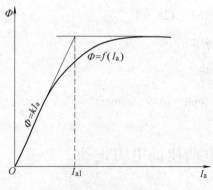

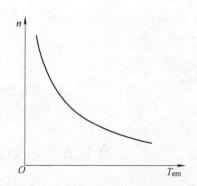

图 2-29　近似的磁化曲线　　　　　图 2-30　串励电动机的机械特性曲线

从串励直流电动机的机械特性可以看出，当负载变化时，串励电动机的转速变化很大，即特性很软，而且理想空载转速为无穷大。

绘制串励直流电动机的机械特性比较复杂，实际上对于同一系列的电动机，用相对值表示的机械特性曲线是十分相近的，因此对于同一系列的全部或一部分电动机的

机械特性，可以用以相对值表示的标准曲线来表示，这样的曲线称为通用特性曲线，如图 2-31 所示。

其中曲线 1 对应于 1~4 号机座，曲线 2 对应于 5~8 号机座。一般制造厂在电动机的产品样本中都给出了用相对值 n^*、I_a^* 和 T^* 表示的 $n^* = f(I_a^*)$ 和 $T^* = f(I_a^*)$ 的曲线，其中 $n^* = \dfrac{n}{n_N}$、$I_a^* = \dfrac{I_a}{I_N}$、$T^* = \dfrac{T_{em}}{T_N}$。

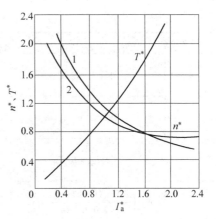

图 2-31　ZZ 系列直流串励
电动机的通用特性

有了这两条曲线，再根据具体电动机的额定数据，就能绘出该电动机的机械特性，现举例说明。

例 2-8　设有一台 ZZ—42 型直流串励电动机，铭牌数据如下：$P_N = 17\text{kW}$、$n_N = 630\text{r/min}$、$U_N = 220\text{V}$、$I_N = 92\text{A}$。要求绘制固有机械特性和电枢串入附加电阻 $R_{pa} = 0.5\Omega$ 时的人为机械特性。

解　（1）求电枢回路电阻 R_a　电枢电阻 R_a 可以实测，也可以按经验公式 (2-34) 计算，因串励电动机的电枢电路中包括串励绕组，所以额定负载下的铜耗在总损耗中的比重要大些，故系数取 $\dfrac{3}{4}$，即

$$R_a = \frac{3}{4}\left(\frac{U_N}{I_N} - \frac{P_N \times 10^3}{I_N^2}\right) = \frac{3}{4} \times \left(\frac{220}{92} - \frac{17 \times 10^3}{72^2}\right)\Omega = 0.28\Omega$$

（2）计算电动机轴上的额定输出转矩 T_N　即

$$T_N = 9550\frac{P_N}{n_N} = 9550 \times \frac{17}{630}\text{N} \cdot \text{m} = 258\text{N} \cdot \text{m}$$

（3）转速和电流的基值　已知 $n_N = 630\text{r/min}$，$I_N = 92\text{A}$。

（4）给出一系列的电流相对值 I_a^*，由通用曲线（图 2-31 的曲线 1）查出相应的 n^* 和 T^*，列入表 2-2 中的序号 1、2、3 三栏中。

（5）由 I_a^*、n^* 和 T^*，根据各自的基值算出相应的实际值，列入表 2-2 中的序号 4、5、6 三栏。

表 2-2　例 2-8 用表

序号	含　义	数　值					
1	给定 $I_a^* = \dfrac{I_a}{I_N}$	0.4	0.6	0.8	1.2	1.6	2.0
2	由通用曲线查出 $n^* = \dfrac{n}{n_N}$	1.8	1.4	1.18	0.94	0.80	0.70
3	由通用曲线查出 $T^* = \dfrac{T_{em}}{T_N}$	0.23	0.54	0.70	1.30	1.89	2.56

（续）

序 号	含 义	数 值					
4	计算 $I_a = I_a^* I_N$	36.8	55.2	73.6	110.4	147.2	184
5	计算 $n = n^* n_N$	1134	882	743	592	504	441
6	计算 $T_{em} = T^* T_N$	59.4	129.5	180.5	335.5	487.6	661.2
7	$n' = \left(\dfrac{220 - (0.28 + 0.5) I_a}{220 - 0.28 I_a} \right) n$	1034.5	763	605.9	419	297	200

注：I_a 的单位为 A，n'、n 的单位为 r/min，T_{em} 的单位为 N·m。

（6）由表 2-2 的序号 4、5、6 三栏的数据，绘出固有特性，如图 2-32 和图 2-33 所示。

人为特性的绘制步骤如下：

先给定一个电流值 I_{a1}，从已知的固有特性上求得相应的 n_1 值，将 I_{a1}、n_1 代入固有特性方程式，求出 $C_e \Phi_1$（$C_e \Phi_1 = \dfrac{U_N - I_{a1} R_a}{n_1}$），将 $C_e \Phi_1$ 代入人为机械特性方程式，得

$$n' = \frac{U_N - I_{a1}(R_a + R_{pa})}{C_e \Phi_1} = \frac{U_N - I_{a1}(R_a + R_{pa})}{U_N - I_{a1} R_a} n_1 \tag{2-60}$$

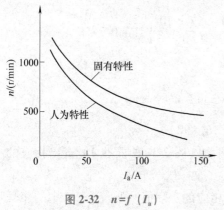

图 2-32 $n = f(I_a)$

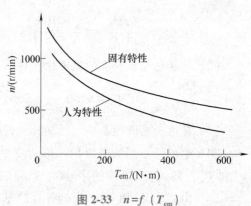

图 2-33 $n = f(T_{em})$

n' 即为在电枢附加电阻 R_{pa} 时人为机械特性上对应电枢电流为 I_{a1} 时的转速。按此方程式（2-60），就可求出一系列对应于不同电流的转速，列入表 2-2 序号 7 栏中，从而绘出人为机械特性曲线，曲线也表示在图 2-32 和图 2-33 中。

串励电动机降低电压的人为机械特性是一条低于固有特性并与之平行的曲线，如图 2-34 所示。

二、串励电动机的起动和调速

（一）串励直流电动机的起动

串励电动机的起动性能要比他励电动机好，这是因为串励电动机的励磁电流等于

电枢电流，因此在同样的起动电流下，串励直流电动机能有较大的起动转矩。但是起动时为了限制起动电流，仍然需要接入起动电阻。起动过程与他励电动机相似，但因为串励电动机的机械特性通常不是直线，所以起动电阻的计算一般不能用解析法而只能采用图解法，具体方法如下：

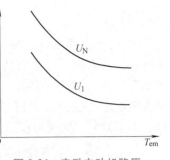

图 2-34　串励电动机降压
时的人为机械特性

1）先求出转速-电阻特性 $n = f(R)$。根据串励电动机的机械特性方程式，当电枢电流一定时，$C_e\Phi$ 也是一定值，这时转速 n 将随着电枢回路中附加电阻 R_{pa} 的不同而进行相应的改变，即

$$n = \frac{U_N}{C_e\Phi} - \frac{R_a + R_{pa}}{C_e\Phi}I_a = A - BR \qquad (2-61)$$

式中，$R = R_a + R_{pa}$；$A = \dfrac{U_N}{C_e\Phi}$；$B = \dfrac{I_a}{C_e\Phi}$。

式（2-61）就称为转速-电阻特性，它是在 I_a 一定的条件下得到的，显然转速-电阻特性是条直线。这样只要求得直线上任意两点，就可以确定这条直线，通常在某一电枢电流 I_{a1} 时，选择这样两点：

第一点，$n = 0$，则 $R_1 = R_a + R_{pa} = \dfrac{U_N}{I_{a1}}$。

第二点，$R_{pa} = 0$，这时对应于固有机械特性，可在固有特性上对应于 I_{a1} 值，求得转速 n_1。

求出这两点后，就可绘出在 $I_a = I_{a1}$ 时的转速-电阻特性，为了绘图计算方便，通常和机械特性画在一起（画在第二象限），I_a 为 I_{a1} 和 I_{a2} 时的转速-电阻特性如图 2-35 所示。

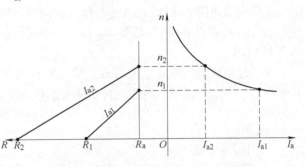

图 2-35　串励直流电动机的转速-电阻特性

2）根据工艺要求，确定起动过程中的最大转矩 T_{st1} 和切换转矩 T_{st2}，找出相对应的起动峰值电流 I_{st1} 和切换电流 I_{st2}。

3）对应于电流 I_{st1} 和 I_{st2}，分别绘出相应的转速-电阻特性，如图 2-36 中的直线 $\overline{PQ}$ 和 $\overline{ST}$。

4）由 P 点作垂线与直线 $\overline{ST}$ 交于 a 点，由 P 到 a 表示在电枢总电阻为 $R_1 = R_a + R_{st}$ 时，随着转速的升高，而使电流从 I_{st1} 减小到 I_{st2} 的过程，也就是在电枢总电阻为 R_1 的人为机械特性上由 P' 到 a' 的加速过程。

5）由 a 点引水平线与直线 $\overline{PQ}$ 交于 b 点，由 a 到 b 表示在转速来不及变化时，切除一段电阻，使电枢总电阻由 R_1 减小到 R_2，电流由 I_{st2} 跃升到 I_{st1} 的过程，也就是工作点由电枢总电阻为 R_1 的人为特性上的 a' 点交换到电枢总电阻为 R_2 的人为特性上的 b'

点的过程。

6）由 b 点作垂线，与直线$\overline{ST}$交于 c 点，由 b 到 c 表示随转速升高，电枢电流由 I_{st1} 降为 I_{st2} 的过程，也就是在电枢总电阻为 R_2 的人为机械特性上由 b' 到 c' 的加速过程。

7）由 c 点引水平线与$\overline{PQ}$交于 Q 点，表示起动电阻全部切除，电流又跃升到 I_{st1}。电动机工作点由 c' 变

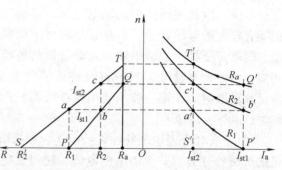

图 2-36　串励电动机起动电阻计算的图解法

换到 Q' 以后，转速就沿固有机械特性由 Q' 点加速到稳定转速。

若由 c 点引水平线与直线$\overline{PQ}$不是相交在 Q 点，则可调整 I_{st1} 或 I_{st2}，以改变直线$\overline{PQ}$或$\overline{ST}$的斜率，使由 c 点引出的水平线正好在 Q 点与$\overline{PQ}$相交。

这样，图中线段$\overline{ab}$和$\overline{cQ}$的长度就代表在起动过程中应切除的各段电阻值，水平线段的数目就是起动电阻的段数，起动电阻计算完毕。

（二）串励直流电动机的调速

串励电动机也可以用电枢串电阻，改变磁通和降低电压等方法进行调速，它们的调速原理和他励电动机基本相同。在这些调速方法中，电枢串电阻调速比较常用。改变磁通调速在串励电动机中用得较少，串励电动机要改变磁通调速，可以在电枢绕组两端并联调节电阻 R_B' 以加大励磁电流（在同一电枢电流下），称为电枢分路；也可以在串励绕组两端并联调节电阻 R_B 以减小励磁电流，称为励磁分路，如图 2-37 和图 2-38 所示。

对于起动比较频繁的生产机械，常用两台功率较小的电动机在机械上同轴连接，共同拖动一个生产机械，与用一台功率大的电动机的系统相比，前者整个系统的飞轮矩较小。在电气方面，这两台电动机可以串联接到电源上，也可并联在电源上，如图 2-39 所示。

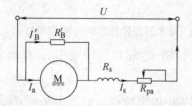

图 2-37　电枢并联分路电阻的电路图

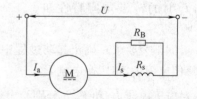

图 2-38　励磁绕组并联分路电阻的电路图

当串联时，每台电动机所承受的电压只有并联时的一半，转速也就降低一半，这就得到了两级调速，若再在电动机中串入调节电阻，就可以获得较多的调速级，这种方法广泛应用在电力牵引中。

三、串励电动机的制动

串励直流电动机的理想空载转速为无穷大，所以它不可能有回馈制动运转状态，

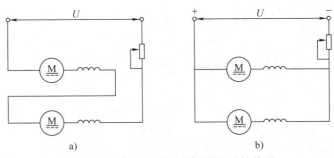

图 2-39　两台电动机串并联的调速接线图
a) 串联　b) 并联

只能进行能耗制动和反接制动。

（一）能耗制动

串励电动机的能耗制动分为自励式和他励式两种。

自励式能耗制动是把电枢和串励绕组脱离电源后，一起接到制动电阻上，依靠电动机剩磁自励，建立电动势成为串励发电机，因而产生制动转矩，使电动机停转。为了保证电动机能自励，自励能耗制动时必须保持励磁电流的方向和制动前相同，否则不能产生制动转矩。

他励式能耗制动时，只把电枢脱离电源接到制动电阻上，而把串励绕组接在电源上成为一台他励发电机，而产生制动转矩。由于串励绕组的电阻很小，所以必须在励磁回路中接入限流电阻。

自励式能耗制动，开始时制动转矩较大，随着转速下降，电枢电动势和电流也下降，同时磁通也减小，使制动转矩下降很快，制动效果减弱，所以制动时间长，制动不平稳。由于自励式能耗制动不需要电源，因此主要用于事故制动。

他励式能耗制动效果好，应用较广泛。

（二）反接制动

串励电动机的反接制动也有电枢反接和倒拉反接两种，制动的物理过程和他励电动机相同，反接制动时，电枢中也必须串入足够大的电阻以限制电流。

必须注意的是，在进行反接制动时，电流 I_a 与磁通 Φ 只能有一个改变方向，通常是改变电枢电流 I_a 的方向，即改变电枢电压的极性，而励磁电流的方向维持不变。

第八节　复励电动机的机械特性

复励电动机的机械特性介于他励和串励电动机之间，当串励磁动势起主要作用时，特性就接近于串励电动机，但这时有一定的理想空载转速。反之，机械特性就接近于他励电动机。

复励电动机可以有三种制动方式，即能耗制动、回馈制动和反接制动。反接制动时，一般也只对电枢进行反接，而保持串励绕组中的电流方向不变。在回馈制动（和能耗制动）时，为了避免因电流反向而使串励磁动势起去磁作用，一般将串励绕组短接，这样复励电动机的回馈制动和能耗制动就与他励电动机完全相同了。

复励电动机的机械特性如图 2-40 所示。

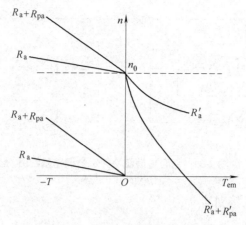

图 2-40　复励电动机的机械特性

第九节　电力拖动系统的过渡过程

在电力拖动系统中，由于某种原因，系统由一种平衡状态（通常称为稳定运行状态）向另一种平衡状态过渡的过程，称为电力拖动系统的过渡过程。在过渡过程中，电动机的转速 n、转矩 T_a 以及与之对应的电枢电动势 E_a 和电枢电流 I_a 都将发生变化，由于系统存在着机械惯性和电磁惯性，故上述各量不可能突变，它们都是时间的函数。研究它们在过渡过程中的变化规律对于研究改善电力拖动运行情况具有重要的意义。本节主要讨论他励直流电动机起动时的过渡过程，并且只考虑机械惯性的影响。

一、他励直流电动机起动时的过渡过程

为突出主要机电过程，在讨论中进行如下假定：

1）电网电压 $U = U_N$，为常数，不因起动电流的冲击而产生波动。

2）不考虑电枢反应影响，即磁通 Φ 为常数。

3）负载转矩 T_z 为常数。

设一他励直流电动机在全电压的条件下，电枢串入固定电阻进行起动，根据电动势平衡方程式和转矩平衡方程式，可写出

$$U_N = E_a + I_a R = C_e \Phi n + I_a R \qquad (2\text{-}62)$$

式中　R——电枢电路总电阻。

$$T_{em} = T_z + \frac{GD^2}{375} \frac{dn}{dt} = C_T \Phi I_a \qquad (2\text{-}63)$$

由式（2-62），得

$$n = \frac{U_N - I_a R}{C_e \Phi}$$

所以 $\dfrac{dn}{dt} = -\dfrac{R}{C_e \Phi} \dfrac{dI_a}{dt}$，代入式（2-63），得

$$I_{a} = \frac{T_{z}}{C_{T}\varPhi} - \frac{GD^{2}R}{C_{e}C_{T}\varPhi^{2} \times 375}\frac{\mathrm{d}I_{a}}{\mathrm{d}t} = I_{z} - T_{m}\frac{\mathrm{d}I_{a}}{\mathrm{d}t} \tag{2-64}$$

式中 I_{z}——对应于负载转矩 T_{z} 时的稳态电枢电流（负载电流）；

T_{m}——机电时间常数，$T_{m} = \dfrac{GD^{2}R}{375C_{e}C_{T}\varPhi^{2}}$。

解式（2-64）得

$$I_{a} = I_{z} + Ke^{-\frac{t}{T_{m}}} \tag{2-65}$$

式中，K 由起始条件决定，在起动瞬间，即 $t = 0$ 时，$I_{a} = I_{st1}$，于是可求得 $K = I_{st1} - I_{z}$，代入式（2-65）求得

$$I_{a} = I_{z} + (I_{st1} - I_{z})e^{-\frac{t}{T_{m}}} \tag{2-66}$$

式（2-66）即表示起动过程中电枢电流随时间的变化规律 $I_{a} = f(t)$，它按指数规律变化。

因为 $\varPhi$ 为常数，所以由式（2-66）便可直接推出电磁转矩在起动过程中的变化规律

$$T_{em} = T_{z} + (T_{st1} - T_{z})e^{-\frac{t}{T_{m}}} \tag{2-67}$$

欲求转速的变化规律，可将式（2-66）代入式（2-62），并考虑到稳态电流与稳定转速的对应关系，即

$$n_{z} = \frac{U_{N} - I_{z}R}{C_{e}\varPhi}, \quad n_{st} = \frac{U_{N} - I_{st}R}{C_{e}\varPhi}$$

可得

$$n = n_{z} + (n_{st} - n_{z})e^{-\frac{t}{T_{m}}} \tag{2-68}$$

n 也按指数规律变化。因为起动瞬间 $t = 0$，$n_{st} = 0$，所以起动过程中转速随时间的变化关系 $n = f(t)$ 为

$$n = n_{z}(1 - e^{-\frac{t}{T_{m}}}) \tag{2-69}$$

$I_{a} = f(t)$ 和 $n = f(t)$ 的曲线形状如图 2-41 所示。

若要求电流或转速达到某一数值 I_{x} 或 n_{x} 所需的时间 t_{x}，则只需将 I_{x} 或 n_{x} 值代入式（2-65）或式（2-68）求解即可。求得

$$t_{x} = T_{m}\ln\frac{I_{st} - I_{z}}{I_{x} - I_{z}} = T_{m}\ln\frac{n_{st} - n_{z}}{n_{x} - n_{z}} \tag{2-70}$$

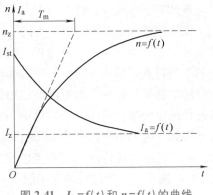

图 2-41 $I_{a} = f(t)$ 和 $n = f(t)$ 的曲线

二、关于机电时间常数的讨论

机电时间常数是电力拖动系统中一个十分重要的动态参数，前已提出

$$T_{m} = \frac{GD^{2}R}{375C_{e}C_{T}\varPhi^{2}} \tag{2-71}$$

若将式（2-69）在 $t = 0$ 处求导，便得到 $t = 0$ 时的加速度

$$\left(\frac{\mathrm{d}n}{\mathrm{d}t}\right)_{t=0} = \frac{n_z}{T_m} \tag{2-72}$$

式（2-72）表明，T_m 在数值上等于转速 n 以 $t=0$ 时的加速度直线上升到稳定值 n_z 时所需的时间，如图 2-42 所示，但是实际上，由于转速按指数规律上升，到达稳定转速所需的时间比 T_m 大得多，理论上只有当 $t=\infty$ 时，n 才能达到 n_z，实际上当 $t=4T_m$ 时，$n\approx98\%n_z$，因此工程上一般认为经过 $(3\sim4)T_m$ 时间，系统基本上已达到稳定运行状态。

在控制系统中，T_m 也常用另一种形式表示。将式（2-71）的分子分母同乘以 I_a，则

$$T_m = \frac{GD^2}{375}\frac{I_a R}{C_e \Phi}\frac{1}{C_T \Phi I_a} = \frac{GD^2}{375}\frac{\Delta n}{T_a} = \frac{GD^2}{375}\tan\alpha \tag{2-73}$$

式中 $\tan\alpha$——静态机械特性的斜率。

由此可见，对应于不同的机械特性，电动机的机电时间常数也不相同。因此在采用多级起动或者采用电枢串入电阻调速时，T_m 的大小也将发生变化，特别是在调磁调速且磁通变化尚未达到稳定值前，电动机的 T_m 值处于连续变化的过程中，这对系统的过渡过程将产生重要影响。

必须指出，式（2-66）和式（2-68）是电流和转速变化规律的一般形式，它们不仅适用于起动过程，也适用于制动、

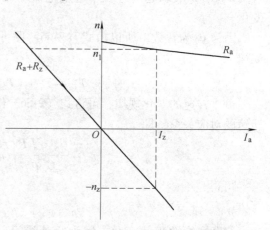

图 2-42 能耗制动时的起始值与稳定值

调速及负载突然变化等各种过程。关键问题是在具体应用时，必须注意起始值和稳定值的不同特点以及机电时间常数的变化。例如，在实行多级起动时，不同加速级的机电时间常数是不同的，电枢电路的电阻越大，则 T_m 也越大。同时不同加速级的起始转速和稳定转速也是不同的，见例 2-9。

再如，电动机在转速为 n_1 的稳定运转状态下进行能耗制动，电枢串入制动电阻 R_z，电动机在机械特性上工作点的变化如图 2-42 所示，则此时的机电时间常数将由 R_a+R_z 所决定，过渡过程的起始值（对转速而言）为 n_1，稳定转速为 $-n_z$。

上述讨论没有考虑电磁惯性的影响，有关这方面的内容，请读者参阅其他有关书籍。

例 2-9 例 2-3 中的电动机，如负载电流 $I_z=0.5I_N$，试计算各级起动时间，并绘出起动时电动机转速 n，电流 I_a 随时间变化的关系曲线 $n=f(t)$、$I_a=f(t)$。

解
$$I_{st1} = 2I_N = 2\times54.2\mathrm{A} = 108.4\mathrm{A}$$

$$I_{st2} = \frac{I_{st1}}{\beta} = \frac{108.4}{2.77}\mathrm{A} = 39.1\mathrm{A}$$

$$I_z = 0.5I_N = 0.5\times54.2\mathrm{A} = 27.1\mathrm{A}$$

$$C_e \Phi = \frac{U_N - I_N R_a}{n_N} = \frac{220 - 54.2 \times 0.264}{2250} = 0.091 \mathrm{V/(r \cdot min^{-1})}$$

$$C_T \Phi = 9.55 C_e \Phi = 9.55 \times 0.091 = 0.87 \mathrm{V/(r \cdot min^{-1})}$$

（1）第一级起动时

因为
$$T_{m1} = \frac{GD^2 R}{375 C_e C_T \Phi^2} = \frac{9.81 \times 0.5 \times 2.03}{375 \times 0.091 \times 0.87} \mathrm{s} = 0.335 \mathrm{s}$$

$$n_{z1} = \frac{U_N - I_z R}{C_e \Phi} = \frac{220 - 27.1 \times 2.03}{0.091} \mathrm{r/min} = 1813 \mathrm{r/min}$$

$$n_{st1} = 0$$

所以
$$n = n_{z1} (1 - e^{-\frac{t}{T_{m1}}}) = 1813 (1 - e^{-\frac{t}{0.335}})$$

$$I_a = I_z + (I_{st1} - I_z) e^{-\frac{t}{T_{m1}}} = 27.1 \mathrm{A} + (108.4 - 27.1) e^{-\frac{t}{0.335}} \mathrm{A}$$

$$= 27.1 \mathrm{A} + 81.3 e^{-\frac{t}{0.335}} \mathrm{A}$$

第一级起动时间 t_1

$$t_1 = T_{m1} \ln \frac{I_{st} - I_z}{I_x - I_z} = T_{m1} \ln \frac{I_{st1} - I_z}{I_{st2} - I_z}$$

$$= 0.335 \ln \frac{108.4 - 27.1}{39.1 - 27.1} \mathrm{s} = 0.64 \mathrm{s}$$

电流、转速随时间的变化曲线如图 2-43 所示。

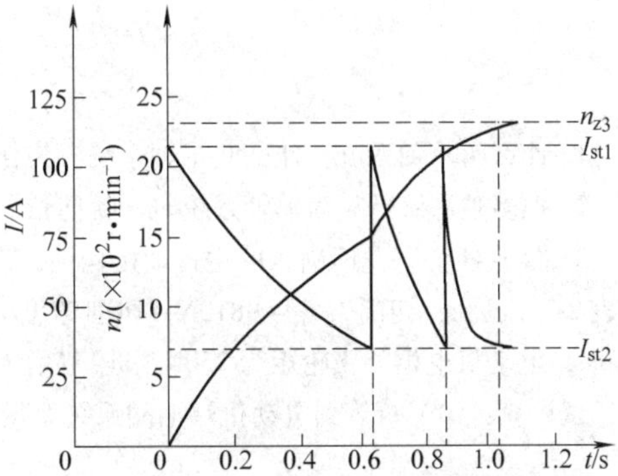

（2）第二级起动时

因为
$$T_{m2} = \frac{GD^2 R_1}{375 C_e C_T \Phi^2}$$

图 2-43　$n = f(t)$、$I = f(t)$ 曲线

$$= \frac{9.81 \times 0.5 \times 0.3}{375 \times 0.091 \times 0.87} \mathrm{s} = 0.121 \mathrm{s}$$

$$n_{z2} = \frac{U_N - I_z R_1}{C_e \Phi} = \frac{220 - 27.1 \times 0.73}{0.091} \mathrm{r/min} = 2200 \mathrm{r/min}$$

$$n_{st2} = \frac{U_N - I_{st2} R}{C_e \Phi} = \frac{220 - 39.1 \times 2.03}{0.091} \mathrm{r/min} = 1545 \mathrm{r/min}$$

所以
$$n = n_{z2} + (n_{st2} - n_{z2}) e^{-\frac{t}{T_{m2}}} = 2200 \mathrm{r/min} - 655 e^{-\frac{t}{0.121}} \mathrm{r/min}$$

$$I_a = I_z + (I_{st1} - I_z) e^{-\frac{t}{T_{m2}}} = 27.1 \mathrm{A} + 81.3 e^{-\frac{t}{0.121}} \mathrm{A}$$

第二级起动时间 t_2

$$t_2 = T_{m2} \ln \frac{I_{st1} - I_z}{I_{st2} - I_z} = 0.121 \ln \frac{108.4 - 27.1}{39.1 - 27.1} \mathrm{s} = 0.23 \mathrm{s}$$

电流、转速随时间的变化曲线如图 2-43 所示。

（3）第二级电阻切除后

因为
$$T_{m3} = \frac{GD^2 R_a}{375 C_e C_T \Phi^2} = \frac{9.81 \times 0.5 \times 0.264}{375 \times 0.091 \times 0.87} \mathrm{s} = 0.044 \mathrm{s}$$

$$n_{st3} = \frac{U_N - I_{st2}R_1}{C_e\Phi} = \frac{220 - 39.1 \times 0.73}{0.091} \text{r/min} = 2103\text{r/min}$$

$$n_{z3} = \frac{U_N - I_z R_a}{C_e\Phi} = \frac{220 - 27.1 \times 0.264}{0.091} \text{r/min} = 2399\text{r/min}$$

所以

$$n = n_{z3} + (n_{st3} - n_{z3})\, e^{-\frac{t}{T_{m3}}} = 2399\text{r/min} - 296 e^{-\frac{t}{0.044}}\text{r/min}$$

$$I_a = I_z + (I_{st1} - I_z)\, e^{-\frac{t}{T_{m3}}} = 27.1\text{A} + 81.3 e^{-\frac{t}{0.044}}\text{A}$$

此时电动机达到稳定转速所需的时间 t_3

$$t_3 = (3 \sim 4)\, T_{m3}$$

取

$$t_3 = 4T_{m3} = 0.176\text{s}$$

电流、转速随时间的变化曲线如图 2-43 所示。

（4）起动总时间 t

$$t = t_1 + t_2 + t_3 = 1.046\text{s}$$

 习 题

1. 什么叫单轴系统？什么叫多轴系统？为什么要把多轴系统折算成单轴系统？

2. 把多轴系统折算为单轴系统时，哪些量需要进行折算？折算的原则是什么？

3. 图 2-44 为一龙门刨床的主传动机构图，齿轮 1 与电动机轴直接连接，各齿轮及工作台的数据见表 2-3。已知：切削力 $F_z = 9810\text{N}$，切削速度 $v_z = 43\text{m/min}$，传动效率 $\eta_c = 0.8$，齿轮 6 的节距为 20mm，电动机电枢的飞轮矩为 230N·m，工作台与床身的摩擦因数为 0.1。

试计算：（1）折算到电动机轴上的系统总飞轮矩及负载转矩；（2）切削时电动机输出的功率。

表 2-3 齿轮及工作台数据

代号	名称	GD^2 /(N·m²)	m /kg	齿数
1	齿轮	8.25		20
2	齿轮	40.20		55
3	齿轮	19.60		38
4	齿轮	56.80		64
5	齿轮	37.3		30
6	齿轮	137.20		78
m_1	工作台		1500	
m_2	工件		1000	

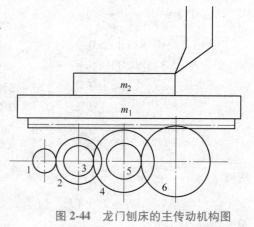

图 2-44 龙门刨床的主传动机构图

4. 常见的生产机械的负载转矩特性有哪几种？

5. 什么叫电动机的固有机械特性和人为机械特性？

6. 电力拖动稳定运行的条件是什么？一般要求电动机的机械特性是向下倾斜还是向上翘的？为什么？

7. 一台他励直流电动机，铭牌数据如下：$P_N = 2.2\text{kW}$，$U_N = 220\text{V}$，$I_N = 12.6\text{A}$，$n_N = 1500\text{r/min}$。

求：（1）绘出固有机械特性；（2）当 $I_a = \frac{1}{2}I_N$ 时，电动机的转速 n；（3）当 $n = 1550\text{r/min}$ 时，电枢

电流 I_a。

8. 根据题 7 中的电动机数据，（1）绘出电枢串入附加电阻 $R_{pa} = 2\Omega$ 时的人为机械特性；（2）绘出当 $\Phi = 0.8\Phi_N$ 时的人为机械特性；（3）绘出当电压 $U = \dfrac{1}{2}U_N$ 时的人为机械特性；（4）分别求出上述三种情况，当 $I_a = I_N$ 时，电动机的转速。

9. 一台直流他励电动机，铭牌数据如下：$P_N = 13\text{kW}$，$U_N = 220\text{V}$，$I_N = 68.6\text{A}$，$n_N = 1500\text{r/min}$，该电动机作起重机电动机用，在额定负载时，试问：（1）要求电动机以 800r/min 的速度下放重物，应该采取什么措施？（2）要求电动机以 1800r/min 的速度下放重物，应该采取什么措施？

10. 根据题 9 的电动机数据，起吊重物，在负载转矩 $T_z = \dfrac{1}{2}T_N$ 时，运行在固有特性上，现采用电枢反接法进行制动，试问：（1）若制动开始时的瞬时电流不大于 $2I_N$，在电枢回路中应串入多大电阻？（2）当转速制动到零时，若不切断电源，电动机运转状态如何？

11. 根据题 9 的电动机数据，起吊重物，在负载转矩 $T_z = \dfrac{1}{2}T_N$ 时，运行在固有特性上，现采用能耗制动，试问：（1）若制动开始时的瞬时电流不大于 $2I_N$，制动电阻应为多大？（2）若转速制动到零时，不采取其他措施，电动机的运转状态如何？

12. 电动机的调速与转速变化有何区别？在同一条机械特性上，为什么转矩越大，转速越低？

13. 一台他励直流电动机，铭牌数据如下：$P_N = 7.5\text{kW}$，$U_N = 220\text{V}$，$I_N = 40.8\text{A}$，$n_N = 1500\text{r/min}$，$R_a = 0.36\Omega$，设轴上负载转矩 $T_z = 0.8T_N$ 时，求：（1）在固有特性上工作时的电动机转速 n；（2）若其他条件不变，当磁通减弱到 $0.5\Phi_N$ 时，电动机的转速为多少？

14. 根据题 13 的电动机数据，若电枢中串入电阻 $R_{pa} = 0.5\Omega$，此时电动机的转速等于多少？

15. 何谓恒转矩调速？何谓恒功率调速？

16. 对恒转矩负载，应采用何种调速方法？为什么？

17. 对恒功率负载，应采用何种调速方法？为什么？

18. 试分析串励电动机的机械特性。串励电动机在使用时应注意些什么问题？

19. 串励直流电动机，为什么没有回馈制动运转状态？

20. 一台串励直流电动机，$P_N = 22.4\text{kW}$，$I_N = 116\text{A}$，$U_N = 220\text{V}$，$n_N = 910\text{r/min}$，$R_a = 0.145\Omega$（包括串励绕组电阻），试绘出：（1）固有机械特性；（2）电枢串入附加电阻 $R_{pa} = 0.5\Omega$ 时的人为机械特性；（3）绘出转速-电阻特性（$I = I_N$）。

通用曲线数据见表 2-4。

表 2-4　通用曲线数据

I^*	0.5	0.6	0.7	0.8	0.9	1.0	1.2	1.4	1.6	1.8	2.0
n^*	1.48	1.31	1.11	1.10	1.05	1.0	0.95	0.90	0.87	0.83	0.80

21. 根据题 20 的电动机数据，起动时分两级进行，要求起动时尖峰电流 $I_{st1} = 2I_N$，求起动电阻。

22. 他励直流电动机铭牌数据如下：$P_N = 10\text{kW}$，$U_N = 220\text{V}$，$I_N = 52.6\text{A}$，$n_N = 1500\text{r/min}$，设负载转矩 $T_L = 0.8T_N$，最大起动电流为 $2I_N$ 串阻起动，级数 $m = 3$，拖动系统总飞轮矩 $GD^2 = 10\text{N} \cdot \text{m}^2$，求：（1）各级起动总电阻值；（2）起动总时间 t；（3）起动过程中关系式 $I_a = f(t)$ 和 $n = f(t)$。

2

第二篇 变 压 器

第三章

变 压 器

变压器是一种静止的电器，它利用电磁感应作用将一种电压、电流的电能转换成同频率的另一种电压、电流的电能。

变压器是电力系统中一种重要的电气设备。要将大功率的电能从发电站输送到远距离的用电区，输电线路的电压越高，线路中的电流和相应的线路损耗就越小，由于发电机受到绝缘结构的限制，发出的电压不能太高，因此需用升压变压器把发电机发出的电压升高到输电电压，再把电能输送到用电地区，然后再用减压变压器逐步将输电电压降到配电电压，供用户使用。在其他需要特种电源的工业企业中，变压器的应用也很广泛，如供电给整流设备、电炉等，此外在试验设备、测量设备和控制设备中也应用着各种类型的变压器。

本章主要研究一般用途的电力变压器，最后再概略地介绍自耦变压器、互感器和电焊变压器的工作原理及结构特点。

第一节　变压器的工作原理、分类及结构

一、变压器的工作原理

变压器的主要部件是一个铁心和套在铁心上的两个线圈。这两个线圈具有不同的匝数，且互相绝缘，如图 3-1 所示。图中，接入电源的线圈称为一次绕组，其电压、电流及电动势的相量分别为 $\dot{U}_1$、$\dot{I}_1$ 及 $\dot{E}_1$，绕组的匝数为 N_1。图中与负载相连的线圈称为二次绕组，其电压、电流及电动势的相量分别为 $\dot{U}_2$、$\dot{I}_2$ 及 $\dot{E}_2$，绕组的匝数为 N_2。交链两个绕组的磁通称为主磁通 ϕ。电路中惯用的电压、电流及电动势相量的正方向如图 3-1 所示。在不计一、二次绕组的电阻，并认为两个绕组的耦合系数为 1，即为无漏磁通情况时，根据电磁感应定律，可写出电压、电动势的瞬时方程式

$$\begin{cases} u_1 = -e_1 = N_1 \dfrac{\mathrm{d}\phi}{\mathrm{d}t} \\[2mm] u_2 = e_2 = -N_2 \dfrac{\mathrm{d}\phi}{\mathrm{d}t} \end{cases} \tag{3-1}$$

从式（3-1）可得出一、二次绕组电压和电动势瞬时值与匝数的关系为

$$\left| \frac{u_1}{u_2} \right| = \frac{e_1}{e_2} = \frac{N_1}{N_2} = k \tag{3-2}$$

式中　k——变压器的电压比（亦称匝数比）。

式（3-2）可用有效值表示为

$$\frac{U_1}{U_2} = \frac{E_1}{E_2} = \frac{N_1}{N_2} = k \qquad (3\text{-}3)$$

式（3-3）表明，变压器一、二次绕组的电压比就等于一、二次绕组的匝数比。因此，要使一、二次绕组有不同的电压，只要使一、二次绕组有不同的匝数即可。例如，一次绕组的匝数 N_1 为二次绕组匝数 N_2 的两倍（$k=2$），便是 2：1 的减压变压器；反之，则是 1：2 的升压变压器。这就是变压器的变压原理。

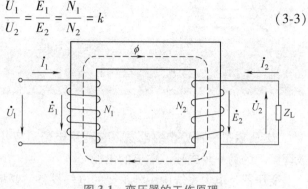

图 3-1　变压器的工作原理

二、变压器的基本结构

变压器的基本结构分为四个部分：①铁心——变压器的磁路；②绕组——变压器的电路；③绝缘结构；④油箱等其他部分。变压器的铁心和绕组是变压器的主要部分，称为变压器的器身。下面着重介绍变压器铁心和绕组的结构。

（一）铁心

铁心由铁柱和铁轭两部分组成。铁柱上装有绕组，铁轭则作为闭合磁路之用。为了减少铁心中的磁滞和涡流损耗，铁心一般用含硅量较高、厚度为 0.35mm，表面涂有绝缘漆的热轧或冷轧硅钢片叠装而成。

铁心的基本形式有心式和壳式两种。壳式结构是铁轭包围绕组的顶面、底面和侧面，如图 3-2 所示。心式结构是铁轭只靠着绕组的顶面和底面，而不包围绕组的侧面，如图 3-3 所示。壳式结

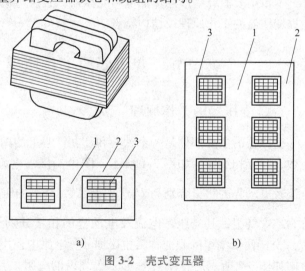

图 3-2　壳式变压器
1—铁心柱　2—铁轭　3—绕组

构的机械强度较高，但制造工艺复杂，用材较多，通常用于低压、大电流的变压器或小容量的电源变压器。心式结构比较简单，绕组的装配及绝缘也较容易，国产电力变压器均采用心式结构。

变压器的铁心，一般是先将硅钢片裁成条形，然后进行叠装而成。在叠片时，为减少接缝间隙以减小励磁电流，采用叠接式，即将上层和下层叠片的接缝错开，如图 3-4 所示。

当采用冷轧硅钢片时，由于冷轧硅钢片顺辗压方向的导磁系数高，损耗小，故应用斜

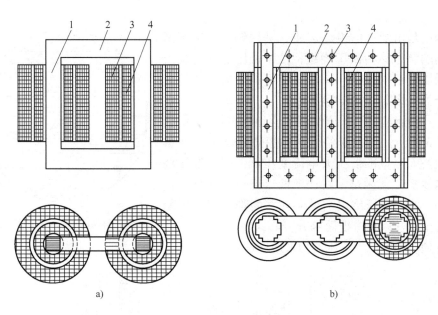

a)   b)

图 3-3　心式变压器
1—铁心柱　2—铁轭　3—高压绕组　4—低压绕组

切钢片的叠装方法，如图 3-5 所示。

　　叠装好的铁心其铁轭用槽钢（或焊接夹件）及螺杆固定。心柱则用环氧无纬玻璃丝粘带绑扎。

　　铁心柱的截面在小型变压器中采用方形。在容量较大的变压器中，为了充分利用绕组内圆的空间，而采用阶梯形截面，如图 3-6 所示。当心柱直径大于 380mm 时，中间还留出油道以改善铁心内部的散热条件。

　　铁轭的截面有矩形及阶梯形，如图 3-7 所示。铁轭的截面一般比心柱截面大 5%～10%，以减少空载电流和空载损耗。

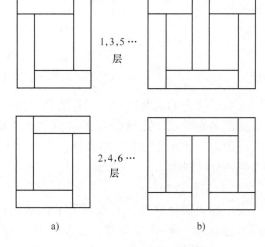

1,3,5…层

2,4,6…层

a)   b)

图 3-4　叠接式铁心的叠片次序
a) 单相铁心　b) 三相铁心

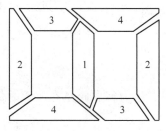

1,3,5…层

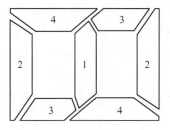

2,4,6…层

图 3-5　冷轧硅钢片的叠法

（二）绕组

绕组是用纸包的绝缘扁线或圆线绕成。接于高
压电网的绕组称为高压绕组；接于低压电网的绕组
称为低压绕组。根据高、低压绕组的相对位置，绕
组可分为心式和交叠式两种类型。

心式绕组的高、低压绕组同心地套在铁心柱上，
如图 3-3 所示。为便于绝缘，一般低压绕组套在里
面，但对大容量的低压大电流变压器，由于低压绕
组引出线的工艺困难，往往把低压绕组套在高压绕
组外面。高、低压绕组与铁心柱之间都留有一定的
绝缘间隙，并以绝缘纸筒隔开。心式绕组结构简单，
制造方便，国产电力变压器均采用这种结构。

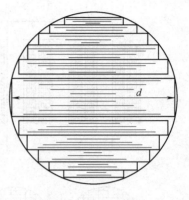

图 3-6　铁心柱截面

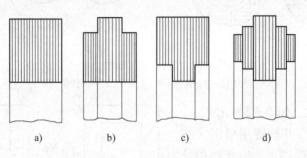

图 3-7　铁轭截面

a）矩形　b）外 T 形　c）内 T 形　d）多级梯形

交叠式绕组的高低压绕组交替地套在铁心柱
上，如图 3-8 所示。这种绕组都做成饼式，高、
低压绕组之间的间隙较多，绝缘比较复杂，主要
用于特种变压器中。

（三）其他结构部件

变压器的器身放在装有变压器油的油箱内。
变压器油既是一种绝缘介质，又是一种冷却介
质。为使变压器油能较长久地保持良好状态，在
变压器油箱上面装有圆筒形的储油柜。储油柜通
过连通管与油箱相通，柜内油面高度随着油箱内
变压器油的热胀冷缩而变动，储油柜使油与空气
的接触面积减小，从而减少油的氧化和水分的
侵入。

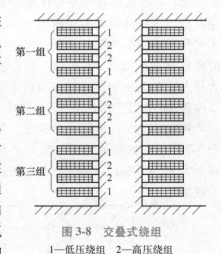

图 3-8　交叠式绕组

1—低压绕组　2—高压绕组

另外，图 3-9 中的气体继电器、安全气道或压力释放阀是在故障时保护变压器安
全的辅助装置。

油箱的结构与变压器的容量、发热情况密切相关。变压器的容量越大，发热问题
就越严重。在小容量（20kVA 及以下）变压器中采用平壁式油箱；容量稍大的变压器，

100

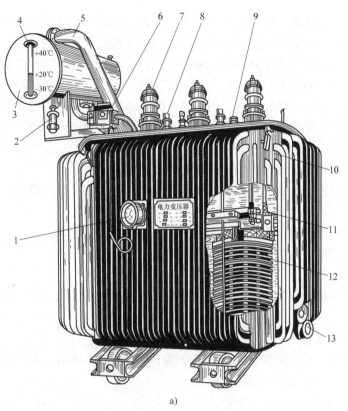

a)

1—信号式温度计　2—吸湿器　3—储油柜　4—油表　5—安全气道　6—气体继电器
7—高压套管　8—低压套管　9—分接开关　10—油箱　11—铁心　12—线圈　13—放油阀门

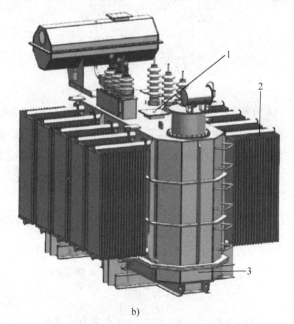

b)

新型油浸式
电力变压器

新型油浸式
电力变压器
结构图

1—压力释放阀　2—散热器　3—油箱
图3-9　油浸式电力变压器
a）传统油浸式电力变压器　b）新型油浸式电力变压器

在油箱壁上焊有散热油管以增加散热面积，称为管式油箱。对容量为 3000~10000kVA 的变压器，此时把油管先做成散热器，然后再把散热器安装在油箱上，这种油箱称为散热器式油箱。容量大于 10000kVA 的变压器，需采用带有风扇冷却的散热器，叫作油浸风冷式。对 50000kVA 及以上的大容量的变压器，采用强迫油循环的冷却方式。

变压器的引出线从油箱内部引到油箱外时，必须穿过瓷质的绝缘套管，以使带电的导线与接地的油箱绝缘。绝缘套管的结构取决于电压等级，较低电压（1kV 以下）采用实心瓷套管；10~35kV 采用空心充气或充油式套管；电压在 110kV 及以上时采用电容式套管。绝缘套管做成多级伞形，电压越高，级数越多。

油箱盖上面还装有分接开关，可调节高压绕组的匝数（高压绕组有±5%的抽头），以调节变压器的输出电压。

（四）变压器的额定值

1. 额定容量 S_N

在铭牌上所规定的额定运行状态下变压器输出能力（视在功率）的保证值，称为变压器的额定容量，单位以 VA、kVA 或 MVA 表示。对三相变压器，额定容量是指三相容量之和。

2. 额定电压 U_N

标志在铭牌上的各绕组在空载额定分接下端电压的保证值，单位以 V 或 kV 表示。对三相变压器，额定电压是指线电压。

3. 额定电流 I_N

根据额定容量和额定电压算出的线电流称为额定电流，单位以 A 表示。

对单相变压器
$$I_{N1} = \frac{S_N}{U_{N1}}; \quad I_{N2} = \frac{S_N}{U_{N2}} \tag{3-4}$$

对三相变压器
$$I_{N1} = \frac{S_N}{\sqrt{3}\,U_{N1}}; \quad I_{N2} = \frac{S_N}{\sqrt{3}\,U_{N2}} \tag{3-5}$$

4. 额定频率 f_N

我国规定标准工频为 50Hz。

此外，额定运行时变压器的效率、温升等数据均属于额定值。除额定值外，铭牌上还标有变压器的相数、联结组和接线图、短路电压（或短路阻抗）的标幺值、变压器的运行方式及冷却方式等。为考虑运输，有时铭牌上还标出变压器的总重、油重、器身重量和外形尺寸等附属数据。

例 3-1 有一台三相油浸自冷式铝线变压器，$S_N = 100$kVA，$U_{N1}/U_{N2} = 6000$V/400V，试求：一次及二次绕组的额定电流。

解
$$I_{N1} = \frac{S_N}{\sqrt{3}\,U_{N1}} = \frac{100 \times 10^3}{\sqrt{3} \times 6000}A = 9.63A$$

$$I_{N2} = \frac{S_N}{\sqrt{3}\,U_{N2}} = \frac{100 \times 10^3}{\sqrt{3} \times 400}A = 144.5A$$

（五）我国变压器的主要系列

目前我国生产的各种系列变压器产品主要有 S7 系列普通三相油浸式电力变压器，

S9 系列和 S11 系列节能型三相油浸式电力变压器等，基本上满足了国民经济各部门发展的要求，在特种变压器方面我国也有很大的发展。

<h1 style="text-align:center">第二节　变压器的空载运行</h1>

变压器的空载运行是指变压器一次绕组接在额定电压的交流电源上，而二次绕组开路时的工作情况。图 3-10 是单相变压器空载运行示意图。图中，u_1 为一次绕组电压，u_{02} 为二次绕组空载电压，N_1 和 N_2 分别为一、二次绕组的匝数。

一、空载运行时的物理情况

当变压器的一次绕组加上交流电压 u_1 时，一次绕组内便有一个交变电流 i_0 流过。由于二次绕组是开路的，二次绕组中没有电流。此时一次绕组中的电流 i_0 称为空载电流。该电流产生一个交变磁动势 $i_0 N_1$，并建立交变磁场。因为

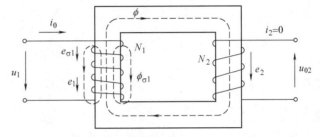

图 3-10　单相变压器空载运行示意图

铁心的磁导率比空气（或油）的磁导率大得多，所以磁通的绝大部分通过铁心而闭合，这部分磁通即为主磁通 ϕ；另有一小部分（约占主磁通的 0.25%）磁通通过非磁性介质（空气或油）而形成闭路，这部分磁通只交链一次绕组，称为一次绕组的漏磁通，用 $\phi_{\sigma 1}$ 表示。主磁通与漏磁通不仅在数量上相差悬殊，而且其磁路的性质也大有差异，所以在变压器和交流电机中常把它们分开处理。因为一、二次绕组的全部匝数都与主磁通相交链，若不计漏磁通，则根据电磁感应定律及基尔霍夫第二定律，按图 3-10 所规定的电压、电流和电动势的正方向，可写出一、二次绕组的电动势方程式为

$$\begin{cases} u_1 = i_0 R_1 - e_1 = i_0 R_1 + N_1 \dfrac{\mathrm{d}\phi}{\mathrm{d}t} \\[2mm] u_{02} = e_2 = -N_2 \dfrac{\mathrm{d}\phi}{\mathrm{d}t} \end{cases} \tag{3-6}$$

式中　R_1——一次绕组的电阻。

在一般变压器中，电阻压降 $i_0 R_1$ 很小，仅占一次绕组电压的 0.1% 以下，故可近似地认为 $u_1 \approx -e_1$。若电源电压随时间按正弦规律变化，则 e 和 ϕ 也按正弦规律变化。

设　　　　　　　　　　$\phi = \Phi_{\mathrm{m}} \sin \omega t$ 　　　　　　　　　　　(3-7)

将式（3-7）代入式（3-1）得

$$e_1 = -N_1 \frac{\mathrm{d}\phi}{\mathrm{d}t} = -\omega N_1 \Phi_{\mathrm{m}} \cos \omega t$$

$$= \omega N_1 \Phi_{\mathrm{m}} \sin(\omega t - 90°) = E_{1\mathrm{m}} \sin(\omega t - 90°) \tag{3-8}$$

$$e_2 = -N_2 \frac{\mathrm{d}\phi}{\mathrm{d}t} = -\omega N_2 \Phi_{\mathrm{m}} \cos \omega t$$

$$= \omega N_2 \Phi_{\mathrm{m}} \sin(\omega t - 90°) = E_{2\mathrm{m}} \sin(\omega t - 90°) \tag{3-9}$$

从式（3-8）、式（3-9）可知，当主磁通 ϕ 按正弦规律变化时，它所产生的感应电动势也按正弦规律变化，但在时间相位上滞后于主磁通90°。

e_1 和 e_2 的有效值分别是

$$E_1 = \frac{E_{1\mathrm{m}}}{\sqrt{2}} = \frac{\omega N_1 \Phi_{\mathrm{m}}}{\sqrt{2}} = \frac{2\pi f N_1 \Phi_{\mathrm{m}}}{\sqrt{2}} = 4.44 f N_1 \Phi_{\mathrm{m}} \tag{3-10}$$

$$E_2 = \frac{E_{2\mathrm{m}}}{\sqrt{2}} = \frac{\omega N_2 \Phi_{\mathrm{m}}}{\sqrt{2}} = \frac{2\pi f N_2 \Phi_{\mathrm{m}}}{\sqrt{2}} = 4.44 f N_2 \Phi_{\mathrm{m}} \tag{3-11}$$

由式（3-8）可知，电动势 e_1 与磁通 ϕ 的相量关系为

$$\dot{E}_1 = -\mathrm{j}\omega N_1 \dot{\Phi} = -\mathrm{j}2\pi f N_1 \times \frac{1}{\sqrt{2}} \times (\sqrt{2}\dot{\Phi})$$

即
同理
$$\begin{cases} \dot{E}_1 = -\mathrm{j}4.44 f N_1 \dot{\Phi}_{\mathrm{m}} \\ \dot{E}_2 = -\mathrm{j}4.44 f N_2 \dot{\Phi}_{\mathrm{m}} \end{cases} \tag{3-12}$$

式中，$\dot{\Phi}_{\mathrm{m}} = \sqrt{2}\dot{\Phi}$。

从式（3-10）与式（3-11）再次可得出

电压比
$$k = \frac{E_1}{E_2} = \frac{N_1}{N_2} \approx \frac{U_1}{U_2} \tag{3-13}$$

通常取高压绕组的匝数对低压绕组的匝数之比，即 $k > 1$。

式（3-10）和式（3-11）是变压器理论中的基本关系式之一，它表明感应电动势的大小与电源频率 f、绕组匝数 N 及主磁通的最大值 Φ_{m} 成正比，在相位上比产生它的主磁通滞后90°。

在实际的变压器中，一次绕组总有一定的电阻 R_1，当 I_0 流过时将产生电阻压降 $I_0 R_1$，一次绕组的漏磁通 $\phi_{\sigma 1}$ 也将在一次绕组中感应一漏磁电动势 $e_{\sigma 1}$，利用前面的分析，可得

$$e_{\sigma 1} = -N_1 \frac{\mathrm{d}\phi_{\sigma 1}}{\mathrm{d}t} \tag{3-14}$$

$$\dot{E}_{\sigma 1} = -\mathrm{j}\omega N_1 \dot{\Phi}_{\sigma 1} \tag{3-15}$$

上式也可用电抗压降的形式来表示，$\phi_{\sigma 1}$ 与 i_0 的关系可以用反映漏磁通的电感系数 $L_{\sigma 1}$ 来表示，即

$$L_{\sigma 1} = \frac{N_1 \Phi_{\sigma 1}}{i_0} \tag{3-16}$$

将式（3-16）代入式（3-15）得

$$\dot{E}_{\sigma 1} = -\mathrm{j}\dot{I}_0 \omega L_{\sigma 1} = -\mathrm{j}\dot{I}_0 X_{\sigma 1} \tag{3-17}$$

式中，$X_{\sigma 1} = \omega L_{\sigma 1}$，是对应于漏磁通的一次绕组的漏电抗（简称漏抗）。对于已制成的变压器，它是一个常数，不随负载的大小而变化。这是由于漏磁通主要通过非磁性介质，它的磁导率 μ_0 是个常数，因此漏磁通 $\phi_{\sigma 1}$ 磁路的磁导 $\Lambda_{\sigma 1}$ 也是一个不变的值，所

以漏电感系数及相应的漏抗也是常数。

这样，在考虑了一次绕组的漏抗和电阻后，变压器空载运行时电动势平衡关系为

$$\dot{U}_1 = -\dot{E}_1 - \dot{E}_{01} + \dot{I}_0 R_1 = -\dot{E}_1 + j\dot{I}_0 X_{\sigma 1} + \dot{I}_0 R_1 = -\dot{E}_1 + \dot{I}_0 Z_{\sigma 1} \qquad (3\text{-}18)$$

$$\dot{U}_{02} = \dot{E}_2 \qquad (3\text{-}19)$$

式中 $Z_{\sigma 1}$——一次绕组的漏阻抗，$Z_{\sigma 1} = R_1 + jX_{\sigma 1}$。

式（3-18）表明，变压器空载运行时，其电源电压 $\dot{U}_1$ 被一次绕组的反电动势 $\dot{E}_1$ 和阻抗压降 $\dot{I}_0 Z_{\sigma 1}$ 所平衡。当其中某一因素变化时，其他因素也将相应改变。

二、空载电流和空载损耗

变压器空载运行时，一次绕组的电流 I_0 称为空载电流。空载电流主要用以建立主磁通，所以亦称励磁电流。空载时，变压器实际上是一个铁心线圈，空载电流的大小主要取决于铁心线圈的电抗和铁心损耗。铁心线圈的电抗正比于线圈匝数的二次方和磁路的磁导，即 $X_{\mathrm{m}} = \omega N_1^2 \Lambda_{\mathrm{m}}$。因此空载电流的大小与铁心的磁化性能、饱和程度等有密切的关系。

如果铁心没有饱和，且忽略铁心中的损耗时，此时的空载电流纯粹为建立主磁通的无功电流，称为磁化电流 i_μ。当主磁通 ϕ 按正弦变化时，空载电流 i_0（或 i_μ）也将按正弦变化，且与 ϕ 同相。但实际上为了充分利用有效材料，变压器的铁心总是设计得比较饱和，磁通与磁化电流的关系曲线成为一条饱和曲线。磁路饱和后，磁化电流的增加比磁通的增加大得多。因此，当主磁通按正弦变化时，磁化电流的波形畸变成尖顶波，如图 3-11 所示。很明显，它含有较强的 3 次谐波分量和其他高次谐波；磁通密度越高，铁心越饱和，谐波成分也越显著。

当考虑铁心损耗时，空载电流除无功的磁化电流外，还含有一个很小的有功电流，用 i_{Fe} 表示（又称铁耗电流），它对应于磁滞损耗和涡流损耗。此时空载电流 $\dot{I}_0$ 将超前 $\dot{\Phi}$ 一个角度 δ（称为铁耗角），所以空载电流

$$\dot{I}_0 = \dot{I}_{\mathrm{Fe}} + \dot{I}_\mu \qquad (3\text{-}20)$$

式中 $\dot{I}_{\mathrm{Fe}}$——空载电流的有功分量；

　　　　$\dot{I}_\mu$——空载电流的无功分量（或磁化电流）。通常 $I_{\mathrm{Fe}} < 10\% I_0$，故 $I_0 \approx I_\mu$。

综上所述，空载电流 $\dot{I}_0$ 分为两个分量，一为无功分量 $\dot{I}_\mu$，起励磁作用，它与主磁通 $\dot{\Phi}$ 同相；另一为有功分量 $\dot{I}_{\mathrm{Fe}}$，用来供给铁心损耗，它超前于主磁通 $\dot{\Phi}$ 90°，即与 $\dot{E}_1$ 反相。

变压器空载运行时，一次绕组从电源中吸取了少量的电功率 P_0，这个功率主要用来补偿铁心中的铁耗 p_{Fe} 以及少量的绕组的铜耗 $I_0^2 R_1$，可以认为 $P_0 \approx p_{\mathrm{Fe}}$。对电力变压器来说，空载损耗不超过额定容量的 1%，空载电流为额定电流的 2%～10%，随变压器容量的增大而下降。

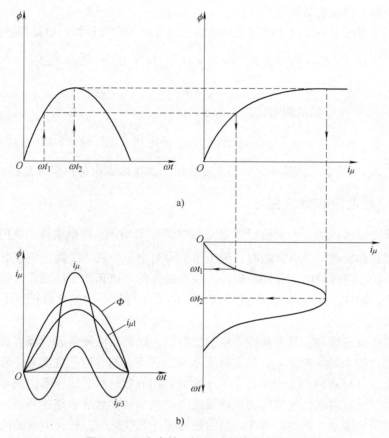

图 3-11　不考虑铁心损耗时空载电流的波形

a）图解法　b）波形分析

三、空载时的相量图和等效电路

为了更清楚地表示变压器中各物理量之间的大小和相位关系，可用相量图来反映变压器空载运行时的情况，如图 3-12 所示。由图可见，$\dot{U}_1$ 与 $\dot{I}_0$ 之间的相位角 φ_0 近于 90°，因而变压器空载时的功率因数 $\cos\varphi_0$ 很低，一般在 0.1~0.2 之间。

变压器空载时从一次电动势方程式（3-18）可知：空载变压器可以看作两个电抗线圈串联的电路。其中一个是没有铁心的线圈，其阻抗为 $Z_{\sigma 1} = R_1 + jX_{\sigma 1}$；另一个是带有铁心的线圈，其阻抗为 $Z_m = R_m + jX_m$，用以表示变压器的铁损耗和主磁通的效应，经过这样变换之后，就把磁场的问题简化成电路的形式来表达。这就是变压器空载时的等效电路，如图 3-13 所示。图中 R_1 为一次绕组的电阻；$X_{\sigma 1}$ 为一次

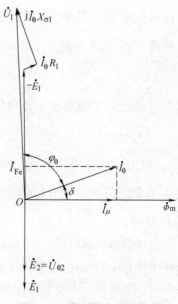

图 3-12　变压器空载相量图

绕组的漏抗，表征漏磁通的作用；R_m 为励磁电阻，它是反映铁心损耗的一个等效电阻；X_m 为励磁电抗，它是表示与主磁通相对应的电抗，它与铁心线圈匝数的二次方及主磁路的磁导 Λ_m 成正比，即

$$X_m = \omega L_m = \omega N^2 \Lambda_m \tag{3-21}$$

故

$$Z_m = R_m + jX_m \tag{3-22}$$

式中　Z_m——励磁阻抗。

由于铁磁材料的磁化曲线是非线性的，即磁导率 μ 随铁心饱和程度的提高而降低，故 X_m 将随饱和程度的增加而减小。因而严格地说，X_m 和 R_m 均不是常量，但是通常由于电源电压变化范围不大，所以铁心中主磁通的变化范围也不大，可近似认为 Z_m 是一个常量。由图3-13 可知

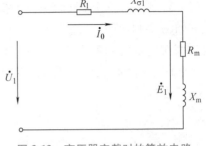

$$\begin{cases} Z_m = \dfrac{E_1}{I_0} \\[2mm] R_m = \dfrac{p_{Fe}}{I_0^2} \\[2mm] X_m = \sqrt{Z_m^2 - R_m^2} \end{cases} \tag{3-23}$$

图 3-13　变压器空载时的等效电路

故一次绕组电动势平衡方程式可写成

$$\dot{U}_1 = -\dot{E}_1 + \dot{I}_0 Z_{\sigma1} = \dot{I}_0 Z_m + \dot{I}_0 Z_{\sigma1} = \dot{I}_0 (Z_m + Z_{\sigma1}) = \dot{I}_0 Z_0 \tag{3-24}$$

式中　Z_0——空载阻抗，$Z_0 = Z_m + Z_{\sigma1} \approx Z_m$（因为 $R_m \gg R_1$，$X_m \gg X_{\sigma1}$，故 $Z_m \gg Z_{\sigma1}$）。

综上所述，可以得出如下重要结论：

1）感应电动势 E 的大小与电源频率 f、绕组匝数 N 及铁心中主磁通的最大值 Φ_m 成正比。在相位上落后于产生它的主磁通 $90°$。而主磁通的大小则取决于电源电压的大小、频率和绕组的匝数，而与磁路所用材料的性质和尺寸基本无关。

2）铁心的饱和程度越高，则磁导率越低，励磁电抗越小，空载电流越大，因此合理地选择铁心截面，即合理地选择铁心中的最大磁通密度 B_m，对变压器的运行性能有重要影响。

3）所用材料的导磁性能越好，则励磁电抗 X_m 越大，空载电流越小，因此变压器的铁心均用高导磁的材料硅钢片叠成。

4）气隙对空载电流影响很大，气隙越大，空载电流越大，因此要严格控制铁心叠片接缝之间的气隙。

例 3-2　有一台 180kVA 的三相变压器，$U_{N1}/U_{N2} = 10000V/400V$，Yyn0 联结，铁心截面积 $S_{Fe} = 160cm^2$，铁心中最大磁通密度 $B_m = 1.445T$，试求：

（1）一次及二次绕组的匝数；

（2）按电力变压器标准要求，二次电压应能在额定值上、下调节 ±5%，希望在高压绕组抽头以调节低压绕组侧的电压，问应如何抽头？

解 （1） $\Phi_m = B_m S_{Fe} = 1.445 \times 160 \times 10^{-4} \text{Wb} = 231 \times 10^{-4} \text{Wb}$

$$N_1 = \frac{U_{N1}}{\sqrt{3} \times 4.44 f \Phi_m} = \frac{1000}{\sqrt{3} \times 4.44 \times 50 \times 231 \times 10^{-4}} = 1125$$

$$k = \frac{U_{N1}}{U_{N2}} = \frac{1000}{400} = 25$$

$$N_2 = \frac{N_1}{k} = \frac{1125}{25} = 45$$

（2）高压绕组抽头匝数

$N_1' = 1125 \pm 1125 \times 5\% = 1125 \pm 56 = 1069 \sim 1181$

如图 3-14 所示，通过分接开关把 1、3 相连，为正常位置（即额定匝数 1125 匝）；1、4 相连对应于 $N_1' = 1069$ 匝，此时二次电压增高 5%；2、3 相连，对应于 $N_1' = 1181$ 匝，此时二次电压降低 5%。

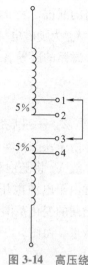

图 3-14 高压绕组抽头

第三节　变压器的负载运行

一、负载运行时的物理情况

当变压器的二次绕组接上负载阻抗 Z_L，如图 3-15 所示，则变压器投入负载运行。

这时二次侧就有电流 $\dot{I}_2$ 流过，$\dot{I}_2$ 随负载的大小而变化，同时，一次侧电流也随之变化。由于 $\dot{I}_2$ 的出现，变压器负载运行时的物理情况与空载运行时就将有显著的不同。

变压器负载运行时，一、二次绕组的电流分别产生磁动势：$\dot{F}_1 = \dot{I}_1 N_1$、$\dot{F}_2 = \dot{I}_2 N_2$，它们共同建立主磁通并产生感应电动势 $\dot{E}_1$、$\dot{E}_2$。此外，磁动势 $\dot{F}_1$ 还产生只与一次绕组交链的漏磁通 $\dot{\Phi}_{\sigma1}$，磁动势 $\dot{F}_2$ 也产生只与二次绕组交链的漏磁通 $\dot{\Phi}_{\sigma2}$，漏磁通在各自交链的绕组中产生相应的漏磁电动势 $\dot{E}_{\sigma1}$、$\dot{E}_{\sigma2}$。表示如下：

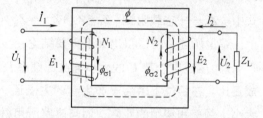

图 3-15 变压器负载运行示意图

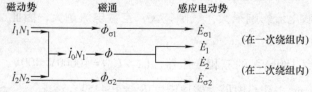

二、负载运行时的基本方程式

（一）磁动势平衡方程式

变压器负载运行时，作用在主磁路（铁心）上的磁动势有两个，即一次绕组磁动

势 $\dot{F}_1 = \dot{I}_1 N_1$ 和二次绕组磁动势 $\dot{F}_2 = \dot{I}_2 N_2$。此时，铁心内的主磁通 ϕ 是由这两个磁动势的合成磁动势所建立，也就是说，负载时变压器的励磁磁动势是一个合成磁动势。所以，由磁路的全电流定律，可得出变压器负载运行时的磁动势平衡方程式为

或
$$\begin{cases} \dot{I}_1 N_1 + \dot{I}_2 N_2 = \dot{I}_0 N_1 \\ \dot{F}_1 + \dot{F}_2 = \dot{F}_0 \end{cases} \tag{3-25}$$

式中　$\dot{F}_1$——一次绕组磁动势，$\dot{F}_1 = \dot{I}_1 N_1$；

　　　$\dot{F}_2$——二次绕组磁动势，$\dot{F}_2 = \dot{I}_2 N_2$；

　　　$\dot{F}_0$——产生主磁通的合成磁动势（也就是励磁磁动势），$\dot{F}_0 = \dot{I}_0 N_1$。

应当指出，负载运行时 $\dot{F}_0$ 的大小主要由负载时产生主磁通 ϕ 所需要的磁动势来决定。由上节分析可知，变压器在正常运行范围内，主磁通主要由电源电压来决定，只要电源电压 $\dot{U}_1$ 不变，主磁通 ϕ 就基本不变，因而主磁通所需要的励磁磁动势也基本不变。也就是说，当 $\dot{U}_1$ 不变时，变压器负载运行时的励磁磁动势可以认为与空载时相同，即 $\dot{F}_0 = \dot{I}_0 N_1$。

将式（3-25）两边除以 N_1，便得

$$\dot{I}_1 + \frac{N_2}{N_1} \dot{I}_2 = \dot{I}_0$$

或
$$\dot{I}_1 = \dot{I}_0 + \left(-\dot{I}_2 \frac{N_2}{N_1} \right) = \dot{I}_0 + \left(-\frac{\dot{I}_2}{k} \right) \tag{3-26}$$

式（3-26）表明，变压器负载运行时，一次电流 $\dot{I}_1$ 有两个分量，一个是励磁电流 $\dot{I}_0$，用于建立变压器负载时的主磁通；另一个是负载分量 $\left(-\dfrac{\dot{I}_2}{k} \right)$，用以抵消二次绕组磁动势的作用。

（二）电动势平衡方程式

变压器负载运行时，漏磁电动势可以用漏抗压降的形式表示，即

$$\dot{E}_{\sigma1} = -j\dot{I}_1 X_{\sigma1}$$
$$\dot{E}_{\sigma2} = -j\dot{I}_2 X_{\sigma2} \tag{3-27}$$

式中　$X_{\sigma1}$——一次绕组的漏抗，$X_{\sigma1} = \omega L_{\sigma1} = \omega N_1^2 \Lambda_{\sigma1}$；

　　　$X_{\sigma2}$——二次绕组的漏抗，$X_{\sigma2} = \omega L_{\sigma2} = \omega N_2^2 \Lambda_{\sigma2}$。

这样，在图 3-15 所示的正方向下，根据基尔霍夫第二定律，可分别列出负载时一次及二次绕组的电动势平衡方程式如下：

$$\dot{U}_1 = -\dot{E}_1 + \dot{I}_1 R_1 + j\dot{I}_1 X_{\sigma1} = -\dot{E}_1 + \dot{I}_1 Z_{\sigma1} \tag{3-28}$$

$$\dot{U}_2 = \dot{E}_2 - \dot{I}_2 R_2 - j\dot{I}_2 X_{\sigma 2} = \dot{E}_2 - \dot{I}_2 Z_{\sigma 2} \tag{3-29}$$

或

$$\dot{U}_2 = \dot{I}_2 Z_L \tag{3-30}$$

式中　　$Z_{\sigma 1}$、$Z_{\sigma 2}$——一、二次绕组的漏阻抗；

R_1、R_2——一、二次绕组的电阻；

Z_L——负载阻抗。

综上所述，可得出变压器负载运行时的基本方程式为

$$\begin{cases} \dot{I}_1 N_1 + \dot{I}_2 N_2 = \dot{I}_0 N_1 \\ \dot{U}_1 = -\dot{E}_1 + \dot{I}_1 Z_{\sigma 1} \\ \dot{U}_2 = \dot{E}_2 - \dot{I}_2 Z_{\sigma 2} \\ -\dot{E}_1 = \dot{I}_0 Z_m \\ \dot{E}_1 = k\dot{E}_2 \end{cases} \tag{3-31}$$

第四节　变压器的等效电路及相量图

变压器的基本方程式反映了变压器内部的电磁关系，利用这组联立方程式可以计算变压器的运行性能。但是，解联立相量方程是相当烦琐的，并且由于电力变压器的电压比 k 较大，使一、二次侧的电动势、电流、阻抗等相差很大，计算时精确度降低，也不便于比较，特别是绘制相量图更是困难，为此希望有一个既能正确反映变压器内部电磁过程，又便于工程计算的纯电路来代替既有电路关系、又有电磁耦合的实际变压器，这种电路称为等效电路。采用折算法就能解决上述问题。

一、绕组折算

绕组折算就是把二次绕组的匝数变换成一次绕组的匝数（二次侧折算到一次侧）或者将一次绕组的匝数变换成二次绕组的匝数（一次侧折算到二次侧），而不改变其电磁效应，即折算前后的磁动势平衡关系、各种能量关系均应保持不变。通常是将二次侧折算到一次侧。

从分析变压器磁动势平衡关系可知，二次绕组电路是通过它的电流所产生的磁动势去影响一次绕组电路。因此折算前后二次绕组的磁动势应保持不变，从一次侧看，将有同样大小的电流和功率从电源输入，并有同样大小的功率传递到二次侧。这样对一次绕组来说，折算后的二次绕组与实际的二次绕组是等效的。为此二次侧的各物理量的数值都应改变，这种改变后的量称为折算值，并用原来的符号加"′"表示。由于折算是将一个匝数与一次绕组相等、电磁效应与二次绕组相同的绕组去代替实际的二次绕组，因此它绝不会改变变压器运行时的电磁本质，而只是人为地处理问题的一种方法。

（一）二次电动势和电压的折算值

由于折算后的二次绕组和一次绕组有相同的匝数，即 $N_2' = N_1$，而电动势与匝数成正比，则

$$\frac{E_2'}{E_2} = \frac{N_2'}{N_2} = \frac{N_1}{N_2} = k$$

即

$$E_2' = kE_2 = E_1 \tag{3-32}$$

同理，二次漏磁电动势、端电压的折算值为

$$E_{\sigma 2}' = kE_{\sigma 2} \tag{3-33}$$

$$U_2' = kU_2 \tag{3-34}$$

（二）二次电流的折算值

根据折算前后二次绕组磁动势不变的原则，可得

$$I_2'N_2' = I_2N_2$$

即

$$I_2' = \frac{N_2}{N_2'}I_2 = \frac{N_2}{N_1}I_2 = \frac{1}{k}I_2 \tag{3-35}$$

（三）二次阻抗的折算值

根据折算前后二次绕组铜耗及漏感中无功功率不变的原则，可得

$$I_2'^2 R_2' = I_2^2 R_2, \quad R_2' = \left(\frac{I_2}{I_2'}\right)^2 R_2 = k^2 R_2 \tag{3-36}$$

$$I_2'^2 X_{\sigma 2}' = I_2^2 X_{\sigma 2}, \quad X_{\sigma 2}' = \left(\frac{I_2}{I_2'}\right)^2 X_{\sigma 2} = k^2 X_{\sigma 2} \tag{3-37}$$

随之可得

$$Z_{\sigma 2}' = R_2' + \mathrm{j}X_{\sigma 2}' = k^2 Z_{\sigma 2} \tag{3-38}$$

负载阻抗的折算值为

$$Z_L' = \frac{U_2'}{I_2'} = \frac{kU_2}{\frac{1}{k}I_2} = k^2 Z_L \tag{3-39}$$

综上所述，把变压器二次侧折算到一次侧后，电动势和电压的折算值等于实际值乘以电压比 k，电流的折算值等于实际值除以电压比 k，而电阻、漏抗及阻抗的折算值等于实际值乘以 k^2。

折算以后，变压器负载运行时的基本方程式变为

$$\begin{cases} \dot{I}_1 + \dot{I}_2' = \dot{I}_0 \\ \dot{U}_1 = -\dot{E}_1 + \dot{I}_1 Z_{\sigma 1} \\ \dot{U}_2' = \dot{E}_2' - \dot{I}_2' Z_{\sigma 2}' \\ \dot{E}_1 = \dot{E}_2' = -\dot{I}_0 Z_m \\ \dot{U}_2' = \dot{I}_2' Z_L' \end{cases} \tag{3-40}$$

二、等效电路

在研究变压器空载运行时，可以用一个纯电路形式的等效电路（见图3-13）来直接表示变压器内部的电磁关系。现在采用折算法，我们也能用一个纯电路形式的等效电路来直接表示变压器负载运行时内部的电磁关系。这种把基本方程式组（式（3-40））所表示的电磁关系用电路的形式表示出来，即所谓把场化为路，是研究变压器和电机理论的基本方法之一。

从变压器的一次侧所接的电网来看，变压器只不过是整个电力系统中的一个元件。有了等效电路，就可以用一个等效阻抗来代替变压器及其所载负载，这对研究和计算电力系统的运行情况带来很大的方便。从这一点看，等效电路的作用尤为显著。

（一）"T"形等效电路

"T"形等效电路可从基本方程式组（式（3-40））导出。

首先按式（3-40）分别画出一次侧、二次侧的电路，如图3-16a所示。图中二次侧各量均已折算到一次侧，即 $N'_2 = N_1$。因此 $\dot{E}'_2 = \dot{E}_1$，也就是说图中 C 与 c、D 与 d 是

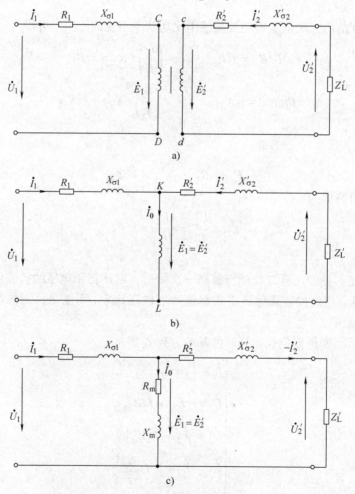

图3-16 变压器"T"形等效电路的形成过程

等电位点，可用导线把它们连接起来。这样做不会破坏一次侧与二次侧电路的独立性，因为在连线中并无电流流过，所以运行情况仍不变。既然两个绕组已经通过连线并联起来，便可将两个绕组合并成一个绕组 KL，其中有励磁电流 $\dot{I}_0 = \dot{I}_1 + \dot{I}_2'$ 流过，称为励磁支路，如图 3-16b 所示。这样合并后的绕组连同铁心在内，就相当于一个绕在铁心上的电感线圈，如本章第二节中所述，可用等效阻抗 $Z_m = R_m + jX_m$ 来代替。这样就从物理概念导出了变压器负载运行时的"T"形等效电路，如图 3-16c 所示。

"T"形等效电路也可用数学方法导出，这里不再详述。

（二）近似等效电路和简化等效电路

"T"形等效电路正确地反映了变压器内部的电磁关系，但它是一个复联电路，进行复数运算比较烦琐。考虑到一般变压器中，由于 $I_N \gg I_0$，$Z_m \gg Z_{\sigma 1}$，因而 $I_0 Z_{\sigma 1}$ 很小，可以略去不计；同时，负载变化时 $E_1 = E_2'$ 的变化也很小，因此可认为 $\dot{I}_0$ 不随负载而变。这样便可把励磁支路从"T"形电路的中部移到电源端去，如图 3-17 所示。这种电路称为近似等效电路。根据这种电路对变压器的运行情况进行定量计算，所引起的误差是很小的。近似等效电路是一个并联电路，因此大大简化了计算过程。

在分析变压器负载运行的某些问题时，如二次电压变化，并联运行时的负载分配等，由于一般变压器 $I_0 \ll I_N$，通常 I_0 占 I_{N1} 的 2%～10%，可把励磁电流 I_0 忽略，即去掉励磁支路，而得到一个更简单的阻抗串联电路，如图 3-18 所示，称为变压器的简化等效电路。

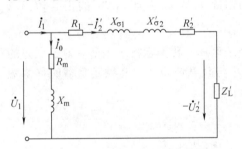

图 3-17 变压器的近似等效电路

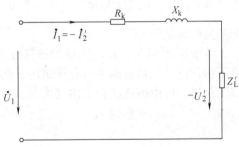

图 3-18 变压器的简化等效电路

此时接在电网上的变压器表现为一个串联阻抗 Z_k，Z_k 称为变压器的等效漏阻抗或短路阻抗。

其中

$$\begin{cases} Z_k = Z_{\sigma 1} + Z_{\sigma 2}' = R_k + jX_k \\ R_k = R_1 + R_2', \quad X_k = X_{\sigma 1} + X_{\sigma 2}' \end{cases} \tag{3-41}$$

式中 R_k——短路电阻；

X_k——短路电抗。

三、变压器负载时的相量图

变压器负载运行时的电磁关系，除了用基本方程式和等效电路表示外，还可以用相量图表示。相量图是根据基本方程式画出的，其特点是可以较直观地看出变压器中各物理量的大小和相位关系，图 3-19 表示感性负载时变压器的相量图。

画相量图的步骤随已知条件的不同而变。假定已知负载情况和变压器的参数，即已知 U_2'、I_2'、$\cos\varphi_2$ 及 k、R_1、$X_{\sigma 1}$、R_2'、$X_{\sigma 2}'$、R_m、X_m 等，以感性负载为例，绘图的

步骤如下：以负载端电压 $\dot{U}_2'$ 为参考相量，在滞后 $\dot{U}_2'$ 的 φ_2 角处绘出负载电流 $\dot{I}_2'$ 相量，在相量 $\dot{U}_2'$ 上加上二次侧的阻抗压降 $\dot{I}_2'R_2'$、$j\dot{I}_2'X_{\sigma 2}'$，便得 $\dot{E}_2' = \dot{E}_1$ 的相量，其中 $\dot{I}_2'R_2'$ 相量平行于 $\dot{I}_2'$，$j\dot{I}_2'X_{\sigma 2}'$ 超前 $\dot{I}_2'$ 90°。主磁通 $\dot{\Phi}$ 比 $\dot{E}_1$ 超前 90°，大小由 $\Phi_m = \dfrac{E_1}{4.44fN_1}$ 算出，可画出相量 $\dot{\Phi}_m$ 及 $-\dot{E}_1$。励磁电流由 $I_0 = \dfrac{E_1}{Z_m}$ 算出，相位上滞后 $-\dot{E}_1$ 的角度为 $\varphi_0 \left(= \arctan\dfrac{X_m}{R_m} \right)$，可画出相量 $\dot{I}_0$。再根据 $\dot{I}_1 = \dot{I}_0 + (-\dot{I}_2')$ 便可画出输入电流 $\dot{I}_1$ 相量。再在 $-\dot{E}_1$ 上加上一次侧的阻抗压降相量 $\dot{I}_1R_1$、$j\dot{I}_1X_{\sigma 1}$，便得到电源电压相量 $\dot{U}_1$。$\dot{U}_1$ 与 $\dot{I}_1$ 之间的相位角为 φ_1，φ_1 是一次功率因数角。$\cos\varphi_1$ 是变压器负载运行时一次侧的功率因数。由图 3-19 可见，在感性负载下，变压器的二次电压 $\dot{U}_2' < \dot{E}_2'$。

此相量图在理论分析上是有意义的，实际应用较复杂，也很困难。因为已制成的变压器，很难用实验的方法把 $X_{\sigma 1}$ 和 $X_{\sigma 2}$ 分开，因此在分析变压器负载运行时，常根据图3-18 的简化等效电路来绘制简化相量图，如图 3-20 所示。

在已知 $\dot{U}_2'$、$\dot{I}_2'$、$\cos\varphi_2$、R_k 和 X_k 后，便可画出简化相量图。因为忽略了 $\dot{I}_0$，所以 $\dot{I}_1 = -\dot{I}_2'$，在 $-\dot{U}_2'$ 的相量上加上平行于 $\dot{I}_1$ 的相量 $\dot{I}_1R_k$ 和超前 $\dot{I}_1$ 90°的相量 $j\dot{I}_1X_k$，便得到电源电压 $\dot{U}_1$。

从图 3-20 可见，短路阻抗的压降形成一个三角形，称为阻抗三角形。对已做好的变压器，这个三角形的形状是固定的，它的大小与负载成正比，在额定负载时称为短路三角形，可由短路试验求出（参见本章第五节）。

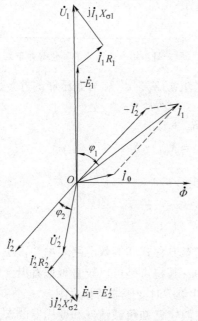

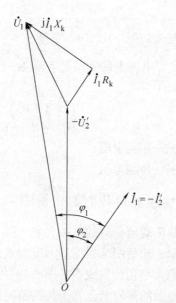

图 3-19 感性负载时变压器相量图　　图 3-20 感性负载时变压器的简化相量图

基本方程式、等效电路和相量图是分析变压器运行的三种方法。基本方程式是基础，它概括了变压器中的电磁关系，而等效电路和相量图是基本方程式的另一种表达形式，虽然三者的形式不同，但实质上是一致的。究竟取哪一种形式，则视具体情况而定。通常定量计算时，等效电路比较方便；在做定性分析时，应用相量图分析比较清楚。

第五节　变压器参数的测定和标幺值

变压器等效电路中的各种阻抗如 Z_m、Z_k 等，称为变压器的参数，它们对变压器的运行性能有直接的影响。知道了变压器的参数后，即可绘出等效电路，然后运用等效电路去分析和计算变压器的运行性能。变压器的参数可用计算方法和试验方法求得。这里只介绍参数的试验测定。通常，变压器的参数可以通过空载试验和短路试验来测定。

一、空载试验

空载试验的接线图如图 3-21 所示。空载试验可以在任何一侧做，但考虑到空载试验时所加电压较高（为额定电压），电流较小（为空载电流），为了便于试验和安全起见，通常在低压侧加压试验，高压侧开路。空载试验可以测得空载电流 I_0 和空载损耗 p_0，求得变压器的电压比 k 和励磁参数 R_m、X_m、Z_m。

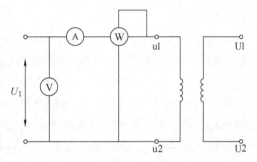

图 3-21　变压器空载试验接线图

试验时将高压侧开路，低压侧施以工频正弦的额定电压 U_{N1}，测量出 U_1、I_0、U_{02} 及空载输入功率 P_0。

由于试验时，外施电压为额定值，感应电动势和铁心中的磁通密度也达到正常运行时的数值，此时铁心损耗 p_{Fe} 相当于正常运行时的数值。变压器空载运行时的输入功率 P_0 为铁心损耗 p_{Fe} 与空载铜耗 $I_0^2 R_1$ 之和，由于 $I_0^2 R_1 \ll p_{Fe}$，可忽略不计，故可以认为变压器空载时的输入功率 P_0 完全用来抵偿变压器的铁心损耗，即 $P_0 \approx p_{Fe}$。

根据测量结果，可以计算下列参数：

电压比
$$k = \frac{N_2(高压)}{N_1(低压)} = \frac{U_{02}}{U_1} \tag{3-42}$$

励磁阻抗
$$Z_m \approx Z_0 = \frac{U_1}{I_0} \tag{3-43}$$

励磁电阻
$$R_m \approx R_0 = \frac{P_0}{I_0^2} \tag{3-44}$$

励磁电抗
$$X_m \approx X_0 = \sqrt{Z_0^2 - R_0^2} \tag{3-45}$$

应当注意，励磁电抗 X_m 与磁路的饱和程度有关，它随电压的大小而变化，故应取额定电压下的数据来计算励磁参数。另外，由于空载试验是在低压侧进行的，故测得的励磁参数是低压侧的数值，如果需要得到高压侧的数值时，还必须乘以 k^2，这里 k 是高压侧对低压侧的电压比。

对于三相变压器，应用上述公式时，必须采用每相的值，即一相的损耗以及相电压和相电流等来进行计算。

二、短路试验

变压器短路试验的接线图如图 3-22 所示。短路试验时电流较大（额定电流），而所加电压却很低，一般为额定电压的 4%～10%，因此一般在高压侧加压，低压侧短路。

通过短路试验，可以测得短路电流 I_k、短路电压 U_k 和短路损耗 p_k，计算出短路参数。

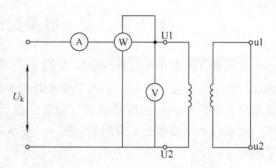

图 3-22　变压器短路试验的接线图

试验时，用调压器调节外施电压从零逐渐增大，直到一次电流达到额定电流 I_{N1} 为止，测量所加的电压 U_k 和输入的功率 p_k，并记录试验时的室温 θ（℃）。

短路试验时，当一次电流达到额定值时，二次电流也接近于额定值 I_{N2}。这时绕组中的铜损耗就相当于额定负载时的铜耗。从图 3-18 的简化等效电路可以看出，当二次侧短路（$Z'_L = 0$）而一次侧通入额定电流时，一次侧的端电压仅用来克服变压器中的漏阻抗压降 $I_{N1}Z_k$，故所加的电压 $U_k = I_{N1}Z_k$ 是很低的。因为电压低，所以铁心中的主磁通也很小，仅为额定工作时主磁通的百分之几，故励磁电流和铁心损耗都非常小，可以忽略不计，这时输入的功率 p_k 可认为完全消耗在绕组的铜耗上，即

$$p_k = I^2_{N1}R_1 + I'^2_{N2}R'_2 = I^2_{N1}R_k$$

根据测量的数据，可以计算出短路参数：

短路阻抗 　　　　　　　　　　　$Z_k = \dfrac{U_k}{I_{N1}}$ 　　　　　　　　　　　(3-46)

短路电阻 　　　　　　　　　　　$R_k = \dfrac{p_k}{I^2_{N1}}$ 　　　　　　　　　　　(3-47)

短路电抗 　　　　　　　　　　$X_k = \sqrt{Z^2_k - R^2_k}$ 　　　　　　　　　　　(3-48)

由于绕组的电阻随温度而变，而短路试验一般在室温下进行，故测得的电阻必须换算到基准工作温度时的数值。按国家标准规定，油浸变压器的短路电阻应换算到 75℃时的数值。

对于铝线变压器 　　　$\begin{cases} R_{k75℃} = R_k \dfrac{228+75}{228+\theta} \\[3mm] R_{k75℃} = R_k \dfrac{235+75}{235+\theta} \end{cases}$ 　　　(3-49)

对于铜线变压器

式中　θ——试验时的室温，单位为℃。

在75℃时的短路阻抗为 $\qquad Z_{k75℃} = \sqrt{R_{k75℃}^2 + X_k^2}$ （3-50）

短路损耗 p_k 和短路电压 U_k 也应换算到75℃时的数值，即

$$p_{k75℃} = I_{N1}^2 R_{k75℃} \qquad (3-51)$$

$$U_{k75℃} = I_{N1} Z_{k75℃} \qquad (3-52)$$

短路试验由于是在高压侧进行的，故测得的短路参数是属于高压侧的数值，若需要折算到低压侧时，应除以 k^2。

和空载试验一样，上面所列的是单相的计算方法，对三相变压器应该用每相的值来计算。

根据短路参数，可以作出变压器的短路三角形，如图3-23所示。当 $I_k = I_{N1}$ 时，短路三角形的各边通常用额定电压的百分数来表示，即

$$\begin{cases} U_{k75℃}^* = \dfrac{U_{k75℃}}{U_{N1}} \times 100\% = \dfrac{I_{N1} Z_{k75℃}}{U_{N1}} \times 100\% \\[3mm] U_{kp75℃}^* = \dfrac{U_{kp75℃}}{U_{N1}} \times 100\% = \dfrac{I_{N1} R_{k75℃}}{U_{N1}} \times 100\% \\[3mm] U_{kQ}^* = \dfrac{U_{kQ}}{U_{N1}} \times 100\% = \dfrac{I_{N1} X_k}{U_N} \times 100\% \end{cases} \qquad (3-53)$$

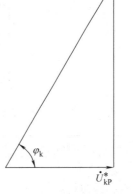

图3-23 变压器的短路三角形

式中 $\quad U_{k75℃}^*$——短路电压的百分值；

$\qquad U_{kp75℃}^*$——短路电压有功分量的百分值；

$\qquad U_{kQ}^*$——短路电压无功分量的百分值。

短路电压 $U_{k75℃}^*$ 是变压器的一个重要参量，标在变压器的铭牌上。它的大小主要取决于变压器的结构，但 $U_{k75℃}^*$ 值的选择涉及变压器的成本、效率、电压稳定性、短路电流大小等。通常从运行角度来看，希望短路电压 $U_{k75℃}^*$ 小一些，使变压器输出电压波动受负载变化的影响小些，但从限制变压器短路电流的角度来看，则希望短路电压大一些，这样可以使变压器在短路故障时的电流小一些。一般中小型电力变压器的 $U_{k75℃}^*$ 为 4%~10.5%，大型的为 12.5%~17.5%。

三、标幺值

在工程计算中，各种物理量如电压、电流、阻抗、功率等往往不用它们的实际值进行计算，而采用其实际值与某一选定的同单位的基值之比的形式，称为标幺值（或相对值）。通常以各物理量的额定值作为基值。各物理量的标幺值都用在其右上角加"$*$"号表示，如电流的标幺值用 I^* 表示，当以额定值为基值时，一、二次电压、电流的标幺值为

$$\begin{cases} U_1^* = \dfrac{U_1}{U_{N1}}; \quad U_2^* = \dfrac{U_2}{U_{N2}} \\[3mm] I_1^* = \dfrac{I_1}{I_{N1}}; \quad I_2^* = \dfrac{I_2}{I_{N2}} \end{cases} \qquad (3-54)$$

一、二次绕组阻抗的基值分别取 $Z_{N1}=\dfrac{U_{N1}}{I_{N1}}$，$Z_{N2}=\dfrac{U_{N2}}{I_{N2}}$，则阻抗的标幺值为

$$\begin{cases} Z_{\sigma1}^* = \dfrac{Z_{\sigma1}}{Z_{N1}} = \dfrac{I_{N1}Z_{\sigma1}}{U_{N1}} \\[3mm] Z_{\sigma2}^* = \dfrac{Z_{\sigma2}}{Z_{N2}} = \dfrac{I_{N2}Z_{\sigma2}}{U_{N2}} \end{cases} \tag{3-55}$$

$$\begin{cases} R_{k75℃}^* = \dfrac{R_{k75℃}}{Z_{N1}} = \dfrac{I_{N1}R_{k75℃}}{U_{N1}} = \dfrac{U_{kp75℃}}{U_{N1}} = U_{kp75℃}^* \\[3mm] X_k^* = \dfrac{X_k}{Z_{N1}} = \dfrac{I_{N1}X_k}{U_{N1}} = \dfrac{U_{kQ}}{U_{N1}} = U_{kQ}^* \\[3mm] Z_{k75℃}^* = \dfrac{Z_{k75℃}}{Z_{N1}} = \dfrac{I_{N1}Z_{k75℃}}{U_{N1}} = \dfrac{U_{k75℃}}{U_{N1}} = U_{k75℃}^* \end{cases} \tag{3-56}$$

变压器各类参数标幺值计算时，选用的基值汇总如下：

实际值	基值	标幺值
U_1、U_2	U_{N1}、U_{N2}	U_1^*、U_2^*
I_1、I_2、I_0	I_{N1}、I_{N2}、I_{N1}	I_1^*、I_2^*、I_0^*
$Z_{\sigma1}$、$Z_{\sigma2}$	Z_{N1}、Z_{N2}	$Z_{\sigma1}^*$、$Z_{\sigma2}^*$
U_k、I_k（一次侧参数）	U_{N1}、I_{N1}	U_k^*、I_k^*
Z_k、Z_m（一次侧参数）	Z_{N1}、Z_{N1}	Z_k^*、Z_m^*
折算值（如 $Z_{\sigma1}'$）	一次侧额定值（Z_{N1}）	折算值*（$Z_{\sigma1}'^*$）

以上各式中，电压、电流及阻抗均为一相的数值。

由式（3-56）可见，短路阻抗的标幺值 $Z_{k75℃}^*$ 就是短路电压的标幺值 $U_{k75℃}^*$，短路电阻的标幺值 $R_{k75℃}^*$ 就是短路电压有功分量的标幺值 $U_{kp75℃}^*$，短路电抗的标幺值 X_k^* 就是短路电压无功分量的标幺值 U_{kQ}^*。

从以上的分析可以看出，使用标幺值的优点是：

1）不论变压器的容量大小和电压高低，用标幺值表示时，所有电力变压器的性能数据变化范围很小，这就便于对不同容量的变压器进行分析和比较。例如，空载电流 I_0^* 为 0.02～0.10；$Z_{k75℃}^*$ 为 0.04～0.10。

2）用标幺值表示时，二次侧参数不必进行折算，使运算大为简便。例如：

$$Z_{\sigma1}^* = \dfrac{I_{N1}Z_{\sigma1}}{U_{N1}} = \dfrac{\frac{1}{k}I_{N2}\cdot k^2 Z_{\sigma1}'}{kU_{N2}} = \dfrac{I_{N2}Z_{\sigma1}'}{U_{N2}} = Z_{\sigma1}'^*$$

第六节　变压器的运行特性

变压器的运行特性主要有：

（1）外特性　指电源电压和负载的功率因数为常数时，二次端电压随负载电流变化的规律，即 $U_2=f(I_2)$。

（2）**效率特性**　指电源电压和负载的功率因数为常数时，变压器的效率随负载电流变化的规律，即 $\eta = f(I_2)$。

变压器的电压调整率和效率体现了这两个特性，而且是变压器的主要性能指标。下面分别讨论这两个问题。

一、变压器的电压调整率和外特性

变压器负载时，由于变压器内部存在电阻和漏抗，故当负载电流流过时，变压器内部将产生阻抗压降，使二次端电压随负载电流的变化而变化。通常二次电压的变化程度用电压调整率来表示。电压调整率是表征变压器运行性能的重要数据之一，它反映了变压器供电电压的稳定性。

所谓电压调整率是指：当一次侧接在额定频率额定电压的电网上，负载功率因数为常值时，空载与负载时二次端电压变化的相对值，用 ΔU^* 表示，即

$$\Delta U^* = \frac{U_{02} - U_2}{U_{N2}} = \frac{U_{N1} - U_2'}{U_{N1}}$$

或

$$\Delta U^* = \frac{U_{N1} - U_2'}{U_{N1}} \times 100\%$$

（3-57）

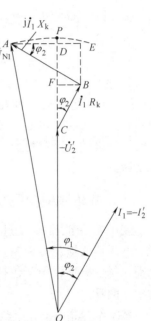

电压调整率与变压器的参数、负载的性质和大小有关，可由简化相量图求出，图 3-24 重绘了变压器感性负载时简化相量图。延长 $\overline{OC}$，以 O 为圆心，$\overline{OA}$ 为半径画弧交于 $\overline{OC}$ 的延长线上 P 点，作 $\overline{BF} \perp \overline{OP}$，作 $\overline{AE} /\!/ \overline{BF}$，并交于 $\overline{OP}$ 于 D 点，取 $\overline{DE} = \overline{BF}$，则

$$U_{N1} - U_2' = \overline{OP} - \overline{OC} = \overline{CF} + \overline{FD} + \overline{DP}$$

因为 $\overline{DP}$ 很小，可忽略不计，又因为 $\overline{FD} = \overline{BE}$，故

$$U_{N1} - U_2' = \overline{CF} + \overline{BE}$$

图 3-24　由简化相量图求 ΔU^*

$$= \overline{CB}\cos\varphi_2 + \overline{AB}\sin\varphi_2$$

$$= I_1 R_k \cos\varphi_2 + I_1 X_k \sin\varphi_2$$

则

$$
\begin{cases}
\Delta U^* = \dfrac{U_{N1} - U_2'}{U_{N1}} \times 100\% \\[3mm]
\quad = \dfrac{I_1 R_k \cos\varphi_2 + I_1 X_k \sin\varphi_2}{U_{N1}} \times 100\% \\[3mm]
\quad = \dfrac{I_1^* I_{N1} R_k \cos\varphi_2 + I_1^* I_{N1} X_k \sin\varphi_2}{U_{N1}} \times 100\% \\[3mm]
\quad = I_1^* \left(U_{kp}^* \cos\varphi_2 + U_{kQ}^* \sin\varphi_2 \right) \times 100\% \\[3mm]
\Delta U^* = I_1^* \left(R_k^* \cos\varphi_2 + X_k^* \sin\varphi_2 \right) \times 100\%
\end{cases}
$$

（3-58）

式中 $I_1^* = \dfrac{I_1}{I_{N1}} = \dfrac{I_2}{I_{N2}} = I_2^*$，为负载电流的标幺值（亦称为负载系数），若需精确计算，则电压调整率为

$$\Delta U^* = \left[I_1^* (R_k^2 \cos\varphi_2 + X_k^* \sin\varphi_2) + \frac{1}{2} I_1^{*2} (X_k^* \cos\varphi_2 - R_k^* \sin\varphi_2)^2 \right] \times 100\%$$

$$(3\text{-}59)$$

从式（3-58）可看出，电压调整率不仅决定于它的短路参数 R_k、X_k 和负载的大小，还与负载的功率因数及其性质有关。在实际变压器中，一般 X_k 比 R_k 大得多，故在纯电阻负载时（$\cos\varphi_2 = 1$），ΔU^* 很小，在感性负载时 $\varphi_2 > 0$，ΔU^* 较大且为正值，说明负载时二次端电压比空载时低；在容性负载时 $\varphi_2 < 0$，即 $\sin\varphi_2 < 0$，当 $|X_k^* \sin\varphi_2| > R_k^* \cos\varphi_2$ 时，ΔU^* 为负值，这说明负载时二次端电压比空载时高。

一般情况下，在 $\cos\varphi_2 = 0.8$（感性）时，额定负载的电压调整率为 $4\% \sim 5.5\%$。

当 $U_1 = U_{N1} = $ 常值、$\cos\varphi_2 = $ 常值时，二次端电压随负载电流变化的规律 $U_2 = f(I_2)$，称为变压器的外特性，如图 3-25 所示。变压器在纯电阻和感性负载时，外特性是下降的，而容性负载时，外特性可能上翘。

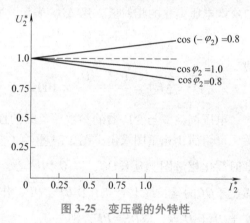

图 3-25　变压器的外特性

二、变压器的损耗与效率

变压器在能量传递过程中会产生损耗。变压器的损耗分为铜损耗和铁损耗两大类，每一类损耗中又包括基本损耗和附加损耗两种。

基本铜耗是电流在绕组中产生的直流电阻损耗。附加损耗包括因趋肤效应、导体中电流分布不均匀而使电阻变大所增加的铜耗以及漏磁通在结构部件中引起的涡流损耗等。在中小型变压器中，附加铜耗为基本铜耗的 $0.5\% \sim 5\%$，在大型变压器中则可达 $10\% \sim 20\%$。这些铜耗都与负载电流的二次方成正比。

基本铁耗是变压器铁心中的磁滞和涡流损耗。磁滞损耗与硅钢片材料的性质、磁通密度的最大值以及频率有关。涡流损耗与硅钢片的厚度、电阻率、磁通密度的最大值以及频率有关。附加铁损耗包括铁心叠片间由于绝缘损伤而引起的局部涡流损耗以及主磁通在结构部件中所引起的涡流损耗等。附加铁损耗难以准确计算，一般取基本铁耗的 $15\% \sim 20\%$。铁心损耗近似地与 B_m^2 或 U_1^2 成正比。

变压器效率是指变压器的输出功率 P_2 与输入功率 P_1 之比，用百分数表示，即

$$\eta = \frac{P_2}{P_1} \times 100\% \tag{3-60}$$

由于变压器效率很高，用直接负载法测量输出功率 P_2 和输入功率 P_1 来确定效率，很难得到准确的结果，工程上常用间接法计算效率，即通过空载试验和短路试

验，求出变压器的铁心损耗 p_{Fe} 和铜耗 p_{Cu}，然后按下式计算效率

$$\eta = \left(1 - \frac{\sum p}{P_1}\right) \times 100\% = \left(1 - \frac{p_{Fe} + p_{Cu}}{P_2 + p_{Fe} + p_{Cu}}\right) \times 100\% \tag{3-61}$$

式中，$\sum p = p_{Fe} + p_{Cu}$。

在用式（3-61）计算效率时，采取下列几个假定：

1）以额定电压下的空载损耗 p_0 作为铁心损耗 p_{Fe}，并认为铁心损耗不随负载而变化，即 $p_{Fe} = p_0 =$ 常值。

2）以额定电流时的短路损耗 p_{kN} 作为额定电流时的铜耗 p_{CuN}，且认为铜耗与负载电流的二次方成正比，即 $p_{Cu} = \left(\dfrac{I_2}{I_{N2}}\right)^2 p_{kN} = I_2^{*2} p_{kN}$。

3）由于变压器的电压调整率很小，负载时 U_2 的变化可不予考虑（即认为 $U_2 \approx U_{N2}$），于是输出功率 $P_2 = m U_{N2} I_2 \cos\varphi_2 = I_2^* m U_{N2} I_{N2} \cos\varphi_2 = I_2^* S_N \cos\varphi_2$。

于是式（3-61）可写成

$$\eta = \left(1 - \frac{p_0 + I_2^{*2} p_{kN}}{I_2^* S_N \cos\varphi_2 + p_0 + I_2^{*2} p_{kN}}\right) \times 100\% \tag{3-62}$$

由式（3-62）算出的效率称为惯例效率。对已制成的变压器，p_0 和 p_{kN} 是一定的，所以效率与负载的大小及功率因数有关。

在 $\cos\varphi_2 =$ 常值的情况下，效率随负载电流变化的曲线 $\eta = f(I_2^*)$ 称为效率曲线，如图 3-26 所示。

从效率曲线上可以看出，当负载变化到某一数值时将出现最大效率 η_{max}。与分析直流电机的最大效率一样，当变压器的可变损耗等于不变损耗时，效率达最大值，即

$$I_2^{*2} p_{kN} = p_0$$

或

$$I_2^* = \sqrt{\frac{p_0}{p_{kN}}} \tag{3-63}$$

将式（3-63）代入式（3-62）即可求出变压器的最大效率。

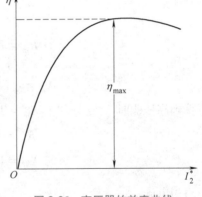

图 3-26　变压器的效率曲线

由于电力变压器常年接在线路上，总有铁心损耗，而铜耗却随负载变化，不可能一直在满载下进行，因此铁心损耗小些对全年的能量效率比较有利。一般取 $p_0/p_{kN} \approx \dfrac{1}{4} \sim \dfrac{1}{2}$，故最大效率大致产生在 $I_2^* = 0.5 \sim 0.7$ 范围内。

例 3-3　有一台三相电力变压器，$S_N = 100$kV·A，$U_{N1}/U_{N2} = 6000$V/400V，$I_{N1}/I_{N2} = 9.63$A/144.5A，Yyn0 联结，$f = 50$Hz，在 25℃时的空载和短路试验数据如下：

试 验 名 称	U/V	I/A	P/W	备　注
空　　载	400	9.37	600	电压加在低压侧
短　　路	325	9.63	2014	电压加在高压侧

试求：（1）折算到高压侧的励磁参数和短路参数；

（2）短路电压的标幺值及其各分量；

（3）额定负载及 $\cos\varphi_2 = 0.8$、$\cos(-\varphi_2) = 0.8$ 时的效率、电压调整率及二次电压；

（4）当 $\cos\varphi_2 = 0.8$ 时，产生最大效率时的负载系数 I_m^* 及最大效率 η_{max}。

解　（1）折算到高压侧的参数

额定相电压

$$U_{\phi N1} = \frac{6000}{\sqrt{3}}V = 3464V$$

$$U_{\phi N2} = \frac{400}{\sqrt{3}}V = 231V$$

电压比

$$k = \frac{3464}{231} = 15$$

空载相电压

$$U_{\phi 02} = 231V$$

空载相电流

$$I_{\phi 02} = I_{02} = 9.37A$$

每相空载损耗

$$p_{0\phi} = \frac{600}{3}W = 200W$$

励磁参数

$$Z_m' = Z_0 = \frac{231}{9.37}\Omega = 24.6\Omega$$

$$R_m' = R_0 = \frac{200}{9.37^2}\Omega = 2.28\Omega$$

$$X_m' = \sqrt{24.6^2 - 2.28^2}\,\Omega = 24.5\Omega$$

折算到高压侧时

$$Z_m = 15^2 \times 24.6\Omega = 5535\Omega$$

$$R_m = 15^2 \times 2.28\Omega = 513\Omega$$

$$X_m = 15^2 \times 24.5\Omega = 5513\Omega$$

短路相电压

$$U_{\phi k1} = \frac{325}{\sqrt{3}}V = 188V$$

短路相电流

$$I_{\phi k1} = I_{k1} = I_{N1} = 9.63A$$

短路相损耗

$$p_{k\phi} = \frac{2014}{3}W = 671W$$

短路参数

$$Z_k = \frac{188}{9.63}\Omega = 19.5\Omega$$

$$R_k = \frac{671}{9.63^2}\Omega = 7.24\Omega$$

$$X_k = \sqrt{19.5^2 - 7.24^2}\,\Omega = 18.1\Omega$$

换算到75℃时

$$R_{k75℃} = 7.24 \times \frac{235 + 75}{235 + 25}\Omega = 8.63\Omega$$

$$Z_{k75℃} = \sqrt{8.63^2 + 18.1^2}\,\Omega = 20\Omega$$

额定短路损耗　　$p_{kN} = 3I_{\phi k1}^2 R_{k75℃} = 3 \times 9.63^2 \times 8.63\text{W} = 2400\text{W}$

额定短路相电压　　$U_{kN} = I_{\phi k1}Z_{k75℃} = 9.63 \times 20\text{V} = 192.6\text{V}$

（2）短路电压的标幺值及其各分量

短路电压的标幺值　　$U_{kN}^* = \dfrac{U_{kN}}{U_{\phi N1}} = \dfrac{192.6}{3464} = 0.0556（或 5.56\%）$

短路电压有功分量的标幺值

$$U_{kp}^* = \frac{I_{\phi k1}R_{k75℃}}{U_{\phi N1}} = \frac{9.63 \times 8.63}{3464} = 0.024（或 2.4\%）$$

短路电压无功分量的标幺值

$$U_{kQ}^* = \frac{I_{\phi k1}X_k}{U_{\phi N1}} = \frac{9.63 \times 18.1}{3464} = 0.0503（或 5.03\%）$$

（3）额定负载及 $\cos\varphi_2 = 0.8$、$\cos(-\varphi_2) = 0.8$ 时的效率、电压调整率及二次电压

1）额定负载及 $\cos\varphi_2 = 0.8$ 时

效率　　$\eta = \left[1 - \dfrac{0.6 + 1^2 \times 2.4}{1 \times 100 \times 0.8 + 0.6 + 1^2 \times 2.4}\right] \times 100\% = 96.4\%$

电压调整率　　$\Delta U^* = I^*(U_{kp}^*\cos\varphi_2 + U_{kQ}^*\sin\varphi_2) \times 100\%$
　　　　　　　　　$= 1 \times (2.4 \times 0.8 + 5.03 \times 0.6)\% = 4.94\%$

二次电压　　$U_2 = U_{N2}(1 - \Delta U^*) = 400 \times (1 - 0.0494)\text{V} = 380\text{V}$

2）额定负载及 $\cos(-\varphi_2) = 0.8$ 时

效率　　　　　　　　　　$\eta = 96.4\%$

电压调整率　　$\Delta U^* = 1 \times (2.4 \times 0.8 - 5.03 \times 0.6)\% = -1.10\%$

二次电压　　$U_2 = U_{N2}(1 - \Delta U^*) = 400 \times [1 - (-0.011)]\text{V} = 404.4\text{V}$

（4）$\cos\varphi_2 = 0.8$ 时，产生最大效率时的负载系数

$$I_m^* = \sqrt{\frac{p_0}{p_{kN}}} = \sqrt{\frac{600}{2400}} = 0.5$$

最大效率　　$\eta_{max} = \left(1 - \dfrac{2p_0}{I_m^* S_N\cos\varphi_2 + 2p_0}\right) \times 100\%$

$$= \left(1 - \frac{2 \times 0.6}{0.5 \times 100 \times 0.8 + 2 \times 0.6}\right) \times 100\%$$

$$= 97.1\%$$

第七节　三相变压器

现代电力系统均采用三相制，故三相变压器使用得最广泛。三相变压器可以用三个单相变压器组成，这种三相变压器称为三相变压器组，还有一种由铁轭把三个铁心

柱连在一起的三相变压器，称为三相心式变压器。从运行原理来看，三相变压器在对称负载下运行时，各相的电压、电流大小相等，相位上彼此相差120°，就其一相来说，和单相变压器没有什么区别。因此单相变压器的基本方程式、等效电路和运行特性的分析等完全适用于三相变压器，这里就不再重复。本节主要讨论三相变压器的特点，如三相变压器的磁路系统、三相绕组的联结法、感应电动势的波形以及三相变压器的并联运行等问题。

一、三相变压器的磁路系统

124

三相变压器的磁路系统，可以分成各相磁路彼此无关和彼此相关的两类。

三相变压器组（见图3-27）是由三台单相变压器组成的。由于每相的主磁通 ϕ 各沿自己的磁路闭合，彼此毫无关系，所以三相变压器组的磁路系统属于彼此无关的一种。当一次侧施以对称三相电压时，各相的主磁通必然对称，各相空载电流也是对称的。

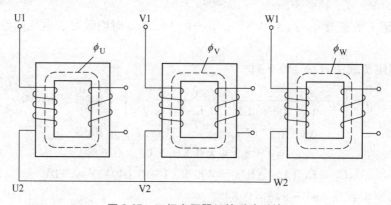

图3-27　三相变压器组的磁路系统

另一种磁路系统如图3-28c所示，称为三相心式变压器。这种磁路的特点是三相磁路互相关联。从图上可以看出，任何一相的主磁通都要通过其他两相的磁路作为自己的闭合回路。这种铁心结构是从三相变压器组演变而来的。如果把三台单相变压器的铁心合并成图3-28a的形式，在外施对称三相电压时，三相主磁通是对称的，中间铁心柱内的磁通为 $\dot{\Phi}_U + \dot{\Phi}_V + \dot{\Phi}_W = 0$，因此可将中间心柱省去，变成图3-28b的结构形式。为了制造方便和节省硅钢片，把三相铁心柱布置在同一平面内，便成为图3-28c

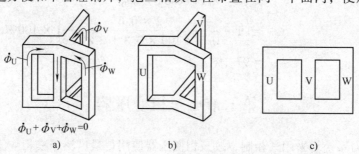

图3-28　三相心式变压器的磁路系统

的形式，这就是目前广泛采用的三相心式变压器的铁心。在这种变压器中，三相磁路长度不相等，中间 V 相最短，两边 U、W 两相较长，所以三相磁阻不相等。当外施对称三相电压时，三相空载电流便不相等，V 相最小，U、W 两相大些。但由于空载电流很小，它的不对称对变压器负载运行的影响极小，所以可略去不计。

比较以上两种类型磁路系统的三相变压器可以看出，在相同的额定容量下，三相心式变压器比三相变压器组具有节省材料、效率高、维护方便、安装占地少等优点。但三相变压器组中每一个单相变压器却比三相心式变压器的体积小、重量轻、搬运方便，另外还可减少备用容量，所以对一些超高压、特大容量的三相变压器，当制造及运输有困难时，有时就采用三相变压器组。

二、三相变压器的电路系统—联结组

在绕组的联结中，对绕组的首端和末端的标记规定见表 3-1。

表 3-1　绕组的首端和末端的标记

绕组（线圈）名称	单相变压器		三相变压器		中　点
	首端	末端	首端	末端	
高压绕组（线圈）	U1	U2	U1、V1、W1	U2、V2、W2	N
低压绕组（线圈）	u1	u2	u1、v1、w1	u2、v2、w2	N
中压绕组（线圈）	U1$_m$	U2$_m$	U1$_m$、V1$_m$、W1$_m$	U2$_m$、V2$_m$、W2$_m$	N$_m$

在三相变压器中，不论一次绕组或二次绕组，我国主要采用星形和三角形两种联结方式。把三相绕组的三个末端 U2、V2、W2（或 u2、v2、w2）连接在一起，而把它们的首端 U1、V1、W1（或 u1、v1、w1）引出，便是星形联结，用字母 Y 或 y 表示，如图 3-29a 所示。把一相绕组的末端和另一相绕组的首端连在一起，顺次连接成一闭合回路，

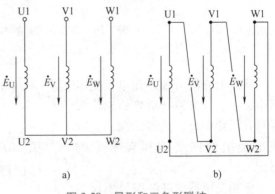

a)　　　　　　　　　b)

图 3-29　星形和三角形联结

然后从首端 U1、V1、W1（或 u1、v1、w1）引出，如图 3-29b 所示，便是三角形联结，用字母 D 或 d 表示。

我国生产的三相电力变压器常用 Yyn、Yd、YNd 等三种联结方式。其中大写字母表示高压绕组的联结法，小写字母表示低压绕组的联结法，N（或 n）表示有中点引出。

由于三相绕组可以采用不同联结方式，使得三相变压器一次和二次绕组中的线电动势（或线电压）会出现不同的相位差，因此按一、二次线电动势（或线电压）的相位关系，把变压器绕组的联结分成各种不同的组合，称为绕组的联结组。变压器联结组号的区分，采用"时钟表示法"，即把高压侧线电动势（或线电压）的相量作为时钟的分针，始终指向钟面的 12；而以低压侧对应的线电动势（或线电压）的相量

作为时针，它所指的钟点即为该变压器联结组的组号。

在说明三相变压器联结组的组号如何确定之前，先研究单相变压器一、二次电压的相位问题。

单相变压器的一、二次绕组被同一主磁通 ϕ 所交链，当 ϕ 交变时，在一、二次绕组中感应出的电动势之间有一定的极性关系，即同一瞬间，一次绕组的某一端点的电位为正时，二次绕组必有一个端点的电位也是正的，这两个同极性的端点称为同名端，用符号"·"表示。

单相变压器的首端和末端有两种不同的标法：一种是将一、二次绕组的同名端都标为首端（或末端），如图 3-30a 所示，这时一、二次相电动势 $\dot{E}_U$ 与 $\dot{E}_u$ 同相（感应电动势的正方向均规定从首端指向末端）；另一种标法是把一、二次绕组的非同名端标为首端（或末端），如图 3-30b 所示，这时 $\dot{E}_U$ 与 $\dot{E}_u$ 反相。

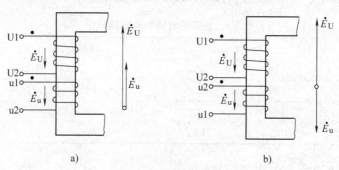

图 3-30 单相变压器的两种不同标记法

a）同相位 b）反相位

从以上分析可知，在单相变压器中，一、二次相电动势的相位关系只有同相和反相两种情况，它取决于绕组的同名端和首末端的标记。

三相变压器的联结组号不仅与绕组的同名端和首末端的标记有关，而且还与三相绕组的联结方式有关。

1. Yy 联结

图 3-31a 为三相变压器 Yy 联结时的接线图。图中将一、二次绕组的同名端标为首端。这时一、二次侧对应的相电动势同相位，同时一、二次侧的线电动势 $\dot{E}_{UV}$ 与 $\dot{E}_{uv}$ 也同相位，如图 3-31b 所示。这时若把 $\dot{E}_{UV}$

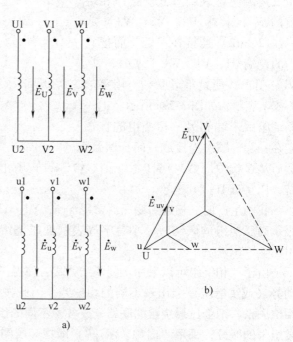

图 3-31 Yy0 联结组

指向钟面的 12，则 $\dot{E}_{uv}$ 也指向 12，是为零点，故其组号为"0"，用 Yy0 表示。

若将上例中一、二次绕组的非同名端作为首端，如图 3-32a 所示，这时一、二次侧对应相的相电动势反向，则线电动势 $\dot{E}_{UV}$ 与 E_{uv} 的相位相差 180°，如图 3-32b 所示，因而就得到了 Yy6 联结组。

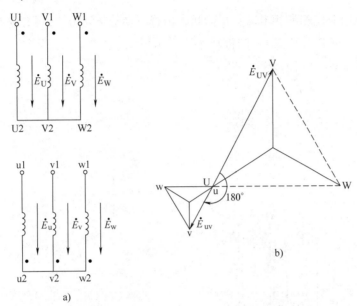

图 3-32 Yy6 联结组

2. Yd 联结

图 3-33a 是三相变压器 Yd 联结时的接线图。将一、二次绕组的同名端标为首端。

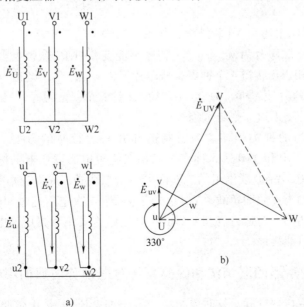

图 3-33 Yd11 联结组

二次绕组按u1→v2→v1→w2→w1→u2→u1 的顺序依次连接成三角形联结。这时一、二次侧对应相的相电动势也同相位，但线电动势 $\dot{E}_{UV}$ 与 $\dot{E}_{uv}$ 的相位差为330°，如图3-33b 所示。当 $\dot{E}_{UV}$ 指向钟面的12时，则 $\dot{E}_{uv}$ 指向11，故其组号为11，用 Yd11 表示。若将二次绕组的三角形联结改为 u1→w2→w1→v2→v1→u2→u1，如图3-34a 所示，这时一、二次绕组对应相的相电动势也同相，但线电动势 $\dot{E}_{UV}$ 与 $\dot{E}_{uv}$ 的相位差为30°，如图3-34b 所示，故其组号为1，则得到 Yd1 联结组。

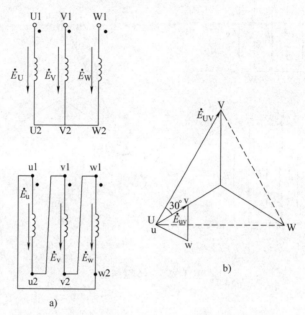

图 3-34　Yd1 联结组

不论是 Yy 联结组还是 Yd 联结组，如果一次绕组的三相标记不变，把二次绕组的三相标记 u、v、w 顺序改为 w、u、v（相序不能变），则二次侧的各线电动势相量将分别转过120°，相当于转过 4 个钟点；若改标记为 v、w、u，则相当于转过 8 个钟点。因而对 Yy 联结而言，可得 0、4、8、6、10、2 这 6 个偶数组号；对 Yd 联结而言，可得 11、3、7、5、9、1 这 6 个奇数组号。

变压器联结组的种类很多，为了制造和并联运行时的方便，我国规定 Yyn0、Yd11、YNd11、YNy0 和 Yy0 这 5 种作为三相双绕组电力变压器的标准联结组。其中以前 3 种最为常用。Yyn0 联结组的二次侧可引出中性线，成为三相四线制，用作配电变压器时可兼供动力和照明负载。Yd11 联结组用于二次电压超过 400V 的线路中，这时二次侧接成三角形，对运行有利。YNd11 联结组主要用于高压输电线路中，使电力系统的高压侧有可能接地。

三、三相变压器的联结法和磁路系统对电动势波形的影响

在分析单相变压器空载运行时曾指出：当外加电压 u_1 是正弦波时，电动势 e_1 及产生 e_1 的主磁通 ϕ 也应是正弦波，但由于磁路饱和的关系，空载电流 i_0 将是尖顶波，

其中除基波外，还含有较强的 3 次谐波和其他高次谐波，而在三相变压器中，由于一、二次绕组的联结方法不同，空载电流中不一定能含有 3 次谐波分量，这就将影响到主磁通和相电动势的波形，并且这种影响还与变压器的磁路系统有关。下面分别予以分析。

（一）Yy 联结三相变压器的电动势波形

电路理论中已分析过，3 次谐波电流因构成零序对称组，而不能存在于无中性线星形联结的对称三相电路中。因而当一次绕组采用星形联结且无中性线引出时，空载电流中不可能含有 3 次谐波分量，空载电流就呈正弦波形（5 次及其以上的高次谐波，由于其值不大，可不计）。由于变压器磁路的饱和特性，正弦波形的空载电流，必激励出呈平顶波的主磁通，如图 3-35 所示。平顶波的主磁通中除基波磁通 ϕ_1 外，还含有 3 次谐波磁通 ϕ_3。3 次谐波磁通多大，影响如何，这取决于磁路系统的结构，现分三相变压器组和三相心式变压器两种情况来讨论。

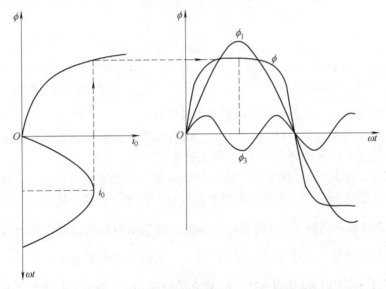

图 3-35 正弦空载电流产生的主磁通波形

1. 三相变压器组

在三相变压器组中，由于三相磁路彼此无关，3 次谐波磁通 ϕ_3 和基波磁通 ϕ_1 沿同一磁路闭合，如图 3-27 所示。由于铁心磁路的磁阻很小，故 3 次谐波磁通较大，加上 3 次谐波磁通的频率为基频率的 3 倍，即 $f_3 = 3f_1$，所以由它所感应的 3 次谐波相电动势较大，其幅值可达基波幅值的 45%～60% 甚至更高，如图 3-36 所示。结果使相电动势的最大值升高很多，形成波形严重畸变，可能将绕组绝缘击穿。因此在电力变压器中，对于三相变压器组不准采用 Yy 联结。但在三相线电动势中，由于 3 次谐波电动势互相抵消，故线电动势仍呈正弦波形。

2. 三相心式变压器

在三相心式变压器中，由于三相磁路彼此关联而 3 次谐波磁通也是零序对称组，三个同相位同大小的 3 次谐波磁通不可能在铁心内闭合，只能借油箱壁形成闭路，如

图 3-37 所示。这条磁路的磁阻很大，使 3 次谐波磁通大为削弱，主磁通仍接近于正弦波，相电动势波形也接近于正弦波。但由于 3 次谐波磁通通过油箱壁及其他铁件时，将在其中感应涡流产生附加损耗，使变压器的效率降低，并会引起局部过热，因此只有在容量不大于 1600kVA 的三相心式变压器中，才允许采用 Yy 联结。

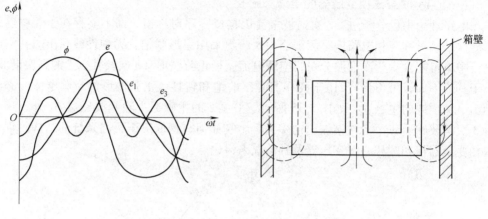

图 3-36　Yy 联结三相变压器
组的相电动势波形

图 3-37　三相心式变压器中
3 次谐波磁通的路径

（二）Dy 或 Yd 联结三相变压器的电动势波形

当三相变压器采用 Dy 联结时，一次空载电流的 3 次谐波分量可以流通，于是主磁通和由它感应的相电动势 e_1 和 e_2 都是正弦波。

当三相变压器采用 Yd 联结时，如图 3-38 所示。一次空载电流中不存在 3 次谐波分量，因此主磁通和一、二次相电动势中都会有 3 次谐波分量。但因二次侧是三角形联结，3 次谐波相电动势 $\dot{E}_{23}$ 也是零序对称组，沿三角形联结回路之和不等于零，于是在二次绕组中产生 3 次谐波电流 $\dot{I}_{23}$。由于二次绕组的电阻远小于绕组对 3 次谐波的电抗，所以 $\dot{I}_{23}$ 滞后 $\dot{E}_{23}$ 接近 90°，$\dot{I}_{23}$ 建立的磁通 $\dot{\Phi}_{23}$ 与 $\dot{\Phi}_3$ 在相位上接近相反，其结果几乎完全抵消了 $\dot{\Phi}_3$ 的作用，如图 3-39 所示。因此合成磁通及其感应的电动势都接近正弦波形。

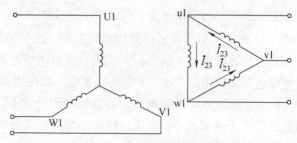

图 3-38　Yd 联结的三相变压器

综上所述，三相变压器的相电动势波形与绕组接法及磁路系统有密切关系。只要变压器有一侧是三角形联结，就能保证主磁通和电动势为正弦波形，这是因为铁心中的磁通取决于一、二次绕组中的总磁动势，所以三角形联结的绕组在一次侧或在二次侧，其作用是一样的。因此一般三相变压器常采用 **Yd** 或 **Dy** 联结。在大容量高压变压器中，当需要一、二次侧都是星形联结时，可另加一个接成三角形的小容量的第三绕组，兼供改善电动势波形之用。

四、变压器的并联运行

在近代电力系统中，采用多台变压器并联运行，无论从技术或是经济的合理性来看都是必要的。所谓并联运行，就是将变压器的一、二次绕组分别并联到一、二次的公共母线上，如图 3-40 所示。

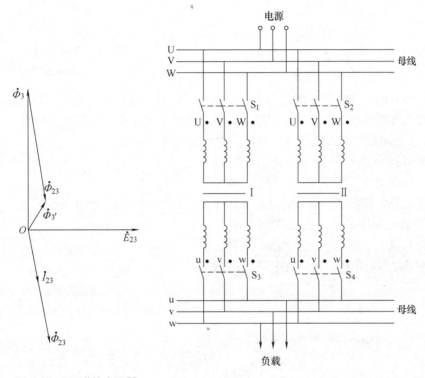

图 3-39　**Yd** 联结变压器　　　图 3-40　**Yy** 联结三相变压器的并联运行
3 次谐波电流的去磁作用

并联运行的优点有：①提高供电的可靠性。并联运行时，如果某台变压器发生故障，可以把它从电网切除检修，而电网仍能继续供电；②可以根据负载的大小调整投入并联运行变压器的台数，以提高运行效率；③可以减少总的备用容量，并可随着用电量的增加分批增加新的变压器。当然，并联的台数过多也是不经济的，因为一台大容量变压器的造价要比总容量相同的几台小变压器的造价低，占地面积也小。

并联运行的各台变压器必须满足的条件是：

1) 各台变压器的额定电压应相等。

2) 各台变压器的联结组别必须相同。

3) 各台变压器的短路阻抗的标幺值不宜相差过大。

下面分别对 2)、3) 两个条件做一分析。

（一）联结组别不同时变压器的并联运行

如果两台变压器的电压比和短路阻抗标幺值均相等，但是联结组别不同，并联运行时其后果更为严重。因为联结组别不同，两台变压器二次线电压的相位就不同，至少相差 30°，因此会产生很大的电压差。例如，Yy0 与 Yd11 并联，二次线电压的相位差如图 3-41 所示。图中，$U_{N2(I)} = U_{N2(II)} = U_{N2}$。其电压差为

$$\Delta U_{02} = |\dot{U}_{N2(I)} - \dot{U}_{N2(II)}|$$

$$= 2U_{N2}\sin\frac{30°}{2}$$

$$= 0.518U_{N2}$$

即

$$\Delta U_{02}^* = 51.8\%$$

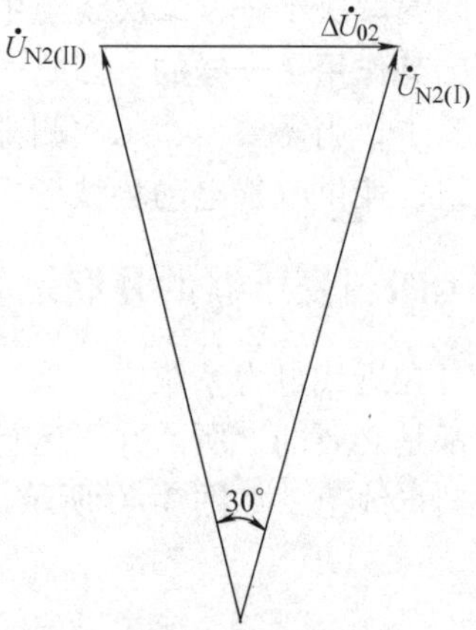

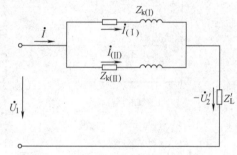

图 3-41　Yy0 与 Yd11 并联时
二次线电压相量图

由于变压器的短路阻抗很小，这样大的电压差将在两台变压器的二次绕组中产生很大的环流，其数值会超过额定电流的很多倍，可能使变压器的绕组烧毁，所以联结组别不同的变压器是绝对不允许并联运行的。

（二）短路阻抗标幺值不等时变压器的并联运行

假设有两台电压比相等，联结组别也相同的变压器并联运行。现在来研究这个并联组在负载时如何达到负载的合理分配。

由于两台变压器的一、二次侧分别并联在公共母线上，其电压比、组别又相同，故可得图 3-42 所示的简化等效电路。由图可知

$$\dot{I} = \dot{I}_{(I)} + \dot{I}_{(II)} \tag{3-64}$$

图 3-42　并联运行时的简化等效电路

此外，两台变压器内部的阻抗压降应相等，即

$$\dot{I}_1 Z_{k(I)} = \dot{I}_2 Z_{k(II)} \tag{3-65}$$

对式（3-64）和式（3-65）联立求解，即可求出每一台变压器所分担的负载电流。

从式（3-65）可知，并联运行各台变压器所分担的电流与其短路阻抗成反比，即短路阻抗大的分担的电流小，短路阻抗小的分担的电流大。

由于并联运行的变压器容量不一定相等，故负载的分配是否合理，不能直接从电流的值来判断，而应从相对值（即负载电流与额定电流之比，也就是标幺值）的大小来判断。由于 $U_{N(I)} = U_{N(II)}$，即 $I_{N(I)}Z_{N(I)} = I_{N(II)}Z_{N(II)}$，其中

$$Z_{N(I)} = \frac{U_{N(I)}}{I_{N(I)}}, \quad Z_{N(II)} = \frac{U_{N(II)}}{I_{N(II)}}$$

故把式（3-65）表示为相对值可得

$$\frac{\dot{I}_{(I)}Z_{k(I)}}{I_{N(I)}Z_{N(I)}} = \frac{\dot{I}_{(II)}Z_{k(II)}}{I_{N(II)}Z_{N(II)}}$$

即
$$\dot{I}^*_{(\text{I})} Z^*_{k(\text{I})} = \dot{I}^*_{(\text{II})} Z^*_{k(\text{II})} \quad \text{或} \quad \frac{\dot{I}^*_{(\text{I})}}{\dot{I}^*_{(\text{II})}} = \frac{Z^*_{k(\text{II})}}{Z^*_{k(\text{I})}} \tag{3-66}$$

式(3-66)说明，各变压器负载电流的标幺值与其短路阻抗（或短路电压）的标幺值成反比分配。合理的分配是，各台变压器应根据其本身的能力（容量）来分担负载，即 $I^*_{(\text{I})} = I^*_{(\text{II})}$。这就要求各台变压器短路阻抗标幺值相等，即 $Z^*_{k(\text{I})} = Z^*_{k(\text{II})}$。

从式（3-66）可知，要使各台变压器所分担的电流均为同相，则各台变压器的短路阻抗的辐角均应相等。根据实际计算得知，即使各变压器的阻抗角相差 $10° \sim 30°$，影响也不大，故在实际计算中，一般都不考虑阻抗角的差别，故认为总的负载电流是各变压器二次电流的代数和。

实际并联时，希望各变压器的电流标幺值相差不超过10%，所以要求各变压器的短路阻抗标幺值相差不大于10%。

例 3-4　有两台三相变压器并联运行，其联结组别、额定电压和电压比均相同，第一台为3200kVA，$Z^*_{k(\text{I})} = 7\%$；第二台为5600kVA，$Z^*_{k(\text{II})} = 7.5\%$，试求：第一台变压器满载时，第二台变压器的负载是多少？并联组的利用率是多少？

解　根据式(3-66)可知，负载电流的标幺值与短路阻抗的标幺值成反比，故

$$\frac{I^*_{(\text{I})}}{I^*_{(\text{II})}} = \frac{Z^*_{k(\text{II})}}{Z^*_{k(\text{I})}} = \frac{7.5\%}{7\%} = 1.07$$

当第一台满载时，即 $I^*_{(\text{I})} = 1$，第二台的负载为

$$I^*_{(\text{II})} = \frac{1}{1.07} = 0.935$$

第二台变压器的输出容量为

$$S_{\text{II}} = 0.935 \times 5600\text{kVA} = 5236\text{kVA}$$

总输出容量为

$$S = S_{\text{I}} + S_{\text{II}} = 3200\text{kVA} + 5236\text{kVA} = 8436\text{kVA}$$

并联组的利用率为

$$\frac{S}{S_{\text{N}}} = \frac{8436}{3200 + 5600} = 95.9\%$$

第八节　其他用途的变压器

前面以普通双绕组电力变压器为例，阐述了变压器的基本理论，尽管变压器的种类、规格很多，但基本理论都是相同或相似的，不再做一一讨论。本节主要介绍较常用的自耦变压器、仪用互感器、电焊变压器的工作原理及特点。

一、自耦变压器

（一）自耦变压器的联结法和容量关系

普通双绕组变压器的一、二次绕组之间互相绝缘，它们之间只有磁的耦合，没有电的联系。自耦变压器的特点在于一、二次绕组之间不仅有磁的耦合，而且还有电的

直接联系。为了便于掌握自耦变压器的特点,我们采用和普通双绕组变压器对比的方式来分析自耦变压器。

设有一台双绕组单相变压器,一、二次绕组的匝数分别为 N_1 和 N_2,额定电压分别为 U_{N1} 和 U_{N2},额定电流分别为 I_{N1} 和 I_{N2},则此变压器的额定容量为

$$S_N = U_{N1}I_{N1} = U_{N2}I_{N2}$$

电压比为

$$k = \frac{N_1}{N_2} = \frac{U_{N1}}{U_{N2}}$$

如果保持两个绕组的额定电压和额定电流不变,把一、二次绕组串联起来作为新的一次绕组,而二次绕组还同时作为二次侧,它的两个端点接到负载阻抗 Z_L 上,便得到一台减压自耦变压器,如图 3-43 所示。因此,从原理上看,自耦变压器属于单绕组变压器,当作为减压变压器使用时,一次绕组的一部分兼作二次绕组用;当作为升压变压器使用时,二次绕组的一部分兼作一次绕组用。把同时属于一次侧和二次侧的一部分线匝称作公共线圈,其余的部分称为串联线圈。无论用作减压或升压,其基本原理是相同的。下面以减压自耦变压器为例来进行分析。

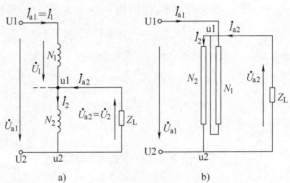

图 3-43 减压自耦变压器的原理图

a) 原理图 b) 接线图

对于减压自耦变压器,由图 3-43a 可见,一、二次电压为

$$
\begin{cases}
U_{a1} = U_1 + U_2 = \left(1 + \dfrac{U_2}{U_1}\right) U_1 = \left(1 + \dfrac{1}{k}\right) U_1 \\
U_{a2} = U_2
\end{cases}
\tag{3-67}
$$

式中,$k = \dfrac{N_1}{N_2} = \dfrac{U_{N1}}{U_{N2}}$,是双绕组变压器的电压比。

自耦变压器的电压比为

$$k_a = \frac{N_1 + N_2}{N_2} = 1 + k \tag{3-68}$$

一次电流为

$$\dot{I}_{a1} = \dot{I}_1 \tag{3-69}$$

在图 3-43a 中,对于接点 u1,利用基尔霍夫定律,可得自耦变压器的二次电流为

$$\dot{I}_{a2} = \dot{I}_2 - \dot{I}_1 \tag{3-70}$$

在忽略励磁电流的情况下，根据磁动势平衡关系得

$$\dot{I}_1 N_1 + \dot{I}_2 N_2 = 0$$

即

$$\dot{I}_1 = -\frac{N_2}{N_1}\dot{I}_2 = -\frac{\dot{I}_2}{k} \tag{3-71}$$

将式（3-71）代入式（3-70）便得

$$\dot{I}_{a2} = \dot{I}_2 - \dot{I}_1 = \left(1 + \frac{1}{k}\right)\dot{I}_2 \tag{3-72}$$

135

式（3-72）表明，当忽略励磁电流时，$\dot{I}_{a2}$ 与 $\dot{I}_2$ 同相位，并且 $\dot{I}_{a2}$ 大于 $\dot{I}_2$，就有效值来说，$\dot{I}_{a2} = \left(1 + \frac{1}{k}\right)I_2$。

于是，从式（3-67）、式（3-69）和式（3-72）可求得自耦变压器的额定容量为

$$S_{aN} = U_{a1N}I_{a1N} = U_{a2N}I_{a2N} = \left(1 + \frac{1}{k}\right)U_{N1}I_{N1}$$

$$= U_{N2}\left(1 + \frac{1}{k}\right)I_{N2} = \left(1 + \frac{1}{k}\right)S_N$$

$$= S_N + \frac{S_N}{k} = S_N + U_{N2}I_{N1}$$

$$= S_N + S_N' \tag{3-73}$$

从上述可见，当把额定容量为 S_N、电压比为 k 的普通双绕组变压器改接成自耦变压器后，自耦变压器的额定容量增加到 $\left(1 + \frac{1}{k}\right)S_N$，而电压比为（$1+k$）。这时自耦变压器的额定容量 S_{aN} 可以分成两部分：第一部分为 $S_N = U_{N2}I_{N2} = U_{N1}I_{N1}$，与这一部分容量对应的功率是公共线圈和串联线圈之间通过电磁感应关系传递给负载的，即通常所说的电磁功率。这一部分容量决定了变压器的主要尺寸和材料消耗，是变压器的设计依据，称为自耦变压器的计算容量；第二部分为 $S_N' = U_{N2}I_{N1}$，与此对应的功率是一次电流 I_{N1} 通过传导关系直接传递给负载的，称为传导功率。传导功率不影响变压器的计算容量。

从式（3-73）和式（3-68）可得自耦变压器计算容量 S_N 与额定容量 S_{aN} 的关系为

$$S_N = \frac{S_{aN}}{1 + \frac{1}{k}} = \left(1 - \frac{1}{k_a}\right)S_{aN} \tag{3-74}$$

由式（3-74）可见，自耦变压器的计算容量比额定容量小，当 k_a 越接近 1 时，计算容量越小，自耦变压器的优点就越显著。因此自耦变压器适用于变压比 k_a 不大的场合，一般 $k_a < 2$。

（二）自耦变压器的特点

和普通双绕组变压器比较，自耦变压器的主要特点如下：

1）由于自耦变压器的计算容量小于额定容量，故在同样的额定容量下，自耦变

压器的主要尺寸缩小，有效材料（硅钢片和铜线）和结构材料（钢材）都较节省，从而降低了成本。有效材料的减少使得铜耗和铁耗也相应减少，故自耦变压器的效率较高。同时由于主要尺寸缩小，变压器的重量减轻，外型尺寸缩小，有利于变压器的运输和安装。

2）由于自耦变压器的短路阻抗 Z_{ka} 等于把串联线圈当作一次绕组、公共线圈当作二次绕组时的一台双绕组变压器的短路阻抗，其一次额定电压是作为双绕组变压器使用时额定电压的 $\left(1+\dfrac{1}{k}\right)$ 倍，故自耦变压器的短路阻抗标幺值 Z_{ka}^* 较普通双绕组变压器短路阻抗标幺值 Z_k^* 小 $\left(1+\dfrac{1}{k}\right)$ 倍，因此其短路电流较大。为了提高自耦变压器承受突然短路的能力，设计时对自耦变压器的机械结构应适当加强，必要时可适当增大短路阻抗以限制短路电流。

3）由于自耦变压器一、二次侧之间有电的直接联系，当高压侧过电压时，会引起低压侧产生严重的过电压。为避免这种危险，一、二次侧都需装设避雷器。

二、仪用互感器

互感器是一种测量用的设备，有电流互感器和电压互感器两种，它们的作用原理与变压器相同。

使用互感器有两个目的：一是为了工作人员的安全，使测量回路与高压电网隔离；二是可以使用小量程的电流表测量大电流，用低量程的电压表测量高电压。

互感器除了用于测量电流和电压外，还用于各种继电保护装置的测量系统，因此它的应用很广泛。下面分别对电流互感器和电压互感器进行介绍。

（一）电流互感器

图 3-44 是电流互感器的原理图，它的一次绕组由 $1\sim n$ 匝截面积较大的导线构成，并与需要测量电流的电路串联；二次绕组的匝数较多，导线截面积较小，并与阻抗很小的仪表（如电流表、功率表的电流线圈等）接成闭路。因此电流互感器的运行情况相当于变压器的短路运行。

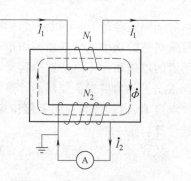

图 3-44　电流互感器原理图

由于电流互感器要求误差较小，所以励磁电流越小越好，因此铁心磁通密度较低，一般在 $0.08\sim0.10\mathrm{Wb/m^2}$ 范围。若忽略励磁电流，由磁动势平衡关系可得

$$\frac{I_1}{I_2}=\frac{N_2}{N_1}=k_i$$

或
$$I_1=k_iI_2 \tag{3-75}$$

式中　k_i——电流互感器的额定电流比。

由式(3-75)可知，电流互感器利用一、二次绕组的不同匝数，可将线路上的大电流变为小电流来测量。电流互感器一次额定电流的范围为 $10\sim25000\mathrm{A}$，二次额定电流通常采用5A。一次侧可以有很多抽头，分别用于不同的电流比例。由于互感器内总有一定的励磁电流，因此测量的电流总是有一定的误差，按照误差的大小，电流互感器分为0.2、0.5、1.0、3.0和10.0五个标准等级。例如，0.5级准确度就表示在额定电流时，一、二次电流比的误差不超过0.5%。

为了使用安全，电流互感器的二次绕组必须牢固地接地，以防止由于绝缘损坏后，一次侧的高电压传到二次侧，发生人身事故。另外，电流互感器在运行中二次绕组绝对不允许开路。因为二次侧开路时，电流互感器就成为空载运行，此时被测线路中的大电流全部成为励磁电流，使铁心中的磁通密度剧增，可达$1.4 \sim 1.8 \mathrm{Wb/m^2}$，这一方面使铁心损耗急剧增加，使铁心严重过热，影响电流互感器的性能，甚至烧毁，另一方面在二次绕组中将会感应很高的电压，可能使绝缘击穿，同时对测量人员也有危险。

（二）电压互感器

图3-45是电压互感器的原理图。它的一次绕组匝数（N_1）很多，直接并联到被测的高压线路上；二次绕组匝数（N_2）较少，接在高阻抗的测量仪表（如电压表、功率表的电压线圈等）上。由于二次绕组接在高阻抗的仪表上，二次电流很小，所以电压互感器的运行情况相当于变压器的空载运行状态。如果忽略漏阻抗压降，则有$U_1/U_2 = N_1/N_2 = k_u$（k_u为电压互感器的电压比）。因此，利用一、二次侧不同的匝数比可将线路上的高电压变为低电压来测量。电压互感器二次侧的额定电压一般都设计

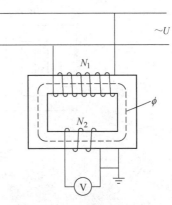

图3-45 电压互感器原理图

为100V，而一次绕组可以有许多抽头，根据被测电压的大小，可适当选取电压互感器的电压比k_u。

为了提高电压互感器的准确度，必须减小励磁电流和一、二次绕组的漏阻抗，所以电压互感器的铁心一般采用性能较好的硅钢片制成，且使铁心不饱和，磁通密度为$0.6 \sim 0.8 \mathrm{Wb/m^2}$。使用时电压互感器的二次侧不能短路，否则会产生很大的短路电流。为安全起见，电压互感器的二次绕组连同铁心一起，必须可靠地接地。另外，电压互感器有一定的额定容量，使用时二次侧不宜接过多的仪表，以免影响互感器的准确度，我国目前生产的电力电压互感器，按准确度分为0.5、1.0和3.0三级。

三、电焊变压器

交流电弧焊在生产实际中应用很广泛。从结构上来看，交流弧焊机就是一台特殊的减压变压器，通称为电焊变压器。为了保证电焊的质量和电弧燃烧的稳定性，对电焊变压器有以下几点要求：

1）电焊变压器应具有$60 \sim 75\mathrm{V}$的空载电压，以保证容易起弧，为了操作者的安全，电压一般不超过85V。

2）电焊变压器应具有迅速下降的外特性，如图3-46所示，以适应电弧特性的要求。

3）为了适应不同的焊件和不同的焊条，还要求能够调节焊接电流的大小。

4）短路电流不应过大，一般不超过额定电流的两倍，在工作中电流要比较稳定。

为了满足上述要求，电焊变压器必须具有较大的电抗，而且可以调节。电焊变压器的一、二次绕组一般分装在两个铁心柱上，使绕组的漏抗比较大。改变漏抗的方法很多，常用的有磁分路法和串联可变电抗法，如图 3-47 所示。

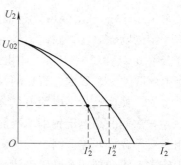

图 3-46　电焊变压器的外特性

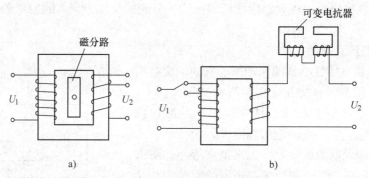

图 3-47　电焊变压器的原理图
a）磁分路电焊变压器　b）带电抗器的电焊变压器

磁分路电焊变压器如图 3-47a 所示。在一次绕组与二次绕组两个铁心柱之间，有一个分路磁阻（动铁心），它通过螺杆可以来回调节。当磁分路铁心移出时，一、二次绕组的漏抗减小，电焊变压器的工作电流增大。当磁分路铁心移入时，一、二次绕组的漏磁通经过磁分路而自己闭合，使漏抗增大，负载时电流迅速下降，工作电流比较小。这样，通过调节分路磁阻，即可调节漏抗大小和工作电流的大小，以满足焊件和焊条的不同要求。在二次绕组中还备有分接头，以便调节空载起弧电压。

带电抗器的电焊变压器如图 3-47b 所示，它是在二次绕组中串联一个可变电抗器，电抗器中的气隙可以用螺杆调节，当气隙增大时，电抗器的电抗减小，电焊工作电流增大；反之，当气隙减小时，电抗器的电抗增大，电焊工作电流减小。另外，在一次绕组中还备有分接头，以调节起弧电压的大小。

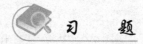 习　　题

1. 变压器中主磁通与漏磁通的性质和作用有什么不同？在等效电路中是怎样反映它们的作用的？

2. 试分析一次绕组匝数比原设计值减少时，铁心饱和程度、空载电流大小、铁心损耗、二次侧空载端电压和电压比的变化。

3. 励磁电抗 X_m 的物理意义是什么？X_m 大好还是小好？若将铁心抽出，X_m 将如何变化？若一次绕组匝数增加5%，而其余不变，则 X_m 大致如何变化？若铁心叠片松散、片数不足，则 X_m 及 I_0

如何变化？若铁心硅钢片接缝间隙较大时，对 X_m 及 I_0 有何影响？

4. 变压器空载运行时，一次侧加额定电压，为什么空载电流 I_0 很小？如果接在直流电源上，一次侧也加额定电压，这时一次绕组的电流将有什么变化？铁心中的磁通有什么变化？二次绕组开路和短路时对一次绕组中电流的大小有无影响？

5. 为什么变压器的空载损耗可以近似地看成是铁耗，短路损耗可以近似地看成是铜耗？负载时的实际铁耗和铜耗与空载损耗和短路损耗有无差别，为什么？

6. 一台 50Hz 单相变压器，若接在 60Hz 的电网上运行，额定电压不变，问空载电流、铁心损耗、漏抗、励磁阻抗及电压调整率有何变化？

7. 一台单相变压器，额定电压为 220V/110V，如果不慎将低压侧误接到 220V 电源上，变压器将发生什么现象？

8. 有一台单相变压器，已知：$S_N = 5000\text{kVA}$，$U_{N1}/U_{N2} = 35\text{kV}/6.6\text{kV}$，铁心的有效截面积 $S_{Fe} = 1120\text{cm}^2$，铁心中最大磁通密度 $B_m = 1.45\text{T}$，试求：高、低压绕组的匝数和电压比。

9. 一台单相变压器，额定容量为 5kVA，高、低压绕组均有两个匝数相同的线圈，高、低压侧每个线圈的额定电压分别为 1100V 和 110V，现将它们进行不同方式的联结。试问：可得几种不同的电压比？每种联结时的高、低压侧额定电流为多少？

10. 两台单相变压器，电压为 220V/110V，一次匝数相等，但空载电流 $I_{0\text{I}} = 2I_{0\text{II}}$。今将两台变压器的一次绕组顺极性串联起来加 440V 电压，问两台变压器二次侧的空载电压各为多少？

11. 一台单相变压器电压为 220V/110V。当在高压侧加 220V 电压时，空载电流为 I_0，主磁通为 Φ。试问：（1）若 U2 与 u1 连在一起，在 U1-u2 端加 330V 电压，此时空载电流和主磁通各为多少？（2）若 U2 与 u2 连在一起，U1-u1 端加 110V 电压，则空载电流和主磁通又各为多少？

12. 有一台三相变压器，已知：$S_N = 100\text{kVA}$，$U_{N1}/U_{N2} = 6.3\text{kV}/0.4\text{kV}$，联结组为 Yyn0，因电源压改为 10kV，如果用改变高压绕组的方法来满足电源电压的改变，而保持低压绕组每相为 55 匝不变，则新的高压绕组每相匝数应为多少？如果不改变高压绕组匝数会产生什么后果？

13. 有一台 1000 匝的铁心线圈接到 110V、50Hz 的交流电源上，由安培表和功率表的读数得知 $I_1 = 0.5\text{A}$，$P_1 = 10\text{W}$，把铁心抽出后电流和功率就变为 100A 和 10000W。若不计漏磁，试求：（1）两种情况下的参数和等效电路；（2）两种情况下电流的无功分量和有功分量；（3）两种情况下磁通的最大值。

14. 有一台单相变压器，$S_N = 100\text{kVA}$，$U_{N1}/U_{N2} = 6000\text{V}/230\text{V}$，$f = 50\text{Hz}$，一、二次绕组的电阻和漏抗为：$R_1 = 4.32\Omega$，$R_2 = 0.0063\Omega$，$X_{\sigma1} = 8.9\Omega$，$X_{\sigma2} = 0.013\Omega$，试求：（1）折算到高压侧的短路参数 R_k、X_k、Z_k；（2）短路参数的标幺值；（3）求满载时，当 $\cos\varphi_2 = 1$、$\cos\varphi_2 = 0.8$（滞后）和 $\cos\varphi_2 = 0.8$（超前）等三种情况下的电压调整率，并对结果进行分析。

15. 一台单相变压器，已知：$R_1 = 2.19\Omega$，$X_{\sigma1} = 15.4\Omega$，$R_2 = 0.15\Omega$，$X_{\sigma2} = 0.964\Omega$，$R_m = 1250\Omega$，$X_m = 12600\Omega$，$N_1 = 876$，$N_2 = 260$，$U_2 = 6000\text{V}$，$I_2 = 180\text{A}$，$\cos\varphi_2 = 0.8$（滞后），试用近似等效电路和简化等效电路求 $\dot{U}_1$ 和 $\dot{I}_1$。

16. 一台三相变压器，$S_N = 750\text{kVA}$，$U_{N1}/U_{N2} = 10000\text{V}/400\text{V}$，Yyn0 联结，在低压侧做空载试验时得 $I_0 = 60\text{A}$，$p_0 = 3800\text{W}$，在高压侧做短路试验时得 $U_k = 440\text{V}$，$p_k = 10900\text{W}$（$I_{k1} = I_{N1}$），室温 20℃，试求：

（1）折算到高压侧的励磁阻抗和短路阻抗；

（2）短路阻抗的标幺值 R_k^*、X_k^*、Z_k^*；

（3）计算满载及 $\cos\varphi_2 = 0.8$（滞后）时的 ΔU^*、U_2 及 η；

（4）计算最大效率 η_{max}。

17. 变压器出厂前要进行"极性"试验，如图 3-48 所示。将 U1、u1 联结，在 U1-U2 端加电压，用电压表测 U2-u2 间电压。设变压器的额定电压为 220V/110V，如果 U1、u1 为同名端，电压表的读数是多少？如 U1、u1 为非同名端，则电压表的读数又是多少？

18. 试说明三相变压器组为什么不采用 Yy 联结，而三相心式变压器又可用呢？为什么三相变压器中希望有一边接成三角形？

19. Yd 联结的三相变压器中，3 次谐波在三角形联结时能形成环流，基波电动势能否在三角形中形成环流？Yy 联结的三相变压器组中，相电动势中有 3 次谐波，线电压中有无 3 次谐波？为什么？

20. 变压器的一、二次绕组按图 3-49 联结，试画出它们的线电动势相量图，并判明其联结组别。

21. 有一台三相变压器，其一、二次绕组的同名端及端点标记如图 3-50 所示，试把该变压器接成 Yd7、Dy7、Yy4、Dd4。

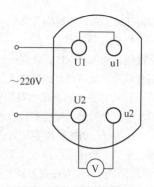

图 3-48　题 17 图

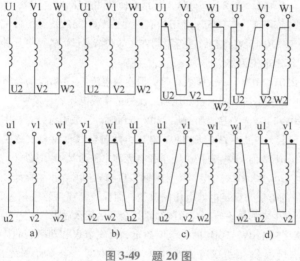

图 3-49　题 20 图

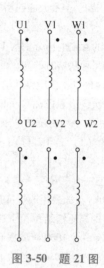

图 3-50　题 21 图

22. 一台 Yd 联结的三相变压器，在一次侧加额定电压空载运行，此时将二次侧的三角形联结打开一角测量开口处的电压，再将三角形闭合测量电流。试问：当此三相变压器是三相变压器组或三相心式变压器时，所测得的数值有无不同？为什么？

23. 两台变压器并联运行，均为 Yd11 联结，$U_{N1}/U_{N2} = 35kV/10.5kV$。第一台为 1250kVA，$Z_{k(\mathrm{I})}^* = 6.5\%$，第二台为 2000kVA，$Z_{k(\mathrm{II})}^* = 6\%$，试求：（1）总输出为 3250kVA 时，每台变压器的负载为多少？（2）在两台变压器均不过载情况下，并联组的最大输出为多少？并联组的利用率是多少？

24. 有一台 5600kVA，6.6kV/3.3kV，Yyn0 联结的三相双绕组变压器，$Z_k^* = 0.105$。现将其改成 9.9kV/3.3kV 的减压自耦变压器，试求：（1）自耦变压器的额定容量；（2）额定电压下的稳态短路电流，并与原双绕组变压器稳态短路电流相比较。

3

第三篇　交流电机及拖动

　　交流电机主要分为同步电机和感应电机两大类，它们的工作原理和运行性能都有很大差别。同步电机的转速与电源频率之间有着严格的关系，感应电机的转速虽然也与电源频率有关，但不像同步电机那样严格。同步电机主要用作发电机，目前交流发电机几乎都是采用同步发电机。感应电机则主要用作电动机，大部分生产机械用感应电动机作为原动机。据统计，感应电动机的用电量约为总用电量的2/3左右，可见，感应电机的应用是极其广泛的。

　　本篇主要分析讨论三相感应电动机并结合讨论交流电机中的一般问题。关于同步电机将在第四篇中讨论。

第四章

三相感应电动机的基本原理

第一节　三相感应电动机的工作原理及结构

一、三相感应电动机的工作原理

在图 4-1 中，N-S 是一对磁极，在两个磁极相对的空间里装有一个能够转动的圆柱形铁心，在铁心外圆槽内嵌放有导体，导体两端各用一圆环把它们接成一整体。

如图 4-1 所示，如在某种因素的作用下，使磁极以 n_1 的速度逆时针方向旋转，形成一个旋转磁场，转子导体就会切割磁力线而产生感应电动势 e。用右手定则可以判定，在转子上半部分的导体中，感应电动势的方向为 ⊗，下半部分导体的感应电动势方向为 ⊙。在感应电动势的作用下，导体中就有电流 i，若不计电动势与电流的相位差，则电流 i 与电动势 e 同方向。载流导体在磁场中将受到一电磁力的作用，由左手定则可以判定电磁力 F 的方向。由电磁力 F 所形成的电磁转矩 T 使转子以 n 的速度旋转，旋转方向与磁场的旋转方向相同，这就是感应电动机的基本工作原理。

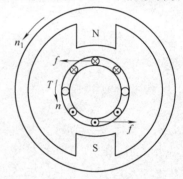

图 4-1　三相感应电动机的工作原理

旋转磁场的旋转速度 n_1 称为同步转速。由于转子转动的方向与磁场的旋转方向是一致的，所以如果 $n=n_1$，则磁场与转子之间就没有相对运动，它们之间就不存在电磁感应关系，也就不能在转子导体中感应电动势、产生电流，也就不能产生电磁转矩。所以，感应电动机的转子速度不可能等于磁场旋转的速度，因此，这种电动机一般也被称为异步电动机。

转子转速 n 与旋转磁场转速 n_1 之差称为转差 Δn；转差与磁场转速 n_1 之比，称为转差率，即

$$s = \frac{n_1 - n}{n_1} \times 100\% \tag{4-1}$$

转差率 s 是决定感应电动机运行情况的一个基本数据，也是感应电动机一个很重要的参数。

实际上，感应电动机的旋转磁场是由装在定子铁心上的三相绕组，通入对称的三

相电流而产生的，这将在本章第四节中进行专门分析。

二、三相感应电动机的结构

和其他旋转电机一样，感应电动机也是由定子和转子两大部分组成。定转子之间为气隙，感应电动机的气隙比其他类型的电机要小得多，一般为 0.25~2.0mm，气隙的大小对感应电动机的性能影响很大。下面简要介绍感应电动机的主要零部件的构造、作用和材料。

（一）定子部分

1. 机座

感应电动机的机座仅起固定和支撑定子铁心的作用，一般用铸铁铸造而成。根据电动机防护方式、冷却方式和安装方式的不同，机座的形式也不同。

2. 定子铁心

定子铁心由厚 0.5mm 的硅钢片冲片叠压而成，铁心内圆有均匀分布的槽，用以嵌放定子绕组，冲片上涂有绝缘漆（小型电动机也有不涂漆的）作为片间绝缘以减少涡流损耗，感应电动机的定子铁心是电动机磁路的一部分。

3. 定子绕组

三相感应电动机的定子绕组是一个三相对称绕组，它由 3 个完全相同的绕组所组成，每个绕组即为一相，三相绕组中的每两相之间在空间相差 120°电角度，每相绕组的两端分别用 U1-U2、V1-V2 和 W1-W2 表示，可以根据需要接成星形或三角形。关于三相绕组的构成，将在本章第二节中再做详细分析。

（二）转子部分

1. 转子铁心

转子铁心的作用和定子铁心相同，一方面作为电动机磁路的一部分，另一方面用来安放转子绕组。转子铁心也是用厚 0.5mm 的硅钢片叠压而成，套在转轴上。

2. 转子绕组

感应电动机的转子绕组分为绕线式与笼型两种，由此，分为绕线转子感应电动机与笼型感应电动机。

（1）绕线转子绕组　它也是一个三相绕组，一般接成星形，3 根引出线分别接到转轴上的 3 个与转轴绝缘的集电环上，通过电刷装置与外电路相连。这就有可能在转子电路中串接电阻以改善电动机的运行性能，如图 4-2 所示。

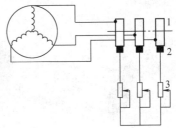

图 4-2　绕线转子绕组与外加变阻器的连接
1—集电环　2—电刷　3—变阻器

（2）笼型转子绕组　在转子铁心的每一个槽中插入 1 根铜条，在铜条两端各用 1 个铜环（称为端环），把导条连接起来，这称为铜排转子绕组，如图 4-3a 所示。也可用铸铝的方法，把转子导条和端环、风扇叶片用铝液一次浇铸而成，称为铸铝转子绕组，该类转子如图 4-3b 所示。100kW 以下的感应电动机一般采用铸铝转子。

笼型绕组因结构简单、制造方便、运行可靠，所以得到广泛应用。

（三）其他部分

此部分包括端盖、风扇等。端盖除了起防护作用外，在端盖上还装有轴承，用以支撑转子轴。风扇则用来通风冷却。

图4-4、图4-5分别表示笼型感应电动机和绕线转子感应电动机的结构图。

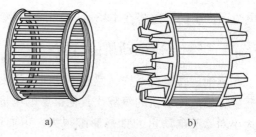

图 4-3　笼型转子绕组

a）铜排转子绕组　b）铸铝转子绕组

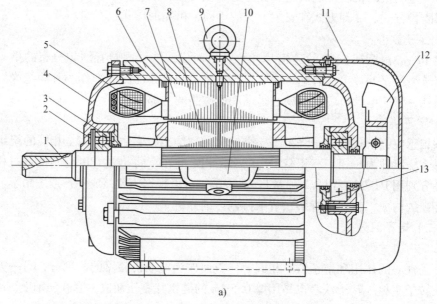

a）

1—轴　2—弹簧片　3—轴承　4—端盖　5—定子绕组　6—机座　7—定子铁心
8—转子铁心及绕组　9—吊环　10—出线盒　11—风罩　12—风扇　13—轴承内盖

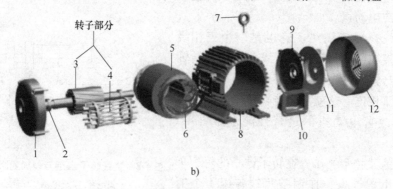

b）

1—前端盖　2—轴承　3—转子铁心　4—转子绕组　5—定子铁心　6—定子绕组
7—吊环　8—机座　9—后端盖　10—出线盒　11—风扇　12—风罩

图 4-4　笼型感应电动机的结构图及其主要部件示意图

a）笼型感应电动机的结构图　b）主要部件示意图

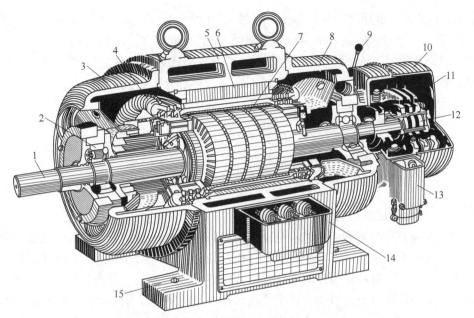

图 4-5 绕线转子感应电动机的结构图

1—转轴 2—轴承 3、8—端盖 4—定子绕组 5—机座 6—定子铁心 7—转子铁心及绕组
9—提刷手柄 10—护罩 11—电刷系统 12—集电环 13—转子出线盒 14—定子出线盒 15—底脚

笼型感应
电动机主要
部件示意图

145

三、三相感应电动机的铭牌数据及主要系列

（一）感应电动机的铭牌数据

感应电动机在铭牌上表明的额定值主要有下列几项：

（1）额定容量 P_N 指转轴上输出的机械功率，单位是 W 或 kW。

（2）额定电压 U_N 指加在定子绕组上的线电压，单位是 V 或 kV。

（3）额定电流 I_N 指输入定子绕组的线电流，单位是 A。

（4）额定转速 n_N 单位是 r/min。

（5）额定频率 f_N 指电动机所接电源的频率，单位是 Hz。我国的工频频率为 50Hz。

（6）绝缘等级 绝缘等级决定了电动机的容许温升，有时也不标明绝缘等级而直接标明容许温升。

（7）联结方式 用丫或△表示。表示在额定运行时，定子绕组应采用的联结方式。

若是绕线转子感应电动机，则还应有：

（8）转子绕组的开路电压 指定子接额定电压，转子绕组开路时的转子线电压，单位是 V。

（9）转子绕组的额定电流 单位是 A。

（8）、（9）两项，主要用来作为配备起动电阻时的依据。

铭牌上除了上述的额定数据外，还标明了电动机的型号。型号一般用来表示电动机的种类和几何尺寸的大小等。如新系列的感应电动机用字母 Y 表示，并用轴中心高（mm）或机座号表示电动机的径向尺寸大小；机座长度则分别用 S、M、L 表示，

感应电动
机动图

S 最短、L 最长；电动机的防护等级由字母 IP 和两个数字表示，I 是 International（国际）的第一个字母，P 是 Protection（防护）的第一个字母，IP 后面的第一个数字代表第一种防护型式（防固体）的等级，第二个数字代表第二种防护型式（防水）的等级，数字越大，表示防护的能力越强。

下面是一台笼型感应电动机的型号。

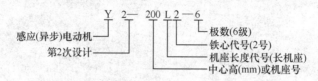

（二）三相感应电动机的主要系列简介

（1）Y 系列　Y 系列三相感应电动机是防护式或全封闭式笼型感应电动机，是全国统一设计的基本系列。其额定电压为 380V，额定频率为 50Hz，本系列电动机采用 B 级绝缘，外壳防护等级为 IP23 或 IP44。Y 系列电动机高效、节能，起动转矩高，噪声低，振动小，运行安全可靠。功率等级和安装尺寸完全符合国际电工委员会（IEC）有关标准。

（2）Y2 系列　Y2 系列三相感应电动机是全封闭、自扇冷式笼型感应电动机，是替代 Y 系列新的基本系列。其额定电压为 380V，额定频率为 50Hz。本系列电动机具备 Y 系列电动机的优点，噪声更低，结构更加合理。本系列电动机采用 F 级绝缘、外壳防护等级为 IP54。

（3）YE2 系列　YE2 系列三相感应电动机是全封闭、自扇冷式笼型感应电动机，比 Y2 系列电动机具有更高的效率和更低的温升。其额定电压为 380V，额定频率为 50Hz。本系列电动机采用 F 级绝缘、外壳防护等级为 IP55。

（4）YR 系列　YR 系列三相感应电动机是防护式或全封闭式绕线型感应电动机，电动机的额定电压为 380V，额定频率为 50Hz，本系列电动机采用 B 级或 F 级绝缘，外壳防护等级为 IP23 或 IP44。

第二节　三相感应电动机的定子绕组

一、三相交流绕组的基本要求和分类

（一）对三相交流绕组的基本要求

1）三相绕组的阻抗要求相等，即每相绕组的线径、匝数、形状都是相同的。

2）在一定数目的导体下，能获得较大的电动势和磁动势。

3）电动势和磁动势的波形力求接近正弦波，为此要求电动势和磁动势中的谐波分量应尽可能小。

4）对基波而言，三相电动势和磁动势必须对称。

5）用材少，绝缘性能可靠，制造、维护方便。

（二）三相交流绕组的分类

三相交流绕组按照槽内元件边的层数，主要分为单层绕组和双层绕组两种。单层绕组按连接方式不同，可分为集中式、链式、交叉链式和同心式绕组等；双层绕组则分为双层叠绕组和波绕组。

单层绕组与双层绕组相比，电气性能稍差，但槽利用率高、制造工时少，因此较小功率的电动机中（$P_N \leqslant 10\text{kW}$），一般都采用单层绕组。

（三）交流绕组的一些基本量

为了便于分析三相绕组的排列和连接规律，必须先知道一些有关交流绕组的基本量，其中有些量的意义和直流电枢绕组是一样的，如极距 τ、线圈节距 y 等。此外，在交流绕组中，还需要知道：

1. 电角度

电动机圆周在几何上分成 360°，这称为机械角度。从电磁观点来看，若电动机的极对数为 p，则经过一对磁极，磁场变化一周，相当于 360° 电角度。因此，电动机圆周按电角度计算就有 $p \times 360°$，即

$$\text{电角度} = p \times \text{机械角度}$$

2. 槽距角 α

相邻两个槽之间的电角度称为槽距角 α。因为定子槽在定子内圆上是均匀分布的，所以若定子槽数为 Z_1，电机极对数为 p，则

$$\alpha = \frac{p \times 360°}{Z_1} \tag{4-2}$$

3. 每极每相槽数 q

每一个极下每相所占有的槽数称为每极每相槽数 q，若绕组相数为 m_1，则

$$q = \frac{Z_1}{2m_1 p} \tag{4-3}$$

若 q 为整数，则称该绕组为整数槽绕组；若 q 为分数，则称该绕组为分数槽绕组。

分数槽绕组一般用在大型、低速的同步电机中。

4. 相带

每相绕组在一对极下所连续占有的宽度（用电角度表示）称为相带。在感应电动机中，一般将每相所占有的槽数均匀地分布在每个磁极下，因为每个磁极占

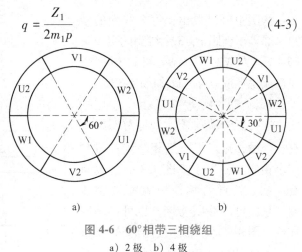

a)   b)

图 4-6　60° 相带三相绕组

a）2 极　b）4 极

有的电角度是 180°，对三相绕组而言，每相占有 60° 的电角度，称为 60° 相带。由于三相绕组在空间彼此要相距 120° 电角度，所以相带的划分沿定子内圆应依次为 U1、W2、V1、U2、W1、V2，如图 4-6 所示。这样只要掌握了相带的划分和线圈的节距，就可以掌握绕组的排列规律。

二、单层绕组

（一）$2p=2$、$q=1$

这是一种最简单的情况，定子铁心内圆上共有六个槽（$Z_1=2m_1pq=6$），每个相带中只有一个槽，其中 U1、U2 的线圈边构成一相绕组，V1、V2 和 W1、W2 构成另外两相绕组。显然，它们在空间互差 120° 电角度，如图 4-7a 所示。图 4-7b 为绕组展开图。

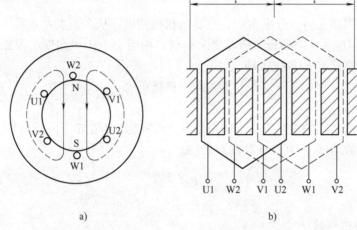

a)   b)

图 4-7 $2p=2$、$q=1$ 单层绕组

从图中可以看出，每个线圈的节距 y 都等于极距 τ，3 个线圈的引出端 U1-U2，V1-V2，W1-W2 可以根据需要接成星形或三角形，如图 4-8 所示。

（二）$2p=4$、$q=1$

这时定子槽数 $Z_1=12$，每对极下有六个槽，每对极下三相绕组的排列完全相同，相当于把图 4-7 的情况重复一次，这样每相绕组就有两个线圈，它们可以并联连接，也可以串联连接。图 4-9 是串联连接的情况。

$q=1$ 的绕组称为集中绕组，虽然结构简单，但电气性能较差（电动势和磁动势的波形不是正弦波），且定子铁心的内圆没有得到充分利用，散热也困难，因此实际上并不采用。分析这种情况，仅仅是为了便于了解实际的三相交流绕组。

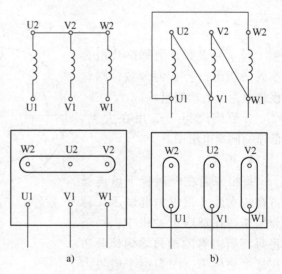

a)   b)

图 4-8   三相感应电动机的接线板

a）星形联结   b）三角形联结

（三）$2p=4$、$q=2$

设有一台四极电动机，定子槽数$Z_1=24$，则每极每相槽数$q=\dfrac{Z_1}{2m_1p}=\dfrac{24}{2\times3\times2}=2$，槽距角$\alpha=\dfrac{p\times360°}{Z_1}=\dfrac{2\times360°}{24}=30°$。若绕组采用$60°$相带，则每个相带包含两个槽（即等于$q$），见表4-1。

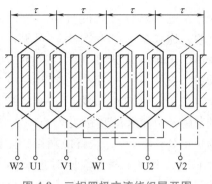

图4-9　三相四极交流绕组展开图

表4-1　相带与槽号对应表（每个相带包含两个槽）

槽号	相带					
	U1	W2	V1	U2	W1	V2
第一对极	1，2	3，4	5，6	7，8	9，10	11，12
第二对极	13，14	15，16	17，18	19，20	21，22	23，24

以A相为例，槽1与槽7，槽2与槽8，它们相距的电角度为$\alpha\times6=180°$，与$q=1$的情况相似，可以把槽1与槽7的线圈边构成一个线圈。同理，槽2与槽8、槽13与槽19、槽14与槽20中的线圈边也都分别构成线圈，这样A相绕组就有4个线圈，把它们依次串联起来，就构成了一相绕组（也可以看成是8个导体串联而成），展开图如图4-10所示。

图中构成一相绕组的4个线圈，其形状、大小是完全一样的，称为等元件绕组。又因为每个绕圈的节距y都等于极距τ，所以是一个整距绕组。

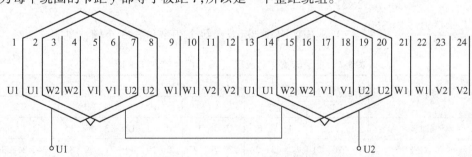

图4-10　$2p=4$、$q=2$时的U相绕组展开图

当电动机中有旋转磁场时，槽内导体将切割磁力线而感应电动势，U相绕组的总电动势将是导体1、2、7、8、13、14、19、20的电动势之和（相量和）。由于导体相互串联，因此流经每个导体的电流都是相等的。显然，改变导体的连接秩序，不会影响每相电动势的大小和导体中的电流大小。这样可以把图4-10的展开图改接成图4-11所示的情况，即把导体2和7相连、8和13相连、14和19相连、20和1相连，同样构成4个线圈。虽然1和13不在同一对极下，但它们所处的磁场位置是相同的。改变接法后，为了维持导体中的电流方向不变，导体电动势仍是相加而不是相减，则线圈间的连接应由原来图4-10的"头-尾"相连变成图4-11的"尾-尾"相连、"头-头"

相连。这种联结方式的绕组称为链式绕组。比较图 4-10 和图 4-11 可见，导体中的电流方向未变，因而产生的磁动势情况不变，每相绕组的电动势大小也未变。但改变接法后，每个线圈的节距 y 由原来的整距（$y=6=\tau$）变为短距（$y=5<\tau$），这就使端接部分长度缩短，节省了材料。同时也减少了端接部分的重叠现象，使端接部分的排列更加合理。

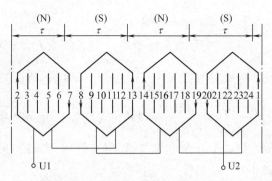

图 4-11　单层链 U 相绕组的展开图

用同样的方法，可以得到另外两相绕组的连接规律。一般当 $q=2$ 时，三相单层绕组都采用链式绕组。图 4-12 为三相单层链式绕组的展开图。

必须指出，链式绕组的线圈虽然是短距的，但在电气性能方面和整距绕组一样，所以从电气性能来看，链式绕组仍然是一种整距绕组。

（四）$2p=4$、$q=3$

设一台 4 极电动机，定子槽数 $Z_1=36$，则 $q=\dfrac{Z_1}{2m_1p}=\dfrac{36}{2\times3\times2}=3$，槽距

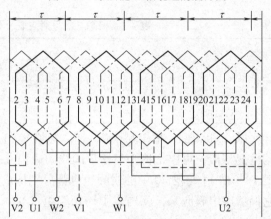

图 4-12　三相单层链式绕组的展开图

角 $\alpha=\dfrac{p\times360°}{Z_1}=\dfrac{2\times360°}{36}=20°$，若采用 $60°$ 相带，每个相带包含 3 个槽，见表 4-2。

表 4-2　相带与槽号对应表（每个相带包含 3 个槽）

槽号	相带					
	U1	W2	V1	U2	W1	V2
第一对极	1，2，3	4，5，6	7，8，9	10，11，12	13，14，15	16，17，18
第二对极	19，20，21	22，23，24	25，26，27	28，29，30	31，32，33	34，35，36

这时可以采用如图 4-10 的联结方式，连成一个等元件的整距绕组，即由 1-10、2-11、3-12、19-28、20-29、21-30 这 6 个线圈相互串联构成 U 相绕组，如图 4-13 所示。

因为导体 12 与导体 30 处于相同的磁场位置，U 相绕组也可改接如下：将 2-10、3-11 构成两个节距 $y=8$ 的大线圈；1-30 构成一个 $y=7$ 的小线圈。同理，20-28、21-29 构成两个大线圈，19-21 构成一个小线圈，形成两对极下依次出现两大一小的交叉布置，如图 4-14 所示。

为了保持导体中的电流方向不变，每相绕组的电动势不变，线圈之间的连接规律如下：

两个相邻的大线圈之间应按"头-尾"相连，大线圈和小线圈之间应按"尾-尾"相连，小线圈与大线圈之间应按"头-头"相连。

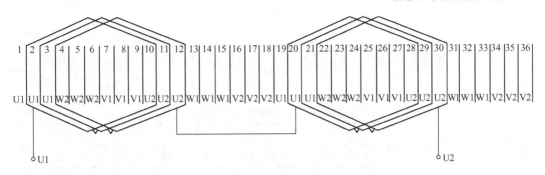

图 4-13　$2p=4$、$q=3$ 时的 U 相绕组展开图

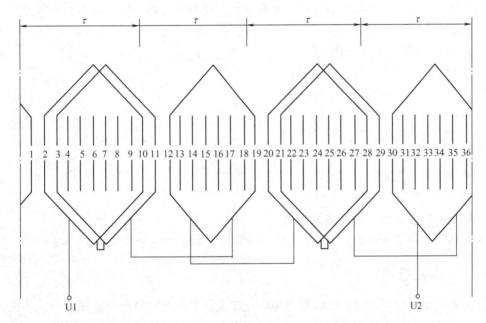

图 4-14　单层交叉链式 U 相绕组展开图

这种联结方式的绕组称为交叉链式绕组。交叉链式绕组不是等元件绕组，线圈的平均节距 $y=\dfrac{2y_{大}+y_{小}}{3}$，小于极距，因此端接部分较等元件绕组短，所以当 $q=3$ 时，一般均采用交叉链式绕组。

从电气性能来看，交叉链式绕组仍然属于整距绕组。

另外两相绕组也可按同样

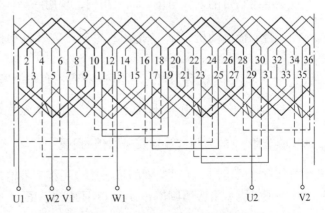

图 4-15　三相单展交叉链式绕组展开图

的方法联结。图 4-15 是三相单展交叉链式绕组的展开图。

（五）$2p=2$、$q=4$

设一台 2 极电动机，$Z_1=24$，则 $q=\dfrac{Z_1}{2m_1p}=\dfrac{24}{2\times3\times1}=4$，槽距角 $\alpha=15°$，相带的分布见表 4-3。

表 4-3　相带与槽号对应表（$2p=2$，$q=4$）

相带	U1	W2	V1	U2	W1	V2
槽号	1、2、3、4	5、6、7、8	9、10、11、12	13、14、15、16	17、18、19、20	21、22、23、24

这时每相有 4 个槽，参照图 4-10 的方法，可绘出等元件整距绕组的展开图，这里不再分析。为了减小端接部分长度和重叠现象，以利于散热，当 $q=4$ 时，一般采用如下的联结方法：

把 **3-14** 构成一个大线圈，**4-13** 构成一个小线圈，它们"头-尾"相连，组成一个同心式的线圈组，再把 **15-2**、**16-1** 构成另一个同心式线圈组。两个线圈组之间反串联，即"尾-尾"相连，把两个线圈组的首端作为一相绕组的两个端点，如图 4-16 所示。

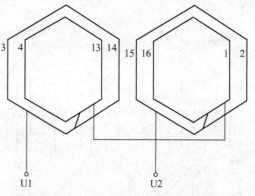

图 4-16　同心式 U 相绕组展开图

另外两相绕组请读者自行绘出。

同心式绕组从电气性能方面来看，也仍然属于一种整距绕组。

三、双层叠绕组

和直流电枢绕组相似，这时槽内导体分成上、下两层。每一个线圈的一个边在一个槽的上层，另一个线圈边则在另一个槽的下层，因此总的线圈数等于槽数。

双层绕组相带的划分与单层绕组相同，现用一具体例子说明双层叠绕组的构成。

设一台 4 极电动机，定子槽数 $Z_1=24$，每极每相槽数 $q=\dfrac{Z_1}{2m_1p}=\dfrac{24}{12}=2$，槽距角 $\alpha=\dfrac{p\times360°}{Z_1}=30°$，采用 60° 相带，则每一相带占有两个槽，列表见表 4-1。

以 U1-U2 相绕组为例：1 号线圈的一个有效边放在 1 号槽的上层，另一有效边则根据线圈节距 y_1 的大小，放置在另一槽的下层边。在本例中，极距 $\tau=\dfrac{Z_1}{2p}=\dfrac{24}{4}=6$，如果线圈是整距的，那么 1 号线圈的下层边应在第 7 号槽内。2 号线圈的一个有效边在 2 号槽的上层，另一有效边则应在 2+6=8 号槽的下层。

1 号线圈和 2 号线圈按"头-尾"相连，串联成一"极相组"，同理，每个相带都有由 q 个线圈（本例中 $q=2$）串联组成的极相组。

因为 U2 相带与 U1 相带相差 180° 电角度，可以将 U2 相看成是 -U1 相。在组成三相绕组时，U1 相带的极相组与 U2 相带的极相组应反向串联，即"尾-尾"相连。而

U2 相带与下一个 U1 相带极相组应"头-头"相连, 如图 4-17 所示, 构成了 U1-U2 相绕组。其他两相绕组亦可按同样方法构成。图 4-18 是一个三相双层短距叠绕组的展开图。

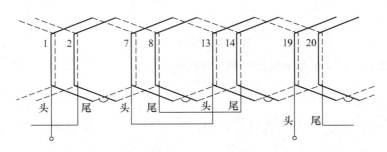

图 4-17　三相双层叠绕组 U 相绕组

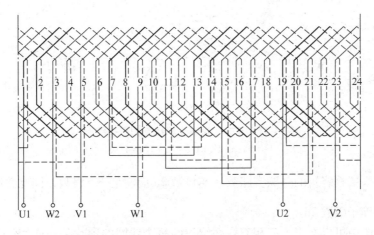

图 4-18　三相双层短距叠绕组展开图

三相双层叠绕组每相在不同的极下的极相组可以串联连接, 也可以串-并联连接或并联连接。图 4-19~图 4-21 分别表示了 U1-U2 相绕组 3 种联结方式的示意图。

不同的联结方式可以得到不同的并联支路数。当极相组串联时, 每相绕组的并联支路数 $a=1$。而图 4-20、图 4-21 则分别表示并联支路数 $a=2$ 和 $a=4$ 的连接示意图。

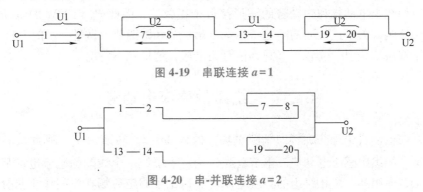

图 4-19　串联连接 $a=1$

图 4-20　串-并联连接 $a=2$

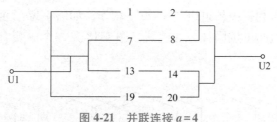

图 4-21 并联连接 a=4

图 4-22 为三相 4 极电动机绕组圆形接线图。

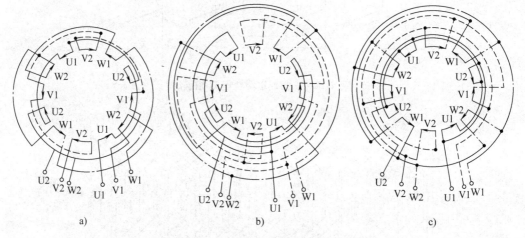

图 4-22 三相 4 极电动机绕组圆形接线图

a) a=1 b) a=2 c) a=4

显然，双层叠绕组的并联支路数 a 与极数 $2p$ 应满足 $\dfrac{2p}{a}$=整数，因此叠绕组的并联支路数最多等于极数 $2p$。

从展开图中可以看出，三相双层叠绕组的每个线圈的形状是一样的，所以是一种等元件绕组。当线圈节距改变时，槽内上、下层导体的电流关系将发生变化。在本例中取 $y_1=6=\tau$ 时，每个槽内上、下层导体中的电流是同相的；而取 $y_1=5<\tau$ 时，在某些槽内上、下层导体中的电流则是不同相的。在图 4-18 中，第 6 槽的上层是 V1-V2 相电流，而下层则是 U1-U2 相电流。槽内电流不同，使绕组磁动势的大小和波形都将发生变化（当线圈节距改变时，绕组电动势的大小和波形也将发生变化）。采用适当的短距可以使绕组电动势和磁动势的波形接近于正弦波，因此 $P_\mathrm{N}>10\mathrm{kW}$ 的电动机大都采用双层绕组。关于这方面的问题将在本章第三节和第四节中做进一步的分析。

关于双层波绕组，读者可参阅其他有关书籍，这里就不讨论了。

第三节 绕组的感应电动势

如果在电动机中有一旋转的气隙磁场，极数 $2p=2$，转速为 n_1，则此旋转磁场必然会在定子绕组中感应电动势。本节首先讨论定子绕组一个线圈的感应电动势，进而讨论一个线圈组和一个相绕组的感应电动势。讨论中假定磁场在空间作正弦分布，幅值不变。

一、线圈的感应电动势

（一）导体电动势

当磁场在空间作正弦分布，并以恒定的转速 n_1 旋转时，导体感应的电动势亦为一正弦波，其最大值为

$$E_{c1m} = B_{m1}lv \tag{4-4}$$

式中　B_{m1}——作正弦分布的气隙磁通密度的幅值。

导体电动势的有效值为

$$E_{c1} = \frac{E_{c1m}}{\sqrt{2}} = \frac{B_{m1}lv}{\sqrt{2}} = \frac{B_{m1}l}{\sqrt{2}}\frac{2p\tau}{60}n_1 = \sqrt{2}fB_{m1}l\tau \tag{4-5}$$

式中　τ——极距；

　　　f——电动势频率。

因为磁通密度作正弦分布，所以每极磁通量 $\varPhi_1 = \dfrac{2}{\pi}B_{m1}l\tau$，即

$$B_{m1} = \frac{\pi}{2}\varPhi_1\frac{1}{l\tau} \tag{4-6}$$

代入式(4-5)，得

$$E_{c1} = \frac{\pi}{\sqrt{2}}f\varPhi_1 = 2.22f\varPhi_1 \tag{4-7}$$

若取磁通 $\varPhi_1$ 的单位为 Wb、频率的单位为 Hz 时，电动势 E_{c1} 的单位为 V。

（二）整距线圈的电动势

设线圈的匝数为 N_c，每匝线圈都有两个有效边。对于整距线圈，如果一个有效边在 N 极的中心底下，则另一个有效边就刚好处在 S 极的中心底下，如图 4-23a 所示。可见两有效边内的电动势瞬时值大小相等而方向相反。但就一个线匝来说，两个电动势正好相加。若把每个有效边的电动势的正方向都规定为从上向下（见图 4-23a），则用相量表示时，两个有效边的电动势 $\dot{E}_{c1}$ 和 $\dot{E}'_{c1}$ 的方向正好相反，即它们的相位差为 $180°$，于是每个线匝的电动势为

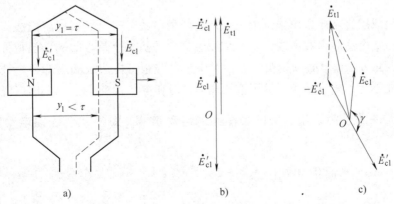

a) 　　　　　　　　b) 　　　　　　　　c)

图 4-23　匝电动势计算

$$\dot{E}_{t1} = \dot{E}_{c1} - \dot{E}_{c1}' = 2\dot{E}_{c1} \qquad (4\text{-}8)$$

有效值 $\qquad\qquad\qquad E_{t1} = 2E_{c1} = 4.44f\Phi_1 \qquad\qquad (4\text{-}9)$

在一个线圈内，每一匝电动势在大小和相位上都是相同的，所以整距线圈的电动势

$$\dot{E}_{y1} = N_c\dot{E}_{t1} \qquad (4\text{-}10)$$

有效值 $\qquad\qquad\qquad E_{y1} = 4.44fN_c\Phi_1 \qquad\qquad (4\text{-}11)$

（三）短距线圈的电动势

这时线圈节距 $y_1 < \tau$，如图 4-23a 中虚线所示，则电动势 $\dot{E}_{c1}$ 和 $\dot{E}_{c1}'$ 的相位差不是 $180°$，而是相差 γ 角度，γ 是线圈节距 y_1 所对应的电角度。

$$\gamma = \frac{y_1}{\tau} \times 180° \qquad (4\text{-}12)$$

在图示转向下，$\dot{E}_{c1}$ 领先于 $\dot{E}_{c1}'$，如图 4-23c 所示，因此匝电动势为

$$\dot{E}_{t1(y<\tau)} = \dot{E}_{c1} - \dot{E}_{c1}' = \dot{E}_{c1} + (-\dot{E}_{c1}') \qquad (4\text{-}13)$$

有效值 $\qquad E_{t1(y<\tau)} = 2E_{c1}\cos\frac{180°-\gamma}{2} = 2E_{c1}\sin\frac{\gamma}{2} = 2E_{c1}K_{y1} \qquad (4\text{-}14)$

式中 $\quad K_{y1}$——短距因数，$K_{y1} = \sin\dfrac{\gamma}{2}$。

这样便可以得出短距线圈的电动势

$$E_{y1(y<\tau)} = 4.44fN_c\Phi_1K_{y1} \qquad (4\text{-}15)$$

由此可见

$$K_{y1} = \frac{E_{y1(y<\tau)}}{4.44fN_c\Phi_1} = \frac{E_{y1(y<\tau)}}{E_{y1(y=\tau)}}$$

二、线圈组电动势

无论是双层绕组还是单层绕组，每相绕组总是由若干个线圈组所组成，而每个线圈组又是由 q 个线圈串联而成，每一个线圈的电动势大小是相等的，但相位则依次相差一个槽距角 α。这里必须说明一点，对于单层绕组，构成线圈组的各个线圈的电动势大小可能不等，相位差也不等于槽距角 α，但在电气性能上，一个单层绕组都相当于一个等元件的整距绕组。所以线圈组的电动势 $\dot{E}_{q1}$ 应为 q 个线圈电动势的相量和，即

$$\dot{E}_{q1} = E_{y1}\underline{/0°} + E_{y1}\underline{/-\alpha} + E_{y1}\underline{/-2\alpha} + \cdots + E_{y1}\underline{/-(q-1)\alpha} \qquad (4\text{-}16)$$

由于这 q 个相量大小相等，又依次位移 α 角，所以它们依次相加便构成了一个正

多边形的一部分，如图 4-24 所示（图中以 $q=3$ 为例）。图中，O 为正多边形外接圆的圆心，$\overline{OA}=\overline{OB}=R$ 为外接圆的半径，于是便可求得线圈组的电动势 E_{q1} 为

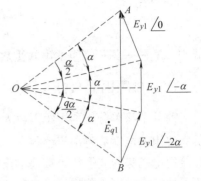

$$E_{q1} = \overline{AB} = 2R\sin\frac{q\alpha}{2}$$

而

$$R = \overline{OA} = \frac{E_{y1}}{2\sin\frac{\alpha}{2}}$$

图 4-24　线圈组电动势的计算

所以

$$E_{q1} = E_{y1}\frac{\sin\frac{q\alpha}{2}}{\sin\frac{\alpha}{2}} = qE_{y1}\frac{\sin\frac{q\alpha}{2}}{q\sin\frac{\alpha}{2}}$$

$$= qE_{y1}K_{q1} \tag{4-17}$$

式中　K_{q1}——分布因数，$K_{q1} = \dfrac{\sin\dfrac{q\alpha}{2}}{q\sin\dfrac{\alpha}{2}}$。

由式(4-17)得

$$K_{q1} = \frac{E_{q1}}{qE_{y1}} = \frac{q \text{ 个线圈分布后的合成电动势}}{q \text{ 个线圈集中时的合成电动势}}$$

将式(4-15)代入式(4-17)，得

$$E_{q1} = 4.44qN_cK_{y1}K_{q1}f\Phi_1 = 4.44fqN_c\Phi_1K_{w1} \tag{4-18}$$

式中　K_{w1}——绕组因数，$K_{w1} = K_{y1}K_{q1}$。

三、相电动势

每相绕组的电动势等于每一条并联支路的电动势。一般情况下，每条支路中所串联的几个线圈组的电动势都是大小相等、相位相同的，因此可以直接相加。

对于双层绕组，每条支路由 $\dfrac{2p}{a}$ 个线圈组串联而成。

对于单层绕组，每条支路由 $\dfrac{p}{a}$ 个线圈组串联而成。

所以每相绕组电动势为

双层绕组

$$E_{\varphi1} = 4.44fqN_c\frac{2p}{a}\Phi_1K_{w1} \tag{4-19a}$$

单层绕组

$$E_{\varphi1} = 4.44fqN_c\frac{p}{a}\Phi_1K_{w1} \tag{4-19b}$$

式中　$\dfrac{2p}{a}qN_c$、$\dfrac{p}{a}qN_c$——双层绕组和单层绕组每条支路的串联匝数 N_1，这样就可

写出绕组相电动势的一般公式

$$E_{\varphi 1} = 4.44 f N_1 \Phi_1 K_{w1} \qquad (4\text{-}20)$$

式中 N_1——每相绕组的串联匝数。

四、短距因数与分布因数

前几节简单分析了短距因数 K_{y1} 和分布因数 K_{q1}，它们都是小于 1 的数，因此短距分布绕组的电动势将小于整距集中绕组的电动势。虽然基波电动势减小了，但分布短距绕组电动势的波形却更接近于正弦波。这是因为实际上气隙磁通密度在空间的分布不可能完全按照正弦规律，也就是说气隙磁场除了基波外，还存在着一系列高次谐波磁场，这样在绕组中除了感应有基波电动势外，同时也感应有高次谐波电动势。高次谐波电动势对相电动势的大小的影响一般不是很大，主要是影响电动势的波形，而采用短距绕组可以消除一部分高次谐波电动势。图4-25 所示为采用短距绕组消除 5 次谐波电动势的原理，图中实线表示整距的情况，这时 5 次谐波磁场在线圈两个有效边中感应的电动势大小相等、方向相反，沿线圈回路，两个电动势正好相加。如果把节距缩短 $\frac{1}{5}\tau$，如图中虚线表示，则两个有效边中

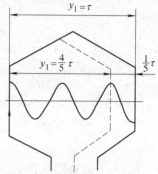

图 4-25　采用短距绕组消除
5 次谐波电动势的原理

的 5 次谐波电动势大小相等、方向相同，沿线圈回路正好抵消，5 次谐波的合成电动势为零。一般说来，节距缩短 $\frac{1}{\nu}\tau$，就能消除 ν 次谐波电动势。这从短距因数的计算公式也可证明，因为 $K_y = \sin\dfrac{\gamma}{2}$，$\gamma = \dfrac{y_1}{\tau}180°$，对 ν 次谐波磁场，同一机械角度所相当的电角度为基波磁场的 ν 倍，所以 $\gamma = \dfrac{y_1}{\tau}\nu \times 180°$。当节距缩短 $\frac{1}{\nu}\tau$ 时，$y_1 = \tau - \dfrac{\tau}{\nu}$，于是有

$$K_{y\nu} = \sin\frac{\gamma}{2} = \sin\frac{\nu-1}{2}180°$$

一般谐波磁场都是奇次谐波，即 $\dfrac{\nu-1}{2}$ 为整数，所以 $K_{y\nu} = 0$。

对三相绕组，不论采用星形联结还是采用三角形联结，线电压中都不存在 3 次或 3 的倍数次谐波，因此在选择线圈节距时，主要考虑削弱 5 次和 7 次谐波电动势，通常采用 $y_1 = \dfrac{5}{6}\tau$ 左右，这时 5 次和 7 次谐波电动势只有整距时的 $\dfrac{1}{4}$ 左右，至于更高次谐波电动势，由于幅值很小，影响已不大了。

因为单层绕组都是整距绕组，因此从电动势波形的角度来看，单层绕组的性能要比双层短距绕组差一些。

采用分布绕组，同样可以起到削弱高次谐波的作用。如当 $q=2$ 时，基波的分布因数 $K_{q1}=0.966$，而 5 次谐波的分布因数 $K_{q5}=0.259$。当 $q=5$ 时，$K_{q1}=0.957$，而 $K_{q5}=0.20$，这说明当 q 增加时，基波的分布因数减小不多，而谐波的分布因数却显著减小。

但是随着 q 的增大，电动机的槽数也增多，使电动机的成本提高。事实上，当 $q>6$ 时，高次谐波分布因数的下降已不太显著，如 $q=6$ 时，$K_{q5}=0.197$，而当 $q=8$ 时，$K_{q5}=0.194$。因此一般交流电动机的每极每相槽数 q 均在 2~6 之间，小型感应电动机的 q 一般为 2~4。

式(4-20)是计算交流绕组每相电动势有效值的一个普遍公式，是一个很重要的基本公式，它与变压器绕组中感应电动势的计算公式十分相似，仅只多了一项绕组因数 K_{W1}。事实上，因为变压器的主磁通同时交链着绕组的每个线匝，每个线匝的电动势大小、相位都相同，因此变压器绕组实际上是一个集中整距绕组，所以 $K_{W1}=1$。但需注意，式(4-20)只适应 60°相带绕组。

式(4-20)还说明，一个分布、短距、串联匝数为 N_1 的交流绕组，可以用一个集中、整距、匝数为 $N_1 K_{W1}$ 的交流绕组来等效，这时每极磁通就是这个等效绕组所匝链的最大磁通。虽然每极磁通是不变的，但是当磁场与绕组产生相对运动时，绕组所交链的磁通却是随时间的变化而变化的，因此绕组电动势在相位上落后于磁通 Φ_1 90°，和变压器的结论一样。

第四节　绕组的磁动势

一、单相绕组的磁动势——脉振磁动势

相绕组是由线圈所组成的，为此在分析绕组磁动势前，先分析单个线圈所产生的磁动势。

（一）整距线圈的磁动势

图 4-26a 是一台 2 极感应电动机的示意图，定子上有一个整距线圈 U1-U2，线圈中通以电流 I，在图示瞬间电流由 U2 流入，从 U1 流出，电流 I 所建立的磁场的磁力线分布如图中虚线所示，为一个 2 极磁场。

根据全电流定律，每根磁力线所包围的全电流均为

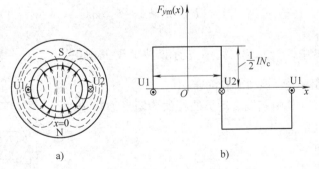

图 4-26　整距线圈的磁动势 $q=1$，$y=\tau$

a）整距线圈所建立的磁场分布　b）整距线圈磁动势分布曲线

$$\oint \boldsymbol{H} \cdot dl = \sum I = I N_c \tag{4-21}$$

式中　N_c——线圈匝数，也就是线圈每一有效边的导体数。

为进一步分析绕组磁动势，将图 4-26a 展开为图 4-26b，取 U1-U2 线圈的轴线位

置作为坐标原点。若略去铁心磁阻，则线圈磁动势完全消耗在两个气隙中，和直流电动机的情况一样，通常用一个气隙所消耗的磁动势来描述线圈（或绕组）磁动势，显然整距线圈所产生的磁动势在空间的分布曲线为一矩形波，如图 4-26b 所示，幅值为 $\frac{1}{2}IN_c$，周期为 2τ。

若线圈中的电流为一交流电流，$i_c = \sqrt{2}\,I_c\cos\omega t$，则磁动势矩形波幅值的一般表达式为

$$\frac{\sqrt{2}}{2}N_cI_c\cos\omega t \qquad (4-22)$$

它随时间的变化而作正弦变化，当电流为最大值时，矩形波的高度也为最大值 $F_{ym} = \frac{\sqrt{2}}{2}N_cI_c$，当电流改变方向时，磁动势也随之改变方向，如图 4-27 所示。

因此整距线圈所产生的磁动势在任何瞬间，空间的分布总是一个矩形波，而矩形波的高度（即幅值）则随电流的变化而变化。这种位置在空间固定，而幅值则随着时间的变化在正、负最大值之间变化的磁动势就称为脉振磁动势，幅值为 $F_{ym} = \frac{\sqrt{2}}{2}I_cN_c$，脉振的频率也就是线圈电流的频率。

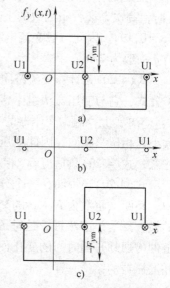

图 4-27 不同瞬间的脉振磁动势
a) $\omega t = 0$, $i = I_m$ b) $\omega t = 90°$, $i = 0$ c) $\omega t = 180°$, $i = -I_m$

对于一个空间按矩形规律分布的磁动势用傅里叶级数进行分解，可得到如图 4-28 所示的一系列谐波。因为磁动势的分布既对横轴对称又对纵轴对称，所以谐波中无偶次项，也无正弦项，这样按傅里叶级数展开的磁动势可写成

$$f_y(x,\ t) = \left(F_{y1}\cos\frac{\pi}{\tau}x - F_{y3}\cos\frac{3\pi}{\tau}x + \cdots + F_{y\upsilon}\cos\frac{\upsilon\pi}{\tau}x\sin\frac{\upsilon\pi}{2}\right)\cos\omega t \qquad (4-23)$$

式中，$\upsilon = 1,\ 3,\ 5,\ \cdots$ 表示谐波次数；$\sin\upsilon\frac{\pi}{2}$ 用来表示该项前的符号。

其中基波磁动势的幅值为矩形波幅值的 $\frac{4}{\pi}$，即

$$F_{y1} = \frac{4}{\pi}F_{ym} \qquad (4-24)$$

而 υ 次谐波的幅值则为基波的 $\frac{1}{\upsilon}$，因此整距线圈所产生的脉振磁动势的方程式为

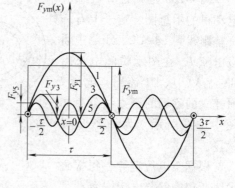

图 4-28 矩形波用傅里叶级数分解

$$f_y(x,\ t) = \frac{4}{\pi}\frac{\sqrt{2}}{2}N_cI_c\left(\cos\frac{\pi}{\tau}x - \frac{1}{3}\cos3\ \frac{\pi}{\tau}x + \cdots + \frac{1}{\upsilon}\cos\upsilon\ \frac{\pi}{\tau}x\sin\upsilon\ \frac{\pi}{2}\right)\cos\omega t$$

$$= 0.9N_cI_c\left(\cos\frac{\pi}{\tau}x - \frac{1}{3}\cos3\ \frac{\pi}{\tau}x + \cdots + \frac{1}{\upsilon}\cos\upsilon\ \frac{\pi}{\tau}x\sin\upsilon\ \frac{\pi}{2}\right)\cos\omega t \quad (4\text{-}25)$$

（二）整距线圈组的磁动势

在前面对绕组电动势的分析中已经知道，无论是双层绕组还是单层绕组，每个线圈组都可以看成是由 q 个相同的线圈串联所组成，线圈之间依次相距一个槽距角 α。图 4-29 表示一个 $q=3$ 的整距线圈组，每个线圈中的电流都产生一个矩形的磁动势波，3 个矩形波的幅值相等，在空间依次相隔 α 电角度。每个矩形波都可以用傅里叶级数分解为基波和一系列谐波。3 个基波幅值相等，在时间上同相，在空间则依次相差 α 电角度，如图 4-29b 中曲线 1、2、3 所示。将这 3 个基波磁动势逐点相加，便可得到基波合成磁动势，如图中曲线 4，它仍然是个正弦波，幅值为 F_{q1}。由于基波磁动势在空间按正弦规律分布，所以可以用一空间矢量来表示，矢量的长度代表基波磁动势的幅值。这样

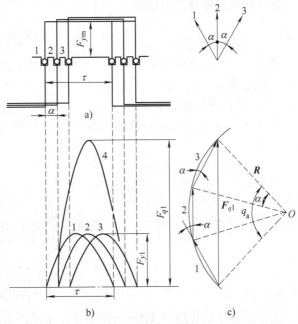

图 4-29　整距线圈组的磁动势

a）各线圈的磁动势波　b）合成磁动势的基波

c）基波磁动势矢量相加

线圈组基波合成磁动势的矢量就可以用 q 个（本例中 $q=3$）依次相差 α 电角度的基波磁动势矢量相加求得，如图 4-29c 所示。不难看出，用矢量相加求线圈组磁动势的方法与用电动势相量相加求分布绕组电动势的方法相同，这样即可求得

$$\boldsymbol{F}_{q1} = \left[\,F_{y1}\ \underline{/0} + F_{y1}\ \underline{/-\alpha} + \cdots + F_{y1}\ \underline{/-(q-1)\alpha}\,\right]\cos\omega t \quad (4\text{-}26)$$

幅值
$$F_{q1} = qF_{y1}K_{q1}\cos\omega t$$
$$= 0.9I_cN_cqK_{q1}\cos\omega t \quad (4\text{-}27)$$

式中　K_{q1}——基波的分布因数，$K_{q1} = \dfrac{\sin\dfrac{q\alpha}{2}}{q\sin\dfrac{\alpha}{2}}$。

虽然形式上和求分布绕组电动势时的分布因数的公式一样，但物理意义不同，在这里

$$K_{q1} = \frac{q\text{ 个线圈分布时各线圈基波磁动势的矢量和}}{q\text{ 个线圈分布时各线圈基波磁动势的算术和}}$$

对于高次谐波磁动势，由于 υ 次谐波磁动势的极数为基波极数的 υ 倍，因此对 υ 次谐波来说，槽距角应为 $\upsilon\alpha$ 电角度，所以 υ 次谐波的分布因数为

$$K_{q\upsilon} = \frac{\sin q\dfrac{\upsilon\alpha}{2}}{q\sin\dfrac{\upsilon\alpha}{2}} \tag{4-28}$$

而 υ 次谐波磁动势的幅值为

$$F_{q\upsilon} = \frac{1}{\upsilon}0.9I_cN_cqK_{q\upsilon}\cos\omega t \tag{4-29}$$

和改善电动势波形一样，采用分布绕组可以削弱磁动势的高次谐波，改善磁动势波形，使之接近于正弦波。

（三）短距线圈组的磁动势

图 4-30 绘出了双层短距叠绕组在一对极下属于同一相的两个线圈组，$q=3$，$\tau=9$，$y_1=8$。

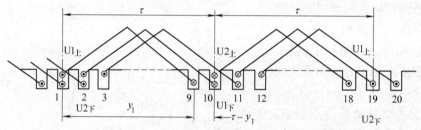

图 4-30　$q=3$、$y_1=8$ 的双层短距绕组中的一相的线圈组

线圈组的磁动势是由线圈电流产生的，磁动势的大小及波形仅取决于槽内线圈边中的电流，而与线圈边的连接次序无关。因此在讨论磁动势时，对于图 4-30 所示的线圈组可以用两个单层绕组的线圈组来等效，即上层边的线圈边组成一个 $q=3$ 的单层整距分布的线圈组，下层边的线圈边也组成一个 $q=3$ 的单层整距分布的线圈组，如图 4-31a 所示。这两个线圈组在空间相差 β 电角度。不难看出，β 角即节距缩短所对应的电角度，即

$$\beta = \frac{\tau-y_1}{\tau}\pi = \left(1-\frac{y_1}{\tau}\right)\pi$$

每个线圈组都可用求整距分布线圈磁动势的方法，求得它们的基波和高次谐波。显然，这两个线圈组的基波磁动势 $F_{q1上}$ 和 $F_{q1下}$ 彼此相差 β 电角度，如图 4-31b 所示。用矢量相加的方法，可求得两个线圈组的合成基波磁动势 $F_{\Phi1}$，从图 4-31c 可知

$$F_{\Phi1} = 2F_{q1}\cos\frac{\beta}{2} = 0.9\times2qN_cI_cK_{y1}K_{q1}\cos\omega t \tag{4-30}$$

式中　K_{y1}——基波磁动势的短距因数，$K_{y1}=\cos\dfrac{\beta}{2}=\cos\dfrac{1}{2}\left(\pi-\dfrac{y_1}{\tau}\pi\right)=\sin\dfrac{y_1}{\tau}90°$ 计算公式和求电动势时的短距因数相同，它的物理意义是

$$K_{y1} = \frac{各整距线圈线圈组的基波磁动势的矢量和}{各整距线圈线圈组的基波磁动势的算术和}$$

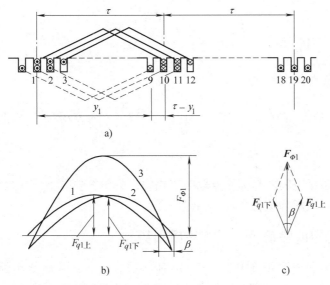

图 4-31　双层短距线圈组的基波磁动势

a）等效的单层整距线圈组　b）上下层基波磁动势的合成

c）用矢量求基波合成磁动势

同理，对 v 次谐波而言

$$F_{\Phi v} = 2F_{qv}K_{yv} = \frac{1}{v}0.9 \times 2qN_cI_cK_{yv}K_{qv}\cos\omega t \tag{4-31}$$

$$K_{yv} = \cos\frac{v\beta}{2} = \sin v\frac{y_1}{\tau}90° \tag{4-32}$$

和采用短距绕组能改善电动势波形一样，采用短距绕组也可以改善磁动势波形。

虽然采用分布短距绕组会使基波磁动势有所减小，但谐波磁动势却大大削弱，使总的磁动势波形更接近于正弦形，这也是在功率稍大的电动机中一般都采用双层分布短距绕组的原因。

（四）相绕组的磁动势

前面已经指出，绕组磁动势是用每一个气隙所消耗的磁动势来描述的。因此，一个相绕组的磁动势并不是指整个相绕组的总安匝数，而是只指消耗在一个气隙中的合成磁动势，所以，一相绕组的磁动势等于一对极下的线圈组的磁动势。单层绕组一对极下有一个线圈组，单层绕组相当于等元件整距绕组，其相绕组的磁动势就是前述一个整距线圈组的磁动势（短距系数为1）；双层绕组一对极下有两个短距线圈组，那么，其相绕组的磁动势就是前述两个短距线圈组的磁动势。并且，在相绕组磁动势表达式中，引入相电流 I 和每相串联匝数 N_1 代替 I_c 与 N_c，则单、双层绕组每相磁动势表达式统一为

$$F_{\Phi 1} = 0.9\frac{IN_1K_{w1}}{p}\cos\omega t \tag{4-33}$$

式中　K_{w1}——绕组因数，$K_{w1} = K_{y1}K_{q1}$。

v 次谐波磁动势的幅值为

$$F_{\Phi\upsilon} = \frac{1}{\upsilon}0.9\frac{IN_1K_{w\upsilon}}{p}\cos\omega t \tag{4-34}$$

式中 $K_{w\upsilon} = K_{y\upsilon}K_{q\upsilon}$。

整个脉振磁动势的方程式为

$$f_{\Phi(x,\ t)} = 0.9\frac{IN_1}{p}\Big(K_{w1}\cos\frac{\pi}{\tau}x - \frac{1}{3}K_{w3}\cos3\,\frac{\pi}{\tau}x + \frac{1}{5}K_{w5}\cos5\,\frac{\pi}{\tau}x + \cdots +$$

$$\frac{1}{\upsilon}K_{w\upsilon}\cos\upsilon\,\frac{\pi}{\tau}x\sin\upsilon\,\frac{\pi}{2}\Big)\cos\omega t \tag{4-35}$$

在分析中，由于空间的坐标原点取在该相绕组的轴线位置上，这也就是说基波磁动势幅值所在的位置即为该相绕组的轴线位置。

二、三相绕组的磁动势——旋转磁动势

三相绕组是由 3 个单相绕组 U、V、W 所构成，这 3 个单相绕组结构完全相同，只是在空间互差 120°电角度而已。把 3 个单相绕组所产生的磁动势波逐点相加，就得到了三相绕组的合成磁动势。这种用作图进行分析的方法，是比较麻烦的。本节用解析法来进行分析、讨论。

因为单相绕组的磁动势是一个脉振磁动势，它可以分解为基波和一系列高次谐波，其中基波磁动势是主要分量，因此在分析时把基波和高次谐波分开考虑，总的合成磁动势应是基波和高次谐波磁动势的叠加。

（一）三相绕组的基波合成磁动势

因为 U、V、W 三个单相绕组在空间互差 120°电角度，流入三相绕组的电流为对称的三相电流，因此它们产生的基波磁动势振幅所在位置在空间互差 120°，磁动势为最大值的时间也互差 120°。若取 U 相绕组的轴线位置作为空间坐标的原点，以正相序的方向作为 x 的正方向，同时取 U 相电流达到最大值的瞬间作为时间的起点，则由式(4-35)即可写出 U、V、W 三相基波磁动势的表达式

$$\begin{cases} f_{U1} = 0.9\frac{IN_1}{p}K_{w1}\cos\frac{\pi}{\tau}x\cos\omega t \\[2mm] f_{V1} = 0.9\frac{IN_1}{p}K_{w1}\cos\Big(\frac{\pi}{\tau}x - 120°\Big)\cos(\omega t - 120°) \\[2mm] f_{W1} = 0.9\frac{IN_1}{p}K_{w1}\cos\Big(\frac{\pi}{\tau}x - 240°\Big)\cos(\omega t - 240°) \end{cases} \tag{4-36}$$

利用三角学中的公式

$$\cos\alpha\cos\beta = \frac{1}{2}\big[\cos(\alpha - \beta) + \cos(\alpha + \beta)\big]$$

式(4-36)可改写为

$$\begin{cases} f_{U1} = 0.45\, \dfrac{IN_1}{p} K_{w1} \cos\left(\omega t - \dfrac{\pi}{\tau}x\right) + 0.45\, \dfrac{IN_1}{p} K_{w1} \cos\left(\omega t + \dfrac{\pi}{\tau}x\right) \\[2mm] f_{V1} = 0.45\, \dfrac{IN_1}{p} K_{w1} \cos\left(\omega t - \dfrac{\pi}{\tau}x\right) + 0.45\, \dfrac{IN_1}{p} K_{w1} \cos\left(\omega t + \dfrac{\pi}{\tau}x - 240°\right) \\[2mm] f_{W1} = 0.45\, \dfrac{IN_1}{p} K_{w1} \cos\left(\omega t - \dfrac{\pi}{\tau}x\right) + 0.45\, \dfrac{IN_1}{p} K_{w1} \cos\left(\omega t + \dfrac{\pi}{\tau}x - 480°\right) \end{cases} \quad (4\text{-}37)$$

3 个等式右边第二项之和为零，于是三相基波合成磁动势为

$$f_1 = f_{U1} + f_{V1} + f_{W1} = 1.35\, \frac{IN_1}{p} K_{w1} \cos\left(\omega t - \frac{\pi}{\tau}x\right) = F_1 \cos\left(\omega t - \frac{\pi}{\tau}x\right) \quad (4\text{-}38)$$

式中 F_1——三相合成基波磁动势的幅值，$F_1 = 1.35\, \dfrac{IN_1}{p} K_{w1}$。

下面对式(4-38)做进一步的分析：

1）当 $\omega t = 0$ 时，$f_1(x, 0) = F_1 \cos\left(-\dfrac{\pi}{\tau}x\right)$；当 $\omega t = \theta_0$ 时，$f_1(x, \theta_0) = F_1 \cos\left(\theta_0 - \dfrac{\pi}{\tau}x\right)$。图4-32 画出了这两个瞬时基波磁动势的分布曲线。比较这两个磁动势波，可见磁动势的幅值未变，但 $f_1(x, 0)$ 比 $f_1(x, \theta_0)$ 向前推进了 θ_0 电角度，所以 $f_1(x, t)$ 是一个幅值恒定、沿空间作正弦分布的行波。由于定子内腔为圆柱形，所以 $f_1(x, t)$ 沿圆周的连续推移就成为旋转磁动势。

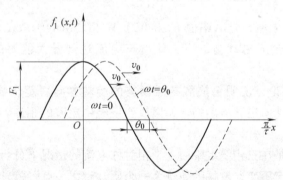

图4-32　$\omega t = 0$ 和 θ_0 两个瞬间磁动势 $f_1(x, t)$ 的分布

2）旋转磁动势波的旋转速度可以由波上任意一点的推移速度来确定。设取波幅点进行考虑，其值恒为 F_1，由式(4-38)可知这时相当于 $\cos\left(\omega t - \dfrac{\pi}{\tau}x\right) = 1$ 或 $\omega t - \dfrac{\pi}{\tau}x = 0$，即

$$x = \frac{\tau}{\pi} \omega t \quad (4\text{-}39)$$

它表示波幅点离原点的距离与时间 t 的关系，把 x 对时间 t 求导，就可以求出波幅点的移动速度 v

$$v = \frac{\mathrm{d}x}{\mathrm{d}t} = \frac{\tau}{\pi} \omega = 2\tau f \quad (4\text{-}40)$$

式(4-40)说明，每当电流变化一周，磁动势波就沿圆周移动了 2τ 的距离，也就相当于转过了 $\dfrac{1}{p}$ 圈，因此，旋转磁动势波的转速为

$$n_1 = \frac{f}{p} \quad \text{或} \quad n_1 = \frac{60f}{p} \tag{4-41}$$

n_1 称为同步转速，它仅与电流频率 f 和电动机的极对数 p 有关，其单位为转/秒（r/s）或转/分（r/min）。

对于已制成的电动机，极对数 p 是一定的，当电源频率不同时，电动机就有不同的同步转速。反之，若电源频率一定，则不同极数的电动机，其同步速也不同。我国的工频频率为 50Hz，因此 2 极电动机（$2p = 2$）的同步转速为 3000r/min，4 极电动机（$2p = 4$）的同步转速为 1500r/min，6 极电动机（$2p = 6$）的同步转速为 1000r/min 等。

3）根据式（4-38），当 $\omega t = 0$ 时，U 相电流达最大值，此时 $f_1(x, t) = F_1\cos\left(-\dfrac{\pi}{\tau}x\right)$，在 $x = 0$ 处，$f_1(0, 0) = F_1$，说明此时幅值在 U 相绕组轴线上。

当 $\omega t = 120°$ 时，V 相电流达最大值，此时 $f_1(x, t) = F_1\cos\left(120° - \dfrac{\pi}{\tau}x\right)$，说明幅值 F_1 应在 $\dfrac{\pi}{\tau}x = 120°$ 电角度处，即位于 V 相绕组的轴线上。同理，当 $\omega t = 240°$ 时，W 相电流达最大值，这时幅值 F_1 将位于 W 相绕组的轴线上。于是可以得出如下结论：三相基波合成磁动势的振幅始终与电流达到最大值时的一相绕组的轴线重合。

4）根据上述结论，说明合成旋转磁动势的旋转方向决定于绕组中电流的相序，总是从电流超前相转向电流滞后相，如果改变绕组中电流的相序，就可以改变旋转磁动势的转向。

以上 4 点结论是在三相绕组中通入三相对称电流的情况下分析得出的。这时旋转磁动势波的幅值恒定不变，波幅的轨迹为一个圆，称之为圆形旋转磁动势，相应的磁场就称为圆形旋转磁场。实际上这些结论也可推广到任何一个多相系统，也就是说，在一个 m 相绕组中，通以对称的 m 相电流，合成磁动势均为圆形旋转磁动势，转速仍为 $n_1 = \dfrac{60f}{p}$，而幅值则为 $F_1 = 0.45m\dfrac{IN}{p}K_{w1}$。

对于三相基波合成磁动势的分析，还可采用其他的方法进行。如本节开始提到的用作图的方法或把一个脉振磁动势分解为两个旋转磁动势的方法等，读者可以参阅其他有关书籍，这里不再分析。

（二）三相绕组的谐波合成磁动势

采用分析基波合成磁动势的方法，可以分析各次谐波的合成磁动势。必须注意的是，这里讨论的谐波是指空间谐波，即对 v 次谐波而言，三相绕组的轴线互差 $v \times 120°$ 电角度，而三相绕组中的电流，其相位差仍为 120°。

1. 3 次谐波（$\upsilon = 3$）

这时 3 个单相绕组产生的 3 次谐波脉振磁动势分别为

$$\begin{cases} f_{U3} = F_{\phi3}\cos\omega t\cos 3\frac{\pi}{\tau}x \\ f_{V3} = F_{\phi3}\cos(\omega t - 120°)\cos 3\left(\frac{\pi}{\tau}x - 120°\right) = F_{\phi3}\cos(\omega t - 120°)\cos 3\frac{\pi}{\tau}x \\ f_{W3} = F_{\phi3}\cos(\omega t - 240°)\cos 3\left(\frac{\pi}{\tau}x - 240°\right) = F_{\phi3}\cos(\omega t - 240°)\cos 3\frac{\pi}{\tau}x \end{cases}$$

$$(4\text{-}42)$$

式（4-42）说明：f_{U3}、f_{V3}、f_{W3} 在空间是同相位的，而在时间相位上互差 120°，所以三相绕组的 3 次谐波合成磁动势为零。同理可证：凡是 3 的奇数倍的谐波，其三相合成磁动势均为零。

2. 5 次谐波（$\upsilon = 5$）

仿照基波合成磁动势的推导过程，可得出 5 次谐波合成磁动势为

$$f_5(x, t) = \frac{3}{2}F_{\phi5}\cos\left(\omega t + 5\frac{\pi}{\tau}x\right) \tag{4-43}$$

这说明三相绕组的 5 次谐波的合成磁动势为一个在空间作正弦分布、波幅恒定的旋转磁动势，振幅等于每相脉振磁动势 5 次谐波振幅的 $\frac{3}{2}$ 倍，即

$$F_5 = \frac{3}{2}F_{\phi5} = 1.35\frac{IN_1}{5p}K_{w5} \tag{4-44}$$

其转速为基波转速的 $\frac{1}{5}$，即

$$n_5 = \frac{1}{5}n_1 \tag{4-45}$$

而转向则与基波转向相反。

3. 其他次谐波

用同样的方法对各次谐波的合成磁动势进行分析，可得出如下结论：

在对称的三相绕组合成磁动势中，除基波外，还包含有 $\upsilon = 6k \pm 1$（$k = 1, 2, 3, \cdots$）次谐波，它们都是一种在空间作正弦分布，幅值恒定的旋转磁动势，其振幅为

$$F_{6k\pm1} = 1.35\frac{IN_1}{(6k \pm 1)p}K_{w(6k\pm1)}$$

转速

$$n_{6k\pm1} = \frac{n_1}{6k \pm 1}$$

（6k+1）次谐波转向与基波相同；（6k-1）次谐波转向与基波相反。

谐波磁动势一般对电动机运行将带来不利影响，因此，在电动机中应尽量削弱磁动势中的高次谐波，而采用短距和分布绕组就是达到这个目的的一个重要方法。

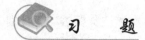 习 题

1. 试述感应电动机的工作原理。为什么说感应电动机是一种异步电动机？

2. 什么叫同步转速？它与哪些因素有关？一台三相4极交流电动机，试分别写出电源频率$f=50\text{Hz}$与$f=60\text{Hz}$时的同步转速。

3. 一台三相交流电动机，电源频率$f=50\text{Hz}$，试分别写出当极数$2p=2$、4、6、8、10时的同步转速。

4. 什么是转差率s？通常感应电动机的s值约为多少？

5. 一台三相4极感应电动机，已知电源频率$f=50\text{Hz}$，额定转速$n_N=1450\text{r/min}$，求转差率s。

6. 有一个三相单层绕组，极数$2p=4$，定子槽数$Z_1=24$，支路数$a=1$，试画出绕组展开图，并计算基波绕组因数。

7. 题6中，将定子槽数改为$Z_1=36$，试画出绕组展开图，并计算基波绕组因数。

8. 题6中，将极数改为$2p=2$，试画出绕组展开图，并计算基波绕组系数。

9. 有一个三相双层叠绕组，极数$2p=4$，定子槽数$Z_1=24$，节距$y_1=\dfrac{5}{6}\tau$，支路数$a=1$，试画出绕组展开图，并计算绕组因数。

10. 题9中，若支路数改为$a=2$和$a=4$，试画出U相绕组的展开图。

11. 试比较单层绕组与双层绕组各有什么优缺点？为什么功率稍大的电动机采用双层绕组？

12. 一台三相感应电动机接在$U_N=380\text{V}$、$f=50\text{Hz}$的电网上工作，定子绕组作三角形联结，已知每相电动势为额定电压的92%，定子绕组的每相串联匝数$N_1=312$，绕组因数$K_{w1}=0.96$，试求每极磁通Φ_1。

13. 绕组中的谐波电动势是如何产生的？由交流绕组产生的旋转磁动势的基波和ν次谐波在绕组中感应的电动势的频率为多少？

14. 若在对称的两相绕组中（两个绕组匝数、结构相同，在空间相隔90°电角度），通以对称的两相电流，$i_A=I_m\cos\omega t$，$i_B=I_m\sin\omega t$。试用解析法说明两相合成磁动势基波的性质。

15. 一台三相感应电动机，极数$2p=6$，定子槽数$Z_1=36$，定子绕组为双层叠绕组，节距$y_1=\dfrac{5}{6}\tau$，每极串联匝数$N_1=72$。当通入对称三相电流，每相电流的有效值为20A时，试求基波以及3、5、7次谐波的三相合成磁动势的幅值及转速。

▶ 第五章

三相感应电动机的运行原理

第一节 三相感应电动机的空载运行

三相感应电动机的定转子电路之间没有直接的电的联系，它们之间的联系是通过电磁感应关系而实现的，这一点和变压器完全相似。三相感应电动机的定子绕组相当于变压器的一次绕组，转子绕组则相当于变压器的二次绕组，因此对三相感应电动机的运行进行分析，可以仿照分析变压器的方式进行。

一、空载电流和空载磁动势

当电动机空载，定子三相绕组接到对称的三相电源时，在定子绕组中流过的电流称为空载电流 i_0。三相空载电流所产生的合成磁动势的基波分量的幅值为 $F_0 = 1.35\dfrac{I_0 N_1}{p}K_{w1}$，若不计谐波磁动势，则 F_0 即为定子空载磁动势的幅值，它以同步速 n_1 的速度旋转。

由于电动机空载，电动机轴上没有任何机械负荷，所以电动机的空载转速将非常接近于同步速，在理想空载的情况下，可以认为 $n=n_1$，即转差率 $s=0$，因而转子导体中的电动势 $E_2=0$，转子导体中的电流 $I_2=0$。所以空载时电动机气隙磁场完全由定子空载磁动势 F_0 所产生。空载时的定子磁动势 F_0 即为励磁磁动势，空载时的定子电流 i_0 即为励磁电流。

空载电流 i_0 的有功分量 i_{0p} 用来供给空载损耗，包括空载时的定子铜损耗、定子铁心损耗和机械损耗。无功分量 i_{0q} 用来产生气隙磁场，也称为磁化电流，它是空载电流中的主要部分，这样空载电流 i_0 可写成

$$i_0 = i_{0p} + i_{0q} \tag{5-1}$$

励磁磁动势产生的磁通绝大部分同时与定转子绕组相交链，这部分称为主磁通，用 Φ_m 表示，主磁通参与能量转换，在电动机中产生有用的电磁转矩。主磁通的磁路由定转子铁心和气隙组成，它受饱和的影响，为一非线性磁路。此外还有一小部分磁通仅与定子绕组相交链，称为定子漏磁通。漏磁通不参与能量转换，并且主要通过空气闭合，受磁路饱和的影响较小，在一定条件下，漏磁通的磁路可以看作一线性磁路。

二、空载时的定子电压平衡关系

设定子绕组上每相所加的端电压为 $\dot{U}_1$，相电流为 $\dot{I}_0$，主磁通 Φ_m 在定子绕组中感应的每相电动势为 $\dot{E}_1$，定子漏磁通在每相绕组中感应的电动势为 $\dot{E}_{\sigma 1}$，定子绕组的每相电阻为 R_1，类似于变压器空载时的一次侧，根据基尔霍夫第二定律，可以列出电动机空载时每相的定子电压平衡方程

$$\dot{U}_1 = -\dot{E}_1 - \dot{E}_{\sigma 1} + \dot{I}_0 R_1 \tag{5-2}$$

与变压器的分析方法相似，可写出

$$\dot{E}_1 = -\dot{I}_0 (R_m + jX_m) \tag{5-3}$$

式中　$R_m + jX_m = Z_m$——励磁阻抗，其中 R_m 为励磁电阻，是反映铁耗的等效电阻，X_m 为励磁电抗，与主磁通 Φ_m 相对应。

$$\dot{E}_{\sigma 1} = -j\dot{I}_0 X_{\sigma 1} \tag{5-4}$$

式中　$X_{\sigma 1}$——定子漏磁电抗，与漏磁通 $\Phi_{\sigma 1}$ 相对应。

于是电压方程式可改写为

$$\dot{U}_1 = -\dot{E}_1 + \dot{I}_0 (R_1 + jX_{\sigma 1}) = -\dot{E}_1 + \dot{I}_0 Z_1 \tag{5-5}$$

式中　Z_1——定子漏阻抗，$Z_1 = R_1 + jX_{\sigma 1}$。

因为 $E_1 \gg I_0 Z_1$，可近似地认为

$$\dot{U}_1 = -\dot{E}_1 \quad 或 \quad U_1 = E_1$$

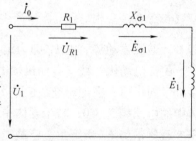

显然，对于一定的电动机，当频率 f_1 一定时，$U_1 \propto \Phi_m$。由此可见，在感应电动机中，若外施电压一定，主磁通 Φ_m 大体上也为一定值，这和变压器的情况相同。

由式(5-2)，即可画出感应电动机空载时的等效电路，如图 5-1 所示。

图 5-1　感应电动机空载时等效电路

上述分析的结果表明，感应电动机空载时的物理现象和电压平衡关系式与变压器十分相似。但是，在变压器中不存在机械损耗，主磁通所经过的磁路气隙也很小，因此变压器的空载电流很小，仅为额定电流的 **2%~10%**；而感应电动机的空载电流则较大，在小型感应电动机中，I_0 甚至可达额定电流的 **60%**。

第二节　三相感应电动机的负载运行

一、负载运行时的物理情况

负载运行时，电动机将以低于同步速 n_1 的速度 n 旋转，其转向则仍与气隙旋转磁场的转向相同。因此，气隙磁场与转子的相对转速为 $\Delta n = n_1 - n = sn_1$，$\Delta n$ 也就是气隙旋转磁场切割转子绕组的速度，于是在转子绕组中就感应出电动势，产生电流，其

频率为

$$f_2 = \frac{p\Delta n}{60} = s\frac{pn_1}{60} = sf_1 \tag{5-6}$$

对感应电动机，一般 $s = 0.02 \sim 0.06$，当 $f_1 = 50\text{Hz}$ 时，f_2 仅为 $1 \sim 3\text{Hz}$。

负载运行时，除了定子电流 i_1 产生一个定子磁动势 F_1 外，转子电流 i_2 还产生一个转子磁动势 F_2，而总的气隙磁动势则是 F_1 与 F_2 的合成。

关于定子磁动势 F_1 在前面已做了分析，为了进一步了解电动机负载时的情况，还必须对转子磁动势 F_2 加以说明。

（一）转子磁动势的分析

不论是绕线转子感应电动机还是笼型感应电动机，其转子绕组都是一个对称的多相系统。笼型转子的每一根导条可认为是一相，由气隙磁场感应所产生的导条电动势和导条电流也就构成相应的对称多相系统。

至于转子绕组的极数，对绕线转子感应电动机，转子的极对数可以通过转子绕组的联结做到与定子相同；而笼型电动机，转子导条中的电动势和电流系由气隙磁场感应而产生，因此转子导条中电流的分布所形成的磁极数必然等于气隙磁场的极数。由于气隙磁场的极数决定于定子绕组的极数，所以笼型电动机转子的极数恒与定子绕组的极数相等，而与转子导条的数目无关（实际上，任何电动机其定转子极数必须相等，这样才能产生恒定的平均电磁转矩）。

既然转子绕组是个对称的多相绕组，转子绕组中的电流也是一个对称的多相电流，那么由此而产生的转子合成磁动势 F_2 也必然是一个旋转磁动势，若不计谐波磁动势，则转子磁动势的幅值为

$$F_2 = 0.9 \times \frac{m_2}{2}\frac{N_2 K_{w2}}{p}I_2 \tag{5-7}$$

式中　m_2——转子绕组的相数；

　　　N_2——转子绕组的每相串联匝数；

　　　K_{w2}——转子绕组的基波绕组因数。

因为转子电流的频率为 sf_1，转子绕组的极对数 $p_2 = p_1$，按照分析定子磁动势的方法可以得知，转子合成磁动势相对转子的旋转速度为 $n_2 = \dfrac{60f_2}{p_2} = s\dfrac{60f_1}{p_1} = sn_1$。若定子旋转磁场的转向为顺时针方向，因为 $n < n_1$，因此感应而形成的转子电动势或电流的相序也必然按顺时针方向排列。由于合成磁动势的转向决定于绕组中电流的相序，所以转子合成磁动势 F_2 的转向与定子磁动势 F_1 的转向相同，也为顺时针方向。于是转子磁动势 F_2 在空间的（即相对于定子）的旋转速度为

$$n_2 + n = sn_1 + n = n_1 \tag{5-8}$$

即等于定子磁动势 F_1 在空间的旋转速度。

式(5-8)是在任意转速下得出的，这就说明，无论感应电动机的转速 n 如何变化，定子磁动势 F_1 与转子磁动势 F_2 总是相对静止的。定转子磁动势相对静止也是一切旋转电动机能够正常运行的必要条件，因为只有这样，才能产生恒定的平均电磁转矩，

从而实现机电能量的转换。

（二）电动势平衡方程式

负载时，定子电流为 $\dot{I}_1$，根据对式（5-5）的分析，可列出负载时定子的电动势平衡方程式

$$\dot{U}_1 = -\dot{E}_1 + \dot{I}_1(R_1 + jX_{\sigma 1}) = -\dot{E}_1 + \dot{I}_1 Z_1 \tag{5-9}$$

$$E_1 = 4.44 f_1 N_1 K_{w1} \Phi_m \tag{5-10}$$

必须注意的是，负载时主磁通 Φ_m 是由定转子磁动势共同作用所产生的。

负载时转子电动势 $\dot{E}_{2s}$ 的频率为 $f_2 = sf_1$，大小为

$$E_{2s} = 4.44 f_2 N_2 K_{w2} \Phi_m \tag{5-11}$$

因为感应电动机的转子电路自成闭路，端电压 $U_2 = 0$，所以转子的电动势平衡方程式为

$$\dot{E}_{2s} - \dot{I}_2(R_r + jX_{\sigma 2s}) = 0$$

即

$$\dot{E}_{2s} - \dot{I}_2 Z_{\sigma 2} = 0 \tag{5-12}$$

式中　$\dot{I}_2$——转子每相电流；

R_r——转子每相电阻，对绕线转子还应包括外加电阻；

$X_{\sigma 2s}$——转子每相漏电抗，$X_{\sigma 2s} = 2\pi f_2 L_{\sigma 2}$。其中 $L_{\sigma 2}$ 为转子每相漏电感；

$Z_{\sigma 2}$——转子每相漏阻抗。

显然，转子电流的有效值为

$$I_2 = \frac{E_{2s}}{\sqrt{R_r^2 + X_{\sigma 2s}^2}} \tag{5-13}$$

（三）磁动势平衡

由于定子磁动势 F_1 和转子磁动势 F_2 在空间相对静止，因此可以合并为一个合成磁动势 F_m，即

$$F_1 + F_2 = F_m \tag{5-14}$$

式中　F_m——励磁磁动势，它产生气隙中的旋转磁场。

式（5-14）称为感应电动机的磁动势平衡方程式，它也可以写成

$$F_1 = -F_2 + F_m \tag{5-15}$$

对式（5-15）所代表的物理意义可分析如下：

在定子电动势平衡方程式中，定子绕组中的感应电动势 $\dot{E}_1$ 与电源电压 $\dot{U}_1$ 之间相差一个漏阻抗压降。当感应电动机从空载到额定负载范围内运行时，定子漏阻抗压降所占的比重很小，在 $\dot{U}_1$ 不变的情况下，电动势 $\dot{E}_1$ 的变化很小，可以认为是一个近似不变的数值。对于一定的电动机，当频率一定时，电动势 E_1 与主磁通 Φ_m 成正比。当 E_1 值近似不变时，Φ_m 也近似不变，因此励磁磁动势也应不变。由此可见，在转子绕组中通过电流产生磁动势 F_2 的同时，定子绕组中就必须要增加一个电流分量，使

这一电流分量产生磁动势$-F_2$抵消转子电流产生的磁动势F_2，从而保持总磁动势F_m近似不变，显然F_m等于空载时的定子磁动势F_0。

二、感应电动机的相量图

（一）时间相量与空间矢量

在分析感应电动机运行的物理过程时，涉及的物理量中有时间相量，如电流$\dot{i}$、电压$\dot{U}$，也有空间矢量，如定、转子磁动势F_1、F_2。

为了对感应电动机的工作特性做进一步的分析，下面对时间相量和空间矢量做一简单的说明。在时间相量图中，凡一个频率为f，大小随时间作正弦规律交变的物理量，如电流i，可以用一个长度等于有效值I、旋转速度为$\omega = 2\pi f$的旋转相量$\dot{i}$来表示。当取纵轴为时间参考轴时，则任何瞬间旋转相量$\sqrt{2}\dot{i}$在纵轴上的投影即为电流的瞬时值，这样的时间参考轴称为时轴。一般来说，时轴是可以按需要而任意选取的，只是选取的时轴不同，则计算时间的起点就不同，显然一个时间相量只能取一根时轴。

在空间矢量图中，任意一个沿空间作正弦规律分布的物理量，如绕组磁动势的基波，可用一空间矢量F来表示。矢量的长度表示磁动势波的幅值，矢量F所在的位置和方向表示磁动势波正波幅所在的地点。为了具体说明这一点，通常还在空间矢量图中画出绕组的轴线，称为相轴，这时矢量F与相轴之间的夹角，即表示磁动势波的正波幅在空间上与该相相轴相距的电角度。显然，用以说明空间矢量具体位置的相轴，只需画出一相就够了。如果磁动势波的幅值不变，但以角速度$\omega = 2\pi f$旋转，则相应的空间矢量F的长度不变，并在矢量图中也以角速度$\omega = 2\pi f$而旋转。

相量图有两种：一种是单时轴-多相量法，一般在电工中画三相电流即采用这种方法。另一种是多时轴-单相量法，本节采用这种方法进行分析，对此，在以后的叙述中再加以具体说明。

由于在三相电动机中，当某相电流达到最大值时，即该相电流相量与其时轴重合时，三相合成磁动势基波的正波幅将位于该相绕组的轴线上，此时三相合成磁动势波矢量F_1应与该相相轴重合。如果把该相电流相量的时轴取在该相相轴上，则电流相量$\dot{i}$恰好与磁动势矢量F_1重合。以U相为例，取U相电流相量$\dot{i}_U$的时轴与U1—U2相相轴重合，则相量$\dot{i}_U$与矢量F_1重合，在$i_U = I_m$的瞬时，相量$\dot{i}_U$和矢量F_1都在相轴（时轴）上，如图5-2a所示。在分析合成磁动势基波时已指出，

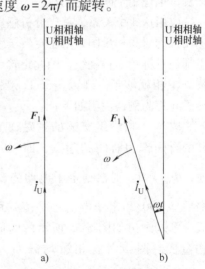

图5-2　时间相量与空间矢量统一图
（时-空相量图）
a) $\omega t = 0$，$i_U = I_m$　b) $\omega t > 0$

当电流在时间上经过多少秒，相应的电流相量就转过一定的电角度，则合成磁动势基波在空间也就转过同一数值的电角度。因此当时间经过 t 秒后，相量 $\dot{I}_U$ 和矢量 F_1 应同时转过同一角度 ωt，如图 5-2b 所示。这就说明当把时间相量图和空间矢量图画在一起时，若各相时间相量的时轴都取在各自的相轴上，则相电流相量 $\dot{I}_U$ 应与三相合成磁动势基波矢量 F_1 重合。这种图把两种相量图联系在一起，就称为时-空相量图，它对研究交流电动机带来很大方便。

（二）感应电动机的时-空相量图

根据上述分析，在绘制感应电动机的时-空相量图时，应注意下列 3 个关系（对单相量-多时轴而言）：

1）每一相都取自己的相轴作为时轴。

2）相电流相量 $\dot{I}$（时间相量）与该电流系统产生的合成磁动势矢量 F（空间矢量）重合。

此外，当主磁通的磁通密度波的波幅 B_m 转到某一相的相轴上时，主磁通与该相绕组交链的磁通达到最大值，也就是说该相绕组所交链的主磁通相量 $\dot{\Phi}_m$ 应与该相的时轴重合。由于每一相的相轴与时轴重合，所以时间相量 $\dot{\Phi}_m$ 也应转到该相时轴上，这样就得到了第 3 个关系。

3）主磁通与任意一相绕组交链的磁通相量 $\dot{\Phi}_m$（时间相量）与主磁通的磁通密度波矢量 B_m（空间矢量）重合。

这 3 个关系不仅用于分析感应电动机，也适用于同步电动机。

应用这 3 个关系，首先分析感应电动机的时间相量图。由于定转子绕组都是对称的多相绕组，因此定转子需画一相就够了。现以定子 U 相和转子 u 相为例，说明如下：

取与 U 相绕组交链的主磁通为零的瞬间作为时间的起点，即 $t = 0$ 时，$\Phi_{mU} = 0$。则根据定子电动势 $\dot{E}_1$ 滞后 $\dot{\Phi}_m$ 90°和定子电动势平衡方程式，可以画出如图 5-3a 所示的时间相量图。图中所有相量均以 $\omega_1 = 2\pi f_1 = 2\pi \dfrac{pn_1}{60}$ 的速度逆时针方向旋转。

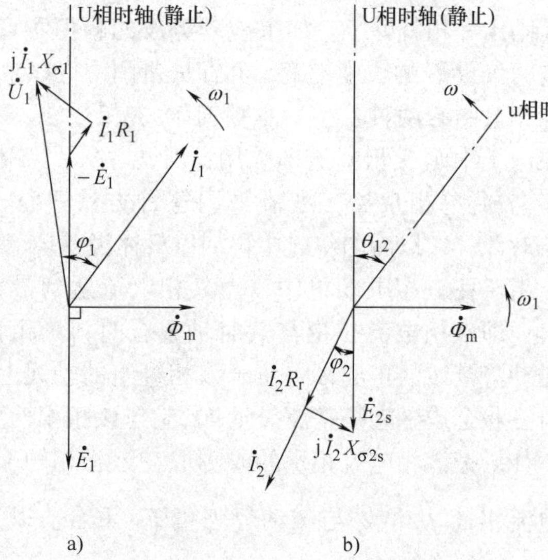

图 5-3 定、转子的时间相量图

a）定子 U 相　b）转子 u 相

对转子而言，因转子以 n 的速度在空间旋转，于是 u 相的相轴在空间也以同样的速度旋转，设在 $t=0$ 时，转子 u 相相轴滞后于 U 相相轴 θ_{12} 电角度。这样，当 $t=0$ 时，相量 $\dot{\Phi}_m$ 滞后于 U 相相轴 $90°$ 电角度，而对转子 u 相而言，相量 $\dot{\Phi}_m$ 应滞后 u 相相轴（$90°-\theta_{12}$）电角度。

根据转子电动势 $\dot{E}_{2s}$ 滞后 $\dot{\Phi}_m$ $90°$ 和转子电动势平衡方程式，可以画出 $t=0$ 时的转子的时间相量图，如图 5-3b 所示。因转子是旋转的，所以 u 相相轴以 $\omega=2\pi\dfrac{pn}{60}$ 的速度旋转，而所有相量则仍以 $\omega_1=2\pi\dfrac{pn_1}{60}$ 的速度旋转。

把图 5-3a 和图 5-3b 画在一起，就得到感应电动机的时间相量图，如图 5-4 所示。在这个相量图上，U、u 相各自取时轴，尽管定、转子各相绕组交链的主磁通不同，也只需要用一个相量 $\dot{\Phi}_m$ 表示。具体地说，在任一瞬间，相量 $\dot{\Phi}_m$ 在 U 相时轴上的投影代表 U 相绕组交链的主磁通的瞬时值；同一相量在 u 相时轴上的投影则代表 u 相绕组所交链的主磁通的瞬时值，这种方法就称为"单相量-多时轴"法。需要注意的是，图中 U 相时轴静止不动，而转子 u 相时轴以 ω 的速度逆时针方向旋转，所有相量则都以 ω_1 的速度逆时针方向旋转。因此所有定子各量的频率都为 $f_1=\dfrac{\omega_1}{2\pi}$，而所有转子各量的频率则为 $f_2=$

$\dfrac{\omega_1-\omega}{2\pi}=sf_1$，与式（5-6）一致。此外，虽然从图中来看，

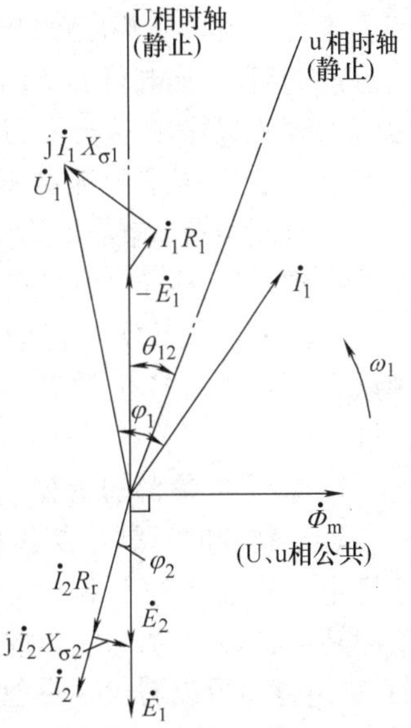

图 5-4 把定、转子相量画在
一起的时间相量图

$\dot{E}_1$ 与 $\dot{E}_{2s}$ 重合，但实际上，因为定转子的时轴不同，所以并不意味着 $\dot{E}_1$ 与 $\dot{E}_{2s}$ 同相。事实上，两者频率不同，它们的相位关系并没有任何物理意义。

在时间相量图上，再把空间矢量表示上去，就得到了感应电动机的"时-空相量图"。根据画"时-空相量图"时应注意的 3 个关系，即相量 $\dot{I}_1$ 与矢量 F_1 重合、相量 $\dot{I}_2$ 与矢量 F_2 重合、相量 $\dot{\Phi}_m$ 与矢量 B_m 重合，再由磁动势平衡方程式 $F_1+F_2=F_0$，可画出矢量 F_0。由于铁心中的磁滞、涡流损耗，磁通密度波落后于磁动势波，两者不同相，所以 F_0 应领先 B_m 一个角度 α_{Fe}，并且矢量 F_0 与励磁电流 $\dot{I}_0$ 重合，如图 5-5 所示。

时-空相量图虽然比较全面地描述了感应电动机的基本方程式，明确了各物理量之间的关系，但若要用它来对感应电动机进行分析和计算仍然是相当麻烦的。为此需要导出感应电动机的等效电路以简化分析和计算过程。

三、感应电动机的等效电路

感应电动机的定、转子之间与普通双绕组变压器的一、二次绕组一样，只有磁的耦合，而无电的直接联系。因此在导出等效电路时，需要对转子绕组进行折算，然后

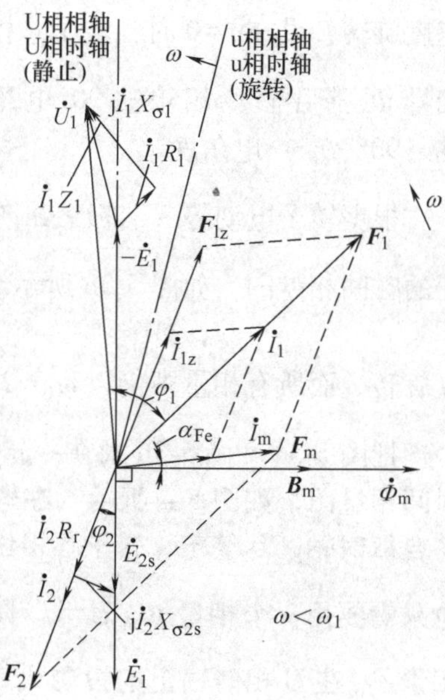

将折算后的转子绕组与定子绕组直接联系起来，从而得到感应电动机的等效电路。显然，在转子绕组折算时，必须保证转子对定子绕组的电磁作用和感应电动机的电磁性能不变。

（一）用静止的转子代替实际转动的转子——频率折算

因为感应电动机定、转子的电动势、电流的频率不相等，所以它们之间不能直接进行运算。但是通过前面对转子磁动势 F_2 的分析可以看出，转子电流的频率只影响转子磁动势 F_2 相对于转子的旋转速度。不论转子电流的频率等于多少，F_2 总是在空间以同步速旋转。而转子对定子的作用也仅仅是通过磁动势 F_2 产生的，这就有可能用一个静止不动的转子来代替实际转动的转子，只要在这两种情况下，它们所产生的磁动势 F_2 对定子的作用相同即可。

1. 转子位置角的折算

转子转动时，转子绕组的相轴（如 u 相）与定子绕组的相轴（如 U 相）之间的夹角 θ_{12} 是在不断变化的，当用一不动的转子来代替实际转动的转子时，θ_{12} 角应如何考虑，这是首先要解决的问题。事实上，从上述的时-空相量图可以看出，尽管 θ_{12} 的大小在变化，但转子磁动势 F_2 总是与磁通密度波矢量 B_m 相差（$90°+\varphi_2$）电角度，而与 θ_{12} 的大小无关。因此为了简单起见，可以认为 u 相相轴与 U 相相轴重合，即 $\theta_{12}=0$，这就是转子位置角的折算。折算后电动势 $\dot{E}_1$ 和 $\dot{E}_2$ 同相。必须指出，如果是研究转子的实际电动势和电流时（如移相器），这种转子位置角的折算就不适用了。

2. 频率折算

转子不动时，气隙磁场切割转子的速度为同步速，因此在转子中感应的电动势 $\dot{E}_2$ 的频率为 f_1，大小为 $E_2 = 4.44f_1N_2K_{w2}\Phi_m$。因为转子转动时的转子电动势 $E_{2s} = 4.44f_2N_2K_{w2}$，$\Phi_m = 4.44sf_1N_2K_{w2}\Phi_m$，所以

$$E_{2s} = sE_2 \tag{5-16}$$

式中 E_2——转子不动时的转子电动势。

转子不动时，转子漏抗 $X_{\sigma2} = 2\pi f_1 L_{\sigma2}$。

转子转动时，转子漏抗 $X_{\sigma2s} = 2\pi sf_2 L_{\sigma2}$。

所以

$$X_{\sigma2s} = sX_{\sigma2} \tag{5-17}$$

式中 $X_{\sigma2}$——转子不动时的转子漏抗。

将上述关系式代入式（5-13），得

$$I_2 = \frac{E_{2s}}{\sqrt{R_r^2 + X_{\sigma2s}^2}} = \frac{sE_2}{\sqrt{R_r^2 + (sX_{\sigma2})^2}} = \frac{E_2}{\sqrt{\left(\frac{R_r}{s}\right)^2 + X_{\sigma2}^2}} \tag{5-18}$$

图 5-5 转子旋转时感应电动机的时-空相量图

式(5-18)说明，进行频率折算后，只要用 $\dfrac{R_r}{s}$ 代替 R_r，就可保持转子电流的大小不变。而转子电流滞后电动势的角度（即转子的功率因数角）为

$$\varphi_2 = \arctan\frac{X_{\sigma 2}}{R_r/s} = \arctan\frac{sX_{\sigma 2}}{R_r} \tag{5-19}$$

这说明频率折算后，转子电流的相位移没有发生变化，这样转子磁动势 F_2 的幅值和空间位置也就保持不变。频率折算后，转子电流的频率为 f_1，所以 F_2 在空间的转速仍为同步转速。这就保证了在频率折算前后，转子对定子的影响不变。

因为 $\dfrac{R_r}{s} = R_r + \dfrac{1-s}{s}R_r$，说明频率折算时，转子电路应串入一个附加电阻 $\dfrac{1-s}{s}R_r$，而这正是满足折算前后能量不变这一原则所需要的。转子转动时，转子具有动能（转化为输出的机械功率），当用静止的转子代替实际转动的转子时，这部分动能就用消耗在电阻 $\dfrac{1-s}{s}R_r$ 上的电能来表示了。

频率折算后，转子电流 $\dot{I}_2$ 与 $\dot{I}_1$ 具有相同的频率，于是磁动势平衡方程式也可用电流的形式表示，只需把磁动势和电流的关系代入磁动势平衡方程式中即可，即

$$\frac{m_1}{2} \times 0.9 \times \frac{N_1 K_{w1}}{p}\dot{I}_1 + \frac{m_2}{2} \times 0.9 \times \frac{N_2 K_{w2}}{p}\dot{I}_2 = \frac{m_1}{2} \times 0.9 \times \frac{N_1 K_{w1}}{p}\dot{I}_0 \tag{5-20}$$

化简后

$$\dot{I}_1 + \frac{m_2 N_2 K_{w2}}{m_1 N_1 K_{w1}}\dot{I}_2 = \dot{I}_0$$

移项得

$$\dot{I}_1 = \dot{I}_{1z} + \dot{I}_0$$

式中　$\dot{I}_{1z}$——定子电流的负载分量，$\dot{I}_{1z} = -\dfrac{m_2 N_2 K_{w2}}{m_1 N_1 K_{w1}}\dot{I}_2$。

空载时，$\dot{I}_2 \approx 0$，所以 $\dot{I}_1 \approx \dot{I}_0$；而负载时，随着 $\dot{I}_2$ 的增大，定子电流也随之增大。

（二）绕组折算

通过频率折算，感应电动机的定、转子绕组就相当于双绕组变压器的一、二次绕组。为了得到感应电动机的等效电路，可以仿照分析变压器的方法，对转子绕组进行折算，即把实际上相数为 m_2、每相匝数为 N_2、绕组因数为 K_{w2} 的转子绕组折算成与定子绕组完全相同的一个等效绕组。折算后转子各量称为折算量，都加上符号"′"表示。

若折算后的转子电流为 $\dot{I}_2'$，因折算前后转子磁动势不变，所以

$$\frac{m_1}{2}0.9\frac{N_1 K_{w1}}{p}\dot{I}_2' = \frac{m_2}{2}0.9\frac{N_2 K_{w2}}{p}\dot{I}_2$$

即

$$\dot{I}_2' = \frac{m_2 N_2 K_{w2}}{m_1 N_1 K_{w1}}\dot{I}_2 = \frac{\dot{I}_2}{K_i} = -\dot{I}_{1z} \tag{5-21}$$

式中　K_i——电流比，$K_i = \dfrac{m_1 N_1 K_{w1}}{m_2 N_2 K_{w2}}$。

这时，磁动势平衡方程式也就可以写成

$$\dot{I}_1 + \dot{I}_2' = \dot{I}_0 \qquad (5\text{-}22)$$

若折算后的转子电动势为 $\dot{E}_2'$，因折算前后主磁通不变，所以电动势与有效匝数成正比，即

$$\frac{\dot{E}_2'}{\dot{E}_2} = \frac{N_1 K_{w1}}{N_2 K_{w2}} = K_e$$

$$\dot{E}_2' = K_e \dot{E}_2 = \dot{E}_1 \qquad (5\text{-}23)$$

式中　K_e——电压比。

若折算后转子的每相电阻为 R_r'，因折算前后转子铜耗不变，所以

$$m_1 I_2'^2 R_r' = m_2 I_2^2 R_r$$

即

$$R_r' = \frac{m_2 I_2^2}{m_1 I_2'^2} R_r = K_e K_i R_r \qquad (5\text{-}24)$$

若折算后转子的每相电抗为 $X_{\sigma 2}'$，因折算前后转子电路的功率因数角不变，所以

$$\tan\varphi_2 = \frac{X_{\sigma 2}'}{R_r'} = \frac{X_{\sigma 2}}{R_r}$$

即

$$X_{\sigma 2}' = \frac{R_r'}{R_r} X_{\sigma 2} = K_e K_i X_{\sigma 2} \qquad (5\text{-}25)$$

显然，折算后转子的每相阻抗

$$Z_{\sigma 2}' = K_e K_i Z_{\sigma 2} \qquad (5\text{-}26)$$

（三）感应电动机的等效电路

1. 基本方程式

经过上述频率折算和绕组折算后，感应电动机的基本方程式可写为

$$\begin{cases} \dot{U}_1 = -\dot{E}_1 + \dot{I}_1(R_1 + jX_{\sigma 1}) \\[2mm] \dot{E}_1 = -\dot{I}_0(R_m + jX_m) \\[2mm] \dot{E}_1 = \dot{E}_2' \\[2mm] \dot{E}_2' = \dot{I}_2'\left(\dfrac{R_r'}{s} + jX_{\sigma 2}'\right) \\[2mm] \dot{I}_1 + \dot{I}_2' = \dot{I}_0 \end{cases} \qquad (5\text{-}27)$$

2. 等效电路

根据基本方程式，再仿照变压器的分析方法，可以画出感应电动机的 T 形等效电路，如图 5-6 所示。

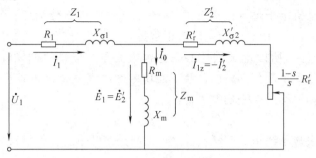

图 5-6　感应电动机的 T 形等效电路

和变压器一样，可把 T 形等效电路中的励磁支路移到电源端，以简化计算，得到简化等效电路，如图 5-7 所示。

（四）感应电动机的相量图

转子绕组折算后的相量图如图 5-8 所示。它与图 5-5 的时-空相量图一样，都反映了感应电动机各物理量之间的关系，只是经过折算后，在图 5-8 中，转子 u 相相轴不再旋转，并与定子 U 相相轴重合，转子各量都用折算量表示，而且用电流关系代替了磁动势关系。

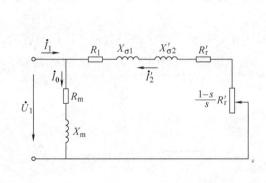

图 5-7　感应电动机的简化等效电路

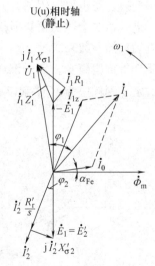

图 5-8　感应电动机的相量图

第三节　感应电动机的功率和电磁转矩

一、功率转换过程和功率平衡方程式

感应电动机运行时，把输入到定子绕组中的电功率转换成转子转轴上输出的机械功率。在能量变换过程中，不可避免地会产生一些损耗，这些损耗的种类和性质都与直流电动机相似，不再一一进行分析，本节着重分析能量转换过程中各种功率和损耗之间的关系。

设电网向电动机定子输入的电功率为 P_1，其中有一部分消耗在定子绕组的铜耗 p_{Cu1} 和定子铁耗 p_{Fe1} 上。由于感应电动机正常运行时，转子额定频率很低，f_2 仅为 1~3Hz，转子铁耗很小，所以定子铁耗实际上也就是整个电动机的铁耗 p_{Fe}，$p_{Fe1} = p_{Fe}$。输入的电功率扣除了这部分损耗后，余下的功率便由气隙旋转磁场通过电磁感应传递到转子，这部分功率称为电磁功率 P_{em}。

$$P_{em} = P_1 - p_{Fe} - p_{Cu1} \tag{5-28}$$

电磁功率减去转子绕组的铜耗 p_{Cu2} 之后，便是使转子旋转的总机械功率 P_Ω。

$$P_\Omega = P_{em} - p_{Cu2} \tag{5-29}$$

总机械功率减去机械损耗 p_Ω 和附加损耗 p_s 后，才是转子轴端输出的机械功率 P_2。

$$P_2 = P_\Omega - (p_\Omega + p_s) \tag{5-30}$$

由式（5-28）、式（5-29）、式（5-30），便可得出感应电动机的功率平衡方程式

$$\begin{cases} P_1 = P_{em} + p_{Cu1} + p_{Fe} \\ P_{em} = P_\Omega + p_{Cu2} \\ P_\Omega = P_2 + p_\Omega + p_s \end{cases} \tag{5-31}$$

功率变换过程也可以用图 5-9 的功率图表示。

为了进一步对上述功率和损耗进行分析，可以利用等效电路，将这些功率和损耗用感应电动机的参数来表示。

由 T 形等效电路知，定子铜耗 $p_{Cu1} = m_1 I_1^2 R_1$，因为等效电路是对定子每相而言的，所以总的定子铜耗应为 $I_1^2 R_1$ 乘以相数 m_1。电动机铁耗（即定子铁耗）$p_{Fe} = m_1 I_0^2 R_m$。

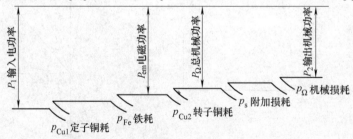

图 5-9　感应电动机的功率图

从电路的观点来看，输入功率 P_1 减去 R_1 和 R_m 上的损耗 p_{Cu1} 和 p_{Fe} 后，应等于在电阻 $\dfrac{R_r'}{s}$ 上所消耗的功率，即

$$P_1 - p_{Cu1} - p_{Fe} = m_1 I_2'^2 \frac{R_r'}{s}$$

显然

$$P_{em} = m_1 I_2'^2 \frac{R_r'}{s} \tag{5-32}$$

因为转子铜耗 $p_{Cu2} = m_1 I_2'^2 R_r'$，所以由式(5-28)，得

$$P_\Omega = m_1 I_2'^2 \left(\frac{R_r'}{s} - R_r' \right) = m_1 I_2'^2 \frac{1-s}{s} R_r' \tag{5-33}$$

式(5-33)更说明进行频率折算后，必须引入电阻 $\frac{1-s}{s} R_r'$ 的物理意义。

由式(5-32)、式(5-33)，得

$$p_{Cu2} = s P_{em} \tag{5-34}$$

$$P_\Omega = (1-s) P_{em} \tag{5-35}$$

这是在分析感应电动机的特性中两个很重要的公式。它说明，转差率 s 越大，电磁功率消耗在转子铜耗中的比重就越大，电动机效率就越低，所以感应电动机一般都运行在 $s = 0.02 \sim 0.06$ 的范围内。同时也说明，只要知道了感应电动机的转子铜耗和转速，就可求出电磁功率 P_{em} 和总机械功率 P_Ω。

二、转矩平衡方程式

当电动机稳定运行时，作用在电动机转子上的有 3 个转矩：

1）使电动机旋转的电磁转矩 T_{em}。

2）由电动机的机械损耗和附加损耗所引起的空载制动转矩 T_0。

3）由电动机所拖动的负载的反作用转矩 T_2。

显然

$$T_{em} = T_2 + T_0 \tag{5-36}$$

式(5-36)就是稳态运行时，电动机的转矩平衡方程式。此式也可从式(5-30)求得，只要在等式两边各除以转子的机械角速度 Ω 即可。

即

电磁转矩

$$T_{em} = \frac{P_\Omega}{\Omega} \tag{5-37}$$

负载转矩

$$T_2 = \frac{P_2}{\Omega} \tag{5-38}$$

空载转矩

$$T_0 = \frac{p_\Omega + p_s}{\Omega} \tag{5-39}$$

将式(5-35)代入式(5-37)，得

$$T_{em} = \frac{P_\Omega}{\Omega} = \frac{(1-s) P_{em}}{\Omega} = \frac{P_{em}}{\frac{\Omega}{1-s}} = \frac{P_{em}}{\Omega_1} \tag{5-40}$$

式中　Ω_1——旋转磁场的角速度，即同步角速度。

这是一个很重要的关系式，它说明感应电动机的电磁转矩等于电磁功率除以同步角速度，也等于总机械功率除以转子的机械角速度，这一点是和直流电动机有所区别的。

三、电磁转矩公式

感应电动机的电磁转矩公式，可以像直流电动机那样，根据电磁力关系，用积分

方法求得，这里不做介绍，本节只从等效电路和转矩方程式进行推导。

（一）电磁转矩的物理表达式

由式（5-40）和式（5-32）知

$$T_{em} = \frac{P_{em}}{\Omega_1} = \frac{1}{\Omega_1} m_1 I_2'^2 \frac{R_r'}{s} = \frac{1}{\Omega_1} m_1 E_2' I_2' \cos\varphi_2 = \frac{p}{2\pi f_1} m_1 E_2' I_2' \cos\varphi_2 \qquad (5-41)$$

因为 $E_2' = 4.44 f_1 N_1 K_{w1} \Phi_m$，$4.44 = \sqrt{2}\pi$，代入式（5-41）得

$$T_{em} = \frac{p m_1 N_1 K_{w1}}{\sqrt{2}} \Phi_m I_2' \cos\varphi_2 = C_T \Phi_m I_2' \cos\varphi_2 \qquad (5-42)$$

式中　C_T——转矩常数，$C_T = \dfrac{p m_1 N_1 K_{w1}}{\sqrt{2}}$，对已制成的电动机，$C_T$ 为一常数。

若取 I_2' 的单位为 A，Φ_m 的单位为 Wb 时，转矩 T_{em} 的单位为 N·m。

式（5-42）与直流电动机的电磁转矩公式（1-28）极为相似，因为只有电流的有功分量才能产生有功功率，所以感应电动机的电磁转矩在磁通一定时，并不是与电流 I_2' 成正比，而是与电流的有功分量 $I_2'\cos\varphi_2$ 成正比，这是感应电动机电磁转矩一个很重要的性质。

（二）电磁转矩的参数表达式

式（5-42）比较直观地表示出电磁转矩形成的物理概念，但在实际计算和分析感应电动机的各种运行状态时，往往需要知道电磁转矩与电动机参数之间的关系，这就要导出电磁转矩的另一种表达式——参数表达式。

根据感应电动机的简化等效电路

$$I_2' = \frac{U_1}{\sqrt{\left(R_1 + \dfrac{R_r'}{s}\right)^2 + (X_{\sigma1} + X_{\sigma2}')^2}} \qquad (5-43)$$

将式（5-43）代入式（5-41），考虑到此时 $U_1 \approx E_2'$，可得

$$T_{em} = \frac{m_1 p U_1^2 \dfrac{R_r'}{s}}{2\pi f_1 \left[\left(R_1 + \dfrac{R_r'}{s}\right)^2 + (X_{\sigma1} + X_{\sigma2}')^2\right]} \qquad (5-44)$$

这就是感应电动机电磁转矩的参数表达式，单位为 N·m。因为式中表示了转矩 T 与转差率 s 的关系，所以也称为 T-s 曲线方程，这将在下一章做进一步分析。

第四节　三相感应电动机的工作特性

感应电动机的工作特性是指在额定电压、额定频率下，电动机的转速 n、定子电流 I_1、功率因数 $\cos\varphi_1$、电磁转矩 T_{em}、效率 η 与输出功率 P_2 的关系曲线，即 n、I_1、$\cos\varphi_1$、T_{em}、$\eta = f(P_2)$。

一、转速特性 $n=f(P_2)$

因为 $sP_{em}=p_{Cu2}$，所以

$$s = \frac{p_{Cu2}}{P_{em}} = \frac{m_1 I_2'^2 R_r'}{m_1 E_2' I_2' \cos\varphi_2} \qquad (5\text{-}45)$$

理想空载时，$\dot{I}_2=0$、$s=0$，故 $n=n_1$。随着负载的增加，转子电流 I_2 增大，p_{Cu2} 和 P_{em} 也随之增大，因为 p_{Cu2} 与 I_2' 的二次方成正比。而 P_{em} 则近似地与 I_2' 成正比，因此，随着负载的增大，s 也增大，转速 n 就降低。为了保证电动机有较高的效率，负载时的转子铜耗不能太大，因此负载时的转差率限制在一个比较小的数值。如前所述，一般在额定负载时的转差率 $s_N=0.02\sim0.06$，相应的额定负载时的转速 $n_N=(1-s_N)n_1=(0.98\sim0.94)n_1$，与同步速度十分接近，由此可见，感应电动机的转速特性 $n=f(P_2)$ 是一根对横轴稍微下降的曲线，与并励直流电动机的转速调整特性相似。

二、定子电流特性 $I_1=f(P_2)$

由磁动势平衡方程式 $\dot{I}_1=\dot{I}_0+(-\dot{I}_2')$，理想空载时，$\dot{I}_2'=0$，所以 $\dot{I}_1=\dot{I}_0$。随着负载的增加，转子电流增大，于是定子电流的负载分量也跟着增大，所以 I_1 随 P_2 的增大而增大。

三、功率因数特性 $\cos\varphi=f(P_2)$

感应电动机是从电网吸取滞后的无功电流进行励磁的。空载时，定子电流基本上是个励磁电流，功率因数很低，仅为 $0.1\sim0.2$。随着负载的增加，定子电流的有功分量增加，功率因数逐渐上升，在额定负载附近，功率因数达最大值。超过额定负载后，由于转速降低，转差增大，转子功率因数下降较多，使定子电流中与之平衡的无功分量也增大，功率因数反而有所下降。对小型感应电动机，额定功率因数在 $0.76\sim0.90$ 的范围内。因此如果电动机选择不当，长期处于轻载或空载运行，是很不经济的。

四、转矩特性 $T_{em}=f(P_2)$

因负载转矩 $T_2=\dfrac{P_2}{\Omega}$，考虑到感应电动机从空载到满载，转速 Ω 变化不大，可以认为 T_2 与 P_2 成正比，所以 $T_2=f(P_2)$ 为一直线。而 $T_{em}=T_2+T_0$，因 T_0 近似不变，所以 $T_{em}=f(P_2)$ 也为一直线。

五、效率特性 $\eta=f(P_2)$

效率特性和直流电动机的相似。这在前面已经分析过，对各种类型的电动机，其效率特性形状是完全相同的。各种特性均表示在图 5-10 中。

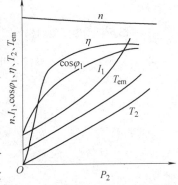

图 5-10 感应电动机的工作特性

第五节　三相感应电动机的参数测定

利用等效电路计算感应电动机的运行特性时，必须知道电动机的参数 R_1、R_r'、$X_{\sigma 1}$、$X_{\sigma 2}'$、R_m 和 X_m，这些参数可以通过空载试验和堵转（短路）试验求得。

一、空载试验

空载试验的目的是测定励磁支路的参数 R_m、X_m 以及铁耗 p_{Fe} 和机械损耗 p_Ω。试验时，电动机空载、定子接到额定频率的三相对称电源，改变定子端电压的大小可测得对应的空载电流 I_0 和空载输入功率 P_0，绘出 $I_0 = f(U_1)$ 和 $P_0 = f(U_1)$ 两条曲线，如图 5-11 所示。

空载时，因为转子电流很小，转子铜耗可以不计，所以输入功率 P_0 完全消耗在定子铜耗 p_{Cu1}、铁耗 p_{Fe} 和机械损耗 p_Ω 上，从 P_0 中减去定子铜耗，得

$$P_0' = P_0 - p_{Cu1} = p_\Omega + p_{Fe} \tag{5-46}$$

其中，p_{Fe} 近似与电压的二次方成正比，当 $U=0$ 时，$p_{Fe}=0$。而 p_Ω 则与电压 U_1 无关，仅仅取决于电动机转速，在整个空载试验中可以认为转速无显著变化，可以认为 p_Ω 等于常数。因此若以 U_1^2 为横坐标，则 $P_0' = f(U_1^2)$ 近似为一直线，此直线与纵坐标的交点，即表示 p_Ω 的值，如图 5-12 所示。求得 p_Ω 后，即可求出 $U_1=U_N$ 时的 p_{Fe} 值。

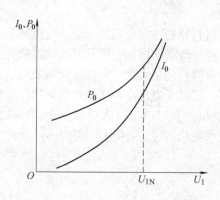

图 5-11　感应电动机的空载特性

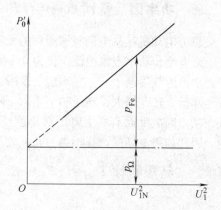

图 5-12　机械损耗的求法

根据空载试验，求得额定电压时的 I_0、P_0 与 p_{Fe} 值，即可算出

$$\begin{cases} Z_0 = \dfrac{U_1}{I_0} \\[2mm] R_0 = \dfrac{P_0}{m_1 I_0^2} \\[2mm] X_0 = \sqrt{Z_0^2 - R_0^2} \end{cases} \tag{5-47}$$

式中　U_1——相电压；

I_0——相电流。

空载时，$I_2 = 0$，从 T 形等效电路来看，相当于转子开路，所以

$$X_0 = X_m + X_{\sigma 1} \tag{5-48}$$

通过堵转试验（见本节二），求得 $X_{\sigma 1}$ 后，即可求得励磁电抗 X_m。

励磁电阻
$$R_m = \frac{p_{Fe}}{m_1 I_0^2} \tag{5-49}$$

严格地说，空载时，除了定子铁耗外，还有一部分空载附加损耗 p_{s0}，因此若要精确计算 R_m，还需把 p_{Fe} 和 p_{s0} 再分离开来，具体方法可参阅有关电机试验的书籍。

二、堵转试验

试验时，将转子堵住不动，这时 $s=1$，则在等效电路中的附加电阻 $\frac{1-s}{s} R_r' = 0$，相当于转子电路本身短接，所以堵转试验也称为短路试验，求得的参数也就称之为短路参数。

试验时，定子仍加额定频率的三相对称电压，求得不同电压下的定子相电流 I_k 和输入功率 P_k，即可画出短路特性 $I_k = f(U_1)$ 和 $P_k = f(U_1)$，如图 5-13 所示。

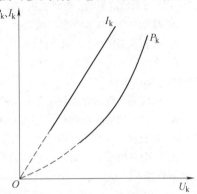

图 5-13　感应电动机的短路特性

从等效电路可知，因为 $Z_m \gg Z_2'$，短路试验时，可以认为励磁支路开路，$I_0 = 0$，铁耗忽略不计。因此，输入功率全部消耗在定、转子的铜耗上。

$$P_k = m_1 I_1^2 R_1 + m_1 I_2'^2 R_r' = m_1 I_1^2 (R_1 + R_r') = m_1 I_1^2 R_k \tag{5-50}$$

这样就得到

$$\begin{cases} Z_k = \dfrac{U_k}{I_k} \\[2mm] R_k = R_1 + R_r' = \dfrac{P_k}{m_1 I_k^2} \\[2mm] X_k = X_{\sigma 1} + X_{\sigma 2}' = \sqrt{Z_k^2 - R_k^2} \end{cases} \tag{5-51}$$

定子电阻 R_1 可直接测得，于是

$$R_r' = R_k - R_1 \tag{5-52}$$

对大中型电动机，可以认为

$$X_{\sigma 1} = X_{\sigma 2}' = \frac{1}{2} X_k \tag{5-53}$$

而对 $P_N < 100\text{kW}$ 的小型电动机，当

$$\begin{cases} 2p \leqslant 6 & X_{\sigma 2}' = 0.67 X_k \\ 2p \geqslant 8 & X_{\sigma 2}' = 0.57 X_k \end{cases} \tag{5-54}$$

必须指出，因短路参数受磁路饱和的影响，它的数值是随电流数值的不同而不同的，因此，根据计算目的的不同，应该选取不同的短路电流进行计算，如求工作特性时，应取 $I_k = I_N$ 时的短路参数，计算最大转矩时，应取 $I_k = (2 \sim 3) I_N$ 时的短路参数，

而在进行起动计算时则应取对应于 $U_1 = U_N$ 时的短路电流的参数。

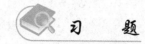

1. 与同容量的变压器相比较，感应电动机的空载电流大，还是变压器的空载电流大？为什么？

2. 感应电动机理想空载时，空载电流等于零吗？为什么？

3. 说明感应电动机工作时的能量传递过程，为什么负载增加时，定子电流和输入功率会自动增加？从空载到额定负载，电动机的主磁通有无变化？为什么？

4. 什么叫作"单相量-多时轴"法？说明感应电动机的时间相量图。

5. 分析说明图5-5的时-空相量图，这时定子相量与转子相量的相位关系说明什么问题？

6. 在分析感应电动机时，为什么要用一静止的转子来代替实际转动的转子？这时转子要进行哪些折算？如何折算？

7. 感应电动机的等效电路有哪几种？试说明 T 形等效电路中各个参数的物理意义。

8. 一台三相感应电动机的输入功率为 8.6kW，定子铜耗为 425W、铁耗为 210W，转差率 $s = 0.034$，试计算电动机的电磁功率、转子铜耗及机械功率。

9. 一台三相感应电动机，额定数据如下：$U_N = 380V$，$f_N = 50Hz$，$P_N = 7.5kW$，$n_N = 962r/min$，三角形联结，已知 $\cos\varphi_N = 0.827$，$p_{Cu1} = 470W$，$p_{Fe} = 234W$，$p_\Omega = 45W$，$p_s = 80W$，求：（1）电动机极数；（2）额定负载时的转差率和转子频率；（3）转子铜耗 p_{Cu2}；（4）效率 η。

10. 笼型转子可以认为每个槽就是一相，每相匝数 $N_2 = \dfrac{1}{2}$，试求笼型转子的绕组因数 K_w。

11. 一台三相 6 极绕线转子感应电动机，定转子绕组均采用星形联结，额定功率 $P_N = 250kW$，额定电压 $U_{N1} = 500V$，额定频率 $f_N = 50Hz$，满载时的效率 $\eta = 0.935$，功率因数 $\cos\varphi = 0.9$，定子每相电阻 $R_1 = 0.0171\Omega$，每相电抗 $X_{\sigma1} = 0.088\Omega$，转子每相电阻 $R_r = 0.01\Omega$，转子每相电抗 $X_{\sigma2} = 0.0745\Omega$，绕组因数 $K_{w1} = 0.926$，$K_{w2} = 0.957$，定子槽数 $Z_1 = 72$，每槽导体数 $N_1 = 16$，每相并联支路数 $a = 6$，转子槽数 $Z_2 = 90$，每槽导体数 $N_2 = 2$，每相并联支路数 $a = 1$，空载电流 $I_0 = 82.5A$，试求：（1）额定负载时的定子电流；（2）忽略 R_1 及 R_m 时的励磁电抗 X_m；（3）转子阻抗的折算值 R_r' 和 $X_{\sigma2}'$。

12. 一台三相绕线转子感应电动机，$U_N = 380V$，$f_N = 50Hz$，星形联结，$n_N = 1440r/min$，已知 $R_1 = R_r' = 0.4\Omega$，$X_{\sigma1} = X_{\sigma2}' = 1\Omega$，$X_m = 40\Omega$，$R_m$ 略去不计，定、转子有效匝数比为 4，求：（1）满载时的转差率；（2）由等效电路求出 I_1、I_2 和 I_0；（3）满载时转子每相电动势 $\dot{E}_2$ 的大小和频率；（4）总机械功率 P_Ω；（5）额定电磁转矩。

第六章

三相感应电动机的电力拖动

研究电动机的电力拖动问题，必须了解电动机的机械特性和负载转矩特性，后者在直流机部分已做了分析，本章主要研究三相感应电动机的机械特性和各种运转状态。

第一节 三相感应电动机的机械特性

与直流电动机相同，三相感应电动机的机械特性也是指在一定条件下，电动机的转速 n 与转矩 T_{em} 之间的关系 $n=f(T_{em})$。因为感应电动机的转速与转差率 s 存在一定的关系，所以感应电动机的机械特性也往往用 $T_{em}=f(s)$ 的形式表示，通常称为 T-s 曲线。在第五章第三节推导电磁转矩公式时，曾导出式(5-44)，实际上这就是一个机械特性曲线方程，下面就从这个公式出发进行分析。

一、固有机械特性的分析

三相感应电动机的固有机械特性是指感应电动机工作在额定电压和额定频率下，按规定的接线方式接线，定、转子外接电阻为零时，n 与 T_{em} 的关系。

对于一定的电动机，式(5-4)中，除了 s(相当于 n)和 T_{em} 是变量外，其余均为定值，这样就可绘制出感应电动机的固有机械特性，如图6-1所示。

因为式(5-44)是个二次方程，故在某一转差率 s_m 时，转矩有一最大值 T_m，s_m 称为临界转差率，整个机械特性可看作由两部分组成。

1) H-P 部分(转矩由 $0 \sim T_m$，转差率由 $0 \sim s_m$)。在这一部分随着转矩 T 的增加，转速降低，根据电力拖动系统稳定运行的条件，称这部分为可靠稳定运行部分或称为工作部分(电动机基本上工作在这一部分)。感应电动机的机械特性的工作部分接近于一条直线，只是在转矩接近于最大值时，弯曲较大，故一般在额定转矩以内，可看作直线。

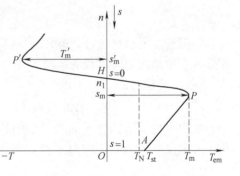

图6-1 感应电动机的固有特性

2) P-A 部分(转矩由 $T_m \sim T_{st}$，转差率由 $s_m \sim 1$)。在这一部分随着转矩的减小，转速也减小，特性曲线为一曲线，称为机械特性的曲线部分，只有当电动机带动通风机负载时，才能在这一部分稳定运行；而对恒转矩负载或恒功率负载，在这一部分不能稳定运行，因此有时候也称这一部分为非工作部分。

为了进一步描述机械特性的特点，下面着重研究几个反映电动机工作的特殊点。

（一）理想空载点 H

这时，$n = n_1$，$s = 0$，电磁转矩 $T_{em} = 0$，转子电流 $I_2 = 0$，定子电流 $I_1 = I_0$。

（二）最大转矩点 P

这时，$s = s_m$，$T_{em} = T_m$。为了求得 T_m 的值，可将式(5-44)对 s 求导，令 $\dfrac{dT_{em}}{ds} = 0$，即可求得产生最大转矩 T_m 时的转差率 s_m

$$s_m = \pm \frac{R_r'}{\sqrt{R_1^2 + (X_{\sigma 1} + X_{\sigma 2}')^2}} \tag{6-1}$$

将式(6-1)代入式(5-44)，即可求得最大转矩 T_m

$$T_m = \pm \frac{m_1 p U_1^2}{4\pi f_1 [\pm R_1 + \sqrt{R_1^2 + (X_{\sigma 1} + X_{\sigma 2}')^2}]} \tag{6-2}$$

式中，正号对应于电动运行状态，负号则对应于发电运行状态。

由式(6-1)、式(6-2)，可得如下几点重要结论：

1）感应电动机的临界转差率仅与电动机本身的参数有关，而与电源电压无关。

2）感应电动机的最大转矩与转子电阻无关，但产生最大转矩时的转差率（即临界转差率）则与转子电阻成正比。因此，改变转子电阻的大小，可以改变产生最大转矩时的转差率。也就是说，选择不同的转子电阻值，可以在某一特定的转速时使电动机产生的转矩为最大，这一性质对于绕线转子感应电动机具有特别重要的意义。

T_m 是感应电动机可能产生的最大转矩，如果负载转矩大于最大转矩，则电动机将因为承担不了而停转。为了保证电动机不会因短时过载而停转，一般电动机都具有一定的过载能力。过载能力用最大转矩 T_m 与额定转矩 T_N 之比表示，即

$$\lambda_m = \frac{T_m}{T_N} \tag{6-3}$$

一般感应电动机的过载能力 $\lambda_m = 1.6 \sim 2.2$，这是感应电动机一个很重要的参数，它反映了电动机短时过载的极限。

（三）起动点 A

这时，$n = 0$，$s = 1$，电磁转矩 $T_{em} = T_{st}$。T_{st} 称为起动转矩（因这时 $n = 0$，转子不动，所以也称为堵转转矩），它是感应电动机接到电源开始起动瞬间的电磁转矩。将 $s = 1$ 代入式(5-44)，即可求得

$$T_{st} = \frac{m_1 p U_1^2 R_r'}{2\pi f_1 [(R_1 + R_r')^2 + (X_{\sigma 1} + X_{\sigma 2}')^2]} \tag{6-4}$$

由式(6-4)可知，起动转矩仅与电动机本身参数及电源有关，是在一定的电源条件下，电动机本身的一个参数，而与电动机所带的负载无关。

对于绕线转子电动机，若在一定范围内增大转子电阻（转子电路串接电阻），则可以增大起动转矩，改善起动性能；而对于笼型感应电动机，其转子电阻不能用串接电

阻的方法改变，这时 T_{st} 与 T_N 之比，称为起动转矩倍数 K_m

$$K_m = \frac{T_{st}}{T_N} \tag{6-5}$$

K_m 是笼型感应电动机的一个重要参数，它反映了电动机的起动能力。显然，只有当 T_{st} 大于负载转矩时，电动机才能起动；而在要求满载起动时，则 K_m 必须大于 1。

二、人为机械特性的分析

人为机械特性是人为地改变电动机参数或电源参数而得到的机械特性，三相感应电动机的人为机械特性种类很多，本节着重讨论两种人为特性。

（一）降低定子电压时的人为机械特性

当定子电压 U_1 降低时，由式（5-44）可知，电动机的电磁转矩（包括最大转矩 T_m 和起动转矩 T_{st}）将与 U_1^2 成正比降低，但产生最大转矩的临界转差率 s_m 因与电压无关，保持不变；由于电动机的同步转速 n_1 也与电压无关，因此同步点也不变。可见降低定子电压的人为机械特性为一组通过同步点的曲线族。图 6-2 绘出 $U_1 = U_N$ 的固有特性曲线和 $U_1 = 0.8U_N$ 及 $U_1 = 0.5U_N$ 时的人为机械特性。

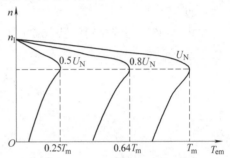

图 6-2　感应电动机降低电压时的人为特性

由图可见，当电动机在某一负载下运行时，若降低电压，将使电动机转速降低，转差率增大，转子电流将因此增大，从而引起定子电流的增大。若电动机电流超过额定值，则电动机最终温升将超过容许值，导致电动机寿命缩短，甚至使电动机烧坏。如果电压降低过多，致使最大转矩 T_m 小于总的负载转矩，则会发生电动机停转事故。

（二）转子电路中串接对称电阻时的人为机械特性

在绕线转子感应电动机转子电路内，三相分别串接大小相等的电阻 R_{pa}，由以上分析可知，此时电动机的同步转速 n_1 不变，最大转矩 T_m 不变，而临界转差率 s_m 则随 R_{pa} 的增大而增大，人为特性为一组通过同步点的曲线族，如图 6-3 所示。

显然在一定范围内增加转子电阻，可以增大电动机的起动转矩 T_{st}，如果串接某一数值的电阻后使 $T_{st} = T_m$，这时若再增大转子电阻，起动转矩将开始减小。

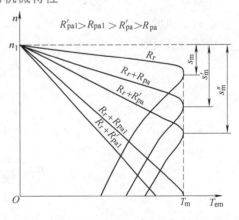

图 6-3　转子串接对称电阻时的人为特性

转子电路串接附加电阻，适用于绕线转子感应电动机的起动和调速。关于这方面的问题，将在本章第二节和第四节中再做分析。

三相感应电动机的人为机械特性的种类很多，除了上述两种外，还有改变定子极对数，改变电源频率的人为特性等，以后将在讨论感应电动机的各种运行状态时进行分析。

三、机械特性的实用表达式

用电动机参数表示的机械特性曲线方程，在进行某些理论分析时是非常有用的，它清楚地表示了转矩、转差率与电动机参数之间的关系。但是电动机定、转子参数都是些设计数据，在电动机的产品目录或铭牌上是查不到的。因此，对于某一台具体电动机，要利用参数表达式来绘制它的机械特性进行分析计算是很不方便的，这就希望能利用电动机的一些技术数据和额定数据来绘制机械特性，也就是机械特性的实用表达式。其推导过程如下：

在式(5-45)、式(6-1)、式(6-2)中，$R_1 \ll (X_{\sigma 1} + X_{\sigma 2}')$，故

$$T_{em} \approx \frac{m_1 p U_1^2 R_r'/s}{2\pi f_1 \left[\left(\dfrac{R_r'}{s} \right)^2 + (X_{\sigma 1} + X_{\sigma 2}')^2 \right]}$$

$$s_m \approx \frac{R_r'}{X_{\sigma 1} + X_{\sigma 2}'}$$

$$T_m \approx \frac{m_1 p U_1^2}{4\pi f_1 (X_{\sigma 1} + X_{\sigma 2}')}$$

所以

$$\frac{T_{em}}{T_m} = 2 \bigg/ \left(\frac{\dfrac{R_r'}{s}}{X_{\sigma 1} + X_{\sigma 2}'} + \frac{X_{\sigma 1} + X_{\sigma 2}'}{\dfrac{R_r'}{s}} \right) \tag{6-6}$$

即

$$\frac{T_{em}}{T_m} = 2 \bigg/ \left(\frac{s}{s_m} + \frac{s_m}{s} \right) \tag{6-7}$$

这就是机械特性的实用表达式，只要知道 T_m 和 s_m，就可以求出 T_{em} 和 s 的关系。

由式(6-3)得

$$T_m = \lambda_m T_N \tag{6-8}$$

式中

$$T_N = 9550 \times \frac{P_N}{n_N}$$

由式(6-7)，当 $s = s_N$ 时，$T_{em} = T_N$，得

$$\frac{T_N}{T_m} = \frac{2}{\dfrac{s_m}{s_N} + \dfrac{s_N}{s_m}} = \frac{1}{\lambda_m} \tag{6-9}$$

解得

$$s_m = s_N (\lambda_m \pm \sqrt{\lambda_m^2 - 1}) \tag{6-10}$$

式中的正负号，只有正号有实际意义，因为用负号求得的 s_m 将小于 s_N。下面用一例子具体说明机械特性实用表达式的应用。

例 6-1 一台 Y80L—2 三相笼型感应电动机，已知 $P_N = 2.2kW$，$U_N = 380V$，$I_N = 4.74A$，$n_N = 2840r/min$，定子绕组为星形联结，过载能力 $\lambda_m = 2$，试绘制其固有机械

特性。

解　电动机的额定转矩为

$$T_N = 9550 \frac{P_N}{n_N}$$

即

$$T_N = 9550 \times \frac{2.2}{2840} N \cdot m = 7.40 N \cdot m$$

电动机的最大转矩

$$T_m = \lambda_m T_N = 2 \times 7.40 N \cdot m = 14.8 N \cdot m$$

额定转差率

$$s_N = \frac{n_1 - n_N}{n_1} = \frac{3000 - 2840}{3000} = 0.053$$

临界转差率

$$s_m = s_N(\lambda_m + \sqrt{\lambda_m^2 - 1}) = 0.053 \times (2 + \sqrt{2^2 - 1}) = 0.198$$

将 T_m 和 s_m 的值代入式(6-7)，得到该电动机的固有机械特性方程式

$$T_{em} = \frac{2 \times 14.8 N \cdot m}{\dfrac{0.198}{s} + \dfrac{s}{0.198}}$$

把不同的 s 值代入上式，算得对应的 T_{em} 值，见表6-1。

表6-1　s 与 T_{em} 的对应表

s	1.0	0.9	0.8	0.7	0.6	0.5	0.4	0.3	0.2	0.15	0.10	0.053
$T_{em}/$ (N·m)	5.63	6.21	6.9	7.75	8.81	10.14	11.75	19.5	14.8	14.2	11.9	7.4

根据上列 T_{em} 和 s 值，即可点绘出电动机的固有机械特性曲线。因为参数 $X_{\sigma 2}'$ 实际上是个变值，所以用这种方法点绘的机械特性，其非工作部分与实际相差较远。

第二节　三相感应电动机的起动

一、三相笼型转子感应电动机的起动

三相笼型转子感应电动机有直接起动与减压起动两种方法。

（一）直接起动

直接起动也称为全压起动，起动时，电动机定子绕组直接承受额定电压。这种起动方法最简单，也不需要复杂的起动设备，但是，这时起动的电流较大，一般可达额定电流的4~7倍。过大的起动电流对电动机本身和电网电压的波动均会带来不利影响，一般直接起动只允许在较小功率电动机中使用（$P_N \leq 7.5kW$）；对功率较大的电动机，若能满足下式要求，也可允许直接起动

$$\frac{I_{st}}{I_N} \leq \frac{1}{4}\left(3 + \frac{\text{电源总容量} / kVA}{\text{起动电动机的功率} / kW}\right) \tag{6-11}$$

（二）减压起动

减压起动的目的是限制起动电流，通过起动设备使定子绕组承受的电压低于额定电压，待电动机转速达到某一数值时，再使定子绕组承受额定电压，使电动机在额定电压下稳定工作。

1. 串电阻减压或串电抗减压起动

图 6-4 为串电阻减压起动的原理图，电动机起动时，在定子电路中串接电阻，这样就降低了加在定子绕组上的电压，从而也就减少了起动电流。若起动瞬时加在定子绕组上的电压为 $\frac{1}{\sqrt{3}}U_N$，则起动电流 I'_{st} 将为全压起动时起动电流 I_{st} 的 $\frac{1}{\sqrt{3}}$，$I'_{st}=\frac{1}{\sqrt{3}}I_{st}$，因为转矩与电压的二次方成正比，所以起动转矩 T'_{st} 仅为全压起动时起动转矩 T_{st} 的 $\frac{1}{3}$，$T'_{st}=\frac{1}{3}T_{st}$。这种起动方法，由于起动时能量损耗较多，故目前已被其他方法所代替。

2. 自耦补偿起动

自耦补偿起动是利用自耦变压器降低加到电动机定子绕组上的电压以减小起动电流，图 6-5 为自耦补偿起动的原理线路图。

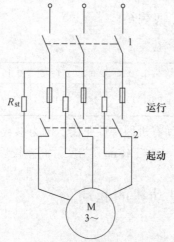

图 6-4 笼型转子感应电动机串电阻
减压起动原理图

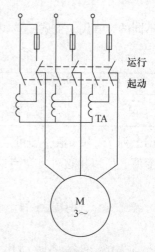

图 6-5 感应电动机自耦补偿起动
的原理线路图

起动时开关投向"起动"位置，这时自耦变压器的一次绕组加全电压，降压后的二次电压加在定子绕组上，电动机减压起动。当电动机转速接近稳定值时，把开关投向"运行"位置，自耦变压器被切除，电动机全压运行，起动过程结束。

设自耦变压器的电压比 $k=\frac{N_1}{N_2}=\sqrt{3}$，则起动时，电动机所承受的电压为 $\frac{1}{\sqrt{3}}U_N$，起动电流为全压起动时的 $\frac{1}{\sqrt{3}}$，起动转矩则为全压起动时的 $\frac{1}{3}$。但和定子串电阻减压起动不同的是，定子串电阻减压起动时，电动机的起动电流就是电网电流；而自耦变压器减压起动时，电动机的起动电流与电网电流的关系则是自耦变压器一、二次电流的关系。由自耦变压器的知识可知，一次电流 $I_1 = \dfrac{I_2}{k}$，因此，这时的电网电流为电动机起动电流的 $\dfrac{1}{\sqrt{3}}$，只有直接起动时的 $\dfrac{1}{3}$。这就是说，在电动机得到同样的起动电流和起动转矩的情况下，采用自耦变压器减压起动的电网电流将小于定子串电阻（或串电抗）减压起动时的电网电流。这是自耦变压器减压起动的一大优点。此外，为了满足不同负载的要求，自耦变压器的二次绕组可以有不同的抽头供选择，通常有 $40\% U_\mathrm{N}$、$60\% U_\mathrm{N}$ 和 $80\% U_\mathrm{N}$ 三种。

自耦变压器减压起动适用于中小功率的低压电动机，应用较广泛。

3. 星-三角（丫-△）起动

用这种起动方法的感应电动机，必须是定子绕组正常联结方式为"△"的电动机。在起动时，先将三相定子绕组接成星形，待转速接近稳定时，再改接成三角形。图 6-6 为星-三角起动电路的原理图。起动时，开关 S_2 投向"丫"位置，定子绕组作星形联结，这时定子绕组承受的电压只有作三角形联结时的 $\dfrac{1}{\sqrt{3}}$，电动机减压起动，当电动机转速接近稳定值时，将开关 S_2 迅速投向"△"位置。定子绕组接成三角形运行，起动过程结束。

电动机停转时，可直接断开电源开关 S_1，但必须同时把开关 S_2 放在中间位置，以免再次起动时造成直接起动。

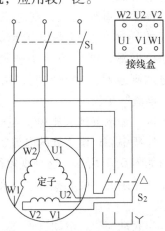

图 6-6　笼型转子感应电动机
星-三角起动原理图

丫-△起动时，定子电压为直接起动的 $1/\sqrt{3}$，起动转矩则为直接起动的 $1/3$，由于三角形联结时绕组内的电流是线路电流的 $1/\sqrt{3}$，而星形联结时，线路电流等于绕组内的电流，因此接成星形起动时的线路电流只有接成三角形直接起动的 $1/3$。

丫-△起动操作方便、起动设备简单、应用较广泛，但它仅适用于正常运转时定子绕组接成三角形的电动机。为此，对于一般用途的小型感应电动机，当功率大于或等于 4kW 时，定子绕组的正常接法都采用三角形。

（三）深槽式及双笼型电动机

从笼型电动机的起动情况来看，采用直接起动，起动电流太大；采用减压起动虽然可以减小起动电流，但起动转矩也相应地减小。根据对转子串联电阻的人为机械特性的分析可知，当转子电阻增加时，在一定范围内可以提高起动转矩，减小起动电流；但转子电阻增大，也会使电动机正常运行时的铜耗增大，使效率降低。为了解决这一矛盾，促使人们从笼型感应电动机的转子槽形着手，利用趋肤效应来达到起动时转子电阻较大，而正常运行时转子电阻自动变小的要求。具有这种改善起动性能的笼型电动机就是深槽式感应电动机和双笼型感应电动机。

1. 深槽式感应电动机

深槽式感应电动机的转子槽形深而窄，通常槽深 h 与槽宽 b 之比 $h/b = 10 \sim 12$，当转子导条中通过电流时，槽漏磁通的分布如图 6-7a 所示。由图可见，与导条底部相交链的漏磁通比槽口部分所交链的漏磁通要多，因此，若将导条看成是由若干沿槽高划分的导体单元并联而成，则越靠近槽底的导体单元的漏电抗越大，而越接近槽口部分的导体单元的漏电抗则越小。在起动时，由于

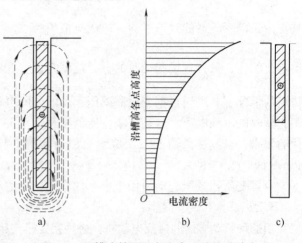

图 6-7 深槽式转子导条中电流的趋肤效应

转子电流频率较高，$f_2 = f_1$，漏电抗较大，因此各导体单元中电流的分配将主要决定于漏电抗，漏电抗越大则电流越小，这样在由气隙主磁通所感应的相同电动势的作用下，导条中靠近槽底处的电流密度将很小，而靠近槽口处则较大，沿槽高的电流密度分布如图 6-7b 所示。这种现象称为电流的趋肤效应，也称为挤流效应，其效果相当于减小了导条的高度和截面积，如图 6-7c 所示，因此转子电阻增大，满足了起动时的要求。

当起动完毕，电动机正常运行时，由于转子电流频率很低，转子绕组的漏电抗很小，趋肤效应基本消失，导条内电流均匀分布，导条电阻等于直流电阻。由此可见，在正常运行时，转子电阻会自动变小，从而满足了减小转子铜耗以提高电动机效率的要求。

2. 双笼型感应电动机

双笼型感应电动机的转子上有两套笼，如图 6-8a 所示，其中 1 为上笼，2 为下笼，上笼的导条截面积较小，并用黄铜或铝青铜等电阻系数较大的材料制成，电阻较大；下笼导条的截面积较大，并用电阻系数较小的纯铜制成，电阻较小。此外，也可采用铸铝转子，如图 6-8b 所示。显然，下笼交链的漏磁通要比上笼的多得多，因此下笼的漏抗也比上笼的大得多。

起动时，转子电流频率较高，转子漏抗大于电阻，上、下笼的电流分配主要决定于漏抗，由于下笼的漏抗大，所以电流主要从上笼流过。因此，起动时上笼起主要作用。由于它的电阻较大，可以产生较大的起动转矩，限制起动电流，所以常把上笼称为起动笼。

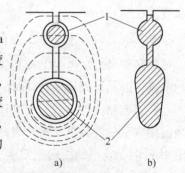

图 6-8 双笼型电动机的转子槽型
1—上笼 2—下笼

正常运行时，转子频率很低，漏抗很小，上、下笼的电流分配决定于电阻，于是电流大部分从电阻较小的下笼流过，产生正常运行时的电磁转矩，所以把下笼称为运

194

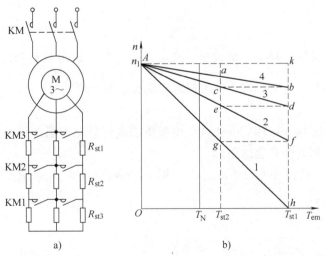 （此处为占位，实际为页眉）

行笼。

双笼型感应电动机的机械特性曲线可以看成是上、下笼两条机械曲线的合成，改变上、下笼的参数就可以得到不同的机械特性曲线，以满足不同的负载要求，这是双笼型感应电动机的一个突出优点。

双笼型感应电动机的起动性能比深槽式感应电动机好，但深槽式感应电动机结构简单，制造成本较低。它们的共同缺点是转子漏抗较普通笼型电动机大，因此功率因数和过载能力都比普通笼型电动机低。

二、三相绕线转子感应电动机的起动

（一）转子串联电阻起动

1. 起动过程

在上一节分析转子串电阻的人为特性时，已经说明适当增加转子电路电阻，可以提高电动机的起动转矩，绕线转子感应电动机正是利用了这一特性。当起动时，在转子电路中接入起动电阻器，借以提高起动转矩，同时，转子电阻增加也限制了起动电流。为了在整个起动过程中得到比较大的加速转矩，并使起动过程平滑，与直流他励电动机的起动一样，将起动电阻也分成几级，在起动过程中逐步切除。

图 6-9 为绕线转子感应电动机起动时的接线图和特性曲线。其中曲线 1 对应于转子电阻为 $R_3 = R_r + R_{st3} + R_{st2} + R_{st1}$ 的人为特性。相应地，曲线 2 对应于转子电阻为 $R_2 = R_r + R_{st2} + R_{st1}$ 的人为特性，曲线 3 对应于转子电阻为 $R_1 = R_r + R_{st1}$ 的人为特性，曲线 4 则为固有机械特性。

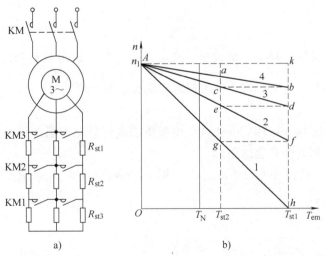

图 6-9 绕线转子感应电动机起动时的接线图和特性曲线

开始起动时，$n = 0$，全部电阻接入，这时起动转矩为 T_{st1}，随着转速上升，转矩沿曲线 1 变化，逐渐减小，当减小到 T_{st2} 时，接触器触头 KM1 闭合，R_{st3} 被切除，电动机的运行点由曲线 1（g 点）移到曲线 2（f 点）上，转矩跃升为 T_{st1}；电动机的转速和转矩沿曲线 2 变化，待转矩又减小到 T_{st2} 时，接触器触头 KM2 闭合，电阻 R_{st2} 被切除，电动机的运行点由曲线 2（e 点）移到曲线 3（d 点）上，电动机的转速和转矩沿曲线 3 变化，最后接触器触头 KM3 闭合，起动电阻全部切除，转子绕组直接短路，电动机运行点沿固有特性变化，直到电磁转矩与负载转矩平衡，电动机稳定工作。

在起动过程中，一般取起动转矩的最大值 T_{st1} 为 $(0.7 \sim 0.85) T_m$，最小值 T_{st2} 为 $(1.1 \sim 1.2) T_N$。

起动电阻通常用高电阻系数合金或铸铁电阻片制成，在大功率电动机中，也有用水电阻的。

2. 起动电阻的计算

起动电阻的计算可以采用图解法或解析法进行，本文只介绍用解析法计算起动电阻。

前面已经说明，感应电动机的固有机械特性的工作部分接近于一条直线，只在 s 接近于 s_m、T_{em} 接近于 T_m 时，弯曲较大。为了简化计算，在 $s < s_m$ 范围内，可以认为特性曲线的工作部分为一直线，通常称之为机械特性的线性化。于是机械特性的实用表达式就可写成 $T_{em} = \dfrac{2T_m}{s_m} s$，亦即在同一条机械特性曲线上（$R_2$ 为定值时）有

$$T_{em} \propto s \tag{6-12}$$

而当转速一定时（s 为定值时）

$$T_{em} \propto \frac{1}{s_m} \tag{6-13}$$

因为 $s_m \propto R_2$，所以

$$T_{em} \propto \frac{1}{R_2} \tag{6-14}$$

从式(5-44)可知，对某一电动机，在电源一定时，若转矩不变，则 $\dfrac{R_2'}{s}$ 为一常数，也就是说，当转矩一定时，转子电阻与转差率成正比，即

$$R_2 \propto s \tag{6-15}$$

式(6-12)、式(6-14)和式(6-15)是用解析法进行起动电阻计算的依据（对某些制动电阻或调速电阻的计算也适用）。

在图 6-9 中，特性 Aab 与 Acd 相对应的转子电阻分别为 R_r 和 R_1，根据 b、c 两点的转速相等，由式(6-14)得

$$\frac{T_{st1}}{T_{st2}} = \frac{R_1}{R_r}$$

对于 d、e 两点，则得

$$\frac{T_{st1}}{T_{st2}} = \frac{R_2}{R_1}$$

在一般情况下，当起动级数为 m 时

$$\frac{R_m}{R_{m-1}} = \frac{R_{m-1}}{R_{m-2}} = \cdots = \frac{R_1}{R_r} = \frac{T_{st1}}{T_{st2}} = \beta$$

即

$$\begin{cases} R_1 = \beta R_r \\ R_2 = \beta^2 R_r \\ \quad\vdots \\ R_m = \beta^m R_r \end{cases} \tag{6-16}$$

比较图 6-9 中，固有特性和转子电阻为最大时的人为特性(转子电阻为 R_3)，由式 (6-15)可得

$$\frac{R_3}{R_r} = \frac{s_h}{s_b} = \frac{1}{s_b} \tag{6-17}$$

再由固有特性，应用式(6-12)得

$$\frac{T_{st1}}{T_N} = \frac{s_b}{s_N} \tag{6-18}$$

所以

$$s_b = \frac{s_N T_{st1}}{T_N} \tag{6-19}$$

代入式(6-17)，得

$$\frac{R_3}{R_r} = \frac{T_N}{s_N T_{st1}} \tag{6-20}$$

推广到一般情况，则为

$$\frac{R_m}{R_r} = \frac{T_N}{s_N T_{st1}} \tag{6-21}$$

代入式(6-16)，得

$$\beta = \sqrt[m]{\frac{T_N}{s_N T_{st1}}} \tag{6-22}$$

计算时，应根据电动机的额定数据和起动级数，选定 T_{st1} 值，求出 β，再由 $\dfrac{T_{st1}}{\beta} = T_{st2}$ 求出 T_{st2}，判断能否满足起动要求，否则需调整。若起动级数未定，则可选定 T_{st1} 和 T_{st2} 求出 β 值，再由式(6-22)，计算出 m(m 必须取为整数)，然后再用式(6-16)计算起动电阻。至于起动电阻每段的电阻值，可由相邻两级的总电阻值相减求得

$$\begin{cases} R_{stm} = R_m - R_{m-1} = \beta R_{st(m-1)} \\ R_{st(m-1)} = R_{m-1} - R_{m-2} = \beta R_{st(m-2)} \\ \quad\vdots \\ R_{st2} = R_2 - R_1 = \beta R_{st1} \\ R_{st1} = R_1 - R_r = (\beta - 1) R_r \end{cases} \tag{6-23}$$

下面用一具体例子来说明。

例 6-2 一绕线转子感应电动机，其部分技术数据为 $P_N = 28\text{kW}$，$n_N = 1420\text{r/min}$，$\lambda_m = 2$，$E_{2N} = 250\text{V}$，$I_{2N} = 71\text{A}$，试求 3 级起动电阻。

解 求电动机额定转差率 s_N

$$s_N = \frac{1500 - 1420}{1500} = 0.0533$$

197

电动机转子绕组每相电阻 R_r

$$R_r = \frac{s_N E_{2N}}{\sqrt{3} I_{2N}} = \frac{0.0533 \times 250}{\sqrt{3} \times 71}\Omega = 0.108\Omega$$

取 $T_{st1} = 1.7 T_N$，由式(6-22)得

$$\beta = \sqrt[3]{\frac{1}{0.0533 \times 1.7}} = 2.22$$

则

$$T_{st2} = \frac{T_{st1}}{\beta} = \frac{1.7 T_N}{2.22} = 0.766 T_N$$

因为 $T_{st2} < T_N$，所以只适用于空载或负载转矩小于 T_{st2} 的负载起动，否则需要调整 T_{st1}。

转子各相外串的各段起动电阻分别为

$$R_{st1} = (\beta - 1)R_r = (2.22 - 1) \times 0.108\Omega = 0.132\Omega$$

$$R_{st2} = \beta R_{st1} = 2.22 \times 0.132\Omega = 0.293\Omega$$

$$R_{st3} = \beta R_{st2} = 2.22 \times 0.293\Omega = 0.65\Omega$$

每相起动总电阻

$$R_{st} = R_{st1} + R_{st2} + R_{st3}$$
$$= 0.132\Omega + 0.293\Omega + 0.65\Omega = 1.075\Omega$$

必须说明，对于用在桥式起重机和冶金机械上的绕线转子感应电动机，它们的起动调速用的电阻大小均已标准化，并与所有控制器及电动机配合成套，可以根据电动机的大小，直接从有关产品目录或手册中查得，但是要注意的是这些电阻值并非按上述方法计算而得。另外，本书只是对绕组串三相对称电阻的起动进行了分析，实际应用中，也可串不对称电阻起动，请见有关书籍。

(二)转子串接频敏变阻器起动

绕线转子感应电动机用转子串接起动电阻的起动方法，可以增大起动转矩，减小起动电流，但是若要在起动过程中始终保持有较大的起动转矩，使起动平稳，就必须增加起动级数，这就会使起动设备复杂化。为此可以采用在转子电路中串入频敏变阻器的起动方法。所谓频敏变阻器，实质上就是一个铁耗很大的三相电抗器，从结构上看，它好似一个没有二次绕组的三相心式变压器，只是它的铁心不是用硅钢片而是用厚30~50mm的钢板叠成，以增大铁心损耗，3个绕组分别绕在3个铁心柱上，并且接成星形，然后接到转子集电环上，如图6-10所示。

当电动机起动时，转子频率较高，$f_2 = f_1$，频敏变阻器的铁耗就大，因此等效电阻 R_m 也较大。在起动过程中，随着转子转速的上升，转子频率逐步降低，频敏变阻器的铁耗和相应的等效电阻 R_m 也就随之而减小，这就相当于在起动过程中逐渐切除转子电路串入的电阻。起动结束后，转子频率很低($f_2 = 1 \sim 3\text{Hz}$)，频敏变阻器的等效电阻和电抗都很小，于是可将频敏变阻器切除，转子绕组直接短路。因为等效电阻 R_m 是随着频率的变化而自动变化的，因此被称为频敏变阻器(相当于一种无触点的变阻器)。在起动过程中，它能够自动、无级地减小电阻，如果频敏变阻器的参数选择恰

当，可以在起动过程中保持起动转矩不变，这时的机械特性如图 6-11 中曲线 2 所示，曲线 1 为固有特性。

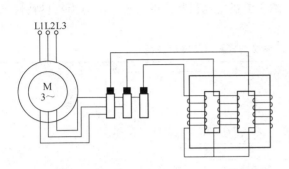

图 6-10　绕线转子感应电动机用转子
串接频敏变阻器起动的电路图

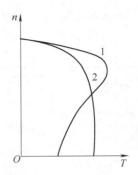

图 6-11　串入频敏变阻器后的机械特性

频敏变阻器结构简单，运行可靠，使用维护方便，因此应用日益广泛，但与转子串电阻的起动方法相比，由于频敏变阻器还具有一定的电抗，在同样的起动电流下，起动转矩要小些。

第三节　感应电动机的电磁制动

以上讨论的感应电动机的工作状态都属于电动工作状态，这时电动机从电网吸取电功率，输出机械功率，机械特性位于第一象限和第三象限（第三象限为逆向电动状态）。此外，感应电动机还可工作于电磁制动状态，感应电动机的电磁制动状态也可分为能耗制动、反接制动和回馈制动。不论是哪一种制动状态，电动机的电磁转矩方向总是与转向相反。

一、能耗制动

感应电动机的能耗制动电路图如图 6-12a 所示。制动时触头 KM1 断开，电动机脱离电网，然后立即将触头 KM2 闭合，在定子绕组中，通入直流电流（定子串接电阻是为了控制直流电流的大小），于是在电动机内产生一恒定磁场。当转子由于惯性而仍在旋转时，转子导体切割此恒定磁场，从而感应电动势产生电流，由图 6-12b 可以判定，这时由转子电流和

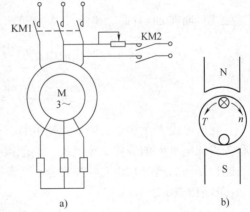

图 6-12　感应电动机能耗制动原理图

恒定磁场作用所产生的电磁转矩的方向与转子转动方向相反，为一制动转矩，使转速下降。当 $n = 0$ 时，转子电动势和电流均为零，制动过程结束。这种方法是将转子的动能变为电能，消耗在转子电阻上（对绕线转子感应电动机包括转子串接电阻），所以称为能耗制动。

能耗制动时定子绕组 3 种常用联结方式见表 6-2。为了进一步分析能耗制动特性，下面推导能耗制动时的机械特性方程式。首先将能耗制动状态下定子的直流电流 I_- 等效折算成三相交流电流，进一步利用前述感应电机电动机状态的分析方法写出机械特性方程式。

表 6-2　能耗制动联结方式及电流等效关系

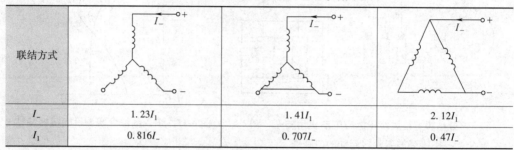

联结方式			
I_-	$1.23I_1$	$1.41I_1$	$2.12I_1$
I_1	$0.816I_-$	$0.707I_-$	$0.47I_-$

以表 6-2 中第一种接线方式为例，当定子绕组通入三相对称交流电流时，有

$$i_u = \sqrt{2}I_1\sin\omega t \tag{6-24}$$

$$i_v = \sqrt{2}I_1\sin(\omega t - 120°) \tag{6-25}$$

$$i_w = \sqrt{2}I_1\sin(\omega t + 120°) \tag{6-26}$$

在 $\omega t = 0$ 时有

$$\begin{cases} i_u = 0 \\ i_v = -\dfrac{\sqrt{6}}{2}I_1 \\ i_w = \dfrac{\sqrt{6}}{2}I_1 \end{cases} \tag{6-27}$$

此式说明在 $\omega t = 0$ 时，电流从 W 相流入，由 V 相绕组流出，如果表 6-2 第一种接法通入的直流电流 I_- 等于此时交流电流值 $\dfrac{\sqrt{6}}{2}I_1$，即

$$I_- = \frac{\sqrt{6}}{2}I_1 = 1.23I_1 \tag{6-28}$$

那么，直流电流 I_- 所建立的磁动势幅值与三相交流电流 I_1 所建立的磁动势幅值相等。I_1 称为直流电流 I_- 的等效交流电流。其他接线方法的等效关系可类似推出。决定了 I_1 后，能耗制动的感应电动机可等效为一正常接线的感应电动机。根据感应电动机相量图知（忽略励磁电阻）

$$I_1^2 = I_2'^2 + 2I_{0q}I_2'\sin\varphi_2 + I_{0q}^2 \tag{6-29}$$

式中　I_{0q}——励磁电流。

如果电动机内磁通不变，若转子转速对应于电网频率的同步转速 n_1 时，转子内的感应电动势为 E_2，转子每相电抗为 X_2，则当转速为 n 时，转子内的电动势为 $E_2\dfrac{n}{n_1}$，转子电抗为 $X_2\dfrac{n}{n_1}$，转子每相电阻则保持为 R_r 不变，令 $v = \dfrac{n}{n_1}$，对转子电路而言，可得

$$E_2'v = I_2'Z_2' \tag{6-30}$$

式中 Z_2'——转子每相阻抗的折算值，有

$$Z_2' = \sqrt{R_r'^2 + (X_2'v)^2} \tag{6-31}$$

因为 $$E_1 = E_2'$$

所以

$$I_{0q} = \frac{E_1}{X_u} = \frac{I_2'Z_2'}{vX_u} \tag{6-32}$$

式中 X_u——励磁电抗。为了区别电动工作状态，不用 X_m。

而

$$\sin\varphi_2 = \frac{vX_2'}{Z_2'} \tag{6-33}$$

将式(6-31)、式(6-32)、式(6-33)代入式(6-29)，得

$$I_2' = \frac{I_1 X_u}{\sqrt{\left(\dfrac{R_r'}{v}\right)^2 + (X_2' + X_u)^2}} \tag{6-34}$$

将上述关系代入式(5-40)，即可求出

$$T_{em} = \frac{pm_1 I_1^2 X_u^2 \dfrac{R_r'}{v}}{2\pi f_1 \left[\left(\dfrac{R_r'}{v}\right)^2 + (X_u + X_2')^2\right]} \tag{6-35}$$

式(6-35)即为感应电动机能耗制动时的机械特性方程式，它说明感应电动机能耗制动时制动转矩的大小决定于等效电流 I_1，并与转速 n、转子电阻 R_r 有关，当 $n=0$ 时，$T_{em}=0$，特性曲线通过原点，由于是制动状态，曲线应在第二象限（逆向电动状态转入能耗制动时，特性曲线在第四象限）。

式(6-35)是一个二次函数，有一最大值，为此将式(6-35)对 v 求导，并令 $\dfrac{\mathrm{d}T_{em}}{\mathrm{d}v}=$ 0，即可求得能耗制动时的最大转矩 T_{mT} 和产生最大制动转矩时的相对转速 v_m

$$T_{mT} = \frac{pm_1}{2\pi f_1} \frac{I_1^2 X_u^2}{2(X_u + X_2')} \tag{6-36}$$

$$v_m = \frac{R_r'}{X_u + X_2'} \tag{6-37}$$

v_m 也称为临界相对转速。

当直流励磁一定，而转子电阻增加时，产生最大制动转矩时的转速也增大，但最大转矩值不变；而当转子电路电阻不变，增大直流励磁时，则产生的最大制动转矩增大，但产生最大转矩时的转速不变。能耗制动时的机械特性曲线，绘于图6-13，其中曲线1、2是转子电阻相同，但曲线2的直流励磁大于曲线1；曲线1、3是直流励磁相同，但曲线3的转子电阻大于曲线1。

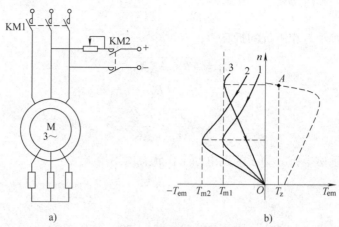

图 6-13　感应电动机能耗制动的电路图及机械特性

a)电路图　b)机械特性

　　显然，转子电阻较小时，在高速时的制动转矩就比较小，因此对笼型感应电动机来说为了增大高速时的制动转矩就必须增大直流励磁，而对绕线转子感应电动机，则可采取转子串接电阻的方法使得在高速时获得较大的制动转矩。

　　必须指出：能耗制动时，电动机是直流励磁，励磁磁动势是一个恒定值，然而在不同的转速下，转子电流是变化的，因此转子磁动势是个变量。这就使电动机的合成磁动势在制动过程中不是一个定值，这说明在能耗制动过程中，电动机的主磁通是变化的，由此引起磁路饱和情况的变化，使励磁电抗 X_u 不再保持为一常数，而是随着转速的变化而变化。因此，在具体计算能耗制动的机械特性时，除了应用式(6-35)外，还必须知道感应电动机的磁化曲线，关于这方面的问题，可参阅有关电力拖动的书籍，这里不再详述。

二、反接制动

　　感应电动机的反接制动可以分为"定子两相反接"和"倒拉反接"两种制动状态。

(一)定子两相反接制动

　　感应电动机两相反接的电路图如图 6-14a 所示，反接制动前，触头 KM2 闭合，KM1 断开，电动机正向运转，稳定工作在固有特性上的 a 点，如图 6-14b 所示，反接制动时，将触头 KM2 断开，KM1 闭合。

　　由于定子绕组两相反接，定子相序改变，旋转磁场的转向也随之改变，从而得到理想空载转速与原转向相反的机械特性，如图 6-14b 中曲线 2 所示，工作点由 a 移到 b。

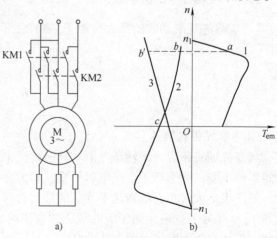

图 6-14　两相反接制动运行

a)接线图　b)机械特性

此时转子切割磁场的方向与电动状态时相反，转子电动势 E_2、转子电流 I_2 和电磁转矩 T_{em} 的方向也随之改变，电动机进入反接制动状态，在负的电磁转矩和负载转矩的共同作用下，转速很快下降，当到达 c 点时，$n=0$，制动过程结束。若要停车，则应立即切断电源，否则电动机将反向起动。

对于绕线转子感应电动机，反接制动时在转子电路中串入电阻，则工作点由 a 移到人为机械特性的 b' 点，显然，转子串入电阻后，在制动开始时可以得到比较大的制动转矩（这时转子串入的电阻称为制动电阻），改变制动电阻的数值可以调节制动转矩的大小，以适合生产机械的不同要求。

反接制动时，因为理想空载转速由原来的 n_1 变为 $-n_1$，所以转差率

$$s = \frac{-n_1 - n}{-n_1} = \frac{n_1 + n}{n_1} > 1 \qquad (6-38)$$

转差率 $s>1$ 是反接制动的特点。

两相反接制动的特性就是逆向电动工作状态时机械特性在第二象限的延长部分。

(二) 倒拉反接制动

图 6-15 为绕线转子感应电动机转子串电阻的人为机械特性，如果负载为一位能性负载，负载转矩为 T_z，则电动机将稳定工作在特性的 c 点。此时电磁转矩方向与电动工作状态时相同，而转向与电动工作状态时相反，电动机处于制动工作状态，这时转差率 $s = \frac{n_1 - (-n)}{n_1} = \frac{n_1 + n}{n_1} > 1$，所以，也属于反接制动。

倒拉反接制动时的机械特性就是电动机工作状态时的机械特性在第四象限的延长部分。

不论是两相反接制动还是倒拉反接制动，电网仍继续向电动机输送功率，同时还输入机械功率（倒拉反接制动是位能负载作功，两相反接时则是转子的动能作功），这两部分功率都消耗在转子电阻上，所以，反接制动时，能量损耗是很大的。

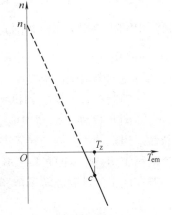

图 6-15 倒拉反接制动的机械特性

三、回馈制动

若感应电动机在电动机工作状态时，由于某种原因，在转向不变的条件下，使转速 n 大于同步转速 n_1 时，电动机便处于回馈制动状态，因为 $n>n_1$，所以 $s = \frac{n_1 - n}{n_1} < 0$，这是回馈制动的特点，因为转差率 s 小于零，转子电流的有功分量为

$$I'_{2a} = I'_2 \cos\varphi_2 = \frac{E'_2}{\sqrt{\left(\frac{R'_r}{s}\right)^2 + X'^2_{\sigma 2}}} \frac{\frac{R'_r}{s}}{\sqrt{\left(\frac{R'_r}{s}\right)^2 + X'^2_{\sigma 1}}}$$

$$= \frac{E'_2 \dfrac{R'_r}{s}}{\left(\dfrac{R'_r}{s}\right)^2 + X'^2_{\sigma2}} < 0 \tag{6-39}$$

I'_{2a} 为负值，电磁转矩 $T_{em} = C_T \Phi I'_2 \cos\varphi_2$ 也为负值，与转向相反，说明电动机处于制动状态。而转子电流的无功分量为

$$I'_{2r} = I'_2 \sin\varphi_2 = \frac{E'_2}{\sqrt{\left(\dfrac{R'_r}{s}\right)^2 + X'^2_{\sigma2}}} \frac{X'_{\sigma2}}{\sqrt{\left(\dfrac{R'_r}{s}\right)^2 + X^2_{\sigma1}}}$$

$$= \frac{E'_2 X'_{\sigma2}}{\left(\dfrac{R'_r}{s}\right)^2 + X'^2_{\sigma2}} > 0 \tag{6-40}$$

转子电流无功分量仍为正值，说明回馈制动时，电动机仍与电动工作状态一样，从电网吸取励磁电流，建立磁场。

根据转子电流的有功分量和无功分量在回馈制动时的情况，可以绘出回馈制动时感应电动机的相量图，如图 6-16 所示。从相量图上可以看出，定子电压 $\dot{U}_1$ 与定子电流 $\dot{I}_1$ 的相位差 $\varphi_1 > 90°$，说明输入电动机的功率 $P_1 = m_1 U_1 I_1 \cos\varphi_1$ 为负值，即实际上电动机是向电网输出电能量，好似一台发电机。因此回馈制动也称为再生发电制动。

回馈制动时电动机的机械特性是电动工作状态的机械特性在第二象限的延长部分，如图 6-17 所示。其中虚线表示绕线转子感应电动机转子串电阻后回馈制动的机械特性。当电动机的制动转矩与位能负载转矩平衡时，电动机便以高于同步转速 n_1 的速度稳定运行（图上的 A 或 A' 点），转子电路串入电阻越大，稳定的转速也越高，所以一般在回馈制动时，转子电路中不宜串入较大的电阻。

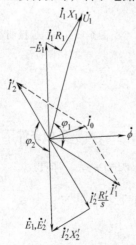

图 6-16 感应电动机在回馈制动时的相量图

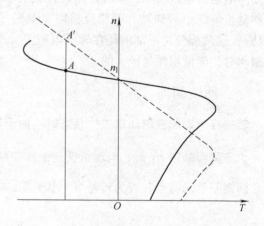

图 6-17 感应电动机回馈制动时的机械特性

从分析感应电动机的回馈制动可以看出，如果把感应电动机接入电网，从电网吸取

励磁电流，建立磁场，而用原动机带动电机转子以高于同步转速的速度旋转，这时电机便将原动机输入的机械功率转换成电功率输出，成为一台发电机，这便是感应发电机的工作原理。

如果没有电网能向感应电机供给励磁，而又希望它能发电，则必须在定子绕组上并接3组电容器(可接成星形或三角形)。利用电容器向感应电机供给所需的励磁功率，这就称为自励发电。

由于感应电机结构简单，所以感应发电机在一定范围内得到采用。

第四节　感应电动机的调速

从感应电动机的转速关系式 $n = n_1(1-s) = \dfrac{60f_1}{p}(1-s)$ 可知，若要改变感应电动机的转速，可以有以下3种方法：

1) 改变电动机的极对数 p，以改变电动机的同步转速 n_1，从而达到调速的目的，这种调速方法称为变极调速。

2) 改变电动机的电源频率 f_1，以改变 n_1 进行调速，这种调速方法称为变频调速。

3) 改变电动机的转差率 s，这里可采取的方法很多，如改变电压、改变定、转子参数等，本节只介绍其中的两种：转子串电阻调速和串级调速。

下面对各种调速方法的原理和特点做一简单介绍。

一、变极调速

在电源频率 f_1 不变的条件下，改变电动机的极数，电动机的同步转速 n_1 就会发生变化，电动机的极数增加一倍，同步转速就降低一半，电动机的转速也几乎下降一半，从而得到转速的调节。

要改变电动机的极数，当然可以在定子铁心槽内嵌放两套不同极数的定子三相绕组，从制造的角度看，这种方法很不经济。通常是利用改变定子绕组的联结方式来改变极数，这种电动机就称为多速电动机。多速电动机均采用笼型转子，因为这时转子的极数能自动地与定子极数相适应。

定子绕组变极的原理如下。图6-18是三相绕组中的一相绕组的示意图，每相绕组都可以看成是由两个半绕组1和2组成。图6-18a表示两个半绕组顺向串联，对应的极数 $2p=4$。若将其中的一个半绕组(如半绕组2)进行反接，使其中的电流方向与另一个半绕组中的电流方向相反，则可得到极数 $2p=2$ 的磁场，如图6-18b、c所示，图6-18b是串联反接，图6-18c是并联反接。

这种仅在每相内部改变所属线圈的联结方式的变极法，称为"反向法"。一般变极时均采用这种方法。

多极电动机定子绕组的接线方式很多，其中最常用的有两种：一种是绕组从单星形(每相只有一条支路)改接成双星形(每相有两条支路)，写作丫/丫丫；另一种是从三角形改接成双星形，写作△/丫丫，如图6-19、图6-20所示。这两种联结方式都能使电动机极数减小一半，但不同的联结方式，电动机的容许输出不同，因此要根据生产机械的要求进行选择，对于这一问题，可以做如下分析。

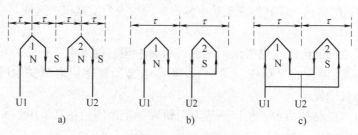

图6-18 定子绕组改接以改变定子极对数

a) $2p=4$ b) $2p=2$ c) $2p=2$

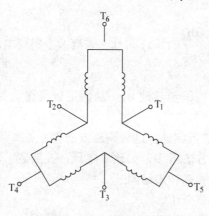

图6-19 △/丫丫联结变极调速

低速 T_1、T_2、T_3 输入，T_4、T_5、
T_6 开路；高速 T_4、T_5、T_6 输入，
T_1、T_2、T_3 连在一起

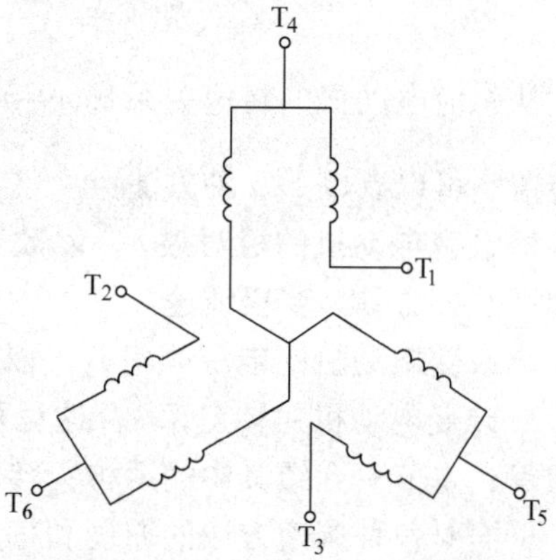

图6-20 丫/丫丫联结变极调速

低速 T_1、T_2、T_3 输入，T_4、T_5、
T_6 开路；高速 T_4、T_5、T_6 输入，
T_1、T_2、T_3 连在一起

假设电网电压为 U_1，绕组每相额定电流为 I_N，当接成星形时，相电流等于线电流，所以电动机的输出功率为

$$P_\curlyvee = 3\frac{U_1}{\sqrt{3}}I_N\eta_1\cos\varphi_1 \tag{6-41}$$

改成双星形后，若保持支路电流为 I_N 不变，则每相电流为 $2I_N$。假定改接前后功率因数和效率都近似不变，电动机的输出功率为

$$P_{\curlyvee\curlyvee} = 3\frac{U_1}{\sqrt{3}}2I_N\eta_1\cos\varphi_1 \tag{6-42}$$

改接前后输出功率之比

$$\frac{P_{\curlyvee\curlyvee}}{P_\curlyvee} = \frac{3\dfrac{U_1}{\sqrt{3}}2I_N\eta_1\cos\varphi_1}{3\dfrac{U_1}{\sqrt{3}}I_N\eta_1\cos\varphi_1} = 2 \tag{6-43}$$

这就说明了由丫改接成丫丫后，电动机的输出功率增加一倍，由于 $T=9550\dfrac{P}{n}$，虽然输

出功率增加一倍，但转速 n 也增加一倍，因此转矩不变。用这种接法进行变极调速适用于恒转矩负载，其机械特性如图 6-21 所示。

对于 $\triangle/\curlyvee\curlyvee$ 联结，改接前定子绕组接成 $\triangle$，输出功率 $P_{\triangle}=3U_1 I_N \eta_1 \cos\varphi_1$，当改接成 $\curlyvee\curlyvee$ 后，电动机的输出功率 $P_{\curlyvee\curlyvee}=3\dfrac{U_1}{\sqrt{3}}2I_N \eta_1 \cos\varphi_1$，仍然假定 $\cos\varphi_1$、η_1 不变，则

$$\frac{P_{\curlyvee\curlyvee}}{P_{\triangle}}=\frac{2\sqrt{3}\,U_1 I_N \eta_1 \cos\varphi_1}{3U_1 I_N \eta_1 \cos\varphi_1}=\frac{2\sqrt{3}}{3}=1.15 \tag{6-44}$$

式(6-44)说明改接前后，电动机的输出功率变化很小，而转矩 T 却几乎减小一样，因此这种联结方式适用于恒功率负载，其机械特性如图 6-22 所示。

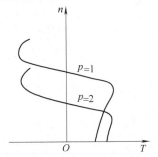

图 6-21　恒转矩调速的机械特性曲线

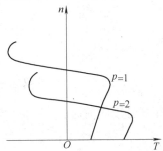

图 6-22　恒功率调速的机械特性曲线

多速电动机若变极前后的极数比为整数，称为倍极比，如 4 极变 8 极，2 极变 4 极等，否则就称为非倍极比，如 4 极变 6 极。一般对倍极比变极，变极后绕组的相序将发生变化。为了使电动机的转向不变，则在绕组改接时，应把接到电动机的 3 根电源线任意对调两根。对于非倍极比变极，绕组的相序可能变也可能不变，若相序改变，也应按倍极比的情况处理。

变极调速因为转速几乎是成倍地变化，因此调速的平滑性差，但它在每个转速等级运转时，和通常的感应电动机一样，具有较硬的机械特性，稳定性较好，所以对于不需要无级调速的生产机械，如金属切削机床、通风机、升降机等，多速电动机得到比较广泛的应用。

二、变频调速

变频调速是改变电源频率从而使电动机的同步转速变化达到调速的目的。因为一般情况下，转差率 s 很小，由 $n=n_1(1-s)$，可以近似地认为 $n \propto n_1 \propto f_1$，考虑到电动机的运行性能，并使电动机得到充分利用，在变频的同时，电源电压应根据负载性质的不同做相应的变化，通常希望气隙磁通 Φ_{m} 维持额定值不变，因为 Φ_{m} 若增大，将使电动机磁路过分饱和，引起励磁电流增加，功率因数降低；若 Φ_{m} 减小，电动机容量将得不到充分利用。从电动势公式可知，因为 $U_1 \approx E_1 = 4.44 f_1 N_1 \Phi_{\mathrm{m}} K_{\mathrm{w1}}$，若要使 Φ_{m} 为定值，则 U_1 必须随频率的变化做正比变化，即

$$\frac{U_1'}{U_1}=\frac{f_1'}{f_1}=定值 \tag{6-45}$$

式中，加"′"的表示变频后的量。

另一方面，为了保证电动机运行的稳定性，希望变频调速时，电动机的过载能力不变，即

$$\lambda_{m} = \frac{T_{m}}{T_{N}} = 定值 \tag{6-46}$$

由最大转矩公式，并略去定子电阻 R_1，可以得到

$$\lambda_{m} = \frac{T_{m}}{T_{N}} = \frac{m_1 p U_1^2}{4\pi f_1 (X_1 + X_{\sigma 2}') T_{N}} \tag{6-47}$$

在忽略铁心饱和的影响时，$X_1 + X_2' = 2\pi f_1 (L_1 + L_2')$，与频率 f_1 成正比，则式(6-47)又可写成

$$\lambda_{m} = C \frac{U_1^2}{f_1^2 T_{N}} \tag{6-48}$$

式中，$C = \dfrac{m_1 p}{8\pi^2 (L_1 + L_2')} = 常数$。

为了保证变频前后 λ_m 不变，就要求

$$\frac{U_1^2}{f_1^2 T_{N}} = \frac{U_1'^2}{f_2' T_{N}'} \tag{6-49}$$

即

$$\frac{U_1'}{U_1} = \frac{f_1'}{f_1} \sqrt{\frac{T_{N}'}{T_{N}}} \tag{6-50}$$

式(6-50)说明了在变频调速时，为使电动机的过载能力不变，电压 U_1 的变化规律。显然，对于恒转矩负载，因为 $T_N = T_N'$，由式(6-50)可得 $\dfrac{U_1'}{U_1} = \dfrac{f_1'}{f_1} =$ 定值，这时既保证了电动机的过载能力 λ_m 不变，同时又满足 Φ_m 为定值的要求，这说明变频调速特别适用于恒转矩负载。

对于恒功率负载，因为 $P_N = T_N' n' = T_N n =$ 定值，即 $\dfrac{T_N'}{T_N} = \dfrac{n}{n'} = \dfrac{f_1}{f_1'}$，代入式(6-50)得

$$\frac{U_1'}{U_1} = \sqrt{\frac{f_1'}{f_1}} \tag{6-51}$$

也就是说，对恒功率负载采用变频调速时，若满足 $\dfrac{U_1}{\sqrt{f_1}}$ 为定值，则电动机的过载能力不变，但气隙磁通 Φ_m 将发生变化；若满足 $\dfrac{U_1}{f_1}$ 为定值，则气隙磁通维持不变，但过载能力将发生变化。

图 6-23 为在 $\dfrac{U}{f}$ 为定值的条件下，变频时的人为机械特性，频率越低，曲线越往下移，实际上，考虑到定

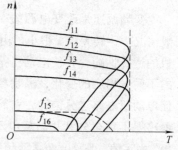

图 6-23　感应电动机变频时的机械特性

子电阻 R_1 的影响，随着频率的降低，最大转矩略有减小，当频率很低时（如图中的 f_{15}、f_{16}），T_m 降得很多。为了保证电动机在低速时有足够大小的 T_m 值，U_1 应比 f_1 降低的比例小些，使 $\dfrac{U_1}{f_1}$ 的比值随 f_1 的降低而增加，如图 6-23 中虚线所示。

变频调速的调速性能是比较好的，它的调速范围大，一般可达 10 ~ 12，平滑性好，特性硬度不变，但它需要一套专用的变频电源，设备投资较高。近年来随着晶闸管技术的发展，为获得变频电源提供了新的途径，大大促进了变频调速的应用。

三、转子电路串接电阻调速

这是用改变电动机转差率 s 进行调速的方法之一，它只能适用于绕线转子感应电动机。图 6-24 绘出了电动机的固有特性和转子电路串接电阻 R_{pa} 和 R'_{pa} 时的人为特性。串入电阻后，电动机的工作点便由原来的 a 点移到人为特性的 b 点或 c 点，调速过程与直流电动机电枢串接电阻调速相同。

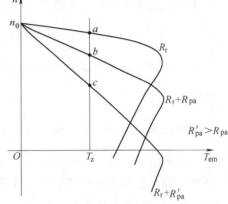

图 6-24 转子电路串接不同
电阻时的人为特性

从图 6-24 可以看出，转子串接的电阻越大，$\dfrac{\Delta n}{\Delta T}=\beta$ 值越大，特性越软，在低速时就限

制了最低转速不能太小，故调速范围不大，仅为 2~3。从调速性质来看，转子串电阻属于恒转矩调速，这是因为当转矩一定时，$\dfrac{R'_r}{s}$ 为定值，所以转子电流 I_2 也为一定值。此外，转子串接电阻后，增加了转子铜耗，所以调速的经济性欠佳。

转子串电阻调速的优点是方法简单，设备投资不高，因此在中小功率的绕线转子感应电动机中得到广泛应用，如桥式起重机上的绕线转子感应电动机几乎都采用这种调速方法。

四、串级调速

串级调速就是在绕线转子感应电动机的转子电路中引入一个附加电动势 E_f 来调节电动机的转速，它也是一种改变转差率 s 进行调速的方法。在分析串级调速的原理前，首先必须明确附加电动势 E_f 的频率总是等于转子频率 sf_1，而其大小和相位则可以改变。

上面讨论了转子电路串电阻的调速方法，当转子电路串入电阻后，在电阻两端就有一个电压，这个电压的频率总是等于转子频率 sf_1，而串级调速实质上就是外加一频率为 sf_1 的附加电动势 E_f 来代替转子附加电阻上的电压，不同的是转子串入附加电阻总是使转子电流 I_2 减小，而附加电动势 $\dot{E}_f$ 的相位却是任意的，它可以与 $\dot{E}_{2s}$ 同相，使 I_2 增大；也可以与 $\dot{E}_{2s}$ 反相，使 I_2 减小。因为附加电动势的方向不同，调速的结果也不同。

在电动机的一般运行条件下，因为转差率 s 很小，$R_r \gg sX_{\sigma2}$，为使分析简单起见，可以认为转子电流 $\dot{I}_2 = \dfrac{\dot{E}_{2s}}{R_r}$，即电流 $\dot{I}_2$ 与 $\dot{E}_{2s}$ 同相。

（一）附加电动势 $\dot{E}_f$ 与 $\dot{E}_{2s}$ 同相

未加入附加电动势时，转子电流

$$I_2 = \frac{E_{2s}}{R_r} \tag{6-52}$$

引入附加电动势的瞬间，转子电流

$$I_2 = \frac{E_f + E_{2s}}{R_r} \tag{6-53}$$

可见转子电流增加了，同时电磁转矩 T_{em} 也相应增大，使电动机加速，转差率 s 变小，合成电动势 $\dot{E}_{2s} + \dot{E}_f = s\dot{E}_2 + \dot{E}_f$ 也减小，电流 I_2 和转矩 T 则在跃升到某一最大值后逐渐下降，直到转速升高至某一数值，使电磁转矩和负载转矩平衡时，电动机稳定运行。若稳定后的电动机转差率为 s_k，显然

$$I_2 = \frac{s_k E_2 + E_f}{R_r} = \frac{s E_2}{R_r} \tag{6-54}$$

即

$$s_k = s - \frac{E_f}{E_2} \tag{6-55}$$

如果 $\dfrac{E_f}{E_2} > s$，则 $s_k < 0$，这时电机仍作电动机运行，但转速 n 将高于同步转速，转子电流 I_2 不是由转子感应电动势所产生，而是由附加电动势 $\dot{E}_f$ 所产生。

（二）$\dot{E}_{2s}$ 和 $\dot{E}_f$ 反相

情况和上述相反，这时电动机将减速，同理可推出，稳定运行时的转差率

$$s_k = s + \frac{E_f}{E_2} \tag{6-56}$$

（三）$\dot{E}_{2s}$ 和 $\dot{E}_f$ 相位相差 90°

图 6-25 表示 $\dot{E}_f = 0$ 和 $\dot{E}_f$ 越前 $\dot{E}_{2s}$ 90° 时感应电动机的相量图（图中均用折算值表示），从图中可以清楚地看到，有了附加电动势 $\dot{E}_f$ 后，电

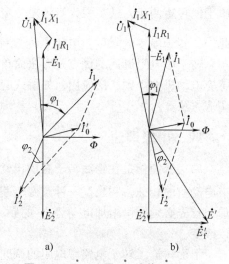

图 6-25　$\dot{E}_f = 0$ 及 $\dot{E}_f$ 越前 $\dot{E}_{2s}$ 90° 时
感应电动机的相量图
a) E_f 未引入时　b) E_f 越前 E_{2s} 90°

动机的功率因数 $\cos\varphi_1$ 提高了；反之，若附加电动势 $\dot{E}_\mathrm{f}$ 滞后 $\dot{E}_{2\mathrm{s}}$ 90°，则将使电动机的功率因数 $\cos\varphi$ 减小。

一般情况下，附加电动势 $\dot{E}_\mathrm{f}$ 可以与 $\dot{E}_{2\mathrm{s}}$ 相差 θ 角，这时可将 $\dot{E}_\mathrm{f}$ 分解为两个分量，与 $\dot{E}_{2\mathrm{s}}$ 同相的分量 $\dot{E}_\mathrm{f}\cos\theta$ 使电动机的转速发生变化，与 $\dot{E}_{2\mathrm{s}}$ 成 90° 的分量 $\dot{E}_\mathrm{f}\sin\theta$ 使电动机的功率因数发生变化。

串级调速的调速性能比较好，但由于附加电动势 $\dot{E}_\mathrm{f}$ 的获得比较困难，长期以来没有能得到推广。虽然以串级调速理论作为工作原理的转子供电式三相交流换向器电动机在某些部门得到应用，但因结构复杂，制造成本高而未能得到广泛应用。近年来，晶闸管技术的发展，为串级调速的应用开辟了广阔的前景。

第五节　三相感应电动机起动的过渡过程

和直流电动机一样，三相感应电动机在电力拖动系统的过渡过程中，其转速 n、电磁转矩 T_em 都是时间 t 的函数。本节讨论三相感应电动机在起动时的过渡过程。严格地讲，三相感应电动机的过渡过程的分析相当复杂，此处仅做简略分析。所介绍的分析方法也适用于感应电动机在制动、调速时的过渡过程分析。

为简化问题的讨论，假设在起动过渡过程中感应电动机空载，即 $T_\mathrm{z}=0$，此时运动方程式为

$$T_\mathrm{em} = \frac{GD^2}{375}\frac{\mathrm{d}n}{\mathrm{d}t}$$

式中

$$\frac{\mathrm{d}n}{\mathrm{d}t} = -n_1\frac{\mathrm{d}s}{\mathrm{d}t}$$

$$T_\mathrm{em} = 2T_\mathrm{m}\bigg/\left(\frac{s}{s_\mathrm{m}} + \frac{s_\mathrm{m}}{s}\right)$$

所以

$$-\mathrm{d}t = \frac{GD^2 n_1}{375T_\mathrm{m}}\frac{1}{2}\left(\frac{s}{s_\mathrm{m}} + \frac{s_\mathrm{m}}{s}\right)\mathrm{d}s \tag{6-57}$$

定义

$$T_\mathrm{mA} = GD^2 n_1/(375T_\mathrm{m}) \tag{6-58}$$

式(6-58)右侧各个参量都是机械量，所以将 T_mA 称作机械时间常数，为了便于记忆，不妨赋予其物理意义，将式(6-58)与运动方程式比较，其物理意义便为"电磁转矩恒为最大转矩 T_m 时，电动机转速从 0 加速到同步转速 n_1 所需要的时间即为该拖动系统的机械时间常数"。

于是式(6-57)变为

$$-\mathrm{d}t = \frac{T_\mathrm{mA}}{2}\left(\frac{s}{s_\mathrm{m}} + \frac{s_\mathrm{m}}{s}\right)\mathrm{d}s \tag{6-59}$$

以此方程便可确定过渡过程所需时间，以及求得转速与时间的函数关系式 $n=f(t)$，进一步可确定电磁转矩与时间的函数关系式 $T_\mathrm{em}=f(t)$。这样便可得到过渡过程中转速、电磁转矩变化曲线。

一、空载起动时间 t_p

设 s_0 为起动过程中起动点的转差率、s_x 为起动过程结束时的转差率，那么

$$t_p = \int_0^{t_p} dt = \int_{s_0}^{s_x} \frac{T_{mA}}{2}\left(\frac{s}{s_m} + \frac{s_m}{s}\right) ds$$

$$= \frac{T_{mA}}{2}\left(\frac{s_0^2 - s_x^2}{2s_m} + s_m \ln\frac{s_0}{s_x}\right) \tag{6-60}$$

由式(6-60)可知，只要知道起始点、结束点的转差率，便可求出时间 t_p，同时可以发现 t_p 与 s_m 值有关，如需求得最短过渡过程时间，可令 $\dfrac{dt_p}{ds_m} = 0$，求得相应的 s_m 值为

$$s_m = \sqrt{(s_0^2 - s_x^2)\Big/\left(2\ln\frac{s_0}{s_x}\right)} \tag{6-61}$$

二、函数关系 $n = f(t)$、$T_{em} = f(t)$

由式(6-59)知道转差率 s(转速 n)与时间 t 的关系比较复杂，为简化问题，可分段进行近似求解，即按 $s < s_m$、$s > s_m$ 两段进行近似处理。

(1) 当 $s > s_m$ 时

$$\begin{cases} -dt \approx \dfrac{T_{mA}}{2} s \dfrac{1}{s_m} ds \\[2mm] \text{当 } t = 0 \text{ 时，} s = 1 \end{cases} \tag{6-62}$$

解方程得

$$s \approx \sqrt{1 - \frac{4s_m t}{T_{mA}}} \tag{6-63}$$

那么

$$n \approx n_1\left(1 - \sqrt{1 - \frac{4s_m t}{T_{mA}}}\right) \tag{6-64}$$

于是求得电磁转矩 T_{em} 为

$$T_{em} \approx 2T_m s_m \frac{1}{\sqrt{1 - \dfrac{4s_m t}{T_{mA}}}} \tag{6-65}$$

(2) 当 $s \leqslant s_m$ 时

$$\begin{cases} -dt \approx \dfrac{T_{mA}}{2} \dfrac{s_m}{s} ds \\[2mm] \text{当 } t \approx t_m = \dfrac{1 - s_m^2}{4s_m} T_{mA} - \dfrac{T_{mA}}{2} s_m \ln s_m \text{ 时，} s = s_m \end{cases} \tag{6-66}$$

解方程得

$$s \approx A e^{-\frac{2}{T_{mA} s_m} t} \tag{6-67}$$

式中
$$A \approx s_m e^{\frac{2t_m}{T_m A s_m}}$$

那么
$$n \approx n_1 \left(1 - A e^{-\frac{2}{T_m A s_m} t}\right) \tag{6-68}$$

于是可求得电磁转矩 T_{em} 为

$$T_{em} \approx \frac{2T_m}{s_m} A e^{-\frac{2t}{T_m A s_m}} \tag{6-69}$$

函数关系式 $n=f(t)$、$T_{em}=f(t)$ 分段确定后，便可作出过渡过程中转速、电磁转矩的变化曲线，如图6-26所示。这里介绍的过渡过程分析方法是一种近似的解析分析方法，工程上也可采用图解法分析，请参阅有关文献。

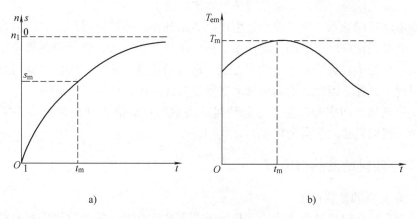

图6-26 拖动系统起动过程曲线

例6-3 某绕线转子感应电动机，$n_N = 1420\text{r/min}$，$\lambda_m = 2$，$R_r = 0.108\Omega$，电动机起动时，若要在转子绕组中串入三相对称电阻，使其过渡过程最短，问应串入多大电阻？

解 因为 $\lambda_m = 2$，所以固有的临界转差率为

$$s_m = s_N(\lambda_m + \sqrt{\lambda_m^2 - 1})$$

$$= \frac{1500 - 1420}{1500} \times (2 + \sqrt{2^2 - 1}) = 0.199$$

设串入电阻 R_2 时，过渡过程最短，临界转差率为

$$s_m' = \sqrt{\frac{s_0^2 - s_x^2}{2\ln\dfrac{s_0}{s_x}}}$$

式中，$s_0 = 1$。

当 $s_x = 0.05$ 时，认为过渡过程结束，所以 $s_m' = 0.407$。

因为
$$\frac{s_m}{s_m'} = \frac{R_r}{R_r + R_2}$$

故
$$R_2 = \left(\frac{s'_m}{s_m} - 1\right) R_r$$

$$= \left(\frac{0.407}{0.199} - 1\right) \times 0.108\Omega$$

$$= 0.113\Omega$$

第六节 拖动系统电动机的选择

电力拖动系统电动机的选择，主要是确定电动机的功率和工作方式，同时还要确定电动机的电流种类、型式、额定电压和额定转速。

选择电动机的原则，除了应满足生产机械负载要求外，从经济上看也应该是最合理的，为此必须正确决定电动机的功率。如果功率选得过大，将使设备投资增大，而且电动机经常处于轻载下运行，效率过低，运行费用高。反之，将使电动机过载，而使电动机过早损坏。因此，电动机功率选得过大或过小，都是不经济的。

在决定电动机功率时，要考虑电动机的发热、过载能力和起动能力三方面的因素，其中一般以发热问题最为重要。

一、电动机的发热与冷却

(一)电动机的发热过程

电动机在运行过程中会发热，这是由于在实现机电能量转换过程中在电动机内部产生损耗，并变成热量而使电动机的温度升高。由于电动机发热的具体情况较为复杂，为了研究方便，假定电动机为一均质等温固体，也就是说，电动机是一个所有表面均匀散热，并且内部没有温差的理想发热体。

设电动机在恒定负载下长期连续工作，单位时间内由电动机损耗所产生的热量为 Q，则在 dt 时间内产生的热量为 Qdt，其中一部分 Q_1 为电动机所吸收，使电动机温度升高，且

$$Q_1 = Cd\tau \tag{6-70}$$

式中 C——电动机的热容，即电动机温度升高 1℃所需的热量，单位为 J/℃；

$d\tau$——电动机在 dt 时间内温度升高的增量。

另一部分 Q_2，则向周围介质散发出去

$$Q_2 = A\tau dt \tag{6-71}$$

式中 A——电动机的散热系数，即电动机与周围介质温度相差 1℃时，单位时间内电动机向周围介质散发出去的热量，单位为 J/℃·s；

τ——电动机与周围介质的温度差，即温升，单位为℃。

这样就可以写出电动机的热平衡方程式

$$Qdt = Cd\tau + A\tau dt \tag{6-72}$$

即

$$\tau + \frac{C}{A}\frac{d\tau}{dt} = \frac{Q}{A} \tag{6-73}$$

令 $\dfrac{C}{A}=T$，$\dfrac{Q}{A}=\tau_{\mathrm{w}}$，则式(6-73)就可写成

$$\tau + T\frac{\mathrm{d}\tau}{\mathrm{d}t} = \tau_{\mathrm{w}} \tag{6-74}$$

解此微分方程，得

$$\tau = \tau_{\mathrm{w}}(1 - \mathrm{e}^{-\frac{t}{T}}) + \tau_0 \mathrm{e}^{-\frac{t}{T}} \tag{6-75}$$

式中　τ_0——发热过程的起始温升。若发热过程开始时，电动机温度与周围介质温度相等(这时称电动机处于冷态)，则 $\tau_0 = 0$。

当 $\tau_0 = 0$ 时，式(6-75)就变为

$$\tau = \tau_{\mathrm{w}}(1 - \mathrm{e}^{-\frac{t}{T}}) \tag{6-76}$$

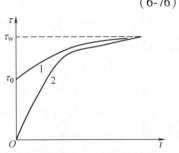

式(6-75)、式(6-76)也称为电动机的温升曲线方程，图6-27分别绘出对应于式(6-75)和式(6-76)的两条曲线。

这是两条指数曲线，说明温升按指数规律变化，变化的快慢与 T 有关，T 称为发热时间常数，电动机最终趋于稳定温升 τ_{m}。

由温升曲线可见，发热过程开始时，由于温升小，散发出去的热量较少，大部分热量被电动机所吸

图6-27　电动机发热过程的温升曲线
$1—\tau_0 \neq 0$　$2—\tau_0 = 0$

收，因而温升增长较快；其后随着温升的增加，散发的热量不断增长，而电动机产生的热量因负载不变而不变，则电动机吸收的热量不断减少，温升曲线趋于平缓。当发热量与散热量相等时，电动机的温升不再升高，达到一稳定值 τ_{m}，由式(6-75)或式(6-76)可见，当 $t = \infty$ 时，$\tau = \tau_{\mathrm{m}} = \dfrac{Q}{A}$。这说明对应于一定的负载，电动机的损耗所产生的热量是一定的，因此电动机的稳定温升也是一定的，与起始温升无关。

若电动机在额定负载时，对应于损耗而产生的热量为 Q_{N}，此时的稳定温升为 τ_{N}，则当电动机在小于额定负载运行时，其稳定温升就不会超过 τ_{N}。

(二)电动机的冷却过程

电动机的冷却过程有两种情况：一是当负载减小时，电动机产生的热量减小为 Q'，相应的温升由原来的稳定温升 τ_{w} 降低到新的稳定温升 τ'_{w}，仿照发热过程对温升曲线方程的推导，可得出冷却过程的温升曲线方程。

$$\tau = \tau'_{\mathrm{w}}(1 - \mathrm{e}^{-\frac{t}{T'}}) + \tau'_0 \mathrm{e}^{-\frac{t}{T'}} \tag{6-77}$$

式中　τ'_{w}——电动机新的稳定温升，$\tau'_{\mathrm{w}} = \dfrac{Q'}{A}$；

　　　T'——冷却时间常数，一般 $T' > T$；

　　　τ'_0——冷却过程开始时电动机的温升。

另一种情况是电动机自电网断开(停机或断能)时，电动机产生的热量为零，则式(6-77)就变为

$$\tau = \tau_0' \mathrm{e}^{-\frac{t}{T}} \qquad (6\text{-}78)$$

显然，冷却过程的温升曲线也是一条指数曲线，如图 6-28 所示。

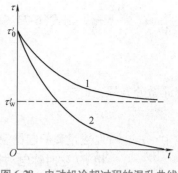

图 6-28　电动机冷却过程的温升曲线
1—负载减小时　2—电动机脱离电网

（三）电动机的绝缘等级

电动机在运行中，损耗产生热量使电动机的温度升高，电动机所能容许达到的最高温度决定于电动机所用绝缘材料的耐热程度，通常称为绝缘等级。不同的绝缘材料，其最高容许温度是不同的，根据国际电工协会规定，绝缘材料可分为 7 个等级，电机中常用的有 5 个等级。

（1）A 级绝缘　包括经过绝缘浸渍处理的棉纱、丝和普通漆包线的绝缘漆等，最高容许温度为 105℃。

（2）E 级绝缘　包括高强度漆包线的绝缘漆、环氧树脂、三醋酸纤维薄膜、聚脂薄膜等，最高容许温度为 120℃。

（3）B 级绝缘　包括由云母、玻璃纤维、石棉等无机物材料用有机材料黏合或浸渍，最高容许温度为 130℃。

（4）F 级绝缘　包括与 B 级绝缘相同的材料，但用的黏合剂或浸渍剂不同，如采用硅有机化合物改性的合成树脂漆为黏合剂等，最高容许温度为 155℃。

（5）H 级绝缘　包括与 B 级绝缘相同的材料，用硅有机漆（胶）黏合或浸渍，还有硅有机橡胶、无机填料等，最高容许温度为 180℃。

目前我国采用最多的是 E 级和 B 级绝缘，发展趋势将是日益广泛采用 F、H 级绝缘，这样可以在一定的输出功率下，减轻电机的重量，缩小体积。

当电动机温度不超过所用绝缘材料的最高容许温度时，绝缘材料的使用寿命可达 20 年左右；若超过最高容许温度，则绝缘材料的使用寿命将大大缩短，一般每超过 8℃，寿命将降低一半。

由此可见，绝缘材料的最高容许温度表示一台电动机能带的负载的限度，而电动机的额定功率就代表了这一限度。电动机铭牌上所标的额定功率，表示在环境温度为 40℃时，电动机长期连续工作，而电动机所能达到的最高温度不超过绝缘材料最高容许温度时的输出功率。

上述环境温度 40℃是我国规定的国家标准，既然电动机的额定功率是对应于环境温度为 40℃时的输出功率，则当环境温度低于 40℃时，电动机的输出功率可以大于额定功率。反之，电动机的输出功率将低于额定功率，以保证电动机最终都能达到绝缘材料的最高容许温度。必须注意，在具体使用时，应按国家标准规定的要求进行，详见国标 GB/T 755—2019。

由于我国规定了环境温度以 40℃为标准，因此电动机铭牌上所标的温升是指所用的绝缘材料的最高容许温度与 40℃之差，称为额定温升，如对于 E 级绝缘，其最高容许温度为 120℃，所以铭牌上标的额定温升 80℃。

考虑到电动机周围环境对散热的影响，国家标准还规定电动机铭牌上的功率是指电动机在海拔不超过 1000m 的地点使用时的额定功率。

二、电动机的工作制分类

电动机工作时，负载持续时间的长短对电动机的发热情况影响很大，因而对正确选择电动机的功率影响也很大。国家标准按照电动机的工作方式，将电动机的工作制分成 3 大类共 10 种(用 S_1，S_2，…，S_{10} 表示)。

(一)连续工作制(S_1)

电动机在恒定负载下连续运行至热稳定状态，$P = f(t)$ 及 $\tau = f(t)$ 曲线如图 6-29 所示。

(二)短时工作制(S_2)

电动机在恒定负载下按给定的时间(t_g)运行，未达到热稳定状态时即停机或断能一段时间(t_0)，使电动机再度冷却到与冷却介质温度之差在 2K 以内，$P = f(t)$ 及 $\tau = f(t)$ 曲线如图 6-30 所示。国标规定的时间规格(t_g)为 15min、30min、60min 和 90min 这 4 种。

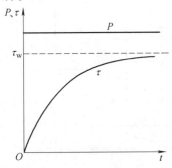

图 6-29　连续工作制的
$P = f(t)$ 及 $\tau = f(t)$ 曲线

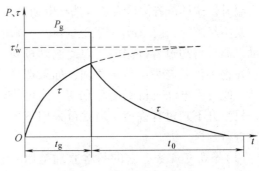

图 6-30　短时工作制的
$P = f(t)$ 及 $\tau = f(t)$ 曲线

(三)断续周期工作制

电动机按一系列相同的工作周期运行，在一周期内各种运行状态均不足以使电动机达到热稳定状态，根据一个周期内电动机运行状态的不同，分为 8 类(详见国家标准 GB/T 755—2019)，即断续周期工作制(S_3)、包括起动的断续周期工作制(S_4)、包括电制动的断续周期工作制(S_5)、连续周期工作制(S_6)、包括电制动的连续周期工作制(S_7)、包括负载与转速相应变化的连续周期工作制(S_8)、负载和转速作非周期变化的工作制(S_9)、离散负载和转速的工作制(S_{10})。

断续周期工作时，电动机的温升最后将在某一范围内上下波动，图 6-31 为断续周期工作制(S_3)的负载图和温升曲线图。

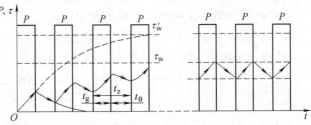

图 6-31　断续周期工作制的 $P = f(t)$ 及 $\tau = f(t)$ 曲线

在断续周期工作制中，负载工作时间与整个周期之比称为负载持续率 FC，国标规定的标准负载持续率为 15%、25%、40% 和 60% 这 4 种，每个周期的总时间不大于 10min。

三、电动机功率的选择

（一）连续工作制电动机功率的选择

1. 恒值负载下电动机功率的选择

这时电动机功率选择比较简单，只要选择一台额定功率等于或者略大于生产机械需要的功率、转速又合适的电动机就可以了，不需要进行发热校验。

2. 变化负载下电动机功率的选择

图 6-32 为负载变动的生产机械记录图，图中只表示生产过程的一个周期，当电动机拖动这一类机械工作时，因为负载作周期性变化，故其温升也必然作周期性的波动。温升波动的最大值必低于对应于最大负载时的稳定温升，而高于对应于最小负载的稳定温升。这样，若按最大负载选择电动机，显然是不经济的，而按最小负载选择电动机，电动机温升将超过容许温升。因此电动机功率应在最大负载与最小负载之间，如果选择合适，既可使电动机得到充分利用，又可使电动机温升不超过容许值，通常可采用下列方法进行选择。

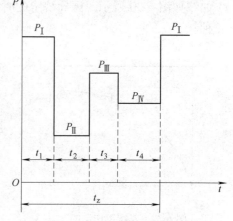

图 6-32 负载变动的生产机械记录图

（1）等效电流法　它的基本原理是用一个不变的电流 I_{dx} 来等效实际上变动的负载电流，要求在同一周期之内，等效电流 I_{dx} 与实际上变动的负载电流所产生的热量相等。若假定电动机的铁耗与电阻 R 不变，则损耗只与电流的二次方成正比，由此可求得

$$I_{dx} = \sqrt{\frac{I_1^2 t_1 + I_2^2 t_2 + \cdots + I_n^2 t_n}{t_1 + t_2 + \cdots + t_n}} \tag{6-79}$$

式中　t_n——对应于负载电流为 I_n 时的工作时间。

求出 I_{dx} 后，则所选用的电动机的额定电流 I_N 应大于或等于 I_{dx}。

用等效电流法时，必须先求出用电流表示的负载图。

（2）等效转矩法　如果电动机在运行过程中，其转矩与电流成正比（如他励直流电动机的励磁不变或感应电动机的功率因数和气隙磁通不变），则可用等效转矩法求出 T_{dx}。

$$T_{dx} = \sqrt{\frac{T_1^2 t_1 + T_2^2 t_2 + \cdots + T_n^2 t_n}{t_1 + t_2 + \cdots + t_n}} \tag{6-80}$$

选用的电动机的额定转矩 T_N 必须大于或等于等效转矩 T_{dx}，当然，这时应先求得用转矩表示的负载图。

（3）等效功率法　等效功率法是当转速 n 基本不变的条件下，由等效转矩法引导出来的，显然等效功率 P_{dx} 应为

$$P_{dx} = \sqrt{\frac{P_1^2 t_1 + P_2^2 t_2 + \cdots + P_n^2 t_n}{t_1 + t_2 + \cdots + t_n}} \tag{6-81}$$

选择电动机的额定功率 P_N 大于或等于 P_{dx} 即可。

要注意的是用等效法选择电动机功率时，还必须根据最大负载校验电动机的过载能力是否符合要求。

（二）短时工作制电动机功率的选择

1. 直接选用短时工作制的电动机

这时可以按照生产机械的功率、工作时间和转速选取合适的电动机。如果短时负载是变动的，则也可用等效法选择电动机，此时等效电流为

$$I_{dx} = \sqrt{\frac{I_1^2 t_1 + I_2^2 t_2 + \cdots + I_n^2 t_n}{\alpha t_1 + t_2 + \cdots + \alpha t_n + \beta t_0}} \tag{6-82}$$

式中　I_1——起动电流；

I_n——制动电流；

t_1——起动时间；

t_n——制动时间；

t_0——停转时间。

α、β——对自扇冷式电动机在起动、制动和停转期间因散热条件变坏而采用的系数，对直流电动机 $\alpha = 0.75$，$\beta = 0.5$；对感应电动机 $\alpha = 0.5$，$\beta = 0.25$。

用等效法时也必须注意对选用的电动机进行过载能力的校核。

2. 选用断续周期工作制的电动机

在没有合适的短时工作制电动机时，也可选用断续周期工作制的电动机。短时工作时间与暂载率 FC 的换算关系可近似地认为 30min 相当于 $FC = 15\%$，60min 相当于 $FC = 25\%$，90min 相当于 $FC = 40\%$。

（三）断续周期工作制电动机的选择

这时可根据生产机械的暂载率、功率和转速从产品目录中直接选取，但由于国家标准规定电动机的标准暂载率 FC 只有 4 种，这样就常常会遇到生产机械的暂载率与标准暂载率相差甚远的情况，这时可按式（6-83）进行计算，先求出生产机械的暂载率 FC_x 和功率 P_x，其中

$$FC_x = \frac{t_1 + t_2 + \cdots + t_n}{\alpha t_1 + t_2 + \cdots + \alpha t_n + \beta t_0} \times 100\% \tag{6-83}$$

再换算为标准暂载率 FC 时的功率 P

$$P = P_x \sqrt{\frac{FC_x}{FC}} \tag{6-84}$$

选择的标准暂载率 FC 应接近生产机械的暂载率 FC_x。

当 $FC_x < 10\%$ 时，应选用短时工作制电动机；当 $FC_x > 60\%$ 时，应选用连续工作制电动机。

（四）统计法和类比法

前面介绍了选择电动机功率的基本原理和方法，但在使用中会遇到一些困难：一是计算量较大，二是电动机的负载图也难以精确地绘出。实际中选择电动机功率往往采用下列两种方法。

1. 统计法

统计法就是对各种生产机械的拖动电动机进行统计分析，找出电动机功率与生产机械主要参数之间的关系，用数学式表示，作为类似生产机械在选择拖动电动机功率时的主要依据。以机床为例，主拖动电动机功率与机床主要参数之间的关系如下：

（1）卧式车床

$$P = 36.5D^{1.54} \tag{6-85}$$

式中　P——电动机功率，单位为 kW；
　　　D——加工工件的最大直径，单位为 m。

（2）立式车床

$$P = 20D^{0.83} \tag{6-86}$$

式中　D——加工工件的最大直径，单位为 m。

（3）摇臂钻床

$$P = 0.0646D^{1.19} \tag{6-87}$$

式中　D——最大钻孔直径，单位为 mm。

（4）外圆磨床

$$P = 0.1KB \tag{6-88}$$

式中　B——砂轮宽度，单位为 mm；
　　　K——考虑砂轮主轴采用不同轴承时的系数，对滚动轴承 $K = 0.8 \sim 1.1$，对滑动轴承 $K = 1.0 \sim 1.3$。

（5）卧式铣镗床

$$P = 0.004D^{1.7} \tag{6-89}$$

式中　D——镗杆直径，单位为 mm。

（6）龙门刨床

$$P = \frac{B^{1.15}}{166} \tag{6-90}$$

式中　B——工作台宽度，单位为 mm。

根据计算所得功率后，应使所选择的电动机的额定功率 $P_N \geq P$。

2. 类比法

通过对经过长期运行考验的同类生产机械所采用的电动机功率进行调查，然后对主要参数和工作条件进行类比，从而确定新的生产机械拖动电动机的容量。

习 题

1. 什么是三相感应电动机的固有机械特性和人为机械特性？

2. 三相笼型感应电动机的起动电流一般为额定电流的 4~7 倍，为什么起动转矩只有额定转矩的 0.8~1.2 倍？

3. 三相感应电动机能够在低于额定电压的情况下运行吗？为什么？

4. 绕线转子感应电动机在起动时转子电路中串入起动电阻，为什么能减小起动电流，增大起动转矩？

5. 一台绕线转子感应电动机，已知 $P_N = 75kW$，$U_{1N} = 380V$，$n_N = 720r/min$，$I_{1N} = 148A$，$\eta_N = 90.5\%$，$\cos\varphi_{1N} = 0.85$，$\lambda_m = 2.4$，$E_{2N} = 213V$，$I_{2N} = 220A$，试用机械特性的实用表达式绘制电动机的固有机械特性和转子串入 0.0448Ω 电阻时的人为机械特性。

6. 深槽式感应电动机和双笼型感应电动机为什么能改善起动性能？

7. 笼型感应电动机的起动方法有哪几种？各有何优缺点？各适用于什么条件？

8. 一台三相笼型感应电动机，已知 $U_N = 380V$，$I_N = 20A$，△联结，$\cos\varphi_N = 0.87$，$\eta_N = 87.5\%$，$n_N = 1450r/min$，$I_{st}/I_N = 7$，$T_{st}/T_N = K = 1.4$，$\lambda_m = 2$，试求：（1）电动机轴上输出的额定转矩 T_N；（2）若要保证能满载起动，电网电压不能低于多少伏？（3）若采用丫-△起动，I_{st} 等于多少？能否半载起动？

9. 一台绕线转子感应电动机，已知 $P_N = 44kW$，$n_N = 1435r/min$，$E_{2N} = 243V$，$I_{2N} = 110A$，设起动时负载转矩为 $T_z = 0.8T_N$，最大允许的起动转矩 $T_{st1} = 1.87T_N$，切换转矩 $T_{st2} = T_N$，试用解析法求起动电阻的段数和每段的电阻值。

10. 某台绕线转子异步电动机的数据为：$P_N = 30kW$，$n_N = 725r/min$，$U_N = 380V$，$E_{2N} = 257V$，$I_{2N} = 74.3A$，电动机转子串不对称电阻起动，电阻共 8 段、分 7 级起动，第一级同时短接两段电阻，其他 6 级每级只短接一段电阻。试计算各段电阻值（$T_{st2} = 1.15T_N$）。

11. 一台绕线转子感应电动机，已知 $P_N = 11kW$，$n_N = 715r/min$，$E_{2N} = 163V$，$I_{2N} = 4.72A$，$\frac{T_{st1}}{T_N} = 1.8$，负载转矩 $T_z = 98N \cdot m$，求 4 级起动时的每级起动电阻值。

12. 一台三相 4 极的绕线转子感应电动机，$f_1 = 50Hz$，转子每相电阻 $R_r = 0.02\Omega$，$n_N = 1485r/min$，负载转矩保持额定值不变，要求把转速降到 1050r/min，问转子每相中应串入多大电阻？

13. 一台三相笼型感应电动机，在能耗制动时，定子绕组的接法如图 6-33 所示，试决定等效的交流电流值。

14. 题 5 的电动机，带动一位能负载，$T_z = T_N$，今采用倒拉反接制动下放负载，要求下放转速为 300r/min，问转子每相应串接多大电阻？

15. 题 5 的电动机，若采用回馈制动下放负载，已知转子每相串入电阻为 0.04Ω，负载转矩为 $0.8T_N$，求此时电动机的转速。

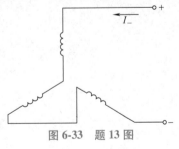

图 6-33 题 13 图

16. 题 5 的电动机，用以起吊重物，当电动机转子转 45 转，重物上升 1m，如要求带动额定负载的重物以 8m/min 的速度上升，求转子电路中应串接的电阻值。

17. 一台绕线转子感应电动机，已知 $P_N = 17kW$，$n_N = 970r/min$，$\lambda_M = 2.5$，$E_{2N} = 230V$，$I_{2N} = 33A$，若要求电动机有最短起动时间，试问其转子回路应串入多大的电阻？

18. 电动机的温升、温度以及环境温度三者之间有什么关系？电机铭牌上的温升值的含义是什么？

19. 电动机在实际使用中，电流、功率和温升能否超过额定值？为什么？

20. 电动机的工作方式有哪几种？试查阅国家标准《旋转电机　定额和性能》(GB/T 755—2019)，说明工作制 S_3、S_4、S_5、S_6、S_7 和 S_8 的定义，并绘出负载图。

21. 电动机的容许温升取决于什么？若两台电动机的通风冷却条件不同，而其他条件完全相同，它们的容许温升是否相等？

22. 同一系列中，同一规格的电动机，满载运行时，它们的稳定温升是否都一样？为什么？

第七章

其他种类的感应电动机及感应电动机新技术

第一节 单相感应电动机

单相感应电动机由单相电源供电，它广泛应用于家用电器和医疗器械上，如电扇、电冰箱、洗衣机、医疗器械中都使用单相感应电动机作为原动机。

单相感应电动机在结构上与三相笼型感应电动机相仿，转子也为一笼型转子，只是定子上只有一个单相工作绕组。和同功率的三相感应电动机相比较，单相感应电动机的体积较大，运行性能较差。因此，单相感应电动机只做成小功率的，功率在 8～750W 之间。本节主要从工作原理方面对单相感应电动机做一分析。

一、单相感应电动机的工作原理

单相感应电动机工作时，定子绕组接单相电源，绕组中流过的电流为 $i = \sqrt{2} I \cos\omega t$。根据对绕组磁动势的分析可知，由电流所产生的磁动势为一个单相脉振磁动势。若只取基波，则它的数学表达式可写为

$$f_1(x, t) = F_1 \cos\frac{\pi}{\tau} x \cos\omega t$$

$$= \frac{1}{2} F_1 \cos\left(\frac{\pi}{\tau} x - \omega t\right) + \frac{1}{2} F_1 \cos\left(\frac{\pi}{\tau} x + \omega t\right)$$

$$= f_+ + f_- \tag{7-1}$$

式(7-1)表明，一个脉振磁动势可以分解为两个幅值相等(各等于脉振磁动势振幅的一半)，转速相等(都为同步转速)，但转向相反的两个旋转磁动势，其中转向与电动机转向相同的称为正转磁动势 f_+，相应的空间矢量表示为 F_+；另一个与电动机转向相反的称为逆转磁动势 f_-，相应的空间矢量表示为 F_-。这样，就可以把一个单相绕组用两套结构完全相同，但相序相反的三相绕组串联来等效，如图 7-1 所示。

和普通的三相感应电动机一样，正转磁动势与逆转磁动势均切割转子导体，并分别在导体中感应电动势和电流，产生转矩。由正转磁动势产生的转矩 T_+ 企图使转子沿正转旋转磁动势方向旋转；而逆转磁动势所产生的转矩 T_- 则企图使转子沿逆转旋转磁动势方向旋转。因此 T_+ 与 T_- 的方向是相反的，它们相互抵消后剩下的部分才是电动机所能产生的有效转矩。

不论是 T_+ 还是 T_-，它们的大小与转差率的关系与三相感应电动机的情况是一样的。若电动机的转速为 n，则对正转磁动势而言，转差率

$$s_+ = \frac{n_1 - n}{n_1} \tag{7-2a}$$

而对逆转磁动势而言，转差率

$$s_- = \frac{n_1 - (-n)}{n_1} = \frac{2n_1 - (n_1 - n)}{n_1} = 2 - s_+ \tag{7-2b}$$

即   当 $s_+ = 0$ 时，相当于 $s_- = 2$；

当 $s_- = 0$ 时，相当于 $s_+ = 2$。

由此，可绘出单相感应电动机的 T-s 曲线，如图 7-2 所示。

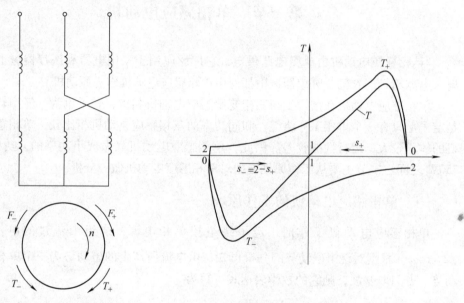

图 7-1 单相绕组的等效   图 7-2 单相感应电动机的 T-s 曲线

从曲线上可以看出单相感应电动机的几个主要特点：

1）当电动机不转时，$n = 0$，$s_+ = s_- = 1$，这时合成转矩 $T = T_+ + T_- = 0$，说明单相感应电动机无起动转矩，若不采取其他措施，则电动机不能起动。

2）合成转矩曲线对称于 $s_+ = s_- = 1$ 点。若用外力使电动机转动起来，s_+ 或 s_- 不为 1 时，合成转矩不为零，这时若合成转矩大于负载转矩，则即使去掉外力，电动机也能被加速到接近同步转速 n_1。因此单相感应电动机虽无起动转矩，但一经起动，便可达到某一稳定转速工作，而旋转方向则由起动时电动机的转向而定。

3）由于逆转转矩 T_- 的存在，使电动机的总转矩减小，所以单相感应电动机的过载能力较三相感应电动机小，而负载转矩相同的，转差率则较大。

对于上述情况的物理过程可描述如下：一个单相脉振磁动势可以分解为一个正转磁动势和一个反转磁动势，它们幅值相等。但在转子转动后，由于转子绕组的磁动势对反转磁动势的去磁作用较强，使反转磁通远远小于正转磁通，这从图 7-3 中可以得到解释。

假定有一旋转磁场波 B_1，从左向右移动。在转子导体中感应电动势 e_2 的方向可由右手定则判定。在正半波下，e_2 的方向是进入纸面，表示为 $\oplus$；在负半波下，e_2 的方向是穿出纸面，表示为 $\odot$。转子电流的方向由转子电路的性质而定。图 7-3a 表示转子电流与电动势同相；图 7-3b 表示转子电流落后电动势某个角度；图 7-3c 表示转子电流落后电动势 $90°$。由转子电流产生的磁动势波 F_2 用虚线表示，可见，当电流与电动势同相时，F_2 与 B_1 相差 $90°$，两者正交，F_2 不能直接起去磁作用。当电流落后于电动势时，F_2 将起去磁作用。而当电流落后电动势 $90°$ 时，F_2 与 B_1 正好反相，去磁作用最强，说明转子电流越落后，去磁作用越强烈。

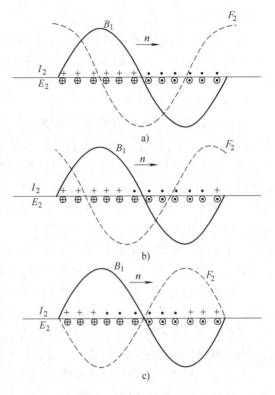

图 7-3　转子磁动势的作用

在正常运行时，对正转磁场而言，转子绕组的电抗

$$X_{2+} = s_+ X_{\sigma 2} = s X_{\sigma 2} \tag{7-3}$$

对反转磁场而言，转子绕组的电抗

$$X_{2-} = s_- X_{\sigma 2} = (2-s) X_{\sigma 2} \tag{7-4}$$

因为 s 很小，所以 X_{2-} 远大于 X_{2+}，也就是说，由反转磁场在转子绕组中感生的电流，其落后的程度远大于由正转磁场所感生的电流。因此转子绕组对反转磁场的去磁作用远大于对正转磁场的去磁作用，使合成的正转磁动势 F_+ 大于反转磁动势 F_-。结果 F_+ 与 F_- 的合成磁动势不再是一个脉振磁动势，而是一个空间作正弦分布、幅值变动、非恒速旋转的旋转磁动势，合成磁动势矢量端点描绘的轨迹为一个椭圆，如图 7-4 所示，称为椭圆形旋转磁场。因此单相感应电动机一经转动后，就能够产生电磁转矩，使电动机继续运转。

二、单相感应电动机的主要类型和起动方法

为了使单相感应电动机能够产生起动转矩，关键是如何在起动时在电动机内部形成一个旋转磁场。根据获得旋转磁场的方式（也就是起动方法）不同，单相感应电动机可分成下列几种主要类型：

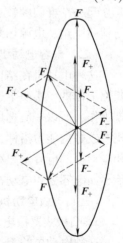

图 7-4　椭圆形旋转磁场矢量表示法

225

（一）分相电动机

在分析交流绕组磁动势时曾得出一个结论，只要在空间不同相的绕组中通以时间不同相的电流，其合成磁动势就是一个旋转磁动势，分相电动机就是根据这一原理设计的。

1. 电阻分相电动机

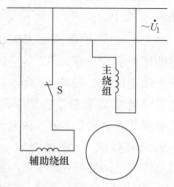

这种电动机定子上嵌有两个单相绕组，一个称为主绕组（或称为工作绕组），一个称为辅助绕组（或称为起动绕组）。两个绕组在空间相差90°电角度，它们接在同一单相电源上，如图7-5所示，其中，S为一离心开关，平时处于闭合状态。辅助绕组用较细的导线绕成，以增大电阻，匝数可以与主绕组相同，也可以不同。由于主、辅绕组的阻抗不同，所以流过两个绕组的电流的相位也不同，一般使辅助绕组中的电流领先于主绕组中的电流，形成了一个两相电流系统，这样就在电动机中形成旋转磁场，从而产生起动转矩。

图7-5　分相式电动机的接线图

通常辅助绕组是按短时运行设计的，为了避免辅助绕组长期工作而过热，在起动后，当电动机转速达到一定数值时，离心开关S自动断开，把辅助绕组从电源切断。

由于主、辅绕组的阻抗都是感性的，因此两相电流的相位差不可能很大，更不可能达到90°，由此而产生的旋转磁场椭圆度较大，所以产生的起动转矩较小，起动电流较大。

2. 电容分相电动机

在结构上，它和电阻分相电动机相似，只是在辅助绕组中串入一个电容，如果电容选择恰当，有可能使辅助绕组中的电流领先主绕组电流接近90°，则可在电动机中建立起一个椭圆度较小的旋转磁场，从而获得较大的起动转矩。电动机起动后，也需将辅助绕组从电源切断。由于电容器是短时工作的，一般可选用交流电解电容器。

（二）电容电动机

这种电动机在结构上与电容分相电动机一样，只是辅助绕组和电容器都设计成能长期工作的，实质上这时成了一台两相电动机。它的运行性能较好。因为电容器要长期工作，所以一般选用油浸式电容器。为了保证电动机有较好的能力指标，电容电动机的电容量比电容分相电动机的电容量要小，起动转矩也小，因此起动性能不如电容分相电动机。

（三）罩极电动机

1. 凸极式罩极电动机

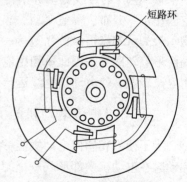

这种电动机的定子仍由硅钢片叠成，但做成有凸出的磁极，形状类似直流电动机的定子，其结构如图7-6所示。每个极上装有集中绕组，称为主绕组。每个极的极靴上开一个小槽，槽中嵌入短路铜环，一般

图7-6　凸极式罩极电动机的结构示意图

罩住极靴面积的 1/3 左右。当绕组中通以单相交流电时，产生一脉振磁通，一部分通过磁极的未罩部分，一部分通过短路环，后者必然在短路环中感生电动势，产生电流，根据楞次定律，该电流的作用总是阻止磁通变化的，这就使通过短路环部分的磁通与通过磁极未罩部分的磁通在时间上不同相，并且总要滞后一个角度。于是就会在电动机内产生一个类似于旋转磁场的"扫动磁场"，扫动的方向由磁极未罩部分向着短路环方向。这种扫动磁场实质上是一种椭圆度很大的旋转磁场，从而使电动机获得一定的起动转矩。

2. 隐极式罩极电动机

隐极式罩极电动机的定子铁心和一般三相感应电动机的定子铁心一样，但是在定子槽中嵌有两套绕组，即主绕组 1 和罩极绕组 2，如图 7-7 所示。其中罩极绕组也可做成分布的。两个绕组在空间一般相距 30°～60° 电角度，主绕组匝数多、导线细；罩极绕组导线粗、匝数少，一般为 2~5 匝，并且自行短路，相当于凸极式罩极电动机的短路环。罩极电动机结构简单，但起动转矩小，只能在很轻的负载下起动，多用于风扇中。

三、正弦绕组

为了尽可能减少定子谐波磁动势，改善电动机性能，单相感应电动机可以采用"正弦绕组"。所谓正弦绕组就是定子绕组的各槽导体数并不相等，而是按一定规律分布，使产生的气隙磁动势分布尽可能为一正弦波。正弦绕组都采用同心式线圈，为说明各槽内导体数目的分布规律，试看图 7-8。

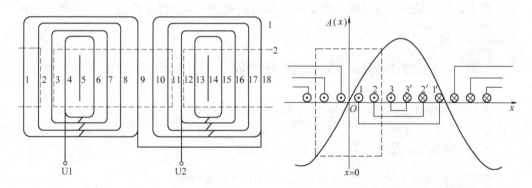

图 7-7　隐极式罩极电动机定子分布绕组的展开图　　图 7-8　正弦绕组的构成原理

图中，导体 1、2、3 分别与导体 1′、2′、3′构成 3 个线圈，组成了一个同心式绕组。3 个线圈有不同的匝数，若令 $N(x)$ 表示圆周单位长度上导体数的分布曲线，则沿圆周单位长度上的电流分布曲线应为

$$A(x) = \sqrt{2}IN(x) \tag{7-5}$$

式中　　$\sqrt{2}I$——导体中电流的最大值。

根据全电流定律，作用在距原点 x 处的磁回路的磁动势应为

$$\int_{-x}^{x} A(x)\,\mathrm{d}x = 2\int_{0}^{x} A(x)\,\mathrm{d}x \tag{7-6}$$

若略去铁心中磁阻，则作用在每一个气隙中的磁动势应为

$$f(x) = \int_0^x A(x)\,dx = \sqrt{2}\,I\int_0^x N(x)\,dx \tag{7-7}$$

显然，若要求气隙磁动势 $f(x)$ 按正弦规律分布，则沿圆周各点的导体分布 $N(x)$ 应为一余弦波，这就是正弦绕组各槽导体数的分布规律。下面用实例说明正弦绕组的计算。

例 7-1　设有一单相电动机，定子铁心槽数 $Z_1 = 24$，极数 $2p = 4$。试设计正弦绕组。

解　正弦绕组有两种方案，如图 7-9a 与图 7-9b 所示（图中只画出一个极下的绕组）。

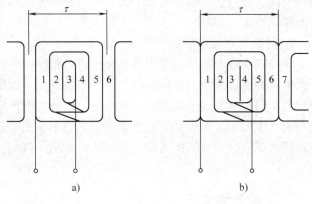

图 7-9　正弦绕组分布形状（槽距 $\tau = 6$）

1. 对图 7-9a 的方案

每极槽距 $\tau = \dfrac{Z_1}{2p} = \dfrac{24}{4} = 6$，

槽距角 $\alpha = \dfrac{p \times 360°}{Z_1} = \dfrac{2 \times 360°}{24} = 30°$。

槽 1 距原点的距离为 $\dfrac{1}{2}\alpha$，槽 2 距原点的距离为 $\dfrac{3}{2}\alpha$，槽 3 距原点的距离为 $\dfrac{5}{2}\alpha$，它们的余弦值分别为

元件 1-6 的余弦值为 $\cos\dfrac{1}{2}\alpha = \cos 15° = 0.966$；

元件 2-5 的余弦值为 $\cos\dfrac{3}{2}\alpha = \cos 45° = 0.707$；

元件 3-4 的余弦值为 $\cos\dfrac{5}{2}\alpha = \cos 75° = 0.259$；

每极元件的余弦值之和为 $0.966 + 0.707 + 0.259 = 1.932$；

元件 1-6 占每极匝数的百分率为 $\dfrac{0.966}{1.932} \times 100\% = 50\%$；

元件 2-5 占每极匝数的百分率为 $\dfrac{0.707}{1.932} \times 100\% = 36.6\%$；

元件 3-4 占每极匝数的百分率为 $\dfrac{0.259}{1.932} \times 100\% = 13.4\%$。

主、辅绕组的分布规律相同，但两个绕组的中心线应相距 90°电角度。

2. 对图 7-9b 的方案

计算方法同上，但这时元件 1-7 只能占计算值的一半，另一半需放在相邻的一个极下。

元件 1-7 的余弦值为 $\frac{1}{2}\cos0° = 0.5$；

元件 2-6 的余弦值为 $\cos30° = 0.866$；

元件 3-5 的余弦值为 $\cos60° = 0.5$；

每极元件的余弦值之和 $= 0.5 + 0.866 + 0.5 = 1.866$；

元件 1-7 占每极匝数的百分率为

$\frac{0.5}{1.866} \times 100\% = 26.8\%$；

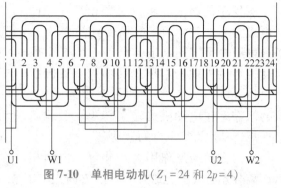

图 7-10　单相电动机（$Z_1 = 24$ 和 $2p = 4$）
的正弦绕组展开图

元件 2-6 占每极匝数的百分率为 $\frac{0.866}{1.866} \times 100\% = 46.4\%$；

元件 3-5 占每极匝数的百分率为 $\frac{0.5}{1.866} \times 100\% = 26.8\%$。

图 7-10 为整个正弦绕组的展开图，它是按图 7-9a 的方案分布的。

第二节　电磁调速感应电动机

电磁调速感应电动机亦称为转差电动机，从原理上看，它实际上就是一台带有电磁转差离合器的普通笼型感应电动机，其原理如图 7-11a 所示。

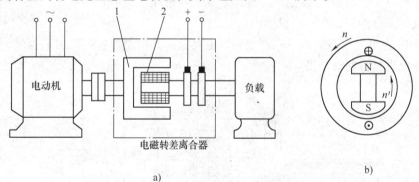

图 7-11　电磁转差离合器原理图
a）电磁离合器连接　b）电枢
1—电枢　2—磁极

电磁转差离合器由电枢和磁极两部分组成，两者之间无机械联系，各自能独立旋转。电枢为一由铸钢制成的空心圆柱体，与感应电动机的转子直接连接，由感应电动机带动旋转，称为主动部分。磁极由直流电源励磁，并与生产机械直接连接，称为从动部分。当感应电动机带动离合器电枢以 n 的速度旋转时，若励磁电流等于零，则离合器中无磁场，也无电磁感应现象产生，因此磁极部分不会旋转。当有励磁时，电枢便切割磁场产生涡流，涡流的方向如图 7-11b 所示，电枢中涡流的路径如图 7-12 所示。

电枢中的涡流与磁极磁场相互作用产生电磁力和电磁转矩。电枢受到的力 F 的方向可用左手定则判定，由于 F 所产生的电磁转矩的方向与电枢的转向相反，因此对电枢而言，力 F 产生的是个制动转矩，需要依靠感应电动机的输出转矩克服此制动转矩，从而维持电枢的转动。

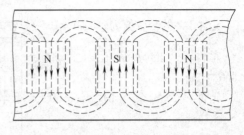

图 7-12　转差离合器电枢内涡流的路径

根据作用与反作用大小相等、方向相反，离合器磁极所受到的力 F' 的方向正与 F 相反，由 F' 所产生的电磁转矩驱使磁极转子并带动生产机械沿电枢转向以 n' 的速度旋转，显然 $n'<n$。电磁转差离合器的工作原理和感应电动机的相同，电磁转矩的大小决定于磁极磁场的强弱和电枢与磁极之间的转差。因此当负载转矩一定时，若改变励磁电流的大小，为使电磁转矩不变，磁极的转速必将发生变化，这就达到了调速的目的。

电磁离合器的具体结构形式有很多种，目前我国生产较多的是电枢为圆筒形铁心(也称为杯形铁心)，磁极为爪形磁极。磁极铁心分成相同的两部分。图 7-13 为其中的一个部分。两部分互相交叉地安装在轴上，励磁线圈安装在两部分铁心中间，每部分铁心是一个极性，每一个爪就是一个极。

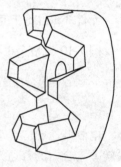

电磁调速感应电动机的型号为 JZT，在结构上分为组合式和整体式两种。前者用于 1-7 号机座，外型上明显地可以看出拖动电动机与离合器两大部分；后者用于 8-9 号机座，这时拖动电动机与离合器安装在一个机座内。

图 7-13　爪形磁极铁心

图 7-14 为组合式结构的电磁调速感应电动机。其中测速发电机用来构成一个反馈系统以保证机械特性的硬度。

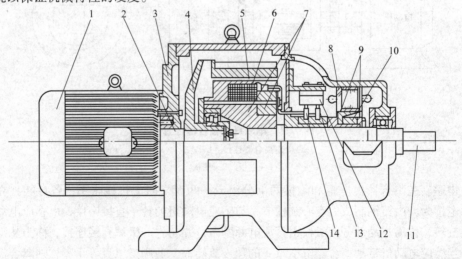

图 7-14　电磁调速感应电动机

1—电动机　2—主动轴　3—法兰端盖　4—电枢　5—工作气隙　6—励磁线圈　7—磁极　8—测速机定子
9—测速机磁极　10—永久磁铁　11—输出轴　12—刷架　13—电刷　14—集电环

电磁调速感应电动机最适用于恒转矩负载，它调速范围广（可达 10∶1），而且调速平滑，可以实现无级调速且结构简单，操作方便。但因为离合器是利用电枢中的涡流与磁场相互作用而工作的，因此损耗较大、效率较低，尤其在低速时尤为严重，所以它不宜在低速下长期工作。

第三节　单相串励电动机和直线电动机简介

一、单相串励电动机

单相串励电动机的工作原理与直流串励电动机相同。设把一直流串励电动机接到一个单相交流电网上，如图 7-15 所示。图中表示了在某一瞬间，电动机端电压的极性、励磁电流 i_f、电枢电流 i_a、主磁通 Φ 和导体电流的方向。由左手定则可以判定，此时电动机产生的电磁转矩 T_{em} 为逆时针方向，使电枢按逆时针方向转动。因为是交流电源，当电动机端电压的极性改变时，励磁电流 i_f 和电枢电流 i_a 同时改变方向，所以尽管电流方向发生变化，而转矩的方向却是不变的，电动机的平均转矩不为零。这说明串励电动机从原理上看，是可以交、直流两用的，但是在具体的构造上，单相串励电动机有其特点：①为了减小铁耗，主极铁心和定子磁轭必须用硅钢片叠成，而不能用整块钢制成；②为了改善功率因

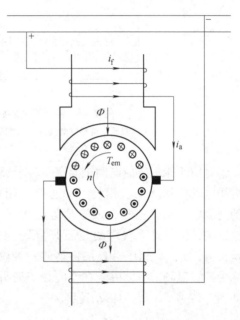

图 7-15　单相串励电动机原理图

数，应尽量减少励磁绕组匝数以减小电抗；同时为保持有一定的主磁通，还应尽量减小磁路磁阻，并采用较小的气隙。

单相串励电动机的机械特性较软，适应于电动工具，目前应用较多的是所谓"换向器式电动机"，这是一种交、直流两用的串励换向器式电动机，功率一般较小，主要用于手电钻、电动扳手上。

二、直线电动机

一般的电动机都是把电能转换成旋转运动的机械能，称为旋转电动机。而直线电动机则是把电能转换成直线运动的机械能。对于作直线运动的生产机械，使用直线电动机可以省却一套将旋转运动转换成直线运动的连杆转换机构。

直线电动机也可以分为交流、直流两种，目前应用最多的是交流直线电动机，通常讲直线电动机就是指的交流直线电动机。

直线电动机的工作原理与笼型感应电动机相同。为说明这一问题，可以设想用一轴向平面沿半径方向将笼型感应电动机剖开，并把它拉直，便成为一台直线异步电动机。其演变过程如图 7-16 所示。

231

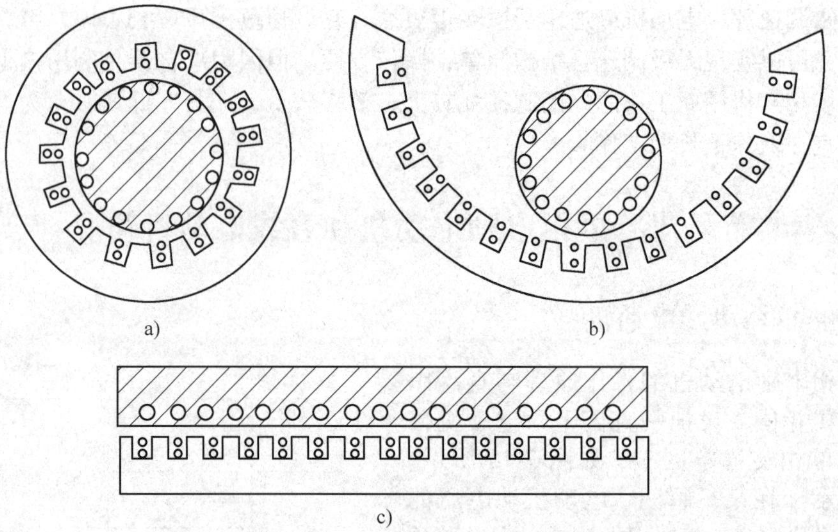

图 7-16　普通笼型感应电动机演变为直线电动机

a)普通笼型感应电动机　b)把电动机剖开拉直　c)直线异步电动机

对应于笼型感应电动机的定、转子部分，在直线电动机中称为初级、次级。当在直线电动机初级的三相绕组中通以三相对称的交流电流后，三相合成磁动势也将产生气隙磁场，但是这个气隙磁场不是旋转的，而是按 U、V、W 相序沿直线移动的一种磁场，称为行波磁场。行波磁场在空间作正弦分布，如图 7-17 所示，它的移动速度为

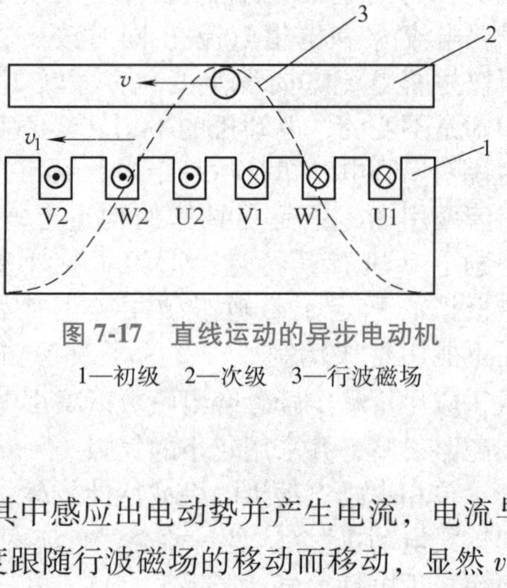

图 7-17　直线运动的异步电动机

1—初级　2—次级　3—行波磁场

$$v_1 = \omega_1 \frac{D_1}{2p} = 2\tau f \qquad (7-8)$$

式中　v_1——移动速度，也称为同步速，单位为米/秒（m/s）。

行波磁场切割次级（即拉直的转子），将在其中感应出电动势并产生电流，电流与磁场相互作用产生的电磁力，使次级以 v 的速度跟随行波磁场的移动而移动，显然 $v < v_1$。令

$$s = \frac{v_1 - v}{v_1}$$

则 s 就称为直线感应电动机的转差率。

实际上直线电动机的次级都是用一块连续的金属板制成的，不再用"铁心"和"导条"。

直线电动机有 3 种结构形式：

（1）扁平形　即图 7-16 所示的那种。

（2）管形　若将扁平形直线电动机沿着与移动方向相垂直的方向卷成圆筒，即成管形直线电动机，如图 7-18 所示。这时若在圆筒内放置一根金属条，则金属条将在磁

场的作用下作直线运动。

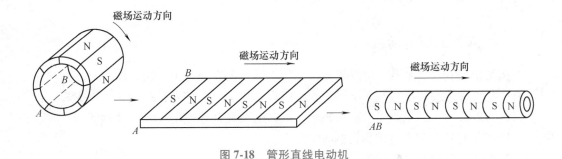

图 7-18　管形直线电动机

（3）圆盘形　若将直线电动机的次级制成圆盘状，将初级放在圆盘的两侧，如图 7-19所示，使圆盘在切向力作用下旋转，便成圆盘形直线电动机。

直线电动机在工作中，为了维持初级、次级之间的相互作用不变，初级、次级之一必须延长，一般都是做成长次级、短初级的形式，如图 7-20 所示。有时为了消除初级、次级之间的纵向磁拉力，可以在次级的两侧都装有初级，构成所谓双边形直线电动机，如图 7-21 所示。

对于旋转电动机，定、转子之间的气隙是一个圆，它是连续的，不存在始端或终端。

但是在直线电动机中，初级、次级之间的气隙是片断的，产生了一个边缘效应。在对直线电动机进行理论分析时，必须对边缘效应加以考虑，增大了分析的复杂性。此外，因为铁心的断开，绕组不能从一端连到另一端，为了保证绕组按要求排列，初级铁心必须延长，在边缘的几个槽中，只能放置一个元件边（中间槽上、下层都放置元件边）。

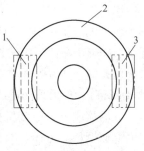

图 7-19　圆盘形直线电动机
1、3—直线定子（初级）
2—转动圆盘

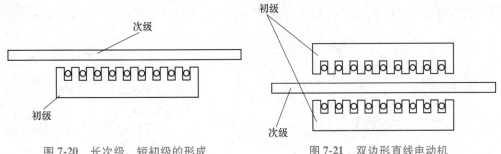

图 7-20　长次级、短初级的形成　　图 7-21　双边形直线电动机

直线电动机是一种新型电动机，在交通运输和传送装置中得到广泛的应用，如对磁悬浮高速列车尤为适用，其他如作为液态金属的电磁泵、门阀、机械手等。

圆盘形直线电动机可以用做转车台、旋盘等，它实现了无接触传动，结构简单，应用灵活。随着科学技术的发展，直线电动机的应用将会更加广泛。

第四节 感应电动机新技术

一、双馈无刷电动机

从基于控制角度来看，可以将笼型感应电动机视作单馈电动机，因为它仅在定子上有一与外部连接的绕组，而绕线转子感应电动机则可看作双馈电动机，因为它有两套绕组与外部相连。与单馈电动机相比，双馈电动机有下列优点：

1）容易对转矩和速度进行控制。

2）能工作为恒频变速状态。

3）变换器的总额定功率可以降低，从而减小其尺寸。

然而，传统的双馈电动机存在集电环，从而降低了系统可靠性，进而限制了它们的应用。

新型的双馈无刷电动机（DFBM）将两套绕组均放在定子上，而不再在转子上安放绕组。DFBM 保持了传统双馈电动机的优点，同时又取消了集电环，从而大大提高了系统可靠性。进一步推广之，如果该 DFBM 采用笼型转子，则称为双馈无刷异步电动机（DFBM）；如果采用磁阻凸极转子结构，则称为双馈无刷磁阻电动机（DFBRM）。

双馈无刷异步电动机在笼型转子上有短路导体，在这些导体中感应出来的电流将产生附加铜耗。然而，双馈无刷磁阻电动机没有转子导体，也不存在转子上的附加损耗。基于这一点，双馈无刷磁阻电动机将更具有优越性。现以双馈无刷磁阻电动机为例简介双馈电动机结构。

图 7-22 显示了双馈无刷磁阻电动机驱动系统的总接线图，图 7-23 则为典型的 DFBRM 截面图。DFBRM 定子由两套三相绕组构成，转子则由一个简单的凸极或轴向叠片构成，没有绕组，也没有集电环和电刷。双定子绕组有不同的极数，一个为 $2p$，另一个为 $2q$。转子极数或叠片块数则必须为"$p+q$"，以便进行有效的能量转换。实际运行中，将两套定子绕组中的一套称为"一次绕组"，它直接与电网恒频电源相连接，而另一套则称为"二次绕组"，它与连接电网的电力电子变换器相连。DFBM 具有结构坚

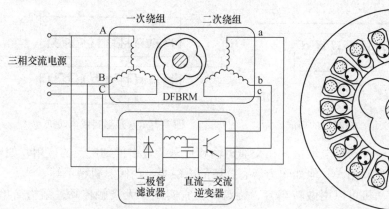

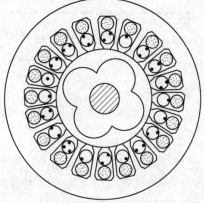

图 7-22　DFBRM 驱动系统的总接线图　　　图 7-23　DFBRM 截面图

固、高效、低耗和高可靠性，与电力电子变换器有很好的兼容性及运行与控制模式灵活等优点，从而使得它在汽车、风力发电、调速传动中有广泛的应用前景。

二、感应电动机的驱动与控制

直流电气传动和交流电气传动在 19 世纪先后诞生。在 20 世纪的大部分时间里，鉴于直流电气传动具有控制简单、调速平滑、性能良好的特点，需要变速运行的高性能调速系统都采用直流电动机，而约占电动机用电总容量 80% 的不变速电气传动则采用交流电动机，其中大多数为感应电动机直接拖动。

由于交流调速系统的种种突出优点，随着电力电子技术、微电子技术和数字信号处理器芯片的飞速发展和广泛应用，自 20 世纪 80 年代以来，交流调速技术不断成熟，交流调速系统已在几乎所有工业应用领域中取代直流调速系统。

(一) 感应电动机的 VVVF 控制

在交流电动机调速系统中，可以通过改变电动机的供电频率来实现调速的目的，但是在变频的同时也必须协调地改变感应电动机的供电电压，即通过 PWM 控制技术对异步电动机调速系统的主电路进行控制，来实现调速控制和能量变换，也就是所谓的变压变频(VVVF)。

这种变频调速系统分为转速开环与转速闭环两种。我们平常所说的通用变频器就是指的转速开环 VVVF 调速控制器。目前 VVVF 调速系统已经广泛使用于风机、水泵类负载。这类负载一般对调速性能(特别是动态性能)要求不高，采用 VVVF 调速控制系统就可以满足使用要求。

VVVF 调速控制系统的结构简单，工作性能可靠，调速范围较大。

(二) 感应电动机的矢量控制

感应电动机矢量控制原理的基本出发点是：由于感应电动机是一个多变量、强耦合、非线性的时变参数系统，难以直接、准确地控制电磁转矩，但是通过将转子磁链这一旋转的空间矢量作为参考坐标，动态地将坐标系的 d 轴和转子磁链方向重合，利用坐标变换，就可以将定子电流分解出相互独立的励磁电流分量和转矩电流分量。由于这两个分量是直流量(亦称为标量)，所以可以方便地对电动机的磁链和转矩进行解耦和闭环控制。这样，通过坐标变换后重构的电动机模型就可以等效成一台直流电动机，从而可像直流电动机那样进行快速的转矩和磁链控制。

有时为简化控制系统的结构，仅采用转子磁链的稳态方程直接得到定子电流 d 轴分量的给定值，而 q 轴分量电流给定值可以直接从转矩给定值即转速调节器的输出得到。这样构成的调速系统，磁链采用开环控制，结构比较简单，动态性能基本上达到了直流双闭环控制系统的水平，因而得到了较多的推广与应用。

经过近三十年的不断发展，矢量控制的交流传动系统进入了高精度的伺服控制领域，而且，最初设想的不用速度传感器的无速度传感器矢量控制也实现了，并已成功应用于高性能矢量控制变频器产品中。

(三) 感应电动机的直接转矩控制

直接转矩控制采用空间矢量的概念，直接在静止(α, β)坐标系下分析交流电动机的数学模型，直接计算定子磁链的模和转矩大小，并通过直接控制电动机的磁链和转矩，来实现 PWM 控制和系统的高动态性能。

直接转矩控制强调转矩的直接控制与效果。它完全抛弃了模仿直流电动机控制的思路，摒弃了解耦控制的思想，省掉了旋转坐标变换，因而其结构简单，物理概念清晰、明确。

由于磁链控制采用的是定子磁链，它只与电动机的定子绕组电阻参数有关，从而这种方法对参数变化不敏感，大大减少了矢量控制技术中系统性能易受电动机参数变化影响的问题。

另外，直接转矩控制方法有效地降低了逆变器的开关频率和开关损耗。

(四)交流调速控制系统的数字化

自美国于 1996 年推出电动机控制专用 DSP 芯片以来，交流调速控制系统的数字化发展十分迅猛。目前，从通用变频器到高性能的矢量控制或直接转矩控制的变频器，再到采用无速度传感器技术的矢量控制变频器和直接转矩控制变频器，均开始采用电动机控制专用 DSP 芯片。

相对于传统的交流调速模拟控制系统而言，数字控制系统具有以下明显的优点：

1)能有效地降低控制器的硬件成本，体积小，重量轻，能耗低。

2)提高了系统可靠性，系统集成度高。

3)数字电路不存在温度漂移问题，不存在受参数变化影响的问题。

4)可以设计统一的硬件电路，通过更新软件部分来适应于不同的电动机调速控制系统要求，从而可以加快产品的更新换代。

5)可以完成各种复杂的信号处理与控制算法。

(五)感应电动机的智能控制

由于电力电子电路良好的控制特性及现代微电子技术的不断进步，使得几乎所有新的控制理论、控制方式都能得以在感应电动机变频驱动中应用。近年来对感应电动机的智能控制的研究十分活跃。

1. 模糊控制

现有控制理论有一个基本的共同点，即控制器的设计都要建立在被控对象精确数学模型(传递函数和状态方程)的基础之上。但是现实之中多数系统极其复杂，难以确定这些过程的传递函数和状态方程。绕过精确数学模型建立这一难题，而对系统实现更理想的控制，正是模糊控制理论所要解决的问题。

模糊控制技术是由模糊理论发展起来的，它与一般的控制技术相比，具有以下几个方面的持点：

1)不需要建立精确的数学模型，利用人的直接经验，把人的控制规则模型化，模拟人的控制，即实现智能控制。

2)控制器结构简单，易于实现，成本低廉，软件和硬件实现都很方便。

3)模糊控制器对参数变化适应性强。

一个典型逆变器供电下的感应电动机模糊控制，先从磁通和转矩估计器得到转矩、定子磁通及其角度，然后输入到模糊控制器来控制逆变器的输出电压矢量，实现对感应电动机的模糊控制。模糊控制器有三种模糊状态变量和一个控制变量来进行恒转矩和恒磁通控制。每一个变量都被分成一些模糊等级。对每个变量选择好模糊等级数目以达到用最小规则得到最大控制的目的。

2. 神经元网络控制

人工神经元网络研究的兴起为智能控制用于交流电动机传动领域提供了一个新的途径。人工神经元网络实质上是一种分布式并行处理的非线性系统，具有离线或在线学习功能，能模拟人脑处理问题，具有很强的自适应和自组织功能。目前，已提出的神经网络控制器设计方法可分成以下几类：

1）基于自适应方式的神经网络控制系统。

2）由神经元网络单独构造成的控制系统。

3）基于常规控制原理的神经元网络控制。

4）神经元网络智能控制。

5）神经元网络优化控制。

由于神经元网络可以表达任何非线性函数，因此，使用网络能完成各种复杂的优化运算。采用神经元网络进行优化运算的优点是：计算速度快，结构简单，适用于包含连续量和离散量的混合系统。

在具有异步变频控制的交流变频调速系统中，由于感应电动机转子磁通难以直接测量，所以需由观测器来重构信号。对于线性系统一般可用自适应控制理论来构造观测器，但对感应电动机这一类非线性系统却不适用。采用神经网络方法来学习和认识观测对象，经过进一步在线训练后，根据参数变化可实现对电动机的控制。

237

三、感应电动机的电力电子控制系统集成化

自从电力电子技术引入到电动机调速中后，感应电动机驱动技术取得了长足的进步，但早期的交流变频调速系统基本上是电力电子变换器与电动机的"凑合"，它们之间的关系是不甚和谐的。随着计算机、信息和控制技术的迅速发展，电力电子、电动机及其控制技术形成了有机的一体化和集成化，从而大大扩展了感应电动机的应用范围。

为了真正使电力电子、电动机及控制做到有机的统一，而达到系统最优，必须克服一系列理论和技术"瓶颈"。这些"瓶颈"技术包括：如何考虑在电力电子控制电源运行下的电动机设计，如何建立电动机及系统的高频模型，如何认识电磁空间结构与其控制时间上的互补关系等。

感应电动机与电力电子控制集成系统，可用一个"集成技术三角形"来说明它的基本特征，如图7-24所示。沉浸、交互和构想是异步电动机与电力电子控制集成系统的三个基本持征，它强调了作为一个整体，系统中的各个

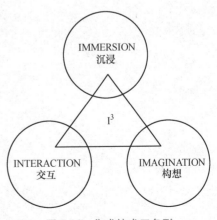

图7-24　集成技术三角形

部分相互沉浸、相互作用与相互依赖的关系。从过去分离的、独立设计和制造的部件到现在一个部件能够沉浸于其他部件之中，从外形上看完全是一个整体，从而做到整

体设计、同步制作；从过去部件间相互凑合，各自为中心到现在能相互配合，相互利用而和谐优化组合；从过去单向输入/输出模式到现在强反馈方式，具有自适应与自调整功能。

构造电动机与电力电子控制集成系统的根本目的是将电力电子、电动机及控制部分有机合成一体，以达到系统总体最优；而使系统安全可靠，经济运行，需要克服的主要技术"瓶颈"是电动机与逆变器电源结合控制的输入/输出关系，需要的支撑技术包括各种电力电子元器件、PWM 技术新概念电动机和智能控制算法等。

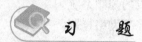

习　　题

1. 为什么单相感应电动机没有起动转矩？单相感应电动机有哪些起动方法？

2. 一台三相感应电动机，定子绕组接成星形，工作中如果一相断线，电动机能否继续工作？为什么？

3. 用什么方法可以改变分相式单相电动机的转向？为什么？

4. 串励电动机为什么能交、直流两用？单相串励电动机与直流串励电动机在结构上有什么区别？为什么？

5. 要改变单相串励电动机的转向，可采用什么方法？

4

第四篇 同步电机

第八章

同步电机的基本类型和基本结构

第一节　同步电机的基本类型

一、同步电机的特点

图 8-1 为一台 4 极同步电机的构造原理图。通常三相同步电机的定子是电枢，在定子铁心上开有槽，槽内安置三相绕组（图中只画出了一相），转子上装有磁极和励磁绕组。当励磁绕组通以直流电流后，转子即建立恒定磁场。作为发电机，当用原动机拖动转子旋转时，定子导体由于与此磁场有相对运动而感生交流电动势，此电动势的频率为

$$f=\frac{pn}{60} \tag{8-1}$$

式中　p——电机的极对数；

　　　n——转速，单位为 r/min；

　　　f——频率，单位为 Hz。

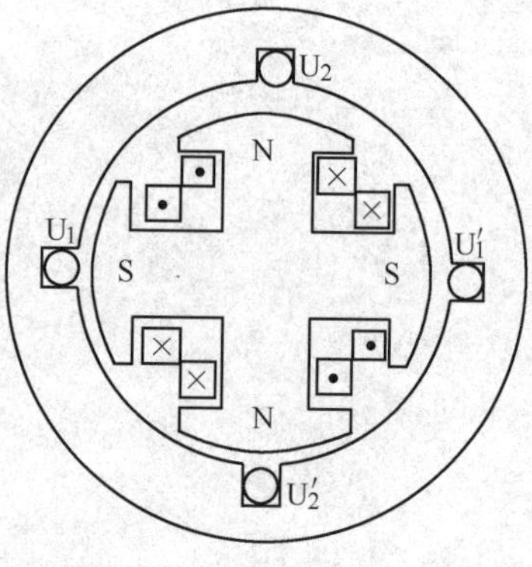

可见，当电机的极对数、转速为一定时，电机发出的交流电动势的频率也是一定的。

图 8-1　4 极同步电机的构造原理

若作为同步电动机运行时，则需要在定子绕组上施以三相交流电压，电机内部便产生一个旋转磁场。旋转速度 $n_1=\dfrac{60f}{p}$，这时转子绕组加上直流励磁，转子将在定子旋转磁场的带动下，沿定子磁场的旋转方向以相同的转速旋转，转子的转速为

$$n=n_1=\frac{60f}{p} \tag{8-2}$$

由此可见，同步电机的特点是转子的转速 n 与电网频率 f 之间具有固定不变的关系，转速 n 称为同步转速。若电网的频率不变，则同步电机的转速恒为常值而与负载的大小无关。

二、同步电机的基本类型

同步电机可以按运行方式和结构形式进行分类。

按运行方式和功率转换方式，同步电机可分为发电机、电动机和调相机 3 类。发

电机把机械能转换成电能；电动机把电能转换为机械能；调相机则专门用来调节电网的无功功率，改善电网的功率因数，在调相机内基本上不转换有功功率。

按结构形式，同步电机可分为旋转电枢式和旋转磁极式两种，前者在小容量同步电机中得到某些应用，后者应用比较广泛，并成为同步电机的基本结构形式。

对于旋转磁极式结构，按照磁极的形状又可分为隐极式和凸极式两种（见图8-2）。隐极式的气隙是均匀的，转子做成圆柱形。凸极式的气隙是不均匀的，极弧底下气隙较小，极间部分气隙较大。一般当 $n_1 \leqslant 1500 \text{r/min}$（即 $2p \geqslant 4$）时，可采用结构和制造上比较简单的凸极式。而转速较高时，则采用隐极式结构，如汽轮机是一种高转速的原动机，故汽轮发电机的转子通常采用隐极式，而水轮发电机通常都是凸极式。同步电动机及由内燃机拖动的同步发电机和调相机，一般也做成凸极式。

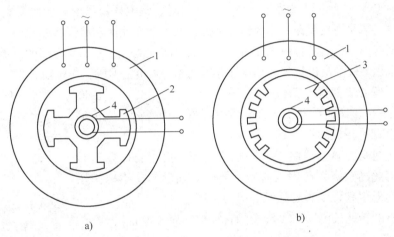

旋转磁极式
同步电机主要
部件示意图

241

1—定子　2—凸极转子　3—隐极转子　4—集电环

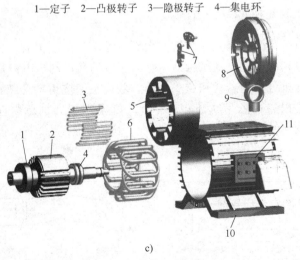

旋转磁极式
同步电机动图

1—轴承　2—转子铁心　3—励磁绕组　4—集电环　5—定子铁心
6—定子绕组　7—电刷　8—端盖　9—吊环　10—机座　11—出线盒

图8-2　旋转磁极式同步电机

a）凸极式　b）隐极式　c）主要部件示意图（参见动图）

第二节　同步电机的基本结构

本节以常见的旋转磁极式同步电机为例，说明同步电机的基本结构。

一、隐极同步电机的基本结构

隐极同步电机都采用卧式结构，有定子和转子两大部分。

（一）定子

定子由定子铁心、定子绕组、机座、端盖和挡风装置等部件组成。定子铁心是由厚0.5mm 的硅钢片叠成，整个铁心固定于机座上。在定子铁心的内圆槽内安放定子绕组。

（二）转子

转子由转子铁心、励磁绕组、护环、中心环、集电环及风扇等部件组成。

转子铁心既是电机磁路的主要组成部件，又由于高速旋转时巨大的离心力而承受着很大的机械应力，因而其材料既要求有良好的导磁性能，又需要有很高的机械强度，所以一般都采用整块的高机械强度和良好导磁性能的合金钢锻成，与转轴锻成一个整体。

沿转子铁心表面铣有槽以安放励磁绕组（见图8-3）。由图8-3 可见在一个极距内约有 1/3 部分没有开槽，叫大齿。大齿的中心实际上就是磁极的中心。

励磁绕组是由扁铜线绕成的同心式线圈。由于隐极电机转速很高，因此励磁绕组在槽内需用不导磁高强度的硬铝槽楔压紧。端部套上用高强度非磁性钢锻成的护环。

隐极机的转速较高，所以转子的直径较小而长度较长。

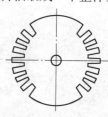

图 8-3　隐极发电机转子铁心

二、凸极同步电机的基本结构

凸极同步电机分为卧式和立式结构两大类。除了低速、大容量的水轮发电机和大型水泵用的同步电动机采用立式结构外，绝大多数的凸极同步电机都采用卧式结构。

立式水轮发电机可分为悬式和伞式两种。悬式是把推力轴承装在转子上边的上机架上，整个转子是以一种悬吊状态转动；伞式则是把推力轴承装在转子下边的机架上，整个转子是以一种被托架着的状态转动，如图8-4所示。

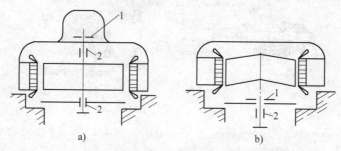

图 8-4　悬式和伞式水轮发电机的示意图

a）悬式　b）伞式

1—推力轴承　2—导轴承

悬式水轮发电机运转时机械稳定性好，但机组的轴向高度大；伞式水轮发电机机械稳定性差，但轴向高度小，这可以使厂房的高度和造价降低。通常转速较高（150r/min 以上）的电机采用悬式；转速较低（125r/min 以下）的电机采用伞式。

（一）定子

定子结构一般和隐极同步电机相同，但对于大容量的水轮发电机，由于定子直径太大，故通常把它分成几瓣，分别制造后，再运到电站拼装成一整体。

（二）转子

凸极同步电机的转子主要由磁极、励磁绕组和转轴组成。

磁极是由厚 1~1.5mm 的钢板冲成磁极冲片，用铆钉装成一体。磁极上套装有励磁绕组。励磁绕组由扁铜线绕成，各励磁绕组串联后接到集电环上。

磁极的极靴上一般还装有阻尼绕组。阻尼绕组是由插入极靴阻尼槽内的裸铜条和端部铜环焊接而成，如图 8-5 所示。

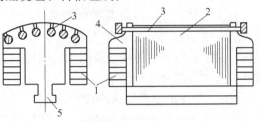

图 8-5　磁极铁心
1—励磁绕组　2—磁极铁心
3—阻尼绕组　4—磁极钢板　5—T 尾

磁极固定在磁轭上，磁轭常用整块钢板或铸钢做成。

第三节　同步电机的额定值及励磁方式

一、同步电机的额定值

1）额定容量 S_N（单位为 kVA）或额定功率 P_N（单位为 kW）。指电机输出功率的保证值。对发电机通过额定容量可确定额定电流，通过 P_N 数可以确定配套原动机的容量。电动机的额定功率一般都用 kW 表示。调相机则用 kVA 表示。

2）额定电压 U_N（单位为 V）。电机在额定运行时定子三相的线电压。

3）额定电流 I_N（单位为 A）。电机在额定运行时定子的线电流。

4）额定频率 f_N。我国标准工频为 50Hz。

5）额定功率因数 $\cos\varphi_N$。

6）额定转速 n_N（单位为 r/min）。

7）额定励磁电压 U_{fN} 和额定励磁电流 I_{fN}。

8）额定温升。

二、励磁方式简介

同步电机运行时，必须在励磁绕组中通入直流电流，通常称之为励磁电流。所谓励磁方式是指同步电机获得直流励磁电流的方式，而供给励磁电流的整个系统称为励磁系统。

励磁系统是同步电机的一个重要组成部分。它直接影响同步电机的运行可靠性和经济性，并对同步电机的运行特性如电压调整率、短路特性、过载能力等有重大影响。

同步电机的励磁方式有以下几种，现分别简介如下。

（一）直流励磁机励磁系统

直流励磁机励磁系统应用历史较长。直流励磁机一般与同步发电机同轴，由同一原动机拖动。其本身所需励磁电流通常由并励方式供给。有时为了获得较快的励磁电压上升速度，并能在较低的励磁电压下稳定工作，就再用一台副励磁机供给直流励磁机本身的励磁电流。

直流励磁机励磁系统与外部交流电网无直接联系，整个系统运行可靠且比较简单，故在中小型汽轮发电机中广泛采用。但对于现在越来越广泛投入的大容量汽轮发电机，由于励磁容量需相应地增大，制造上就非常困难。所以大容量的汽轮发电机不宜采用同轴直流励磁机的励磁方式。

（二）静止的交流整流励磁系统

静止的交流整流励磁系统可分为他励式与自励式两种。

1. 他励式静止半导体励磁系统

这种系统的接线图如图 8-6 所示。汽轮发电机的励磁电流由同轴交流主励磁机发出的三相交流电通过静止的半导体硅整流器供给。供给主励磁机励磁电流的是副励磁机。副励磁机也是交流发电机，其励磁电流在电机运行之初由外界直流电源供给，待建立输出电压后则改为自励。由于副励磁机输出的也是三相交流电，需由晶闸管整流后再供给主励磁机。

244

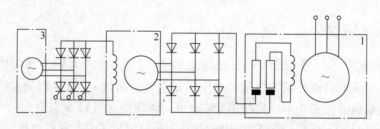

图 8-6　他励式静止半导体励磁系统

1—同步发电机　2—主励磁机　3—副励磁机

2. 自励式静止半导体励磁系统

如果取消交流励磁机，交流励磁电源直接取自同步发电机本身，则称为自励式静止半导体励磁。图8-7是这种励磁方式的原理接线图。由图可见，主发电机的励磁电流由整流变压器取自自身输出端，经过三相晶闸管整流后变为直流电。

静止的交流整流励磁系统没有直流励磁机的换向器火花等问题，

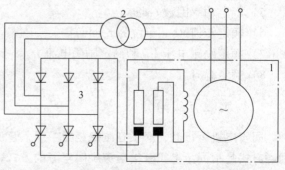

图 8-7　自励式静止半导体励磁系统

1—同步发电机　2—整流变压器　3—整流装置

运行维护方便，技术性能较好，目前国内外已广泛使用。

（三）旋转的交流整流励磁系统

采用上述各种励磁方式时，同步发电机的励磁电流均需通过电刷和集电环引入。现代大型汽轮发电机的励磁电流有 4000~5000A 之多，这么大的电流通过电刷和集电环组成的滑动接触，势必引起严重的发热和大量的电刷磨损，为此人们就采用了旋转的交流整流励磁系统，即用一台旋转电枢式的交流主励磁机，和主发电机同轴连接，半导体整流装置安装在主发电机转子上，这样就用固定连接代替了电刷和集电环，因此又称为无刷励磁，其原理图如图8-8所示。图中点画线框内为旋转部分。主励磁机的励磁电流可由主发电机输出端取得，也可通过同轴交流副励磁机供给。

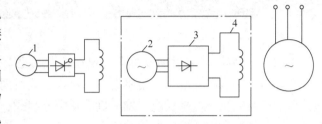

图 8-8　无刷励磁系统

1—副励磁机　2—旋转电枢式主励磁机　3—装在转轴上
的半导体整流装置　4—主发电机转子励磁绕组

无刷励磁的优点是整个励磁系统没有触点，运行比较可靠，维护也比较方便。近年来，在国内外大型汽轮发电机中已广泛采用。

（四）3次谐波励磁

同步发电机的气隙磁通密度分布，不可避免地存在 3 次谐波分量。这个谐波分量在同步发电机的电枢绕组内虽然感应出 3 次谐波电动势，但经过三相连接，电枢绕组输出线上并不存在 3 次谐波电动势，即不影响供电质量。3 次谐波励磁系统正是利用这个 3 次谐波磁通密度，在定子槽中专门嵌放一套 3 次谐波绕组，其节距取极距的 1/3，基波气隙磁场在该绕组中的合成感应电动势等于零。3 次谐波磁场则在该绕组中感应一个 3 倍基波频率的 3 次谐波电动势。

3 次谐波励磁就是将这个绕组中的 3 次谐波电动势经过半导体整流装置后转换为直流电流，再接到发电机的励磁绕组。3 次谐波励磁是一种自励方式，它和直流发电机的电压建立过程相同，由于磁路具有剩磁和饱和现象，所以能自励并具有稳定工作点。

3 次谐波励磁在单机运行的小型同步发电机中得到广泛使用。

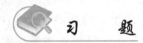

习　题

1. 什么叫同步电机？怎样由其极数决定它的转速，试问 75r/min、50Hz 的同步电机是几极的？
2. 比较汽轮发电机和水轮发电机的结构特点。
3. 为什么大容量同步电机都采用旋转磁极式结构？
4. 旋转电枢式的同步电机与直流电机有什么相似处和差别？

245

第九章

同步发电机

三相同步发电机在对称负载下稳定运行是其主要运行方式，此时发电机的三相电压和电流是对称的。本章主要研究三相对称负载时同步发电机的电磁过程、发电机负载后的气隙磁场、电枢反应、发电机的基本方程式、相量图、等效电路以及稳态对称运行时的特性和同步发电机的并联运行等。

第一节　同步发电机的空载运行

当同步发电机转子被原动机拖动到同步转速 $n=n_1=\dfrac{60f_1}{p}$，转子绕组通入直流励磁电流而定子绕组开路时，称为空载运行。这时定子（电枢）电流为零，电机气隙中只有转子的励磁电流 I_f 单独产生的磁动势 F_f 和磁场，称之为励磁磁动势和励磁磁场。励磁磁通中既交链转子绕组，又经过气隙交链定子绕组的部分，称之为主磁通 Φ_1。定子三相绕组切割主磁通而感应出频率为 f 的一组对称三相交流电动势，其基波分量的有效值为

$$E_0 = 4.44fN_1K_{w1}\Phi_1 \tag{9-1}$$

式中　N_1——定子每相绕组串联匝数；

Φ_1——每极基波磁通，单位为 Wb；

K_{w1}——基波电动势的绕组因数；

E_0——电动势的基波分量有效值，单位为 V。

这样，改变转子的励磁电流 I_f，就可以相应地改变主磁通 Φ_1 和空载电动势 E_0。曲线 $E_0=f(I_f)$ 称为发电机的空载特性，如图 9-1 的曲线 1 所示。

由于 $E_0 \propto \Phi_1$，$I_f \propto F_f$，所以改变坐标后的空载特性曲线也就可以表示为发电机的磁化曲线 $\Phi_1=f(F_f)$，这就说明了两个特性曲线具有本质上的内在联系，任何一台发电机的空载特性曲线实际上也反映了它的磁化曲线。

当主磁通 Φ_1 较小时，磁路处于不饱和状态，此时铁心部分所消耗的磁压降与气隙所需磁压降相比，可略去不计，因此可认为绝大部分磁动势消耗于气隙中，$\Phi \propto F_f$，所以空载曲线（磁化曲线）下部是一条直线。把它延长后所得直线 OG（图 9-1 曲线 2）称为气隙线。随着 Φ_1 的增大，铁心逐渐饱和，它所消耗的磁压降不可忽略，此时空载曲线就逐渐变弯曲。

为了充分利用材料，在设计发电机时，通常把发电机的额定电压点设计在磁化曲线

的弯曲处，如图9-1曲线1上的 a 点，此时的磁动势称为额定励磁磁动势 F_{f0}。线段 $\overline{ab}$ 表示消耗在铁心部分的磁动势。线段 $\overline{bc}$ 表示消耗在气隙部分的磁动势 $F_{\delta0}$。F_{f0} 与 $F_{\delta0}$ 的比值反映发电机磁路的饱和程度，用 K_s 表示，称为饱和系数。通常，同步发电机的饱和系数 K_s 值为 $1.1\sim1.25$。

$$K_s = \frac{F_{f0}}{F_{\delta0}} = \frac{\overline{ac}}{\overline{bc}} = \frac{\overline{dG}}{\overline{bc}} = \frac{E_0'}{U_N} \qquad (9-2)$$

E_0' 表示磁路不饱和时，对应于励磁磁动势 F_{f0} 的空载电动势。

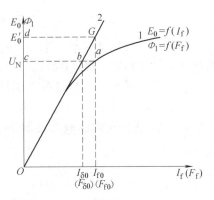

图9-1　同步发电机的空载特性曲线

第二节　同步发电机的电枢反应

同步发电机有负载时，除了励磁磁动势外，由于定子绕组中有电流流过，所以定子绕组将在气隙中产生一个旋转磁动势——电枢磁动势。因此，有负载时在同步发电机的气隙中同时作用着两个磁动势，这两个磁动势以相同的转速和转向旋转着，彼此没有相对运动。此时主极的励磁磁动势与电枢磁动势相互作用形成负载时气隙中的合成磁动势并建立负载时的气隙磁场。这时尽管励磁电流未变，但气隙磁场已不同于原来的励磁磁场，所以感应电动势已不再是 E_0 了，由以后分析可知对于感性负载，此电动势将明显低于 E_0，再计入电枢绕组中的电阻和漏电抗压降后，就使 U 更加低于 E_0。这里应强调指出，对称负载时 U 低于 E_0 的两个影响因素中起决定作用的是电枢磁动势的影响。本节主要任务就是研究对称负载时电枢磁动势的基波对主极磁场基波的影响，简称为对称负载时的电枢反应。

电枢反应的性质（增磁、去磁或交磁）取决于电枢磁动势基波与励磁磁动势基波的空间相对位置。

由于主磁通 $\dot{\Phi}_1$ 与励磁磁动势 F_f 同相，主磁通在定子绕组中感应的电动势 $\dot{E}_0$ 滞后于 $\dot{\Phi}_1$ 90°，而根据前述感应电动机的时空相量图可知，电枢磁动势 F_a 与负载电流 $\dot{I}$ 同相，所以研究 F_f 与 F_a 间的空间相对位置可以归结为研究 $\dot{E}_0$ 与 $\dot{I}$ 间的相位差 ψ（ψ 称为内功率因数角）。电枢反应的性质主要取决于 $\dot{E}_0$ 与 $\dot{I}$ 之间的相位差 ψ，亦即主要取决于负载的性质。下面就角 ψ 的几种情况，分别讨论电枢反应的性质。

一、$\dot{I}$ 和 $\dot{E}_0$ 同相（$\psi=0$）时的电枢反应

当 $\psi=0°$ 时，如图9-2所示，其中图9-2a是一台同步发电机原理图。图中所示瞬间，U相绕组的轴线与主磁极的交轴（q 轴）重合，此时U相绕组导体切割主磁通最多，故U相绕组励磁电动势为最大值，其方向按右手定则确定。因为 $\psi=0°$，所以此瞬间U相绕组中的电流也达到最大值。这时三相励磁电动势和电枢电流的相量关系如

图 9-2b 所示。由交流旋转磁场原理可知，定子三相合成磁动势的幅值总是位于电流为最大值的一相绕组轴线上，可见电枢磁动势 F_a 滞后励磁磁动势 F_f 90°。这种电枢磁动势称为交轴电枢磁动势，用 F_{aq} 表示，相应的电枢反应称为交轴电枢反应。由图 9-2c 可见，对主磁场而言，交轴电枢反应在前极尖将起去磁作用，在后极尖则起增磁作用。对于气隙磁场交轴电枢反应将使合成磁场的轴线位置从空载时的直轴处逆转向后移了一个锐角，且幅值也有所增加。但因磁路的饱和现象，交轴电枢反应有去磁作用。

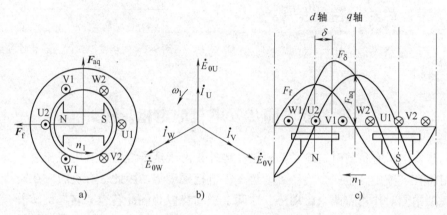

图 9-2　$\psi = 0°$ 时的电枢反应

二、$\dot{I}$ 滞后 $\dot{E}_0$ 90°（$\psi = 90°$）时的电枢反应

当 $\psi = 90°$ 时，定子各相电流的分布如图 9-3a、b 所示。此时 U 相励磁电动势虽为

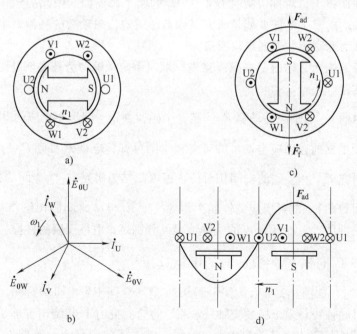

图 9-3　$\psi = 90°$ 时的电枢反应

最大值，但电枢电流却为零。要滞后 90°，U 相电流才达到最大值。此时转子的相对位置将如图 9-3c、d 所示，也就是说 U 相电流达到最大值时，转子已向前转过 90°，电枢磁动势的幅值恰好位于励磁磁动势的轴线上，但方向相反。此时的电枢磁动势称为直轴电枢磁动势，用 F_{ad} 表示，相应的电枢反应称为直轴电枢反应。可见，当 $\psi =$ 90° 时直轴电枢反应的性质是纯粹去磁的。

三、$\dot{I}$ 超前 $\dot{E}_0$ 90°（$\psi = -90°$）时的电枢反应

当 $\psi = -90°$ 时，定子各相电流的分布如图 9-4a、b 所示。此时 U 相励磁电动势虽为最大值，但电枢电流仍为零。U 相电流在超前 90° 时达到最大值。此时转子的相对位置将如图 9-4c、d 所示，也就是说当 U 相电流达到最大值时，转子磁场的空间位置滞后 $\psi = 0°$ 时转子磁场的位置 90°。这时电枢磁动势的幅值又位于励磁磁动势的轴线上，但两者方向相同，其电枢反应的性质是纯粹增磁的，同样也称为直轴电枢反应。

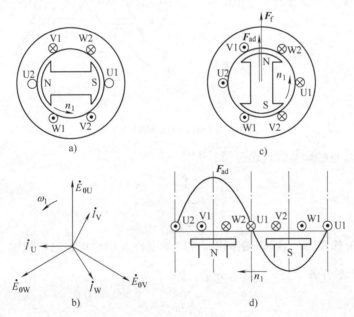

图 9-4 $\psi = -90°$ 时的电枢反应

四、一般情况下的电枢反应

在一般情况下，0° < ψ < 90°，也就是说电枢电流 $\dot{I}$ 滞后于励磁电动势 $\dot{E}_0$ 一个锐角 ψ，这时的电枢反应如图 9-5 所示。

由图 9-5 可见，在图示瞬间，U 相的励磁电动势恰好达到最大值，但由于电枢电流 $\dot{I}$ 滞后励磁电动势 E_0 ψ 角，所以 U 相电流必须过了一段时间，等转子转过 ψ 空间电角度时（图 9-5c 所示位置）才达到最大值，电枢磁动势 F_a 的幅值才位于 U 相绕组的转向位置上，此时电枢磁动势 F_a 滞后励磁磁动势 F_f（90° + ψ）空间电角度。这时的电枢反应既非交磁性质也非纯去磁性质，而是兼有两种性质。因此可将此时电枢磁

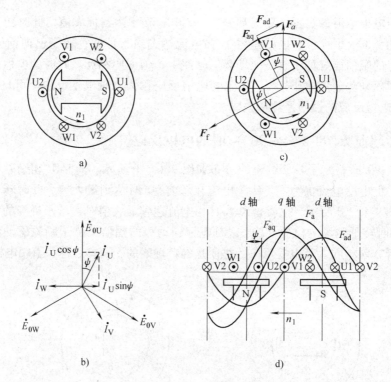

图 9-5 $0°<\psi<90°$ 时的电枢反应

动势 F_a 分解成直轴和交轴两个分量, 即

$$\begin{cases} F_a = F_{ad} + F_{aq} \\ F_{ad} = F_a \sin\psi \\ F_{aq} = F_a \cos\psi \end{cases} \tag{9-3}$$

F_{aq} 起交磁作用, F_{ad} 起去磁作用。此时的电枢反应也可以这样说明, 如将每一相的电枢电流 $\dot{I}$ 都分解 $\dot{I}_d$ 和 $\dot{I}_q$ 两个分量, 即

$$\begin{cases} \dot{I} = \dot{I}_d + \dot{I}_q \\ \dot{I}_d = I\sin\psi \\ \dot{I}_q = I\cos\psi \end{cases} \tag{9-4}$$

其中, $\dot{I}_q$ 与励磁电动势 $\dot{E}_0$ 同相位, 它们 (指三相的该分量, 即 $\dot{I}_{qU}$、$\dot{I}_{qV}$、$\dot{I}_{qW}$) 产生式 (9-3) 中的交轴电枢磁动势 $\dot{F}_{aq}$, 因此把分量 $\dot{I}_q$ 叫作 $\dot{I}$ 的交轴分量, 而 $\dot{I}_d$ 滞后励磁电动势 $\dot{E}_0$ 90°, 它们产生式 (9-3) 中的直轴电枢磁动势 F_{ad}, 因此把分量 $\dot{I}_d$ 叫作 $\dot{I}$ 的直轴分量。这时交轴分量 $\dot{I}_q$ 产生的电枢反应与 $\psi=0°$ 时 (见图 9-2) 一样, 对气隙磁通起交磁作用, 使气隙合成磁场逆转向位移一个角度, 而直轴分量 $\dot{I}_d$ 产生的电枢反应则与 $\psi=90°$ 时 (见图 9-3) 一样, 对气隙磁场起去磁作用。

综上所述, 电枢反应是同步发电机负载运行时的重要物理现象, 它不仅是引起有负载时端电压变化的主要原因，而且也是发电机实现能量转换的枢纽。

考虑电枢反应的作用，有负载时电枢绕组中的感应电动势将由气隙合成磁场建立。气隙电动势减去定子漏阻抗压降，便得到端电压。通常发电机的负载为感性负载，电枢反应含有去磁作用，使气隙磁场削弱，相应的气隙电动势将小于励磁电动势。因此随着负载的增加，必须增大励磁电流。

第三节　同步发电机的负载运行

一、凸极同步发电机的电动势方程式和相量图

当凸极同步发电机负载运行时，气隙中将存在两种旋转磁场，即电枢磁场和励磁磁场。在不计饱和的情况下，空载特性是一条直线，因此可以利用双反应理论和叠加原理进行分析，即把电枢磁场分解为直轴和交轴电枢磁场，它们和励磁磁场互相独立地存在于同一磁路中，这些磁场各自在定子绕组中感应电动势，这些电动势的总和便是每相绕组的气隙合成电动势 $\dot{E}_\delta$，$\dot{E}_\delta$ 减去定子漏阻抗压降后，便得到发电机的端电压。这一电磁关系可用下面的关系式表达：

$$
\begin{aligned}
\text{励磁磁动势} \qquad & F_\text{f} \rightarrow \Phi_1 \rightarrow \dot{E}_0 \\
\text{直轴电枢反应磁动势} \quad & F_\text{ad} \rightarrow \Phi_\text{ad} \rightarrow \dot{E}_\text{ad} \\
\text{交轴电枢反应磁动势} \quad & F_\text{aq} \rightarrow \Phi_\text{aq} \rightarrow \dot{E}_\text{aq}
\end{aligned} \Biggr\} \dot{E}_\delta
$$

按照电机中各电磁量正方向的习惯规定，根据基尔霍夫第二定律，可写出电枢回路的电动势方程式为

$$\dot{E}_\delta = \dot{E}_0 + \dot{E}_\text{ad} + \dot{E}_\text{aq} = \dot{U} + \dot{I}(R_\text{a} + jX_\sigma) \tag{9-5}$$

式中　$\dot{E}_0$——励磁磁动势（或称空载电动势），它由主磁通 Φ_1 产生；

$\dot{E}_\text{ad}$、$\dot{E}_\text{aq}$——直轴电枢反应电动势和交轴电枢反应电动势，它们分别由直轴电枢反应磁通 Φ_ad 和交轴电枢反应磁通 Φ_aq 产生。

由于不计饱和，所以 Φ_ad 与 Φ_aq 正比于 F_ad 及 F_aq，又分别正比于电流 I_d 及 I_q，即

$$\begin{cases} E_\text{ad} \propto \Phi_\text{ad} \propto F_\text{ad} \propto I_\text{d} = I\sin\psi \\ E_\text{aq} \propto \Phi_\text{aq} \propto F_\text{aq} \propto I_\text{q} = I\cos\psi \end{cases} \tag{9-6}$$

$\dot{E}_\text{ad}$ 滞后于 $\dot{I}_\text{d}$ 90°，$\dot{E}_\text{aq}$ 滞后于 $\dot{I}_\text{q}$ 90°，因而可以写成

$$\begin{cases} \dot{E}_\text{ad} = -j\dot{I}_\text{d}X_\text{ad} \\ \dot{E}_\text{aq} = -j\dot{I}_\text{q}X_\text{aq} \end{cases} \tag{9-7}$$

式中　X_ad、X_aq——直轴电枢反应电抗和交轴电枢反应电抗。

电枢磁动势不仅产生电枢反应磁通，还产生与转子无关的漏磁通 Φ_σ，感应漏磁通电动势 $\dot{E}_\sigma$ 为

$$\dot{E}_\sigma = -j\dot{I}X_\sigma \tag{9-8}$$

则式（9-5）可以改写为

$$\dot{E}_0 = \dot{U} + \dot{I}R_a + j\dot{I}X_\sigma + j\dot{I}_q X_{aq} + j\dot{I}_d X_{ad} \tag{9-9}$$

由于

$$\dot{I} = \dot{I}_d + \dot{I}_q$$

所以

$$j\dot{I}X_\sigma = j\dot{I}_d X_\sigma + j\dot{I}_q X_\sigma \tag{9-10}$$

将式（9-10）代入式（9-9）中得

$$\dot{E}_0 = \dot{U} + \dot{I}R_a + j\dot{I}_q(X_\sigma + X_{aq}) + j\dot{I}_d(X_\sigma + X_{ad})$$

$$= \dot{U} + \dot{I}R_a + j\dot{I}_q X_q + j\dot{I}_d X_d \tag{9-11}$$

式中 X_d——直轴同步电抗，$X_d = X_\sigma + X_{ad}$；

X_q——交轴同步电抗，$X_q = X_\sigma + X_{aq}$。

一般 $X_d > X_q$。

如果同步发电机带感性负载，发电机的端电压 U、负载电流 I 和功率因数 $\cos\psi$ 及参数 R_a、X_d、X_q 均为已知，并假定已知 ψ，则按照式（9-11）可以画出凸极同步发电机的相量图，如图9-6所示。

作图过程如下：先画出电压 $\dot{U}$ 及电流 $\dot{I}$，作 $\overline{OG}$ 直线越前于电流 $\dot{I}$ 一个 ψ 角，则 $\overline{OG}$ 表示 $\dot{E}_0$ 的方向。然后将电流 $\dot{I}$ 分解为直轴分量 $\dot{I}_d$ 和交轴分量 $\dot{I}_q$，$\dot{I}_d$ 滞后于 $\overline{OG}$ 90°，$\dot{I}_q$ 与 $\overline{OG}$ 同相。电阻压降 $\dot{I}R_a$ 与电流 $\dot{I}$ 同相，交轴同步电抗压降 $\overline{MN} = j\dot{I}_q X_q$ 及直轴同步电抗压降 $\overline{NG} = j\dot{I}_d X_d$ 分别超前电流 $\dot{I}_q$ 和 $\dot{I}_d$ 90°，将 $\dot{U}$、$\dot{I}R_a$、$j\dot{I}_d X_q$ 及 $j\dot{I}_d X_d$ 相量相加，即得励磁电动势 $\dot{E}_0 = \overline{OG}$。

252

图9-6实际上很难直接画出，这是因为 $\dot{E}_0$ 和 $\dot{I}$ 之间的相位差 ψ 角是无法测定的，这样就无法把电流 $\dot{I}$ 分解成直轴和交轴分量，整个相量图就作不出来。为解决这一困难，可先对图9-6进行分析。

在图9-6中的相量图上，过 M 点作垂直于相量 $\dot{I}$ 的线段 $\overline{MQ}$ 交 $\overline{OG}$ 于 Q 点。

在 $\triangle MNQ$ 中，$\overline{MQ}$ 和 $\overline{MN}$ 分别与相量 $\dot{I}$ 和 $\dot{E}_0$ 互相垂直，得知

$$\angle QMN = \psi$$

$$\overline{MQ} = \frac{\overline{MN}}{\cos\psi} = \frac{j\dot{I}_q X_q}{\cos\psi} = j\dot{I}X_q$$

$$\overline{NQ} = \overline{MQ}\sin\psi = j\dot{I}_d X_q$$

$$\overline{QG} = \overline{NG} - \overline{NQ} = j\dot{I}_d(X_d - X_q)$$

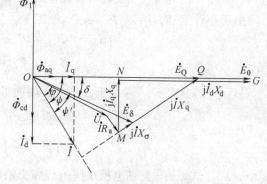

图9-6 不计饱和时凸极同步发电机的相量图（$\psi > 0$）

令 OQ 表示一电动势 E_Q，则

$$\dot{E}_Q = \dot{U} + \dot{I} R_a + j\dot{I} X_q \tag{9-12}$$

根据式（9-12），只要已知 $\dot{U}$、$\dot{I}$、φ、R_a 和 X_q，则可求出电动势 $\dot{E}_Q$。因为 E_Q 和 $\dot{E}_0$ 同相，由此可以确定 ψ 角为

$$\psi = \arctan \frac{IX_q + U\sin\varphi}{IR_a + U\cos\varphi} = \delta + \varphi \tag{9-13}$$

求出了内功率因数角 ψ，便可以把电流 $\dot{I}$ 分解为直轴分量 $\dot{I}_d$ 和交轴分量 $\dot{I}_q$。然后按照式（9-11）即可作出如图9-6所示的相量图。由图9-6可见，$\dot{E}_Q$ 与 $\dot{E}_0$ 的关系为

$$\dot{E}_0 = \dot{E}_Q + j\dot{I}_d(X_d - X_q) \tag{9-14}$$

二、隐极同步发电机的电动势方程式和相量图

在隐极同步发电机中，由于气隙是均匀的，故电枢反应不必分为两部分，而用电枢反应电抗 X_t 表示，故

$$X_d = X_q = X_t = X_\sigma + X_a \tag{9-15}$$

式中　X_t——同步电抗。

将式（9-15）代入式（9-14）中，则得 $\dot{E}_0 = \dot{E}_Q$，故隐极同步发电机的电动势方程式为

$$\dot{E}_0 = \dot{U} + \dot{I} R_a + j\dot{I} X_t \tag{9-16}$$

其电动势相量图如图9-7所示。由于 $X_d = X_q = X_t$，故在隐极同步发电机中没有必要把负载电流 $\dot{I}$ 分解成直轴和交轴两个分量。

已知 U、I、R_a、X_t 及 $\cos\varphi$，则可按式（9-16）求出相量 $\dot{E}_0$。根据相量图可计算出 E_0 值，即

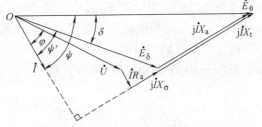

图9-7　不计饱和时隐极同步发电机的相量图（$\varphi > 0$）

$$E_0 = \sqrt{(U\cos\varphi + IR_a)^2 + (U\sin\varphi + IX_t)^2} \tag{9-17}$$

$$\psi = \arctan \frac{IX_t + U\sin\varphi}{IR_a + U\cos\varphi} = \delta + \varphi \tag{9-18}$$

三、同步发电机的特性

（一）空载特性和短路特性

1. 空载特性

空载特性是在发电机的转速保持同步转速（$n = n_1$）、电枢开路（$I = 0$）的情况下，空载电压（$U_0 = E_0$）与励磁电流 I_f 的关系曲线 $U_0 = f(I_f)$。

空载特性（曲线如图9-1所示）是发电机的基本特性之一。它一方面表征了发电机磁路的饱和情况，另一方面把它和短路特性、零功率因数负载特性配合在一起，可以确定发电机的基本参数、额定励磁电流和电压调整率等。

2. 短路特性

短路特性是指发电机在同步转速下，电枢绕组端点三相短接时，电枢短路电流 I_k 与励磁电流 I_f 的关系曲线，即当 $n=n_1$、$U=0$ 时，$I_k=f(I_f)$。

短路特性可由三相稳态短路试验测得。图9-8为短路试验的接线图。试验时，发电机的转速保持为同步转速，调节励磁电流 I_f，使电枢的短路电流从零开始，一直到 $1.25I_N$ 左右为止，记取对应的短路电流 I_k 和励磁电流 I_f，即可得到短路特性曲线，如图9-9所示。

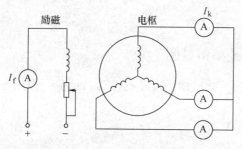

图9-8　短路试验接线图

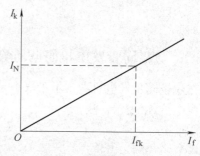

图9-9　短路特性曲线

短路时，发电机的端电压 $U=0$，限制短路电流的仅是发电机的内部阻抗。由于一般同步发电机的电枢电阻 R_a 远小于同步电抗，所以短路电流可认为是纯感性的，即 $\psi \approx 90°$。这时的电枢电流几乎全部为直轴电流，它所产生的电枢磁动势基本上是一个纯去磁作用的直轴磁动势，即 $F_a = F_{ad}$、$F_{aq}=0$，此时电枢绕组的电抗为直轴同步电抗 X_d，如图9-10所示。由式（9-11）可知

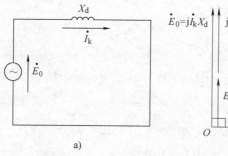

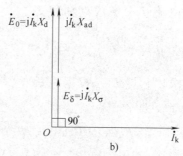

图9-10　同步发电机稳态短路时的等效电路和相量图
a）等效电路　b）相量图

$$E_0 = jI_k X_d \tag{9-19}$$

短路时由于电枢反应的去磁作用，发电机中合成气隙磁动势数值很小，致使磁路处于不饱和状态，所以短路特性为一直线，如图9-9所示，即

$$I_k = \frac{E_0}{X_d} \propto I_f \tag{9-20}$$

（二）外特性和调整特性

1. 外特性

外特性是指发电机的转速保持同步转速，励磁电流和负载功率因数不变时，端电压与负载电流的关系曲线，即当 $n=n_1$、I_f 为常值、$\cos\varphi$ 为常值时，$U=f(I)$。

图 9-11 所示为不同功率因数时同步发电机的外特性。在感性负载和纯电阻负载时，外特性都是下降的（曲线 1、2），因为这两种情况下电枢反应均有去磁作用，此外定子漏阻抗压降也引起一定的电压下降。而在容性负载时，电枢反应是增磁的，因此端电压 U 随负载电流 I 的增大反而升高，外特性则是上升的（曲线 3）。

从外特性曲线上可求出发电机的电压调整率 ΔU^*（见图 9-12）。调节励磁电流，使额定负载时（$I=I_N$，$\cos\varphi=\cos\varphi_N$）发电机的端电压为额定电压 U_N，此时的励磁电流称为额定励磁电流 I_{fN}。然后保持励磁和转速不变，卸去负载，此时端电压升高的标幺值就称为同步发电机的电压调整率，用 ΔU^* 表示，即

$$\Delta U^* = \frac{E_0-U_N}{U_N}\times100\% \tag{9-21}$$

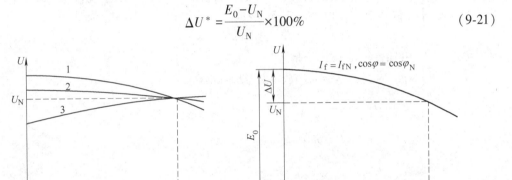

图 9-11　外特性曲线　　　　图 9-12　从外特性求电压调整率 ΔU^*

1—$\cos\varphi=0.8$（滞后）　2—$\cos\varphi=1$

3—$\cos\varphi=0.8$（超前）

电压调整率是表征同步发电机运行性能的重要数据之一。近代同步发电机大多数均配有快速自动调压装置，因而对 ΔU^* 的要求已大为放宽，但为防止卸载时电压剧烈上升，以致击穿绕组绝缘，所以 ΔU^* 应小于 50%。近代凸极发电机的 ΔU^* 在 18%~30% 范围内。汽轮发电机由于电枢反应较大，故 ΔU^* 也较大，在 30%~48% 范围内（均为 $\cos\varphi_N=0.8$ 滞后）。

2. 调整特性

当发电机的负载发生变化时，为保持端电压不变，必须同时调节励磁电流。保持发电机的转速为同步转速，当其端电压和功率因数不变时，负载电流变化时其励磁电流的调整特性曲线就称为发电机的调整特性，即当 $n=n_1$、U 为常值、$\cos\varphi$ 为常值时，$I_f=f(I)$。

图 9-13 所示为不同负载性质时同步发电机的调整特性。在感性和纯电阻性负载时，为了克服负载电流所产生的去磁电枢反应和阻抗压降，随着负载的增加，要保持端电压为一常值，励磁电流必须相应地增大。因此这两种情况下的调整特性都是上升

的（曲线1和2）。而在容性负载时，随着负载的增加，必须相应地减小励磁电流，以维持端电压恒定（曲线3），则曲线是下降的。

（三）稳态功角特性

稳态功角特性是指同步发电机接在电网上稳态对称运行时，发电机的电磁功率 P_M 与功率角 δ 之间的关系。所谓功率角就是指励磁电动势 $\dot{E}_0$ 与端电压 $\dot{U}$ 之间的相位角 δ。

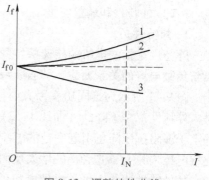

图9-13　调整特性曲线

1—$\cos\varphi = 0.8$（滞后）　　2—$\cos\varphi = 1$

3—$\cos\varphi = 0.8$（超前）

同步发电机转子输入的机械功率中扣除机械损耗、铁耗、附加损耗（励磁损耗不计），余下的功率转换为定子的电功率，即发电机的电磁功率。电磁功率扣除电枢铜耗可得发电机的输出功率 P_2，由于现代同步发电机的电枢电阻远小于同步电抗，电枢电阻 R_a 忽略不计，则电磁功率 P_M 为

$$P_M \approx P_2 = mUI\cos\varphi \tag{9-22}$$

由图9-14可知，$\varphi = \psi - \delta$，于是

$$P_M \approx mUI\cos(\psi-\delta) = mUI(\cos\psi\cos\delta + \sin\psi\sin\delta) = mUI_q\cos\delta + mUI_d\sin\delta \tag{9-23}$$

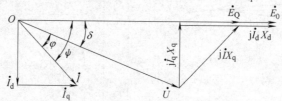

图9-14　略去电阻时同步发电机相量图

又知，不计饱和时

$$\begin{cases} I_q = \dfrac{U\sin\delta}{X_q} \\[3mm] I_d = \dfrac{E_0 - U\cos\delta}{X_d} \end{cases} \tag{9-24}$$

将式（9-24）代入式（9-23）中，可得

$$P_M = m\frac{E_0 U}{X_d}\sin\delta + \frac{mU^2}{2}\left(\frac{1}{X_q} - \frac{1}{X_d}\right)\sin2\delta \tag{9-25}$$

式中，第一项 $m\dfrac{E_0 U}{X_d}\sin\delta$ 称为基本电磁功率，第二项 $\dfrac{mU^2}{2}\left(\dfrac{1}{X_q}-\dfrac{1}{X_d}\right)\sin2\delta$ 称为附加电磁功率。

式（9-25）说明，在恒定励磁和恒定电网电压（即 E_0 为常值、U 为常值）下，电磁功率的大小取决于功率角 δ 的大小。$P_M = f(\delta)$ 就是同步发电机的功角特性，如图9-15所示。

正如转差率是感应电动机的基本变量一样，功率角是同步发电机的一个基本变量。

对于隐极机，由于 $X_d = X_q = X_t$，附加电磁功率为零，所以

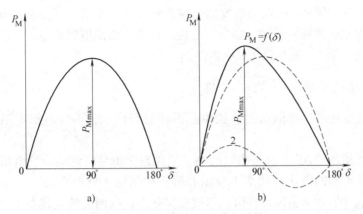

图 9-15 同步发电机的功角特性
a）隐极机 b）凸极机

$$P_M = m \frac{E_0 U}{X_t} \sin\delta \qquad (9\text{-}26)$$

即 P_M 正比于 $\sin\delta$，故当 $\delta = 90°$ 时，发电机将发出最大的电磁功率 $P_{Mmax} = m \dfrac{E_0 U}{X_t}$，$P_{Mmax}$ 称为发电机的功率极限。

对于凸极机，由于 $X_d \ne X_q$，所以附加电磁功率不为零。附加电磁功率主要是由凸极机的直、交轴磁阻不相等引起的，所以也称磁阻功率。附加电磁功率与 E_0 无关，即使 $E_0 = 0$（即转子没有励磁），只要 $U \ne 0$，$\delta \ne 0$，就会产生附加电磁功率。因此，凸极机的最大电磁功率比具有相同的直轴同步电抗的隐极机略大，且在 $\delta < 90°$ 时产生。

第四节　同步发电机的并联运行

多台同步发电机并联运行，可以根据负载的变化来调节投入运行的机组数目，提高机组的运行效率，另外也便于轮流检修，提高供电的可靠性，减少发电机检修和事故的备用容量。对于由火力发电厂和水力发电厂联合组成的电力系统，并联运行尚可达到合理调度电能，充分利用水能，使发电成本降低的目的。当许多发电厂并联在一起时，形成强大的电网，因此负载变化对电压和频率的影响就很小，从而提高了供电的质量和可靠性。

一、并联运行的条件

同步发电机与电网并联合闸时，为了避免产生巨大的冲击电流，以防止同步发电机受到损坏，电力系统受到严重干扰，应满足下列条件：

1）发电机的电压和电网电压应具有相同的有效值、极性和相位。

2）发电机电压的频率应与电网的频率相等。

3）对三相发电机，还要求其相序和电网相一致。

4）发电机的电压波形应与电网电压波形相同，即均为正弦波形。

上述各条件中第4）项在制造发电机时得到保证。第3）项要求一般在安装发电机时，根据发电机规定的转向，确定发电机的相序，因而得到满足。一般在并网操作时只需注意满足第1）项和第2）项条件。

二、有功功率和无功功率的调节

为了简化分析，设发电机为隐极机，不计磁路饱和，不计电枢电阻，且电网为"无穷大电网"。

所谓"无穷大电网"，就是指电网的容量相对于所分析的同步发电机容量来说要大很多。因此电网的电压和频率不会因并联上去的同步发电机功率调节的影响而改变，即电网的电压和频率恒为常值。当然在实际上，电网上的负载发生变化时，总要引起电网电压和频率的波动，只是波动极微小，在定性分析中可忽略不计。因此在下面的分析中都认为电网电压 U 为常数，电网频率 f 为常数。

（一）有功功率的调节

同步发电机并入电网后，如何调节其输入的有功功率呢？一般当发电机整步过程结束以后，尚处在空载运行状态，这时发电机的输入机械功率 P_1 和空载损耗 p_0 相平衡，电磁功率为零，即 $P_1 = p_0$、$T_1 = T_0$、$P_M = 0$，发电机处于平衡状态。如增加输入机械功率 P_1，使 $P_1 > p_0$，则输入功率扣除了空载损耗以后，其余部分将转变为电磁功率，即 $P_1 - p_0 = P_M$，发电机将输出有功功率。这个过程从能量守恒观点来看，是很明显的。发电机输出的有功功率是由原动机输入的机械功率转换来的，所以要改变发电机输出的有功功率，必须相应地改变由原动机输入的机械功率。

上述过程也可以用功率角 δ 的空间物理概念来加以说明，空载时 $\dot{E}_0 = \dot{U}$，功率角 $\delta = 0$，如图9-16a所示，电磁功率 $P_M = 0$，此时气隙合成磁场和转子磁场的轴线重合，发电机无功率输出。当增加原动机的输入功率 P_1 时，即增加了发电机的输入转矩 T_1，这时 $T_1 > T_0$，于是转子就要加速，而无穷大电网的电压和频率均为常数，气隙合成磁场的大小和转速都是固定不变的，所以转子加速，就使转子磁场超前于气隙合成磁

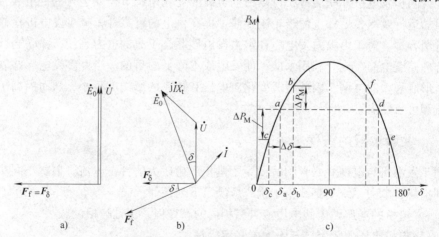

图9-16 同步发电机有功功率的调节
a）空载运行 b）负载运行 c）静态稳定

场（即 $\dot{E}_0$ 超前于 $\dot{U}$），也就使功率角 δ 逐渐增大，如图 9-16b 所示。δ 的增大引起电磁功率 P_M 增大，发电机便输出有功功率。当 δ 增大到某一数值，使相应的电磁功率达到 $P_M = P_1 - p_0$（$T = T_1 - T_0$）时，转子加速的趋势即停止，发电机便处于新的平衡状态。上述的平衡过程，只有在逐渐增加输入功率时才能得到，这种平衡状态属于静态性质。

由此可见，要调节与电网并联的同步发电机的有功功率，必须调节原动机的输入功率，这时发电机内部会自行改变功率角 δ，相应地改变电磁功率和输出功率，达到新的平衡状态。

但是，原动机输入功率的增加也不是无限制的。对于隐极发电机，当 $\delta = 90°$ 时，电磁功率达到最大值 P_{Mmax} 时，若再增加输入功率，则 $\delta > 90°$，这时电磁功率将随着 δ 的增大而减小，输入功率扣除掉空载损耗和减小了的电磁功率后还有剩余，剩余的功率将使转子继续加速，δ 继续增大，电磁功率 P_M 继续减小，功率再不能保持平衡，发电机将"失去同步"，或叫作失去"静态稳定"。

所谓"静态稳定"是指当电网或原动机方面出现某些微小扰动时，同步发电机能在这种扰动消除后，自行恢复到原来的平衡状态下运行，则同步发电机是"静态稳定"的，否则就是静态不稳定的。

如图 9-16c 所示，设发电机运行在 a 点，功率角为 δ_a，电磁功率为 P_{Ma}，输入功率为 P_1。由于某种原因，原动机输入功率突然增加了 ΔP_1，发电机转子便将加速，则功率角将从 δ_a 增大到 δ_b（$\delta_b = \delta_a + \Delta\delta$），由图 9-16c 可见，电磁功率也增加了 ΔP_M，变为 P_{Mb}（$P_{Mb} = P_{Ma} + \Delta P_M$）。当扰动消失后（$\Delta P_1$ 变为零），即发电机的输入功率仍回到原来的数值，这就使功率平衡受到破坏，即 $P_1 < P_{Mb} + p_0$，转子将减速，功率角将自 δ_b 开始减小，直到恢复到原值 δ_a 时，功率又趋于平衡，发电机仍稳定地运行在原来的平衡状态。同理，若瞬间的扰动使 P_1 减小，则转子将减速，功率角将由 δ_a 变为 δ_c，使电磁功率减小了 ΔP_M，成为 P_{Mc}（$P_{Mc} = P_{Ma} - \Delta P_M$）。当扰动消失后，由于功率关系变为 $P_1 > P_{Mc} + P_0$，转子将加速，功率角将自 δ_c 开始增大，直到恢复到原值 δ_a 时，功率又趋于平衡，发电机也仍稳定地运行在原来的平衡状态。由此可见，运行点 a 有自动抗扰动的能力，能保持静态稳定。

通过同样的分析可知，若发电机原来工作在 d 点（见图 9-16c），当发电机受到一个瞬间微小扰动后，它的工作点再也不能恢复到 d 点。不是功率角不断增大，转子不断加速而失步，就是功率角不断减小，转子不断减速而失步。因此 d 点是静态不稳定的。

综上所述，可得如下结论：凡处于功角特性曲线上升部分的工作点，都是静态稳定的，下降部分的工作点都是静态不稳定的。或者说在功角特性曲线上电磁功率和功率角同时增大，或同时减小的那一部分是静态稳定的。静态稳定的条件用数学式表示为

$$\frac{dP_M}{d\delta} > 0 \quad 或 \quad \frac{\Delta P_M}{\Delta\delta} > 0 \tag{9-27}$$

式中，$\dfrac{dP_M}{d\delta}$ 被称为比整步功率，用符号 P_{cx} 表示。对隐极发电机来说，比整步功率为

$$P_{cx} = \frac{dP_M}{d\delta} = m\frac{E_0 U}{X_t}\cos\delta \tag{9-28}$$

P_{cx}可以表示发电机运行的稳定度。如图 9-17 所示，当 $\delta=0°$时，P_{cx}最大，故同步发电机在空载时最为稳定；当 $\delta=90°$时，$P_{cx}=0$，正处在稳定和不稳定的交界，此时发电机保持同步的能力为零，故该点即为静态稳定的极限；当 $\delta>90°$时，P_{cx}为负值，发电机便失去了稳定。

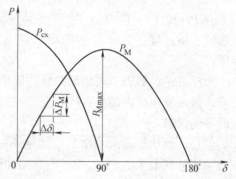

图 9-17　比整步功率 P_{cx}随 δ 角而变化的关系

同步发电机的静态稳定问题，不仅在运行中，而且在设计发电机时，就应注意留有一定的余量。一般设计时要求发电机的功率极限 P_{Mmax}应比其额定电磁功率 P_{MN}大一定的倍数，这个倍数称为静态过载能力，用 K_m 表示

$$K_m = \frac{P_{Mmax}}{P_{MN}} = \frac{\dfrac{mE_0 U}{X_t}}{\dfrac{mE_0 U}{X_t}\sin\delta_N} = \frac{1}{\sin\delta_N} \tag{9-29}$$

一般要求 $K_m>1.7$（$1.7\sim3$），与此相对应的发电机额定运行时的功率角 δ_N 在$25°\sim35°$。

（二）无功功率的调节

电网的总负载中包含有功功率和无功功率。因此，同步发电机与电网并联后，不但要向电网发出有功功率，而且还要向电网发出无功功率。

仍以隐极同步发电机为例，不计磁路饱和，不计电枢电阻，来分析同步发电机无功功率的调节问题，以及无功功率与励磁电流的关系。下面分空载和负载两种情况进行分析。

1. 空载运行

隐极同步发电机空载相量图如图 9-18 所示。

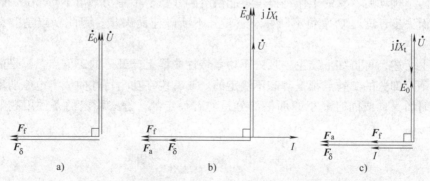

图 9-18　在不同励磁下与无穷大电网并联时发电机的空载相量图

a）正常励磁　b）过励（$F_f>F_\delta$）　c）欠励（$F_f<F_\delta$）

空载时电枢电流和电枢磁动势为零，$\dot{E}_0 = \dot{U}$，$F_f = F_\delta$，这时的励磁电流称为"正常"励磁电流 I_{f0}，如图 9-18a 所示。

若增大励磁电流（$I_f > I_{f0}$），则 $\dot{E}_0 > \dot{U}$，由于电网电压不变，发电机必然输出一个滞后的无功电流（感性），它产生去磁的电枢磁动势 F_a，以维持气隙合成磁动势 F_δ 不变（$F_\delta = F_f + F_a$），如图 9-18b 所示，这时的励磁电流称为过励的励磁电流。当减小励磁电流（$I_f < I_{f0}$）时，$\dot{E}_0 < \dot{U}$，发电机输出一个超前的无功电流（容性），它产生增磁的电枢磁动势 F_a，以维持气隙合成磁动势 F_δ 不变（$F_\delta = F_f + F_a$），如图 9-18c 所示，这时的励磁电流称为欠励的励磁电流。

由此可见，当发电机的励磁电流变化时，发电机向电网发出的无功功率也将发生变化，过励时发出感性的无功功率，欠励时发出容性的无功功率。

2. 负载运行

负载时的简化相量图如图 9-19 所示。由于调节无功功率时，不改变原动机的输入，有功功率将保持不变，即有

$$P_2 = mUI\cos\varphi = 常数 \qquad (9\text{-}30)$$

$$P_M = m\frac{E_0 U}{X_t}\sin\delta = 常数 \qquad (9\text{-}31)$$

由于 m、U、X_t 均不变，故得

$$I\cos\varphi = 常数 \qquad (9\text{-}32)$$

$$E_0\sin\delta = 常数 \qquad (9\text{-}33)$$

式（9-32）和式（9-33）说明，在恒定的有功功率下调节励磁电流时，电流相量 $\dot{I}$ 端点的轨迹为 AB 线（见图 9-19），电动势相量 $\dot{E}_0$ 端点的轨迹为 CD 线，不同励磁电流时的 $\dot{E}_0$ 和 $\dot{I}$ 的相量端点在轨迹线上有不同位置。

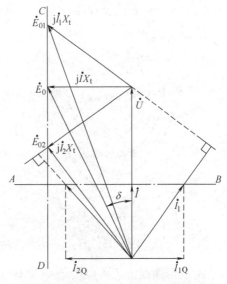

图 9-19　在不同励磁下与电网并联时发电机的负载相量图

图 9-19 中，E_0 为正常励磁电流下功率因数为 1 时的空载电动势，即电枢电流 I 全为有功分量。当过励时，$I_f > I_{f0}$，$E_{01} > E_0$，则电枢电流 I_1 除有功分量 I 外，还出现一个滞后的无功分量 I_{1Q}，即输出一个感性的无功功率。这一现象说明，电网电压不变，气隙合成磁动势不变，由于过励时主极磁动势增大，为保持气隙合成磁动势不变，电枢反应的去磁分量必然要增大，即 φ 角增大，电流变成滞后；反之，当欠励时，$I_f < I_{f0}$，$E_{02} < E_0$，则电枢电流 I_2，除有功分量 I 外，还出现一个超前的无功分量 I_{2Q}，即输出一个容性的无功功率。这一现象说明，欠励时主极磁动势减小，为保持气隙合成磁动势不变，电枢反应必然变为增磁，即 φ 角变为负值，电流变为超前。

综上所述，当发电机与无穷大电网并联时，调节励磁电流的大小，就可以改变发电机输出的无功功率，不仅能改变无功功率的大小，而且能改变无功功率的性质。当

过励时，电枢电流是滞后电流，发电机输出感性无功功率；当欠励时，电枢电流是超前电流，发电机输出容性无功功率。

在有功功率保持不变时，表示电枢电流 I 和励磁电流 I_f 的关系的曲线 $I = f(I_f)$，由于其形状像字母"V"，故称为 V 形曲线，如图 9-20 所示。由图可见，对应于不同的有功功率，有不同的 V 形曲线。当输出的功率值越大时，曲线越向上移。当励磁电流调至某一数值时，电枢电流为最小，该点即 V 形曲线上的最低点，此时同步发电机的功率因数 $\cos\varphi = 1$，连接 $\cos\varphi = 1$ 的各点的曲线略微向右倾斜，这说明输出纯有功功率时，随功率的增加必须相应地增加一些励磁电流。

在 V 形曲线上有一个不稳定区，在不稳定区内，发电机将不能保持静态稳定。因为对应一定的有功功率，减小励磁电流有一个最低限值，即相当于 $\delta = 90°$ 时，电动势 $\dot{E}_0$ 的端点处于静态稳定极限的位置，如图 9-21 所示，若再减小励磁电流，发电机的功率极限 $m\dfrac{E_0 U}{X_t}$ 将降低而小于输入的机械功率，由于功率不平衡，于是转子加速，以致失去同步。

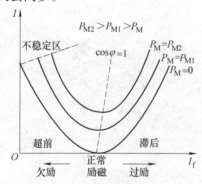

图 9-20 同步发电机的 V 形曲线

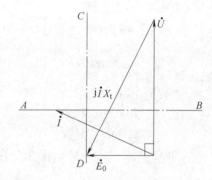

图 9-21 $\delta = 90°$ 时的同步发电机相量图

在 V 形曲线上还可以按 $\cos\varphi$ 来区分，发电机运行在 $\cos\varphi = 1$ 这条线的右边为过励状态（$\varphi > 0$），输出感性的无功功率；运行在 $\cos\varphi = 1$ 这条线的左边为欠励状态（$\varphi < 0$），输出容性无功功率。

例 9-1 一台三相隐极同步发电机与无穷大电网并联运行，电网电压为 380V，发电机定子绕组为丫联结，每相同步电抗 $X_t = 1.2\Omega$，此发电机向电网输出线电流 $I = 69.5$A、空载相电动势 $E_0 = 270$V，$\cos\varphi = 0.8$（滞后）。若减小励磁电流使相电动势 $E_0 = 250$V，保持原动机输入功率不变，不计定子电阻，试求：（1）改变励磁电流前发电机输出的有功功率和无功功率；（2）改变励磁电流后发电机输出的有功功率、无功功率、功率因数及定子电流。

解 （1）改变励磁电流前，输出的有功功率为

$$P_2 = \sqrt{3}\,UI\cos\varphi = \sqrt{3} \times 380\text{V} \times 69.5\text{A} \times 0.8 = 36600\text{W}$$

输出的无功功率

$$Q = \sqrt{3}\,UI\sin\varphi = \sqrt{3} \times 380\text{V} \times 69.5\text{A} \times 0.6 = 27400\text{var}$$

（2）改变励磁电流后因不计电阻，所以

$$P_2 = P_M = \frac{3E_0 U}{X_t} \sin\delta$$

$$36600 = 3 \times \frac{250 \times 220}{1.2} \sin\delta = 137500\sin\delta$$

所以
$$\sin\delta = \frac{36600}{137500} = 0.266$$

$$\delta = 15.4°$$

根据相量图知

$$\psi = \arctan\frac{E_0 - U\cos\delta}{U\sin\delta} = \arctan\frac{250 - 220\cos15.4°}{220 \times 0.266} = \arctan\frac{250 - 212}{58.5} = 33°$$

$$\varphi' = \psi - \delta = 33° - 15.4° = 17.6°$$

故
$$\cos\varphi' = \cos17.6° = 0.953$$

因为有功功率不变，即 $I\cos\varphi = I'\cos\varphi' = $ 常数，故改变励磁电流后，定子电流为

$$I' = \frac{I\cos\varphi}{\cos\varphi'} = \frac{69.5A \times 0.8}{0.953} = 58.3A$$

向电网输出的有功功率不变，仍为 36600W。

或
$$P_2 = \sqrt{3} \times 380V \times 58.3A \times 0.953 = 36600W$$

向电网输出的无功功率为

$$Q = \sqrt{3} \times 380V \times 58.3A \times \sin17.6°$$

$$= \sqrt{3} \times 380V \times 58.3A \times 0.302 = 11600var$$

第五节　风力发电机新技术

绕线转子双馈异步发电机和永磁同步发电机是目前风力发电系统中两种主流机型，而新型风力发电机有无刷双馈发电机、高压发电机、轴向磁场发电机和开关磁阻发电机等。下面分别予以介绍。

一、无刷双馈发电机

无刷双馈发电机定子有两个绕组，一个为功率绕组，直接接电网；另一个为控制绕组，通过双向变频器接电网，如图 9-22 所示。转子为笼型结构，无须电刷和集电环，转子的极数为定子的两个绕组的极数之和。这种变速恒频控制方案是在定子电路中实现的，流过定子控制绕组的功率仅为无刷双馈发电机总功率的一小部分。这种采用无刷双馈发电机的控制方案除了可实现变速恒频控制，降低功率绕组变流器的容量外，还可实现有功、无功功率的灵活控制，对电网而言可起到无功补偿的作用，同时发电机本身没有集电环和电刷，既降低了发电机的成本，又提高了系统运行的可靠性。另外，无刷双馈发电机可以在不同的风速下运行，其转速可随风速变化做相应的调节，使风力机的运行处于最佳工况，提高机组效率。这种风电系统的缺点是发电机定子的设计复杂，增加了系统成本，实现较困难。

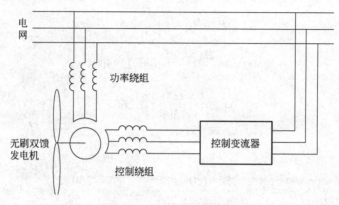

图 9-22 无刷双馈风力发电系统

二、高压发电机

一般风力发电机的工作电压是 690V，因此它需要在舱内或塔底安装一个升压变压器。增加发电机电压的主要目的是降低电流，因而降低损耗。若发电机的电压与电网电压相匹配，不需要变压器就可以并网，因此使用高压发电机可以省去变压器。

对功率超过 3MW 的大型风力发电系统而言，采用高压发电机是风力发电系统的一个重要方法，其高压发电机直接与风力机相连，采用变桨距控制，通过高压直流（HVDC）输电的连接方式实现并网，输出功率可达到 3MW，输出电压不低于20kV，如图 9-23 所示。该系统中发电机输出端经整流装置连接到直流母线上，再经过逆变器转换为交流电输送到电网。

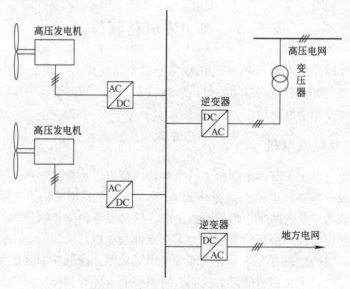

图 9-23 高压发电机风力发电系统

这种系统的优点是整合了发电机和升压变压器，使机组元件大大减少，系统有功损耗和无功损耗都降低。其发电机侧输出的电压在 20kV 以上，直接通过 HVDC 输电方式把电输送到负荷端，分散式的不可控整流提高了机组效率和运行可靠性。主要缺点是整个系统的成本较高，对它的长期性能和安全要求不确定。它的安全要求比低压发电机更复杂。

三、轴向磁场发电机

轴向磁场发电机（AFG）的磁场是轴向的，定子、转子在电机中对等放置，定、转子均为圆盘形。定子铁心一般由双面绝缘的冷轧硅钢片带料冲制卷绕而成，在硅钢带上，每隔一定的距离冲出一个形状尺寸完全相同的槽，在保证对应槽一一对齐的条件下经卷绕便可形成端面带有下线槽的定子铁心。定子绕组有效导体在空间呈径向分布，转子为高磁能积的永磁体固定在圆盘形铁心上。

如果电机的极数足够多，轴向长度与外径的比率足够小时，盘式永磁发电机比传统径向磁场发电机在转矩和功率密度方面有较大优势。盘式永磁发电机结构紧凑、转动惯量小，定子绕组散热条件良好，还可以做成多定子、多转子的多气隙结构，以提高输出功率。各个定子模块之间互相隔离，每个模块连接到公共直流母线的一个变流器上，采用多个定子与多个变流器连接并联运行，如图 9-24 所示。多模块系统的优点是：若一个逆变器模块出现故障，可将它从系统中隔离出来，发电机还能继续运行；增加定子模块的数量可以增加系统的输出功率，因此没必要增加单个逆变器的容量。

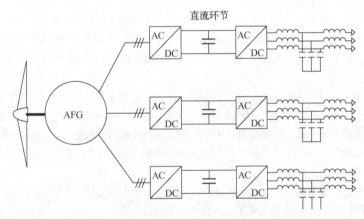

图 9-24 轴向磁场多定子模块永磁风力发电机系统

四、开关磁阻发电机

开关磁阻发电机（SRG）是一种在定子和转子上都有凸极齿槽结构的双凸极同步发电机，定子上设有集中绕组，转子由硅钢片叠压而成，转子上无绕组，也没有永磁体，磁场励磁由定子电流提供。图 9-25 所示的开关磁阻发电机系统由开关磁阻电机、功率变换器、逆变器和控制器组成。开关磁阻发电机（SRG）结构简单、坚固，运行效率高、成本低。

开关磁阻发电机的缺点是其功率密度和效率都不如永磁同步发电机高，而且它对电力电子变换装置的性能要求比较高，系统控制较为复杂。这种系统的变换器直接与发电机定子相连，为了并网运行，开关磁阻发电机也需要一个全功率的功率变换器。

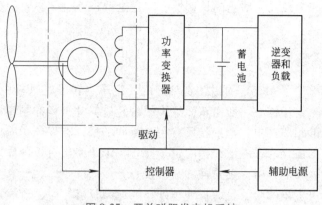

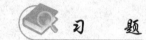

图 9-25　开关磁阻发电机系统

习　题

1. 一台旋转电枢式三相同步发电机，电枢以转速 n 逆时针方向旋转，主磁场对电枢是什么性质的磁场？对称负载运行时，电枢反应磁动势对电枢的转向如何？对定子上主磁极的相对转速又是多少？主极绕组能感应出电动势吗？

2. 什么是同步发电机的电枢反应？电枢反应的性质主要决定于什么？试分析讨论同步发电机电枢反应为纯去磁作用、纯增磁作用、去磁兼交磁、增磁兼交磁、纯交磁 5 种情况。

3. 试分析对称稳定运行时同步发电机内部的磁通和感应电动势，并由此画出不计饱和时的相量图。

4. 三相同步发电机对称稳定运行时，在电枢电流滞后和超前于励磁电动势 E_0 的相位差大于 $90°$ 的两种情况下（即 $90° < \varphi < 180°$ 和 $-180° < \psi < -90°$），电枢磁动势两个分量 F_{ad} 和 F_{aq} 各起什么作用？

5. 试述交轴和直轴同步电抗的意义。为什么同步电抗的数值一般较大，不可能做得很小？试分析下面几种情况对同步电抗有何影响？（1）电枢绕组匝数增加；（2）铁心饱和程度提高；（3）气隙加大；（4）励磁绕组匝数增加。

6. 为什么要把同步发电机的电枢电流分解为它的直轴分量和交轴分量？如何分解？有什么物理意义？如两个分量各等于 100A，实际流过电枢绕组的电流为多少？在什么情况下电枢电流只有直轴分量？在什么情况下只有交轴分量？当一同步发电机供给纯电阻负载时，电枢电流有哪些分量？

7. 一台隐极三相同步发电机，定子绕组为丫联结，$U_N = 400V$，$I_N = 37.5A$，$\cos\varphi_N = 0.85$（滞后），$X_t = 2.38\Omega$（不饱和值），不计电阻，当发电机运行在额定情况下时，试求：（1）不饱和的励磁电动势 E_0；（2）功率角 δ_N；（3）电磁功率 P_M；（4）过载能力 K_m。

8. 一台凸极三相同步发电机，星形联结，$U_N = 400V$，$I_N = 6.45A$，$\cos\varphi_N = 0.8$（滞后），每相同步电抗 $X_d = 18.6\Omega$，$X_q = 12.8\Omega$，不计电阻，试求：（1）额定运行时的功率角 δ_N 及励磁电动热 E_0；（2）过载能力及产生最大电磁功率时的功率角。

第十章

同步电动机和同步调相机

前面分析了同步发电机的运行情况，本章将说明同步电机作为电动机和调相机运行时的工作原理、运行特性和起动问题。同步电动机和调相机的转子一般都采用凸极结构，并在磁极的极靴上装有起动绕组（即阻尼绕组）。同步电动机与感应电动机相比，其主要特点是：转速不随负载的变化而变化，而且有较高的功率因数（可达到 $\cos\varphi = 1$），特别是在过励状态下，还可使功率因数超前，从而提高了电网的功率因数。另外，同步电动机的气隙较大，X_d 较小，过载能力较高（$K_m = 2 \sim 3$），静态稳定性好，并且因为气隙大而使结构可靠性提高，安装维护容易。因此在不需要调速而功率又较大的场合，如驱动大型的空气压缩机、球磨机、鼓风机和水泵以及电动发电机组等，较多采用同步电动机。

同步调相机只相当于空载运行的同步电动机，它不用来拖动机械负载，而专门用来调节无功功率，提高电网的功率因数。

第一节　同步电动机的基本方程式和相量图

一、同步电机的可逆原理

同步电机和其他旋转电机一样，具有可逆性，既可作为发电机，也可作为电动机。下面以隐极电机为例，说明同步发电机转变为同步电动机的过程。假定同步发电机已并联在无穷大电网上。

如前所述，同步电机工作于发电机状态时，其转子主磁极轴线超前于气隙合成磁场的等效磁极轴线一个功率角 δ，它可以想像成为转子磁极拖着合成等效磁极以同步转速旋转（见图 10-1a），这时发电机产生电磁制动转矩与输入的驱动转矩相平衡，把机械功率转变为电磁功率，输送给电网。此时电磁功率 P_M 和功率角 δ 均为正值，励磁电动势 $\dot{E}_0$ 超前于电网电压 $\dot{U}$ 一个 δ 角。

如果逐渐减少发电机的输入功率，转子将瞬时减速，δ 角减小，相应地，电磁功率 P_M 也减小。当功率角 δ 减到零时，相应地，电磁功率也为零，发电机的输入功率仅能抵偿空载损耗（即 $P_1 = P_0$），这时发电机处于空载运行状态，并不向电网输送功率，如图 10-1b 所示。

继续减少发电机的输入功率，则功率角 δ 和电磁功率 P_M 变为负值，电机开始自电网吸取功率，和原动机一起提供驱动转矩来克服空载制动转矩，供给空载损耗。如

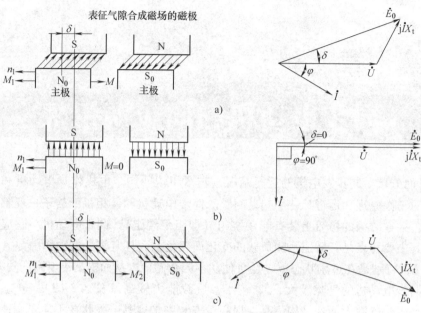

图 10-1　同步发电机转变为同步电动机的过程

a）发电机状态　b）过渡状态　c）电动机状态

果再卸掉原动机，就变成了空转的电动机，此时空载损耗完全由电网输入的电功率来供给。若在电机轴上再加上机械负载，则负值的 δ 角将增大，由电网输入的电功率和相应的电磁功率也将增大，以平衡电动机的输出功率。此时同步电动机处于负载运行，如图 10-1c 所示。在电动机状态下，功率角 δ 为负值，$\dot{E}_0$ 滞后于 $\dot{U}$，主极磁场滞后于气隙合成磁场，转子将受到一个驱动性质的电磁转矩作用。

可见，由同步发电机转变为同步电动机时，功率角和相应的电磁功率均由正值变为负值，电机由输出电功率变为输入电功率，电磁转矩由制动变为驱动。

二、同步电动机的基本方程式和相量图

前文已述，隐极同步发电机的电动势方程式为

$$\dot{E}_0 = \dot{U} + \dot{I} R_a + j\dot{I} X_t \tag{10-1}$$

按照发电机惯例，同步电动机为一台输出负的有功功率的发电机，其电动势方程式与式（10-1）相同，此时 $\dot{E}_0$ 滞后 $\dot{U}$ 一个功率角 δ（δ 为负值）。$\varphi > 90°$，其相量图和等效电路图分别如图 10-2a、c 所示。但习惯上总是把电动机看作电网的负载，它从电网吸取有功功率。按照电动机惯例，把输出负值电流看作输入正值电流，则电流 $\dot{I}$ 应转过 $180°$，用 $\dot{I}_D$ 表示，此时 $\varphi_D < 90°$，表示电动机自电网吸取有功功率。因此按照电动机惯例，隐极同步电动机的电动势方程式为

$$\dot{U} = \dot{E}_0 + \dot{I}_D R_a + j\dot{I}_D X_t \tag{10-2}$$

其相量图和等效电路分别如图 10-2b、c 所示。

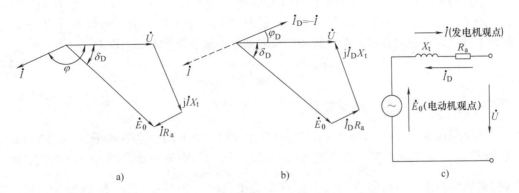

a)   b)   c)

图 10-2 隐极同步电动机的相量图和等效电路

a) 发电机观点 b) 电动机观点 c) 等效电路

对于凸极同步电动机，按照电动机惯例，其电动势方程式为

$$\dot{U} = \dot{E}_0 + \dot{I}_D R_a + j\dot{I}_{dD}X_d + j\dot{I}_{qD}X_q \tag{10-3}$$

式中 $\dot{I}_{dD}$ 和 $\dot{I}_{qD}$ ——同步电动机输入电流的直轴和交轴分量。

按式（10-3）绘出的凸极同步电动机的相量图如图 10-3 所示。

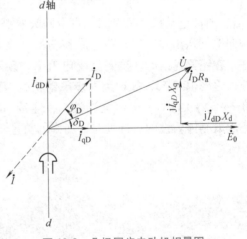

同步电动机的电磁功率 P_M 与功率角 δ 的关系，和发电机的 P_M 与 δ 关系一样，所不同的是在电动机中功率角 δ 变为负值。因此，只需在发电机的电磁功率公式中用 $\delta_D = -\delta$ 代替 δ 即可。于是，同步电动机电磁功率公式为

$$P_M = m\frac{E_0 U}{X_d}\sin\delta_D + m\frac{U^2}{2}\left(\frac{1}{X_q} - \frac{1}{X_d}\right)\sin2\delta_D \tag{10-4}$$

图 10-3 凸极同步电动机相量图

式（10-4）除以同步角速度 ω_1，便得同步电动机的电磁转矩为

$$T = \frac{mE_0 U}{\omega_1 X_d}\sin\delta_D + \frac{mU^2}{2\omega_1}\left(\frac{1}{X_q} - \frac{1}{X_d}\right)\sin2\delta_D \tag{10-5}$$

此外，对同步发电机的过载能力、比整步功率所做的分析和结论，对电动机也是完全适用的。在近代同步电动机中，其参数 $X_d^* = 0.6 \sim 1.45$，$X_q^* = 1.0 \sim 1.4$，额定功率角 $\delta_{DN} = 20° \sim 30°$，过载能力 $K_m = 2 \sim 3$。

三、同步电动机的 V 形曲线

同步电动机的 V 形曲线是指在电网电压、频率和电动机输出功率恒定的情况下，电枢电流 I_D 和励磁电流 I_f 之间的关系曲线 $I_D = f(I_f)$。

图 10-4 是输出功率恒定而励磁电流改变时隐极同步电动机的电动势相量图。同步

电动机运行时，输入功率扣除电枢铜耗后，余下部分转换为电磁功率，忽略电枢铜耗，则 $P_1 = P_M$ 电磁功率扣除机械损耗、铁耗、杂散损耗后，余下部分为输出功率，假设不计励磁变化时铁耗、杂散损耗的微弱变化，输出功率不变，则 P_M 不变。那么

$$P_M = \frac{mE_0U}{X_t}\sin\delta = mUI_D\cos\varphi_D = 常数$$

即 $E_0\sin\delta_D$ 为常数；$I_D\cos\varphi_D$ 为常数。

当励磁改变时，$\dot{E}_0$ 的端点将在垂线 CD 上移动，$\dot{I}_D$ 的端点将在水平线 AB 上移动。图 10-4b 表示正常励磁时，电动机的功率因数等于 1，电枢电流全部为有功电流，故电流的数值最小。当励磁电流大于正常励磁电流时（即过励时），$\dot{E}_0$ 将增大，根据 $\dot{I}_D$ 滞后于 $j\dot{I}_DX_t$ 的关系，电流 $\dot{I}_D$ 将超前于 $\dot{U}$ φ_D 角，它除了含有原来的有功电流外，还增加一个超前的无功电流分量 $\dot{I}_{DQ}$。所以电动机在过励时，自电网吸取超前的无功电流和功率（电动机惯例），或者说向电网送出滞后的无功电流和功率（发电机惯例），如图 10-4a 所示。当励磁电流小于正常励磁电流（即欠励）时，E_0 减小，其端点在 CD 线从上往下移，电流 $\dot{I}_D$ 滞后于 $\dot{U}$ 一个 φ_D 角，出现一个滞后的无功电流分量 $\dot{I}_{DQ}$，所以电动机在欠励时，自电网吸取滞后的无功电流和功率（电动机惯例），或者说向电网送出超前的无功电流和功率（发电机惯例），如图 10-4c 所示。根据上述方法，在不同输出时，改变励磁电流 I_f，就可以画出电动机电枢电流 I_D 变化的曲线，此曲线形似 V 形，故称为同步电动机的 V 形曲线，如图 10-5 所示。由图 10-5 可见，在 $\cos\varphi_D = 1$ 的点，电枢电流最小，连接 $\cos\varphi_D = 1$ 的曲线略微向右倾斜。欠励时，功率因数是滞后性的；过励时，功率因数是超前性的。

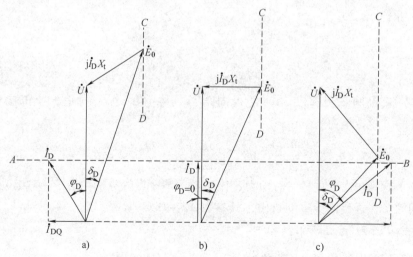

图 10-4　恒功率、变励磁时隐极同步电动机的相量图

a）过励　b）正常励磁　c）欠励

由于同步电动机的最大电磁功率 P_{Mmax} 与 E_0 成正比，所以，当减小励磁电流时，

其过载能力也要降低，而对应的功率角 δ 则增大。这样，当励磁电流减小到一定数值时，δ 角将增为 $90°$，隐极同步电动机就不能稳定运行而失去同步。图 10-5 中虚线表示出电动机不稳定区的界限。

调节励磁电流可以调节同步电动机的无功电流和功率因数，这是同步电动机的可贵特点。因为在电网上主要的负载是感应电动机和变压器，它们都要从电网中吸取感性的无功功率，如果使运行在电网上的同步电动机工作在过励状态，使它们从电网中吸收容性的无功功率，就提高了电网的功率因数。因此为了改善电网的功率因数和提高电机的过载能力，现代同步电动机的额定功率因数一般均设计为 $1 \sim 0.8$（超前）。

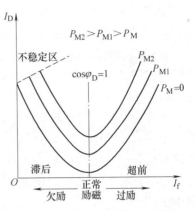

图 10-5　同步电动机的 V 形曲线

第二节　同步电动机的起动

在同步电动机中，只有当转子磁场和定子磁场同步旋转，亦即两者相对静止时，才能产生平均电磁转矩。如把同步电动机励磁并直接投入电网，由于转子磁场静止不动，则定子旋转磁场以同步转速 $n_1 = \dfrac{60f}{p}$ 相对转子磁场作相对运动。假设定子磁场的运动方向由左向右，并在某瞬间转到图 10-6a 所示的位置，由图可见，此瞬间定子磁场和转子磁场相互作用所产生的电磁转矩是推动转子旋转的；但由于转子具有转动惯量，在此转矩作用下，并不可能立即加速到同步，于是在半个周期以后（即 0.01s 以后），定子磁场向前移动了一个极距，达到图 10-6b 的位置，此时定子磁极对转子磁极的排斥力，将阻止转子的转动。如此变化不已，可见转子上受到的平均转矩为零，故同步电动机不能自行起动。因此要起动同步电动机，必须借助于其他方法。

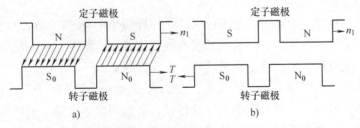

图 10-6　同步电动机起动时定子磁场对转子磁场的作用

a) 相互吸引　b) 相互排斥

如果借助外力使转子起动，而且使其转速接近于同步转速，则定子磁场对转子的相对运动速度趋于零。这样，它们改变相对位置所需的时间增长了。这时接通转子的励磁电路，给予适当的励磁，以便产生推动转子转动的同步转矩。在这种情况下，就使转子很快加速到同步转速。转子被拖入同步以后，电磁转矩的方向就不再改变，电动机便进入稳定的同步运转状态。

常用的起动方法有 **3** 种，即辅助电动机起动法、变频起动法和异步起动法。这里主要介绍最常用的异步起动法。

现代同步电动机多采用异步起动法来起动。它是通过在凸极式同步电动机的转子上装置阻尼绕组来获得起动转矩的。阻尼绕组和感应电动机的笼型绕组相似，只是它装在转子磁极的极靴上，有时亦称同步电动机的阻尼绕组为起动绕组。

同步电动机的异步起动方法如下：

第一步，把同步电动机的励磁绕组通过一个电阻短接（见图 10-7）。起动时励磁绕组开路是很危险的，因为励磁绕组的匝数很多，定子旋转磁场将在该绕组中感应很高的电压，可能击穿励磁绕组的绝缘。短路电阻的大小约为励磁绕组本身电阻的 10 倍。

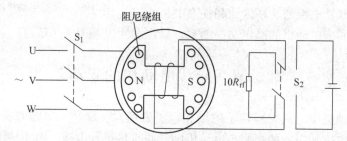

图 10-7　同步电动机异步起动法原理线路图

第二步，将同步电动机的定子绕组接通三相交流电源。这时定子旋转磁场将在阻尼绕组中感应一电流，此电流与定子旋转磁场相互作用而产生异步电磁转矩，同步电动机便作为异步电动机而起动。

第三步，当同步电动机的转速达到同步转速的 95% 左右时，将励磁绕组与直流电源接通，给予直流励磁。这时转子上增加了一个频率很低的交流转矩，转子磁场与定子磁场之间的相互吸引力便能把转子拉住，使它跟着定子旋转磁场以同步转速旋转，即所谓牵入同步。

在同步电动机异步起动时，和感应电动机一样为了限制过大的起动电流，可以采用降压方法起动。通常采用自耦变压器或电抗器来降压，当电动机的转速达到某一定值后，再恢复全电压，最后给予直流励磁，电动机即牵入同步运行。

牵入同步的过程很复杂，一般说来，在加入直流励磁而使转子牵入同步的瞬间，同步电动机的转差越小，惯量越小，负载越轻，牵入同步越容易。现代同步电动机都普遍地采用晶闸管励磁系统，它可使同步电动机的起动过程实现自动化。

第三节　同步调相机

通常所说的发电机和电动机，仅指有功功率而言，当输出有功功率时便为发电机运行，当输入有功功率时便为电动机运行。同步电机也可以专门供给无功功率，特别是感性无功功率。专供无功功率的同步电机称为同步调相机（或称为同步补偿机）。

由电网所供给的电力负载中，感应电动机和变压器应用得最多。因此电网除了供给感性负载以必要的有功功率外,尚需附带供给很大一部分感性无功功率,从而使整个电网的功率因数降低。功率因数越低,则发电站的容量越不能充分利用。同时,当感性无功功率通过输电线传输时,线路中的电压降和铜损耗也将大为增加,使输电质量变坏。要使电压调整率保持在一定范围,发电机的励磁损耗又将增大,运行很不经济。

由此可见,提高电网的功率因数在经济价值上及在运行条件上有着重大的意义。因此,有必要在电网的受电端接上一些同步调相机,以减少线路中的损耗和电压降,提高电网的功率因数,减轻发电机的负担,使它的能量能得到充分的利用。

另外,当输电线路很长时,要维持各种工况下受电端电压不波动是很困难的。因为,在电网轻载时,由于线路电容的效应,可能出现容性电流,功率因数变为超前。同时容性电流对发电机(即电网)产生增磁作用,使得电网电压升高。当负载很大时,由于感性负载而引起网络电压下降。电网上负载的变化,功率因数由超前至滞后的变化,将在网络上引起很大的电压波动。在受电端装有自动励磁调节的同步调相机可以使各种工况下受电端的电压基本保持不变。

为了加深理解,现举例说明。

例 10-1 设有一台发电机带一感性负载,负载需要的有功分量电流 $I_P = 1000A$,感性无功分量电流 $I_Q = 1000A$。为了减小发电机和线路中的无功电流,在用户端安装一台同步调相机,并在过励情况下自电网中吸取容性(超前)电流 $I_C = 250A$,试求补偿后,发电机及线路的无功电流值。

解 没有补偿时,发电机及线路的总电流为

$$I = \sqrt{I_P^2 + I_Q^2} = \sqrt{1000^2 + 1000^2}A = 1414A$$

功率因数
$$\cos\varphi = \frac{1000}{1414} = 0.71$$

如图 10-8 所示,线路上接上同步调相机后,线路无功电流为

$$I_Q' = I_Q - I_C = (1000 - 250)A = 750A$$

此时线路电流为

$$I' = \sqrt{1000^2 + 750^2}A = 1250A$$

补偿后的功率因数为

$$\cos\varphi' = \frac{1000}{1250} = 0.8$$

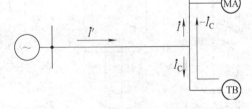

图 10-8 用同步调相机改善电网的功率因数
MA—感性负载(感应电动机) TB—同步调相机

从例 10-1 中可见,安装调相机后,能够减小线路电流,提高功率因数。

第四节 反应式同步电动机

反应式同步电动机就是在没有直流励磁时的凸极式同步电动机。当凸极同步电动机失去直流励磁时,主极磁通为零,由主磁通所建立的电动势 E_0 也就等于零。由式(10-4)可知,此时主电磁功率为零,只产生附加电磁功率和相应的附加电磁转矩,

亦即

$$\begin{cases} P_{M0} = \dfrac{mU^2}{2}\left(\dfrac{1}{X_q} - \dfrac{1}{X_d}\right)\sin 2\delta \\[3mm] T = \dfrac{mU^2}{2\omega_1}\left(\dfrac{1}{X_q} - \dfrac{1}{X_d}\right)\sin 2\delta \end{cases} \tag{10-6}$$

由式 (10-6) 可知，此种电动机的电磁转矩是由于直轴和交轴磁路磁阻不等，而使 X_d 和 X_q 不相等所产生的，因此又称为磁阻转矩，其功率特性如图 9-15 中的曲线 2 所示。

反应式同步电动机转矩的产生可以用图 10-9 所示的简单模型来说明，图中 N、S 极表示电枢旋转磁场的磁极。

图 10-9a 是一个圆柱形隐极转子，因此当转子无励磁时，无论其直轴和电枢旋转磁场的轴线相差多大角度都不能产生切向电磁力及电磁转矩。图 10-9b 是凸极的反应式同步电动机的空转情况。由于电动机的机械损耗可略去不计，故电动机产生的电磁转矩 $T\approx 0$，于是定子旋转磁场轴线与转子磁极轴线重合（即 $\delta=0$），此时磁力线不发生扭斜，空载电流近似为 $I_0 = \dfrac{U_1}{X_d}$。当电动机加上机械负载时，则由于转矩不平衡，转子将发生瞬时减速，于是转子的直轴（d 轴）将落后于电枢旋转磁场轴线一个角度 δ，如图 10-9c 所示（图中表示 $\delta=45°$）。由图可见，由于直轴磁路的磁阻远小于交轴磁路的磁阻，故磁力线仍由极靴处进入转子，使磁场发生扭斜，并因此产生与电枢磁场转向相同方向的磁阻转矩 T 与负载转矩相平衡。如果 δ 角继续增大，则磁场的畸变开始减小，因为部分磁通开始直接沿转子交轴方向通过，从而使穿过转子极面的磁力线数减少。当转子偏转角 $\delta=90°$ 时，磁阻虽最大，但磁力线却未被扭曲，全部磁力线沿转子交轴方向穿过，如图 10-9d 所示，这时气隙磁场又是对称分布，故合成转矩又变成零。当 $\delta>90°$ 时，转矩将改变方向，如图 10-9e 所示。当 $\delta=180°$ 时，转矩又等于零。

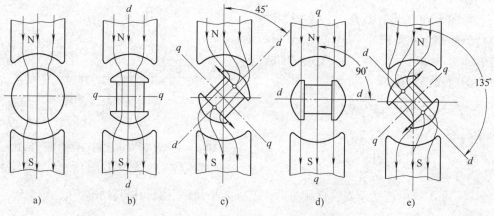

图 10-9　反应式同步电动机的运行模型

综上所述，不难进一步说明反应式同步电动机的工作原理。反应式同步电动机接入电网后，从电网吸取感性的无功电流，并建立直轴电枢反应磁场。在理想的空载情况下，电动机不需要产生与负载转矩相平衡的电磁转矩，如图 10-9b 所示，此时转子保持其直轴方向的轴线与定子磁场轴线一致（$\delta=0$），并随定子磁场同步旋转。

在有负载的情况下，电动机的转子受到负载的制动力矩作用，使得转子的直轴轴线对定子磁场轴线向后（逆转向）移动。于是磁场便发生畸变，从而产生与负载转矩相平衡的附加电磁转矩，并保持其转子直轴轴线滞后于定子磁场轴线一定的角度 δ 而同步旋转。

反应式同步电动机的最大转矩发生在 $\delta = 45°$ 时，而在 $\delta = 90°$ 时电磁转矩为零。如果负载再增加，则将使电动机失去同步。

反应式同步电动机的主要缺点是功率因数较低，其优点是结构比较简单，转子无励磁，只需要交流电源，同时它的转速与电网频率保持恒定的关系。为了增大反应式同步电动机的电磁转矩，应使 X_d 与 X_q 的差别尽可能大，目前可以做到使 $X_d : X_q = 5 : 1$。反应式电机通常作为电动机运行。近年来，功率为数瓦至数百瓦的小功率恒速反应式同步电动机广泛地用于自动装置、遥控元件及同步随动系统等。

习　题

1. 比较同步发电机和同步电动机的相量图。

2. 同步电动机的功率因数受哪些因素影响而发生变化？试用相量图分析当输出功率改变时，保持励磁不变，同步电动机的功率因数怎样变化？

3. 改变励磁电流时，同步发电机和同步电动机的磁场发生什么变化？对电网有什么影响？

4. 当转子转速等于同步转速时，为什么同步电机能产生转矩，而感应电机不能产生转矩？为什么当转子转速低于同步转速时，感应电机能产生转矩，而同步电机不能产生转矩？

5. 从同步发电机过渡到电动机时，功率角 δ、电流 I、电磁转矩 T 的大小和方向有何变化？

6. 一水电站供应一远距离用户，为改善功率因数添置一台调相机，此机应装在水电站内还是装在用户附近？为什么？

7. 一台三相隐极同步电动机，丫联结，$U_N = 380V$，$I_N = 26.3A$，$X_t = 5.8\Omega$，不计电阻，若输入功率为 15kW 时，试求：（1）$\cos\varphi = 1$ 时的功率角 δ；（2）相电势 $E_0 = 250V$ 时的功率因数。

8. 某工厂自 6000V 的电网上吸取 $\cos\varphi = 0.6$ 的电功率为 2000kW，今装一台同步电动机，功率为 720kW，效率为 0.9，求功率因数提高到 0.8 时，同步电动机的额定电流和 $\cos\varphi_D$。

9. 某工厂变电所变压器的容量为 2000kV·A，该厂电力设备的平均负载为 1200kW，$\cos\varphi = 0.65$（滞后）。今欲新装一台 500kW、$\cos\varphi_D = 0.8$（超前）、$\eta = 95\%$ 的同步电动机，问当电动机满载时全厂的功率因数是多少？变压器过载否？

10. 有一座工厂电源电压为 6000V，厂中使用了许多台感应电动机，设其总输出功率为 1500kW，平均效率为 70%，功率因数为 0.7（滞后），由于生产需要，又增添一台同步电动机。设当该同步电动机的功率因数为 0.8(超前)时，已将全厂的功率因数调整到 1，求此同步电动机承担多少视在功率(kVA) 和有功功率（kW）？

5

第五篇 控制电机

随着现代科学技术的不断进步，在电力拖动系统中除了使用一般的交直流电机以外，还有用做检测、放大、执行和计算用的各种各样的小功率交直流电机，这类电机就称为控制电机。

就电磁过程以及所遵循的基本电磁规律来说，控制电机和一般旋转电机并没有本质上的区别，但一般旋转电机的作用是完成机电能量的转换，因此要求有较高的力能指标，而控制电机主要用作信号的传递和变换，因此对它们的要求是运行可靠，能快速响应和精确度高。

控制电机在现代工业自动化系统中是必不可少的重要元件，而且应用越来越广泛。尽管各种控制电机的用途和功能各不相同，但基本上可划分为信号元件和功率元件两大类。凡是用来转换信号的称为信号元件，如把角位移转换成电信号的旋转变压器、自整角机，把速度转换成电压信号的测速发电机等。凡是把电信号转换为输出功率的称为功率元件，如以较小的电信号扩大以获得输出功率的电机扩大机以及交直流伺服电动机、步进电动机等。

各种控制电机的外型一般都是圆柱体，其系列产品的外径一般为 12.5~130mm，质量从数十克到数千克，容量一般从数百毫瓦到数百瓦。但在大功率自动控制系统中，容量也可达数千瓦。

目前已生产、使用的控制电机种类很多。近年来又研制出一些新结构的控制电机。本篇仅就电力拖动系统中常用的控制电机讨论其基本工作原理、基本结构以及用途等。

第十一章

伺服电动机

伺服电动机也称执行电动机，在自动控制系统中作为执行元件，把输入的电压信号变换成转轴的角位移或角速度输出。输入的电压信号称为控制电压，用 U_K 表示，改变控制电压可以变更伺服电动机的转速及转向。

伺服电动机可分为交流伺服电动机和直流伺服电动机两大类。直流伺服电动机通常用在功率稍大的自动控制系统中，其输出功率一般为 $1\sim600W$，也有的可达数千瓦。交流伺服电动机输出功率一般为 $0.1\sim100W$，其中最常用的在30W以下。

伺服电动机种类多，用途广。自动控制系统对伺服电动机的基本要求有如下几点：①要有宽广的调速范围；②快速响应，即要求机电时间常数小和灵敏度高；③具有线性的机械特性和线性的调节特性；④无"自转现象"，即当控制电压为零时，电动机应能迅速自动停转。

围绕改善伺服电动机的动态性能，近年来出现了许多新型结构的伺服电动机，如低惯量型圆盘电枢、杯形电枢、无槽电枢直流伺服电动机以及无刷直流伺服电动机等。

第一节 直流伺服电动机

一、结构和分类

直流伺服电动机实质上就是一台他励式直流电动机，按结构可分成传统型和低惯量型两大类。

（一）传统型直流伺服电动机

这种电动机的结构和普通直流电动机基本相同，也是由定子和转子两大部分组成。转子铁心由硅钢片冲制叠压而成，转子冲片上开有均匀分布的槽形，叠压铁心后，形成槽，槽内放置电枢绕组，绕组经换向器、电刷引出。电枢铁心长度与直径之比较普通直流电动机大，而气隙较小。励磁部件在定子上，励磁方式有永磁式和电磁式两种。永磁式的定子上装有永久磁铁制成的磁极，目前我国生产的 SY 系列直流伺服电动机就属于这种结构；电磁式的定子通常由硅钢片叠压而成，磁极和磁轭整体相连，如图 11-1 所示，在磁极铁心上套有励磁绕组，目前我国生产的 SZ 系列直流伺服电动机就属于这种结构。

（二）低惯量型直流伺服电动机

低惯量型直流伺服电动机的特点是转子轻、转动惯量小、响应快速。一般有杯形电枢、圆盘电枢和无槽电枢等结构形式。

杯形电枢永磁式直流伺服电动机的结构简图如图 11-2 所示。它有一个外定子和一个内定子。外定子采用软磁性材料做铁心，铁心上装有集中绕组（永磁式则用永久磁铁制成两个半圆形磁极）；内定子由圆柱形软磁性材料制成，作为磁路的一部分可减小磁阻。它的电枢是一个用非磁性材料（如塑料）制成的空心杯形圆筒，直接装在电机轴上。在电枢表面可采用印制绕组或采用沿圆周轴向排成空心杯状并用环氧树脂固化成形的电枢绕组。空心杯电枢在内外定子间的气隙中旋转。电压是通过电刷和换向器加到电枢上的。

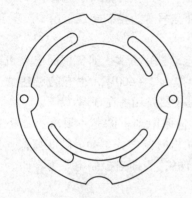

图 11-1　电磁式直流伺服电动机的定子冲片

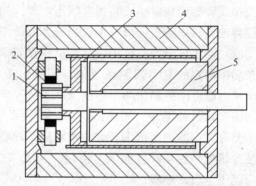

图 11-2　杯形电枢永磁式直流伺服电动机结构简图
1—换向器　2—电刷　3—空心杯电枢
4—外定子　5—内定子

盘形电枢直流伺服电动机结构如图 11-3 所示。它的定子由永久磁钢和前后磁轭组成，磁钢可在圆盘的一侧放置，也可两侧同时放置。电机气隙位于圆盘两边。电枢为圆形绝缘板上印制的裸露绕组，或将绕线式绕组沿径向圆周排列，再用环氧树脂浇注成圆盘形。盘形电枢上电枢绕组中的电流沿径向流过圆盘表面，并与轴向

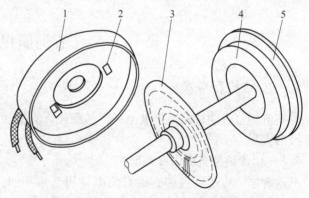

图 11-3　盘形电枢直流伺服电动机结构示意图
1—前盖　2—电刷　3—盘形电枢　4—磁钢　5—后盖

磁通相互作用产生转矩。电枢绕组有效部分裸导体表面兼作换向器，它和电刷直接接触。

无槽电枢直流伺服电动机结构如图 11-4 所示。电枢铁心为光滑圆柱体，电枢绕组用耐热环氧树脂固定在圆柱形铁心表面上，定转子间气隙大。定子磁极可用永磁钢做成，也可采用电磁式结构。这种电动机的转动惯量和电枢电感都比杯形或圆盘形电枢的大，因而动态性能较差。

二、控制方式

他励式直流电动机，当励磁电压 U_f 恒定、负载转矩一定时，升高电枢电压，电动机的转速随之升高；反之，减小电枢电压，电动机的转速就降低；若电枢电压为零，则电动机停转；改变电枢电压极性，电动机的旋转方向也随之改变。因此把电枢电压作为控制信号，就可以对电动机的转速进行控制。这种控制方式称为电枢控制式，电枢绕组称为控制绕组，电枢电压称为控制电压。

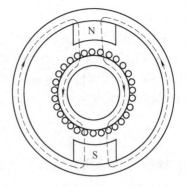

图 11-4　无槽电枢直流伺服电动机
结构简图

直流伺服电动机也可以采用磁场控制方式，即磁极绕组作为控制绕组，接受控制电压 U_K，而加在电枢绕组上的电压恒定。

电枢控制较磁场控制具有较多的优点，因此自动控制系统中大多采用电枢控制，磁场控制只用于小功率电动机中。下面仅分析电枢控制时的情况。

三、运行特性

电枢控制时直流伺服电动机的工作原理如图 11-5 所示。

为了分析简便，先做如下假设：

1）电动机磁路不饱和，即认为电动机的磁化曲线为一直线。

2）略去负载时电枢反应的影响。

这样，直流电动机电枢回路的电压平衡方程式应为

$$U_K = C_e \Phi n + I_a R_a \tag{11-1}$$

式中　R_a——电枢回路的总电阻（包括电刷的接触电阻）。

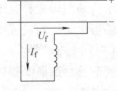

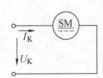

图 11-5　电枢控制时直流伺服电动机的工作原理图

当磁通 Φ 恒定时，则

$$E_a = C_e \Phi n = K_e n \tag{11-2}$$

式中　K_e——电动势常数。

电动机的电磁转矩为

$$T = C_T \Phi I_a = K_T I_a \tag{11-3}$$

式中　K_T——转矩常数。

将式（11-1）~式（11-3）联立求解，即可求出直流伺服电动机的转速公式

$$n = \frac{U_K}{K_e} - \frac{R_a}{K_e K_T} T \tag{11-4}$$

由转速公式便可得出直流伺服电动机的机械特性和调节特性。

（一）机械特性

机械特性是指控制电压恒定时，电动机的转速与电磁转矩的关系，即 U_K 为常数

时，$n=f(T)$。

电枢控制时直流伺服电动机的机械特性如图 11-6 所示。从图 11-6 中可以看出，机械特性是线性的，这些特性曲线与纵轴的交点为电动机的理想空载转速 n_0，即

$$n_0 = \frac{U_K}{K_e} \qquad (11\text{-}5)$$

机械特性与横轴的交点即为电动机的堵转转矩 T_K

$$T_K = \frac{K_T}{R_a} U \qquad (11\text{-}6)$$

在图 11-6 中机械特性曲线的斜率的绝对值为

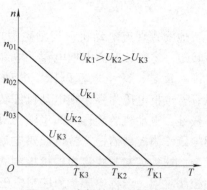

图 11-6　电枢控制时直流伺服
电动机的机械特性

$$|\tan a| = \frac{n_0}{T_K} = \frac{R_a}{K_T K_e} \qquad (11\text{-}7)$$

它表示了电动机机械特性的硬度，即电动机的转速随转矩 T 的变化而变化的程度。

由转速公式或机械特性都可以看出，随着控制电压 U_K 增大，电动机的机械特性曲线平行地向转速和转矩增加的方向移动，但是它的斜率保持不变，所以电枢控制时直流伺服电动机的机械特性是一组平行的直线。

（二）调节特性

调节特性是指电磁转矩恒定时，电动机的转速与控制电压的关系，即 T 为常数时，$n=f(U_K)$。

由转速公式便可画出直流伺服电动机的调节特性，如图 11-7 所示，它们也是一组平行的直线。

这些调节特性曲线与横轴的交点，表示在一定负载转矩时电动机的始动电压，负载转矩一定时，电动机的控制电压大于相对应的始动电压，它便能转动起来并达到某一转速；反之，控制电压小于相对应的始动电压，则电动机的最大电磁转矩小于负载转矩，它就不能起动。所以调节特性曲线的横坐标从零到始动电压的这一范围称为

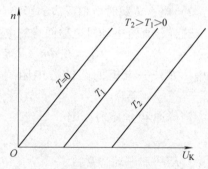

图 11-7　电枢控制时直流伺服
电动机的调节特性

在一定负载转矩时伺服电动机的失灵区，显然，失灵区的大小是与负载转矩成正比的。

由以上分析可知，电枢控制时直流伺服电动机的机械特性和调节特性都是一组平行的直线，这是直流伺服电动机很可贵的优点，但是上述的结论是在开始时所做的两个假设的前提下得到的，实际的直流伺服电动机的特性曲线只是一组接近直线的曲线。

四、动态特性

电枢控制时直流伺服电动机的动态特性，是指电动机的电枢上外施阶跃电压时，

电动机转速从零开始的增长过程，即 $n = f(t)$ 或 $\omega = f(t)$。

直流伺服电动机的机电过渡过程应尽可能短些，才能满足自动控制系统快速响应的要求。

直流伺服电动机产生过渡过程的原因，主要是电动机中存在两种惯性：机械惯性和电磁惯性。当电枢电压突然改变时，由于电动机和负载有转动惯量，转速不能突变，需要有一个渐变的过程，才能达到新的稳态，因此转动惯量是造成机械过渡过程的主要因素。另外，由于电枢绕组具有电感，电枢电流也不能突变，也需要有一个过渡过程，所以电感是造成电气过渡过程的主要因素。电气过渡过程和机械过渡过程相互影响，两种过渡过程交织在一起形成电动机总的过渡过程。

研究过渡过程的方法可以通过直接求解微分方程，也可以采用拉普拉斯变换，将时间函数变换成相应的象函数，并将零初始条件输出象函数与输入象函数之比称为传递函数，再将传递函数进行反变换，得出输出量与输入量之间随时间变化的函数关系。

直流伺服电动机电枢回路的等效电路如图 11-8 所示。设电枢绕组的电感为 L_a，电枢回路在过渡过程中的电压平衡方程式为

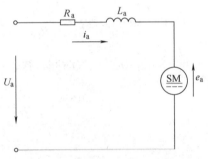

$$U_a = i_a R_a + L_a \frac{\mathrm{d}i_a}{\mathrm{d}t} + e_a \qquad (11\text{-}8)$$

转矩平衡方程式应为

$$T_{em} = T_S + J \frac{\mathrm{d}\omega}{\mathrm{d}t} \qquad (11\text{-}9)$$

图 11-8 直流伺服电动机的等效电路图

式中 T_S——摩擦转矩和空载转矩之和；

$\quad\ J$——电动机转动惯量（设负载转矩为零）；

$\quad\ \omega$——电动机角速度。

略去 T_S，得

$$T_{em} = J \frac{\mathrm{d}\omega}{\mathrm{d}t} \qquad (11\text{-}10)$$

将式 (11-2)、式 (11-3) 及式 (11-10) 代入式 (11-8) 可得

$$U_a = \frac{R_a J}{K_t} \frac{\mathrm{d}\omega}{\mathrm{d}t} + \frac{L_a J}{K_t} \frac{\mathrm{d}^2 \omega}{\mathrm{d}t^2} + K'_e \omega \qquad (11\text{-}11)$$

281

式中 K'_e——常数，$K'_e = \dfrac{60}{2\pi} K_e$。

将式 (11-11) 进行拉普拉斯变换，考虑初始条件 $n = 0$，则

$$U_a(s) = \frac{R_a J}{K_t} s\omega(s) + \frac{L_a J}{K_t} s^2 \omega(s) + K'_e \omega(s) \qquad (11\text{-}12)$$

于是，直流伺服电动机的传递函数为

$$F(s) = \frac{\omega(s)}{U_a(s)} = \frac{K_t}{s^2(L_a J) + s(R_a J) + K_t K'_e} \qquad (11\text{-}13)$$

令式 (11-13) 中分母为零，得 s 的二次方程，解出两根为

$$s_1 = \frac{-R_aJ + \sqrt{(R_aJ)^2 - 4L_aJK_tK_e'}}{2L_aJ}$$

$$s_2 = \frac{-R_aJ - \sqrt{(R_aJ)^2 - 4L_aJK_tK_e'}}{2L_aJ} \tag{11-14}$$

上面 s_1 和 s_2 可能为实数或一对共轭复数，具体由 $(R_aJ)^2$ 和 $4L_aJK_tK_e'$ 的大小决定。当 s_1 和 s_2 为实数时，过渡过程不出现振荡；当 s_1 和 s_2 为一对共轭复数时，则过渡过程产生振荡。若 $4L_aJK_tK_e' \ll (R_aJ)^2$ 时，则 s_1 和 s_2 为实数，按泰勒级数展开根式，忽略级数高次项得

$$s_1 = -\frac{K_tK_e'}{R_aJ}$$

$$s_2 = -\frac{R_a}{L_a} + \frac{K_tK_e'}{R_aJ} \approx -\frac{R_a}{L_a} \tag{11-15}$$

式（11-15）中考虑到 $\dfrac{R_a}{L_a} \ll \dfrac{U_tK_e'}{R_aJ}$，设 $\tau_m = -\dfrac{1}{s_1} = \dfrac{R_aJ}{K_tK_e'}$ 为电动机的机械时间常数，$\tau_e = -\dfrac{1}{s_2} = \dfrac{L_a}{R_a}$ 为电动机的电气时间常数，得直流伺服电动机的传递函数为

$$F(s) = \frac{\omega(s)}{U_a(s)} = \frac{K_t}{L_aJ(s - s_1)(s - s_2)} = \frac{K_t}{L_aJ\left(s + \dfrac{1}{\tau_m}\right)\left(s + \dfrac{1}{\tau_e}\right)}$$

$$= \frac{\tau_e\tau_mK_t}{L_aJ(\tau_ms + 1)(\tau_es + 1)} = \frac{\dfrac{L_a}{R_a}\dfrac{R_aJ}{K_tK_e'}K_t}{L_aJ(\tau_ms + 1)(\tau_es + 1)}$$

$$= \frac{\dfrac{1}{K_e'}}{(\tau_ms + 1)(\tau_es + 1)} \tag{11-16}$$

通常 $\tau_e \ll \tau_m$，则

$$F(s) = \frac{\omega(s)}{U_a(s)} \approx \frac{1/K_e'}{\tau_ms + 1} \tag{11-17}$$

外施阶跃电压为 U_a 时，其象函数为 $U_a(s) = \dfrac{U_a}{s}$，则

$$\omega(s) = F(s)U_a(s) = \frac{U_a}{s}\frac{\dfrac{1}{K_e'}}{\tau_ms + 1} = \frac{U_a}{K_e'}\frac{\dfrac{1}{\tau_m}}{s\left(s + \dfrac{1}{\tau_m}\right)} \tag{11-18}$$

由反变换公式进行拉普拉斯反变换，反变换公式为

$$L^{-1}\left[\frac{a}{s(s + a)}\right] = 1 - e^{-at}$$

于是

$$\omega(t) = \frac{U_a}{K'_e}(1 - e^{-\frac{t}{\tau_m}}) = \omega_0(1 - e^{-\frac{t}{\tau_m}}) \qquad (11\text{-}19)$$

式中　ω_0——电动机理想空载角速度，单位为 rad/s，$\omega_0 = \dfrac{U_a}{K'_e} = \dfrac{2\pi n_0}{60}$。

式（11-19）的变化曲线如图 11-9 所示，由此还可得出

$$n = n_0(1 - e^{-\frac{t}{\tau_m}}) \qquad (11\text{-}20)$$

用同样的方法可解得

$$i_a = \frac{U_a}{R_a}e^{-\frac{t}{\tau_m}} \qquad (11\text{-}21)$$

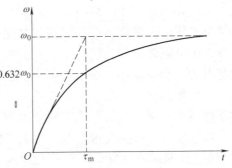

图 11-9　直流伺服电动机角速度的变化曲线

由式（11-9）或式（11-20）可知，当 $t = \tau_m$ 时，则电动机的角速度（或转速）上升到稳定角速度或转速的 63.2%，当 $t = 4\tau_m$ 时，则电动机的角速度为 $\omega = 0.985\omega_0$，过渡过程基本结束，故一般以 $t = 4\tau_m$ 作为过渡过程的时间。

τ_m 还可以表示为

$$\tau_m = \frac{R_a J}{K_t K'_e} = \frac{2\pi}{60}\frac{R_a J}{K_t K_e} = \frac{2\pi}{60}\frac{R_a J}{C_e C_t \Phi^2} \qquad (11\text{-}22)$$

可见，为了减小机械时间常数 τ_m，应适当选择转子结构，以减小转子的转动惯量。圆柱形电枢 $\tau_m = 0.035 \sim 0.15\text{s}$；杯形电枢 $\tau_m = 0.015 \sim 0.02\text{s}$；圆盘电枢 $\tau_m = 0.005 \sim 0.002\text{s}$。此外，还可以改进电动机的结构设计，采用更好的硬磁性材料，提高气隙磁通密度 B_δ，减小电枢绕组电阻。

第二节　交流伺服电动机

一、基本结构

交流伺服电动机在结构上为一台两相感应电动机，其定子两相绕组在空间相距 **90°电角度**，它们可以有相同或不同的匝数。定子绕组的一相作为励磁绕组，运行时接到电压为 U_f 的交流电源上，另一相作为控制绕组，输入控制电压 U_K。电压 U_K 与 U_f 同频率，一般采用 **50Hz 或 400Hz**。

常用的转子结构有两种形式：

一种为笼型转子，这种转子结构如同普通笼型感应电动机一样，但是为了减小转子的转动惯量而做成细而长的形状。导条和端环可以采用高电阻率的材料（如黄铜、青铜等）制造，也可采用铸铝转子。目前我国生产的 SL 系列两相交流伺服电动机就采用铸铝转子。

另一种为非磁性空心杯转子，这种结构形式如图 11-10 所示，电动机中除了和一般感应电动机一样的定子外，还有一个内定子。内定子是由硅钢片叠成的圆柱体，通

常内定子上无绕组，只是代替笼型转子铁心作为磁路的一部分。在内外定子之间有一个细长的、装在转轴上的杯形转子，杯形转子通常用非磁性材料铝或铜制成，壁厚 0.3mm 左右杯形转子可以在内外定子间的气隙中自由旋转，电动机依靠杯形转子内感应的涡流与气隙磁场作用而产生电磁转矩。杯形转子交流伺服电动机的优点为转动惯量小，摩擦转矩小，因此快速响应好；再是运转平滑，无抖动现象。缺点是由于存在内定子，气隙较大，励磁电流大，所以体积也较大。目前我国生产的空心杯转子两

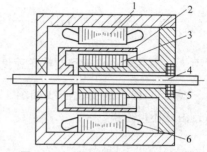

图 11-10 非磁性杯转子两相伺服
电动机结构图

1—外定子铁心 2—杯形转子 3—内定子铁心
4—转轴 5—轴承 6—定子绕组

相伺服电动机的型号为 SK，这种伺服电动机主要用于要求低噪声及平稳运行的某些系统中。

二、工作原理

图 11-11 是两相交流伺服电动机的原理图。两相绕组轴线位置在空间相差 90°电角度，当两相绕组分别加以交流电压 $\dot{U}_f$、$\dot{U}_K$ 以后，就会在气隙中产生旋转磁场。当转子导体切割旋转磁场的磁力线时，便会感应电动势，产生电流，转子电流与气隙磁场相互作用即产生电磁转矩，使转子随旋转磁场的方向而旋转。

若控制绕组无控制信号只有励磁绕组中有励磁电流，则气隙中形成的是单相脉振磁动势。单相脉振磁动势可以分解为正、负序两个圆形旋转磁动势，它们大小相等，转速相同，转向相反。所建立的正序旋转磁场对

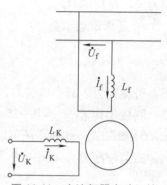

图 11-11 交流伺服电动机的
原理图

转子起拖动作用，产生拖动转矩 T_+；负序旋转磁场对转子起制动作用，产生制动转矩 T_-，当电动机原处于静止时，转差率 $s=1$，$T_+=T_-$，合成转矩 $T=0$，伺服电动机转子不会转动。一旦控制绕组有信号电压，一般情况下，两相绕组上所加的电压 U_f 和 U_K，流入的电流 I_f 和 I_K 以及由电流产生的磁动势 F_f 和 F_K 是不对称的，则电动机内部便建立起椭圆形旋转磁场。一个椭圆形旋转磁场同样可以分解为两个速度相等、转向相反的圆形旋转磁场，但它们大小不等（与原椭圆旋转磁场转向相同的正序磁场大，与原转向相反的负序磁场小），因此转子上两个电磁转矩也大小不等、方向相反，合成转矩不为零，这样转子就不再保持静止状态，而随着正转磁场的方向转动起来。

两相交流伺服电动机在转子转动后，当控制信号电压 $\dot{U}_K$ 消失时，按照可控性的要求，伺服电动机应立即停转。但此时电动机内部建立的是单相脉振磁场，根据单相异步电动机工作原理，电动机将继续旋转，这种现象称为"自转"。"自转"现象在自动控制系统中是不允许存在的，解决的办法是增大转子电阻。这一点可用转子电阻不同时的机械特性来说明。图 11-12a、b、c 表示转子电阻不同时电动机的机械特性。

当转子电阻增大时，最大转矩 T_m 不变，但出现最大转矩 T_m 的转差率 s_m 将增大。当转子电阻的数值足够大，使 $s_m \geqslant 1$ 时，则得伺服电动机在单相脉振磁场的作用下的机械特性如图 11-12c 所示。在图 11-12c 中，由于正序磁场所产生的最大转矩出现在 $s_m \geqslant 1$ 处，合成转矩 T 的作用方向总是和转子的旋转方向相反，起制动作用，故当交流伺服电动机控制信号消失而处于单相运行时，转子受到制动转矩作用而迅速停转，不会发生自转现象。

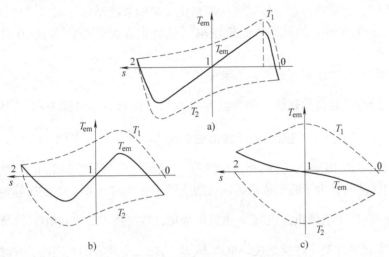

图 11-12　转子电阻对单相电机机械特性的影响

增大转子电阻还有利于改善交流伺服电动机的其他性能。一般的异步电动机，其机械特性如图 11-13 中曲线 1 所示，它的稳定运行区仅在转差率 s 从 0 到 s_m 这一区间，因 s_m 为 0.1~0.2，所以电动机的转速可调范围很小。如果增大转子电阻，使其产生最大转矩的转差率 $s_m \geqslant 1$，这样，电动机的机械特性就如图 11-13 中曲线 2 所示，相应于电动机的转速由零到同步转速的全部范围内均能稳定运行。由图 11-13 的曲线中还可以看到，随着转子电阻增大，机械特性更接近于线性

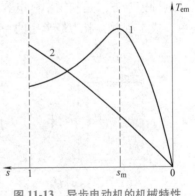

图 11-13　异步电动机的机械特性

关系。因此，为了使两相交流伺服电动机达到调速范围大和机械特性线性的要求，也必须使其转子具有足够大的电阻值。

三、控制方式

交流伺服电动机运行时，控制绕组上所加的控制电压 $\dot{U}_K$ 是变化的，改变它的大小或者改变它与励磁电压之间的相位角，都能使电动机气隙中旋转磁场的椭圆度发生变化，从而影响到电磁转矩。当负载转矩一定时，可以通过调节控制电压的大小或相位来达到改变电动机转速的目的。因此交流伺服电动机的控制方式有以下 3 种。

（一）幅值控制

这种控制方式是通过调节控制电压的大小来改变电动机的转速，而控制电压 $\dot{U}_K$ 与励磁电压 $\dot{U}_f$ 之间的相位角保持90°电角度，通常 $\dot{U}_K$ 滞后于 $\dot{U}_f$。当控制电压 $\dot{U}_K = 0$ 时，电动机停转，即 $n = 0$。

（二）相位控制

这种控制方式是通过调节控制电压的相位（即调节控制电压与励磁电压之间的相位角 β）来改变电动机的转速，而控制电压的幅值保持不变，当 $\beta = 0$ 时，电动机停转。

（三）幅值-相位控制（或称电容移相控制）

这种控制方式是将励磁绕组串联电容 C 以后，接到稳压电源 $\dot{U}_1$ 上，其接线图如图 11-14 所示，这时励磁绕组上仍外施励磁电压 $\dot{U}_f = \dot{U}_1 - \dot{U}_{Ca}$（见图 11-15），控制绕组上仍外施控制电压 $\dot{U}_K$，而 $\dot{U}_K$ 的相位始终与 $\dot{U}_1$ 同相。当调节控制电压 $\dot{U}_K$ 的幅值来改变电动机的转速时，由于转子绕组与励磁绕组的耦合作用（相当于变压器的二次绕组与一次绕组），使励磁绕组的电流 $\dot{I}_f$ 也发生变化，致使励磁绕组的电压 $\dot{U}_f$ 及电容 C 上的电压 $\dot{U}_{Ca}$ 也随之改变。这就是说，电压 $\dot{U}_K$ 及 $\dot{U}_f$ 的大小及它们之间的相位角 β 也都随之改变。所以这是一种幅值和相位的复合控制方式。若控制电压 $\dot{U}_K = 0$，电动机就停转。这种控制方式是利用串联电容器来分相的，它不需要复杂的移相装置，所以设备简单，成本较低，成为最常用的一种控制方式。

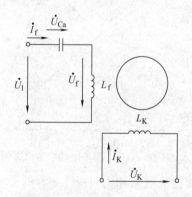

图 11-14　幅值-相位控制接线图

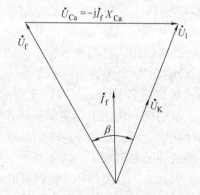

图 11-15　幅值-相位控制时的电压相量图

四、运行特性

交流伺服电动机的运行特性主要是指机械特性和调节特性，从这些特性可看出交流伺服电动机是否可控，以及起动转矩的大小和特性曲线的线性程度。

（一）机械特性

机械特性是控制电压 $\dot{U}_K$ 不变时，电磁转矩与转速的关系。

交流伺服电动机一般在不对称状态下运行，这种不对称程度不仅因各种控制方式而异，而且控制的电信号（即控制电压）不同时也有所不同，因此机械特性应在一个表征控制电信号的系数为一定值的条件下去求。

1. 幅值控制方式

这时信号系数等于控制电压 U_K 与电源电压 U_1 之比，即 $\alpha = \dfrac{U_K}{U_1}$。有效信号系数 α_e 是指实际控制电压与额定控制电压之比，额定控制电压就是将电源电压折算到控制绕组的电压 U_1'，在这种控制方式中，电源电压也就是励磁电压，则 $U_1' = U_f'$，故 $\alpha_e = \dfrac{U_K}{U_1'} = \dfrac{U_K}{U_f'}$。

2. 相位控制方式

在这种控制方式中，虽然控制电压与折算到控制绕组的电源电压即励磁电压大小相等，$U_K = U_1' = U_f'$，但是在相位上控制电压滞后于电源电压 β 电角度（见图 11-16）。因为幅值控制时 $\dot{U}_K$ 滞后于 $\dot{U}_1'$ 90°电角度，所以有效信号系数应取 $\dot{U}_K$ 滞后于 $\dot{U}_1'$ 90°电角度的分量 $U_K \sin\beta$，因此 $\alpha = \dfrac{U_K \sin\beta}{U_1'} = \sin\beta$。

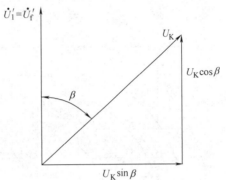

图 11-16　相位控制时的电压相量图

3. 幅-相控制方式

由于幅-相控制时，一般在励磁绕组中串联电容进行分相，励磁绕组上的电压 $\dot{U}_f$ 不等于电源电压 $\dot{U}_1$，而且随着运行情况的变化而变化。为了提高系统的动态性能，通常要求电动机起动时使气隙合成磁场为圆形旋转磁场，并按这个要求去选择电容 C，这样也可以确定满足这个要求时的控制电压 U_{K0}，若令这时的信号系数为 $\alpha_0 = \dfrac{U_{K0}}{U_1}$，则幅-相控制时的有效信号系数为 $\alpha_e = \dfrac{U_K}{U_1} = \dfrac{U_K}{U_1} \dfrac{U_{K0}}{U_{K0}} = \dfrac{U_K}{U_{K0}} \alpha_0$。

3 种控制方式的机械特性表示在图 11-17 上，图中 m 为输出转矩对起动转矩的相对值，ν 为转速对同步转速的相对值。

从机械特性看出，不论哪种控制方式，控制电信号越小，机械特性就越下移，理想空载转速也随之减小。

（二）调节特性

两相交流伺服电动机的调节特性是指电磁转矩不变时，转速随控制电压大小而变化的关系。

各种控制方式下电动机的调节特性，都可以通过相应的机械特性曲线用作图法求得，即选定某一转矩值后，再在机械特性曲线上找出转速和相对应的信号系数，并描述成曲线。各种控制方式下的调节特性如图 11-18 所示。

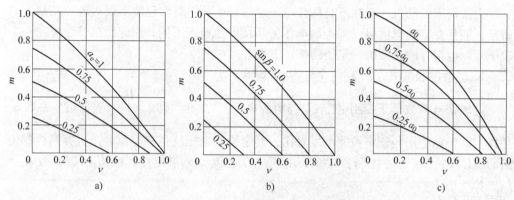

图 11-17 交流伺服电动机的机械特性

a）幅值控制 b）相位控制 c）幅-相控制

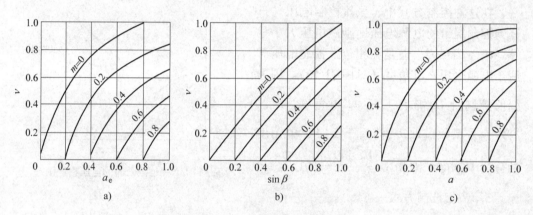

图 11-18 交流伺服电动机的调节特性

a）幅值控制 b）相位控制 c）幅-相控制

由图 11-18 中看出，两相交流伺服电动机在 3 种不同控制方式下的调节特性都不是线性关系，只在转速标幺值较小和信号系数不大的范围内才接近于线性关系。比较 3 种不同控制方式下的调节特性，相位控制时调节特性的线性度较好，而其他两种控制方式则较差。

第三节　交、直流伺服电动机的性能比较

在自动控制系统中，交、直流伺服电动机应用都很广泛，下面对这两类电动机进行简单的比较，分别说明其优缺点，以便选用时参考。

一、机械特性

直流伺服电动机的机械特性是线性的，转矩随着转速的增加而均匀下降，在不同控制电压下，机械特性互相平行，斜率是固定的，而且机械特性为硬特性，就是说，转矩的变化对转速的影响很小。但交流伺服电动机机械特性是非线性的，电容移相时机械特性非线性度更加严重，而且特性的斜率是随着控制电压的不同而变化的，机械

特性很软，转矩的变化对转速的影响很大，特别是低速段更是如此。机械特性软会削弱内阻能力（即阻尼系数减少），增大时间常数，因而降低系统的品质，而机械特性斜率的变化，会给系统的稳定和校正带来困难。

二、体积、质量和效率

为了满足控制系统对电动机性能的要求，交流伺服电动机转子电阻就得相当大，这样损耗就大，效率低，电动机利用程度差，而且电动机通常是运行在椭圆磁场的情况下，负序磁场产生的制动转矩使电动机的有效转矩减小。当输出功率相同时，交流伺服电动机要比直流伺服电动机的体积大，质量大，效率低。所以交流伺服电动机只适用小功率系统，而对于功率较大的控制系统，则普遍采用直流伺服电动机。

三、"自转"现象

直流伺服电动机无"自转"现象，而交流伺服电动机若参数选择不适当，或制造工艺不良，在单相状态下会产生"自转"。

四、结构

交流伺服电动机结构简单，运行可靠，维护方便，适宜在不易检修的场合使用。

直流伺服电动机由于有电刷和换向，因而结构复杂、制造麻烦。电刷与换向器之间存在滑动接触，电刷的接触电阻也不稳定，这些都会影响到电动机的稳定运行。另外，直流伺服电动机还存在因换向器引起的无线电通信干扰，又容易出现火花，给运行和维护带来困难。

五、放大器装置

直流伺服电动机的控制绕组通常是由放大器供电，而直流放大器有零点漂移现象，这将影响到系统的工作精度和稳定性。另外直流放大器的结构复杂，体积和质量都比交流放大器大得多。这些都是直流伺服系统存在的缺点。

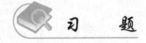 习　题

1. 试用分析电枢控制时的类似方法，推导出电枢绕组加恒定电压，而磁极绕组加控制电压时直流伺服电动机的机械特性和调节特性，并说明这种控制方式有哪些缺点。

2. 如果直流伺服电动机电刷压力过大或者轴承装配不良以致影响轴的灵活转动时，请问这些因素会不会影响直流伺服电动机的机械特性和调节特性？

3. 什么是伺服电动机的自转现象？如何消除？

4. 交流伺服电动机的理想空载转速为何总是低于同步转速？当控制电压变化时，交流伺服电动机的转速为何能发生变化？

5. 直流伺服电动机在不带负载时，其调节特性有无失灵区？调节特性失灵区的大小与哪些因素有关？

第十二章

测速发电机

测速发电机是一种反映转速的信号元件，它将输入的机械转速变换成电压信号输出，这就要求电机的输出电压与转速成正比关系，其输出电压可用下式表示：

$$U = Kn \tag{12-1}$$

或

$$U = K'\omega = K'\frac{\mathrm{d}\theta}{\mathrm{d}t} \tag{12-2}$$

式中　θ——测速发电机转子的转角（角位移）；

　　K，K'——比例常数。

由式（12-2）可知，测速发电机的输出电压正比于转子转角对时间的微分。因此在计算装置中也可以把它作为微分或积分元件。在自动控制系统和计算装置中测速发电机主要用作测速元件、阻尼元件（或校正元件）、解算元件和角加速信号元件。

自动控制系统对测速发电机的要求是：测速发电机的输出电压与转速保持严格的线性关系，且不随外界条件（如温度等）的改变而发生变化；电机的转动惯量要小，以保证反应迅速；电机的灵敏度要高，即测速发电机的输出电压对转速的变化反应灵敏，也就是要求测速发电机的输出特性斜率要大。

测速发电机有以下几类：

1. 直流测速发电机

（1）永磁式直流测速发电机　我国的产品型号为 CY。

（2）电磁式直流测速发电机　我国的产品型号为 CD。

2. 交流测速发电机

（1）同步测速发电机　我国的产品型号为 CG（感应子式）。

（2）异步测速发电机　我国生产的异步测速发电机的型号有 CK（空心杯转子）、CL（笼型转子）。

近年来还出现了采用新原理、新结构研制成的霍尔效应测速发电机。

下面仅就常用的直流测速发电机和交流异步测速发电机做简要介绍。

第一节　直流测速发电机

一、工作原理

直流测速发电机的结构与普通小型直流发电机相同，按励磁方式可分为他励式和永磁式两种。

直流测速发电机的工作原理和一般直流发电机没有区别，其原理图如图 12-1 所示，在恒定磁场中，电枢以转速 n 旋转时，电枢上的导体切割磁通 Φ_0，于是就在电刷间产生空载感应电动势 E_0

$$E_0 = \frac{pN}{60a}\Phi_0 n = C_e\Phi_0 n \tag{12-3}$$

式中　p——极对数；

N——电枢绕组总导体数；

a——电枢绕组的并联支路对数。

在空载时，即电枢电流 $I_a = 0$，直流测速发电机的输出电压就是空载感应电动势，即 $U_0 = E_0$，因而输出电压与转速成正比。

有负载时，因电枢电流 $I_a \neq 0$，若不计电枢反应的影响，直流测速发电机的输出电压应为

$$U = E_0 - I_a R_a \tag{12-4}$$

式中　R_a——电枢回路的总电阻，它包括电枢绕组电阻、电刷接触电阻。

有负载时电枢电流为

$$I_a = \frac{U}{R_z} \tag{12-5}$$

式中　R_z——测速发电机负载电阻。

将式（12-3）、式（12-5）代入式（12-4）中，并整理后可得

$$U = \frac{C_e\Phi_0}{1 + \dfrac{R_a}{R_z}}n \tag{12-6}$$

在理想情况下，R_a、R_z 和 Φ_0 均为常数，直流测速发电机的输出电压 U 与转速 n 仍成线性关系。对于不同的负载电阻，测速发电机的输出特性的斜率也有所不同，它随负载电阻的减小而降低，如图 12-2 所示。

二、误差原因

直流测速发电机输出电压 U 与转速 n 成线性关系的条件是 Φ_0、R_a、R_z 保持不变，实际上，直流测速发电机在运行时，有一些因素会引起这些量发生变化，这些因素是：

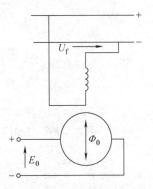

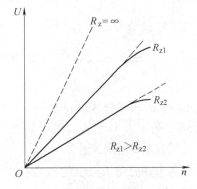

图 12-1　直流测速发电机的工作原理　　图 12-2　直流测速发电机的输出特性

1）周围环境温度的变化，特别是励磁绕组长期通电发热而引起的励磁绕组电阻的变化，将引起励磁电流及磁通 Φ_0 的变化，从而造成线性误差。

2）直流测速发电机有负载时电枢反应的去磁作用，使测速发电机气隙磁通减小，引起线性误差。

3）因为电枢电路总电阻中包括电刷与换向器的接触电阻，而这种接触电阻是随负载电流变化而变化的。当发电机转速较低时，相应的电枢电流较小，而接触电阻较大，这时测速发电机虽然有输入信号（转速），但输出电压却很小，因而在输出特性上引起线性误差。

为了减小由温度变化而引起的磁通变化，一方面可在实际使用时在励磁回路中串联一个电阻值较大的附加电阻。附加电阻可用温度系数较低的康铜材料绕制而成。这样，当励磁绕组温度升高时，它的电阻值虽有增加，但励磁回路的总电阻值却变化甚微。另一方面设计时可使发电机磁路处于较饱和状态。这样，即使由电阻值变化引起的励磁电流变化可能较大，但发电机的气隙磁通变化却非常小。为了减小电枢反应的去磁作用，在设计时可在定子磁极上安装补偿绕组，并选取较小的线负荷和适当加大发电机气隙，在使用时尽可能采用大的负载电阻，并选用适当的电刷，以减小电刷接触压降。

第二节 交流异步测速发电机

一、工作原理

在自动控制系统中，目前应用的交流测速发电机主要是空心杯形转子异步测速发电机。其结构和杯形转子伺服电动机相似，转子是一个薄壁非磁性杯（杯厚为 $0.2\sim$ $0.3\mathrm{mm}$ ），通常用高电阻率的硅锰青铜或铝锌青铜制成。定子的两相绕组在空间位置上严格保持 $90°$ 电角度，其中一相作为励磁绕组，外施稳频稳压的交流电源励磁；另一相作为输出绕组，其两端的电压即为测速发电机的输出电压 $\dot{U}_2$ ，如图 12-3 所示。

当电机的励磁绕组外施电压 $\dot{U}_1$ 时，便有电流 $\dot{I}_1$ 流过绕组，在电机气隙中沿励磁绕组轴线（ d 轴）产生一频率为 f 的脉动磁通 $\dot{\Phi}_1$ 。

转子不动时，d 轴的脉振磁通只能在空心杯转子中感应出变压器电动势，由于转子是闭合的，这一变压器电动势将产生转子电流，此电流

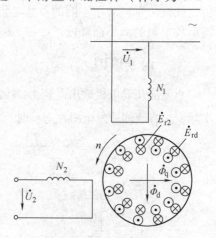

图 12-3 交流异步测速
发电机的工作原理

所产生的磁通与励磁绕组产生的磁通在同一轴线上，阻碍 Φ_1 的变化，所以合成磁通仍为沿 d 轴的磁通 $\dot{\Phi}_\mathrm{d}$ 。而输出绕组的轴线和励磁绕组轴线空间位置相差 $90°$ 电角度，

它与 d 轴磁通没有耦合关系，故不产生感应电动势，输出电压为零。

转子转动后，转子绕组中除了感应有变压器电动势外，同时因转子导体切割磁通 $\dot{\Phi}_{\mathrm{d}}$，而在转子绕组中感应一旋转电动势 E_{rq}，其有效值为

$$E_{\mathrm{rq}} = C_{\mathrm{q}} \Phi_{\mathrm{d}} n \tag{12-7}$$

式中　C_{q}——比例常数。

由于 $\dot{\Phi}_{\mathrm{d}}$ 按频率 f 交变，所以 $\dot{E}_{\mathrm{rq}}$ 也按频率 f 交变。在 $\dot{E}_{\mathrm{rq}}$ 的作用下，转子将有电流 $\dot{I}_{\mathrm{rq}}$。按给定的转子转动方向，用右手定则可判定杯形转子中电流 $\dot{I}_{\mathrm{rq}}$ 的方向（见图12-4）。由 $\dot{I}_{\mathrm{rq}}$ 所产生的磁通 $\dot{\Phi}_{\mathrm{q}}$ 也是交变的，$\dot{\Phi}_{\mathrm{q}}$ 的大小与 $\dot{I}_{\mathrm{rq}}$ 也就是与 $\dot{E}_{\mathrm{rq}}$ 的大小成正比，即

$$\Phi_{\mathrm{q}} = K E_{\mathrm{rq}} \tag{12-8}$$

式中　K——比例常数。

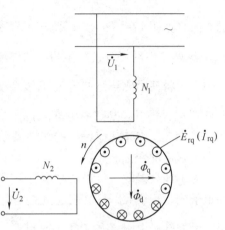

图12-4　转子杯电流对定子的作用

而 $\dot{\Phi}_{\mathrm{q}}$ 的轴线则与输出绕组轴线（q 轴）重合，由于 $\dot{\Phi}_{\mathrm{q}}$ 作用在 q 轴，因而在定子的输出绕组中感应出变压器电动势，其频率仍为 f，而有效值为

$$E_2 = 4.44 f N_2 K_{\mathrm{w}2} \Phi_{\mathrm{q}} \tag{12-9}$$

式中　$N_2 K_{\mathrm{w}2}$——输出绕组的有效匝数，对一定的电机，其值为一常数。

考虑到 $\Phi_{\mathrm{q}} \propto E_{\mathrm{rq}}$ 而 $E_{\mathrm{rq}} \propto n$，故输出电动势 E_2 可写成

$$E_2 = C_1 n \tag{12-10}$$

式中　C_1——比例常数。即输出绕组中所感应产生出的电动势 E_2 与转速 n 成正比，由这个电动势产生输出电压 $\dot{U}_2$。若转子转动方向相反，则转子中的旋转电动势 $\dot{E}_{\mathrm{rq}}$、电流 $\dot{I}_{\mathrm{rq}}$ 及其所产生的磁通 $\dot{\Phi}_{\mathrm{q}}$ 的相位均随之相反，因而输出电压的相位也相反。这样，异步测速发电机就能将转速信号转变成电压信号，实现测速的目的。

二、主要误差

自动控制系统对异步测速发电机的要求：

1）输出电压与转速成严格的线性关系。

2）输出电压与励磁电压（即电源电压）同相。

3）转速为零时，没有输出电压，即所谓剩余电压为零。

实际上，由于测速发电机的定子绕组和转子杯都有一定的参数。这些参数受温度变化的影响以及工艺等方面的因素，都会造成线性误差、相位误差和剩余电压等。下面对这3类分别进行讨论。

（一）线性误差

由式（12-7）~式（12-9）可知，输出电压 U_2 与转速 n 成严格的线性关系的前提

是励磁绕组轴线（d 轴）上产生变压器电动势的脉振磁通 $\dot{\Phi}_{\mathrm{d}}$ 的振幅应保持恒定。但是实际上励磁绕组有电阻和漏抗，$\dot{\Phi}_{\mathrm{d}}$ 的振幅是变化的。

如前所述，转子转动时，在输出绕组轴线上会出现幅值与转速成正比的脉振磁通 $\dot{\Phi}_{\mathrm{q}}$，转子杯切割 $\dot{\Phi}_{\mathrm{q}}$ 而在其等效回路中感应出旋转电动势 $\dot{E}_{\mathrm{rd}}$，用右手定则可判定 $\dot{E}_{\mathrm{rd}}$ 的方向，如图 12-4 所示。因此转子杯回路中除变压器电动势 $\dot{E}_{\mathrm{r2}}$ 外，还有旋转电动势 $\dot{E}_{\mathrm{rd}}$。这两个电动势分别产生相应的电流和相应的直轴磁通。由磁动势平衡原理可知，直轴磁通将使励磁绕组的电流 $\dot{I}_{\mathrm{f}}$ 发生变化。当励磁绕组外施电压 $\dot{U}_1$ 不变时，因电流 $\dot{I}_1$ 的变化，将引起励磁绕组漏阻抗压降的改变，即直轴磁通 $\dot{\Phi}_{\mathrm{d}}$ 也随之改变，这就破坏了输出电压与转速应保持的线性关系。所以定子绕组漏阻抗 Z_1 的大小，直接影响到直轴磁通的变化。

为了减少误差，可设法减小定子阻抗和增大转子电阻。为了要减小定子阻抗，需使定子槽面积增大，这会引起测速发电机体积的增大。一般是采用增加转子电阻的办法。增加转子电阻（如用磷青铜制成杯形转子）使变压器电动势 $\dot{E}_{\mathrm{r2}}$ 和旋转电动势 $\dot{E}_{\mathrm{rd}}$ 在转子上产生的电流小，这些电流产生的磁通对 $\dot{\Phi}_{\mathrm{d}}$ 的变化不大，减小了线性误差。

其次，可提高电源频率以增加同步转速，减小相对转速，降低测速发电机的最大误差，因此采用中频电源是降低误差、提高精度的有效措施。目前国产 CK 系列异步测速发电机就是采用 400Hz 频率。

（二）相位误差

输出电压与励磁电压之间的相位误差是由励磁绕组的漏阻抗压降所引起的。根据变压器原理可画出如图 12-5 所示的相量图。

$\dot{E}_1$ 为脉振磁通 $\dot{\Phi}_{\mathrm{d}}$ 在励磁绕组中所产生的变压器电动势，其相位落后于 $\dot{\Phi}_{\mathrm{d}}$ 90°。$\dot{E}_{\mathrm{rq}}$ 为转子导体切割磁通 $\dot{\Phi}_{\mathrm{d}}$ 而产生的旋转电动势，其相位与磁通 $\dot{\Phi}_{\mathrm{d}}$ 同相。在 $\dot{E}_{\mathrm{rq}}$ 的作用下，产生落后于 $\dot{E}_{\mathrm{rq}}\theta$ 角的转子电流 $\dot{I}_{\mathrm{rq}}$，由 $\dot{I}_{\mathrm{rq}}$ 产生的磁通 $\dot{\Phi}_{\mathrm{q}}$ 应与 $\dot{I}_{\mathrm{rq}}$ 同相。由于磁通 $\dot{\Phi}_{\mathrm{q}}$ 的交变，在输出绕组中产生变压器电动势 $\dot{E}_2$，在相位

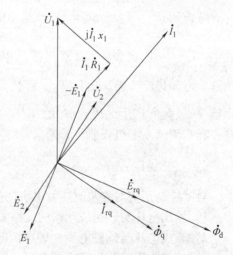

图 12-5　异步测速发电机相量图

上滞后于 $\dot{\Phi}_{\mathrm{q}}$ 90°。如果输出电压 $\dot{U}_2$ 与 $-\dot{E}_2$ 同相，从图 12-5 中可以看出，输出电压 $\dot{U}_2$ 与励磁电压 $\dot{U}_1$ 不同相，这样就造成了所谓的相位误差，一般要求交流异步测速发电机的相位误差不超过 1°～2°。

（三）剩余电压

理想的测速发电机，当转速为零时，输出电压也为零。实际上，异步测速发电机加上励磁电压后，虽然转子静止，却仍有输出电压，这样使控制系统的准确度大为降低。这种在测速发电机已励磁而转子不转（即零信号状态下）时，输出绕组所出现的电压，称为剩余电压，亦称为零信号电压。

产生剩余电压的原因很多，主要的有两个方面：其一是制造工艺不良，如内定子椭圆，造成磁路不对称，绕组匝间短路以及两相绕组在空间不完全成90°电角度等原因，使励磁绕组与输出绕组之间存在着耦合作用；其二是导磁材料不均匀以及非线性，产生高次谐波磁场，就会在输出绕组中感应出谐波电动势。为此，应合理地选择磁性材料和提高加工质量，采用补偿绕组和磁路补偿等措施，尽量减少剩余电压。

三、选择时应注意的问题

交流测速发电机主要用于交流伺服系统和解算装置中。在选用时，应根据系统的频率电压、工作转速的范围和具体用途来选择交流测速发电机的规格，用作解算元件的应着重考虑精度要高，输出电压稳定性要好；用于一般转速检测或作阻尼元件时，应着重考虑输出斜率要大。

与直流测速发电机比较，交流异步测速发电机的主要优点是：结构简单，维护容易，运行可靠；没有电刷和换向器，因而无滑动接触，输出特性稳定、精度高；摩擦力矩小，转动惯量小；正反转输出电压对称。主要缺点是：存在相位误差和剩余电压；输出斜率小；输出特性随负载性质（电阻、电感、电容）而有不同。

当使用直流或交流测速发电机都能满足系统要求时，则需考虑到它们的优缺点，全面权衡，合理选用。

四、测速发电机的应用举例

测速发电机在自动控制系统和计算装置中可以作为测速元件、校正元件和解算元件。用作解算元件时，可以实现对某一函数的微分或积分，现举一用作积分元件的例子加以说明。

图 12-6 是利用直流测速发电机电刷两端输出一个与转速成正比的电压

$$U = Kn = K'\frac{\mathrm{d}\theta}{\mathrm{d}t}$$

式中　θ——输出的转角。

输入电压为 $U_1(t)$，于是加到放大器上的输入电压为 $U_1(t)-U$，经放大后加给电动机的电压为 $U_\mathrm{a}=C[U_1(t)-U]$。

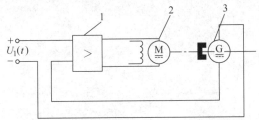

图 12-6　实现输入量对时间积分的原理图
1—放大器　2—直流伺服电动机　3—直流测速发电机

当放大器的放大倍数足够大时，放大器输入电压相对输出电压很小，可近似认为放大器输入电压为零，即

$$U_1(t) - K'\frac{\mathrm{d}\theta}{\mathrm{d}t} = 0, \quad U_1(t) = K'\frac{\mathrm{d}\theta}{\mathrm{d}t}, \quad \theta = \frac{1}{K'}\int U_1(t)\,\mathrm{d}t$$

可见输出轴转角 θ 是输入量对时间的积分，输出轴转角通过输出电位器可以转换为输出电压。这种系统在某些场合非常重要。如飞机上的自动驾驶未能将飞机调整到准确状态时，飞机就会逐渐增加或降低高度，如果此时高度误差通过上述积分系统加以积分，就能将高度误差积累成一个能用来较正飞机倾角的控制信号。

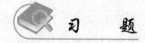 习　题

1. 交流伺服电动机和交流测速发电机通常采取杯形转子结构，这种结构有何主要的优点？

2. 说明交流测速发电机的基本工作原理，为什么交流测速发电机的输出电压与转速成正比？实际的输出电压不能完全满足这个要求，主要的误差有哪些？

3. 直流测速发电机的转速不得超过规定的最高转速，负载电阻值不能小于给定值，为什么？

第十三章

自 整 角 机

自整角机是一种感应式机电元件，在系统中通常是两台或两台以上组合使用，其任务是将转轴上的转角变换为电气信号，或将电气信号变换为转轴的转角，使机械上互不相连的两根或几根转轴同步偏转或旋转，以实现角度的传输、变换和接收。它广泛应用于远距离指示装置和伺服系统。

自整角机按电源的相数，可分为三相和单相两种。三相自整角机多用于功率较大的拖动系统中，构成所谓电轴，它不属于控制电机。在自动控制系统中使用的自整角机，一般均为单相的。

自整角机按使用要求的不同，可分为力矩式和控制式自整角机两类。前者主要用于指示系统，后者主要用于随动系统。

自整角机按结构的不同，可分为无接触式和接触式两大类。无接触式没有电刷、集电环的滑动接触，因此具有可靠性高、寿命长、不产生无线电干扰等优点。其缺点是结构复杂、电气性能较差。接触式自整角机结构比较简单，性能较好，所以使用较为广泛。我国自行设计的自整角机系列中，均为接触式自整角机。

第一节 基 本 结 构

自整角机的定子结构与一般小型绕线转子感应电动机相似，定子铁心上嵌有三相星形联结对称分布绕组，通常称为整步绕组。转子结构则按不同类型采用凸极式或隐极式，放置单相或三相励磁绕组。转子绕组通过集电环、电刷装置与外电路连接，集电环是由银铜合金制成，电刷采用焊银触点，以保证接触可靠。接触式自整角机结构如图 13-1 所示。

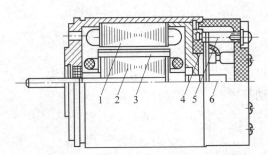

图 13-1 接触式自整角机结构示意图

1—定子 2—转子 3—阻尼绕组 4—电刷 5—接线柱 6—集电环

第二节 工 作 原 理

一、力矩式自整角机

力矩式自整角机的接线图如图 13-2 所示，两台自整角机结构完全相同，一台作为发送机，另一台作为接收机。它们的转子励磁绕组接到同一单相交流电源，定子整步绕组则按相序对应连接。

当在两机的励磁绕组中通入单相交流电流时，在两机的气隙中产生脉动磁场，该磁场将在整步绕组中感应出变压器电动势。当发送机和接收机的转子位置一致时，由于双方的整步绕组回路中的感应电动势大小相等，方向相反，所以回路中无电流流过，因而不产生整步转矩，此时两机处于稳定的平衡位置。

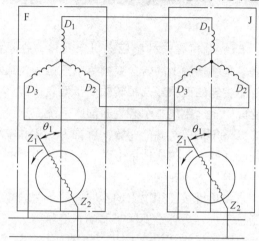

图 13-2 力矩式自整角机接线图

如果发送机的转子从一致位置转一角度 θ_1 时，则在整步绕组回路中将出现电动势，从而引起均衡电流。此均衡电流与励磁绕组所建立的磁场相互作用而产生转矩，使接收机也偏转相同角度。对于这一过程，可详细分析如下：

由励磁电流产生的脉振磁场，其轴线与励磁绕组轴线重合，并随着转子位置的改变，其空间位置也改变。设转子励磁绕组轴线与定子整步绕组第一相的轴线重合时的位置为起始位置，转子偏离起始位置的角度称为位置角，则在起始位置时，位置角等于零，这时励磁磁通 Φ（即主磁通）全部与第一相绕组交链，因此，该相感应的变压器电动势为最大。当发送机转子从起始位置逆时针方向偏转 θ_1 时，穿过第一相绕组的磁通为 $\Phi\cos\theta_1$，因此发送机第一相整步绕组的电动势应为

$$E_{F1} = E_m\cos\theta_1 \tag{13-1a}$$

同理可推导出其他两相整步绕组的电动势为

$$E_{F2} = E_m\cos(\theta_1 - 120°) \tag{13-1b}$$

$$E_{F3} = E_m\cos(\theta_1 + 120°) \tag{13-1c}$$

式中 E_m——整步绕组最大相电动势有效值。

因发送机和接收机结构完全一样且使用同一励磁电源，故 E_m 值相等。同理可写出接收机整步绕组电动势为

$$\begin{cases} E_{J1} = E_m\cos\theta_2 \\ E_{J2} = E_m\cos(\theta_2 - 120°) \\ E_{J3} = E_m\cos(\theta_2 + 120°) \end{cases} \tag{13-2}$$

式中 θ_2——接收机转子从起始位置逆时针方向偏转的角度。

发送机与接收机的磁动势空间相量图如图 13-3 所示。

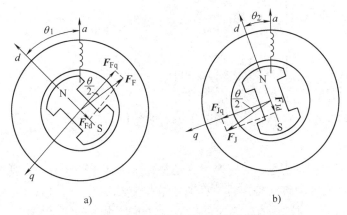

图 13-3　发送机与接收机的磁动势空间相量图
a）发送机　b）接收机

由于发送机和接收机是由同一励磁电源励磁的，因此两机定子绕组电动势在时间上是同相的，而且两机的定子三相绕组是对称的，它们的中点电位相等，因而各相绕组回路中的合成电动势为两机定子电动势之差，即

$$\Delta E_1 = E_{F1} - E_{J1} = E_m(\cos\theta_1 - \cos\theta_2)$$

$$= -2E_m\sin\frac{\theta_1 + \theta_2}{2}\sin\frac{\theta_1 - \theta_2}{2} \tag{13-3a}$$

$$\Delta E_2 = E_{F2} - E_{J2} = E_m[\cos(\theta_1 - 120°) - \cos(\theta_2 - 120°)]$$

$$= -2E_m\sin\left(\frac{\theta_1 + \theta_2}{2} - 120°\right)\sin\frac{\theta_1 - \theta_2}{2} \tag{13-3b}$$

$$\Delta E_3 = E_{F3} - E_{J3} = E_m[\cos(\theta_1 + 120°) - \cos(\theta_2 + 120°)]$$

$$= -2E_m\sin\left(\frac{\theta_1 + \theta_2}{2} + 120°\right)\sin\frac{\theta_1 - \theta_2}{2} \tag{13-3c}$$

令发送机与接收机的位置角之差称为失调角 θ，即 $\theta = \theta_1 - \theta_2$，代入式（13-3），则得

$$\begin{cases} \Delta E_1 = -2E_m\sin\frac{\theta_1 + \theta_2}{2}\sin\frac{\theta}{2} \\[2mm] \Delta E_2 = -2E_m\sin\left(\frac{\theta_1 + \theta_2}{2} - 120°\right)\sin\frac{\theta}{2} \\[2mm] \Delta E_3 = -2E_m\sin\left(\frac{\theta_1 + \theta_2}{2} + 120°\right)\sin\frac{\theta}{2} \end{cases} \tag{13-4}$$

设两机定子各相绕组的阻抗相同，均为 Z，则各相回路总阻抗为 $2Z$，于是整步绕组各相回路电流的有效值为

299

$$\begin{cases} I_1 = \dfrac{\Delta E_1}{2Z} = -I_m \sin\dfrac{\theta_1 + \theta_2}{2} \sin\dfrac{\theta}{2} \\[3mm] I_2 = \dfrac{\Delta E_2}{2Z} = -I_m \sin\left(\dfrac{\theta_1 + \theta_2}{2} - 120°\right)\sin\dfrac{\theta}{2} \\[3mm] I_3 = \dfrac{\Delta E_3}{2Z} = -I_m \sin\left(\dfrac{\theta_1 + \theta_2}{2} + 120°\right)\sin\dfrac{\theta}{2} \end{cases} \tag{13-5}$$

式中 I_m——整步绕组各相回路中最大电流的有效值,$I_m = \dfrac{E_m}{Z}$。

可见,$I_1 + I_2 + I_3 = 0$。

当整步绕组中有电流通过,将产生磁动势,为了便于分析计算,通常将三相整步绕组中的 3 个空间脉动磁动势分解为直轴分量和交轴分量,直轴(d 轴)即励磁绕组轴线方向,交轴(q 轴)为直轴在空间按逆时针方向前移 90°电角度。

如前所述,发送机的位置角为 θ_1,接收机的位置角为 θ_2,因此发送机整步绕组第一相磁动势的直轴分量为 $F_{F1d} = F_{F1}\cos\theta_1$,交轴分量为 $F_{F1q} = F_{F1}\sin\theta_1$。由交流电机绕组磁动势公式可知单相基波磁动势的振幅值 $F_{F1} = 0.9NK_{w1}I_1/p$,将式(13-5)中 I_1 值代入上式,得

$$\begin{aligned} F_{F1} &= -\frac{0.9NK_{w1}I_m}{p}\sin\frac{\theta_1 + \theta_2}{2}\sin\frac{\theta}{2} \\[2mm] &= -F_m \sin\frac{\theta_1 + \theta_2}{2}\sin\frac{\theta}{2} \end{aligned} \tag{13-6a}$$

式中 F_m——每相磁动势的最大幅值,$F_m = 0.9NK_{w1}I_m/p$;

K_{w1}——绕组因数;

N——整步绕组每相串联匝数;

p——极对数(一般 $p = 1$)。

同理可求得

$$F_{F2} = -F_m \sin\left(\frac{\theta_1 + \theta_2}{2} - 120°\right)\sin\frac{\theta}{2} \tag{13-6b}$$

$$F_{F3} = -F_m \sin\left(\frac{\theta_1 + \theta_2}{2} + 120°\right)\sin\frac{\theta}{2} \tag{13-6c}$$

发送机各相磁动势的直轴分量为

$$F_{F1d} = F_{F1}\cos\theta_1 = -F_m \sin\frac{\theta_1 + \theta_2}{2}\sin\frac{\theta}{2}\cos\theta_1 \tag{13-7a}$$

$$\begin{aligned} F_{F2d} &= F_{F2}\cos(\theta_1 - 120°) \\[2mm] &= -F_m \sin\left(\frac{\theta_1 + \theta_2}{2} - 120°\right)\sin\frac{\theta}{2}\cos(\theta_1 - 120°) \end{aligned} \tag{13-7b}$$

$$\begin{aligned} F_{F3d} &= F_{F3}\cos(\theta_1 + 120°) \\[2mm] &= -F_m \sin\left(\frac{\theta_1 + \theta_2}{2} + 120°\right)\sin\frac{\theta}{2}\cos(\theta_1 + 120°) \end{aligned} \tag{13-7c}$$

三相合成磁动势的直轴分量 $F_{Fd} = F_{F1d} + F_{F2d} + F_{F3d}$，将式（13-7）代入，经推导整理可得

$$F_{Fd} = -\frac{3}{4}F_m(1-\cos\theta) \tag{13-8}$$

同理可求出三相合成磁动势的交轴分量为

$$
\begin{aligned}
F_{Fq} &= F_{F1q} + F_{F2q} + F_{F3q} \\
&= F_{F1}\sin\theta_1 + F_{F2}\sin(\theta_1 - 120°) + F_{F3}\sin(\theta_1 + 120°) \\
&= -\frac{3}{4}F_m\sin\theta
\end{aligned} \tag{13-9}
$$

整步绕组的合成磁动势为

$$
\begin{aligned}
F_F &= \sqrt{F_{Fd}^2 + F_{Fq}^2} = \frac{3}{4}F_m\sqrt{(1-\cos\theta)^2 + \sin^2\theta} \\
&= \frac{3}{2}F_m\sin\frac{\theta}{2}
\end{aligned} \tag{13-10}
$$

合成磁势与交轴的夹角（见图 13-3）为

$$\arctan\frac{|F_{Fd}|}{|F_{Fq}|} = \arctan\left(\frac{1-\cos\theta}{\sin\theta}\right) = \arctan\left(\tan\frac{\theta}{2}\right) = \frac{\theta}{2} \tag{13-11}$$

接收机和发送机的整步绕组是相对应连接的，它们的电流方向相反，数值相等，因此相应的磁动势的振幅也相等，但是符号相反，即

$$
\begin{cases}
F_{J1} = -F_{F1} \\
F_{J2} = -F_{F2} \\
F_{J3} = -F_{F3}
\end{cases} \tag{13-12}
$$

则接收机整步绕组磁动势的直轴分量为

$$
\begin{aligned}
F_{Jd} &= F_{J1d} + F_{J2d} + F_{J3d} \\
&= F_{J1}\cos\theta_2 + F_{J2}\cos(\theta_2 - 120°) + F_{J3}\cos(\theta_2 + 120°) \\
&= -\frac{3}{4}F_m(1-\cos\theta)
\end{aligned} \tag{13-13}
$$

接收机整步绕组磁动势的交轴分量为

$$
\begin{aligned}
F_{Jq} &= F_{J1q} + F_{J2q} + F_{J3q} \\
&= -[F_{J1}\sin\theta_2 + F_{J2}\sin(\theta_2 - 120°) + F_{J3}\sin(\theta_2 + 120°)] \\
&= \frac{3}{4}F_m\sin\theta
\end{aligned} \tag{13-14}
$$

接收机整步绕组的合成磁动势为

$$F_J = \sqrt{F_{Jd}^2 + F_{Jq}^2} = \frac{3}{2}F_m\sin\frac{\theta}{2} \tag{13-15}$$

合成磁动势与交轴的夹角为

$$\arctan\left|\frac{F_{Jd}}{F_{Jq}}\right| = \arctan\left(\frac{1-\cos\theta}{\sin\theta}\right) = \frac{\theta}{2} \tag{13-16}$$

根据以上分析可知：

1）发送机和接收机中的磁动势直轴分量、交轴分量和合成磁动势的大小以及合成磁动势与交轴的夹角与发送机和接收机的位置角无关，仅为失调角 θ 的函数。

2）发送机和接收机整步绕组磁动势的直轴分量均为负值，说明直轴电枢反应为去磁作用。一般在指示状态时，失调角很小，因此整步绕组磁动势的直轴分量也很小，可以忽略不计。

例如，当失调角 $\theta = 4°$ 时

$$\frac{F_{\mathrm{Fd}}}{F_{\mathrm{Fq}}} = \frac{1 - \cos 4°}{\sin 4°} = 0.0314$$

即磁动势的直轴分量仅为交轴分量的 3.14%。

3）发送机和接收机整步绕组磁动势的交轴分量大小相等，方向相反；直轴分量则大小相等，方向相同。

力矩式自整角机的整步转矩是由整步绕组中的电流和转子主极磁场的相互作用而产生的。自整角机在空间位置固定的三相整步绕组所产生的合成磁动势，可以分解为由随转子一起转动的 d 轴绕组和 q 轴绕组所产生的 d 轴磁动势 F_{Fd}（或 F_{Jd}）和 q 轴磁动势 F_{Fq}（或 F_{Jq}）。根据电机理论可知，由励磁磁动势产生的直轴磁通 Φ_{d} 和直轴磁动势之间不会产生转矩；而直轴磁通 Φ_{d} 和交轴磁动势相互作用则将产生电磁转矩，如图 13-4 所示。

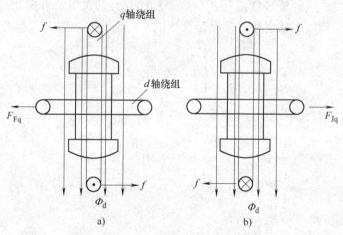

图 13-4　整步转矩产生的示意图

a）发送机　b）接收机

通过以上分析可知，对力矩式自整角机，整步转矩 T 是由交轴磁动势 F_{q} 与直轴磁通 Φ_{d} 的相互作用所产生。在相同型号成对工作的力矩式自整角发送机和接收机中，因采用同一励磁电源，所以直轴磁通 Φ_{d} 相同；又合成磁动势的交轴分量 F_{Fq} 和 F_{Jq} 大小相等、方向相反，由此可知，这时发送机和接收机中的整步转矩大小相等而方向相反。如以外力强制发送机转子逆时针方向转动 θ_{1} 角时，发送机为了保持转子原来的位置，所产生的整步转矩方向将是顺时针的；接收机中所产生的转矩则相反，即为逆时针方向，使转子向逆时针方向转动，以达到和发送机转子有同一位置的目的，从而实现了转角的传递任务。

二、控制式自整角机

在前述力矩式自整角机系统中，接收机的转轴上只能带很轻的负载（如指针），不能用来直接驱动较大的负载，因为一般自整角机容量较小，转轴上负载转矩较大将使系统的精度降低。

为了提高同步随动系统的精度和负载能力，常把力矩式接收机的转子绕组从电源断开，使其在变压器状态下运行。这时接收机将角度传递变为电信号输出，然后通过放大去控制一台伺服电动机，并将接收机转子经减速器与机械负载联系在一起。这种间接通过伺服电动机来达到同步联系的系统称为同步随动系统，在这种系统中，用来输出电信号的自整角接收机称为自整角变压器。

图 13-5 表示控制式自整角机的接线图。图 13-5 与图 13-2 有两点不同：一是图 13-5 中接收机转子绕组从单相电源断开，并能输出信号电压；二是转子绕组的轴线位置预先转过了 90°。

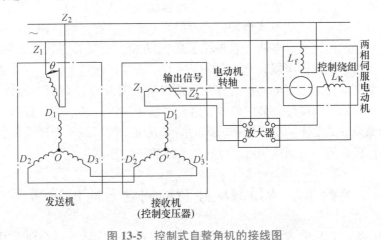

图 13-5 控制式自整角机的接线图

由于接收机的转子绕组已从电源断开，如接收机转子仍按图 13-2 的起始位置，则当发送机转子从起始位置逆时针方向转 θ 角时，接收机定子磁动势也将从起始位置逆时针方向转过同样的角度 θ，转子输出绕组中感应的变压器电动势将为失调角 θ 的余弦函数，当 $\theta=0°$ 时，输出电压为最大，当 θ 增大时，输出电压按余弦规律减小，这就给使用带来不便，因随动系统总是希望当失调角为零时，输出电压为零，只有存在失调角时，才有输出电压，并使伺服电动机运转。此外，当发送机转子由起始位置向不同方向偏转时，失调角虽有正负之分，但因 $\cos\theta=\cos(-\theta)$，输出电压都一样，便无法从自整角变压器的输出电压来判别发送机转子的实际偏转方向。为了消除上述不便，按图 13-5 将接收机转子预先转过 90°，这样自整角变压器转子绕组输出电压信号为

$$E = E_m \sin\theta \tag{13-17}$$

式中　E_m——接收机转子绕组感应电动势的最大值，即发送机转子与接收机转子位置相一致时感应电动势的有效值。

该电压经放大器放大后，接到伺服电动机的控制绕组，使伺服电动机转动。伺服电动机一方面拖动负载，另一方面在机械上也与自整角变压器转子相连，这样就可以使得负载跟随发送机偏转，直到负载偏转的角度与发送机偏转的角度相等为止。

第三节　误　差　概　述

力矩式自整角机的整步转矩必须大于其接收机转轴的阻力转矩（包括负载转矩和接收机本身的摩擦转矩等），它才能拖动接收机转子跟着发送机转动，因此发送机和接收机之间必然存在一定的失调角，这个角度就是力矩式自整角机转角随动的误差。显然，失调角为1°时，自整角机具有的整步转矩（称为比转矩）越大，则角误差越小。

对于控制式自整角机，为了提高其精度，把发送机和接收机的转子都做成隐极式。但在实际上，磁动势在空间不能做到真正的正弦分布；转子安装不同心，以致气隙不均匀，而造成磁通密度偏离正弦分布；整步绕组阻抗不对称，所有这些结构、工艺、材料等方面的原因，使失调角即使在 $\theta = 0°$（协调位置）时，输出绕组中仍有电压存在，这个电压称为剩余电压，它破坏了式（13-17）的关系，造成转角随动误差。另外，当控制式自整角变压器转速较高时，还要考虑输出绕组切割整步绕组合成磁通而产生的速度电动势，速度电动势的存在，使得接收机转子最后所处的位置不是 $\theta = 0°$的地方，而是偏离协调位置某一角度，这就引起了速度误差。速度误差和转速成正比，并和电源频率成反比。对于转速较高的同步系统，为了减小速度误差，一方面选用高频自整角机，另一方面应当限制发送机和接收机的转速。

第四节　选用时应注意的问题及应用举例

力矩式和控制式自整角机各具有不同的特点，要根据实际需要合理选用。

力矩式自整角机常应用于精度较低的指示系统，如液面的高低，闸门的开启度，液压电磁阀的开闭，船舶的舵角、方位和船体倾斜的指示，核反应堆控制棒位置的指示，高炉深度位置的指示等。下面通过一个实例来加以说明。

图 13-6 所示为一液面位置指示器。浮子随着液面的上升或下降，通过绳索带动自整角发送机转子转动，将液面位置转换成发送机转子的转角。自整角发送机和接收机之间再通过导线可以远距离连接，于是自整角接收机转子就带动指针准确地跟随着发送机转子的转角变化而偏转，从而实现远距离的位置指示。

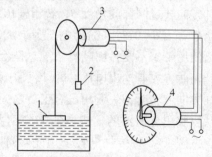

图 13-6　液面位置指示器

1—浮子　2—平衡锤　3—发送机　4—接收机

控制式自整角机适用于精度较高、负载较大的伺服系统。现以雷达高低角自动显示系统（见图 13-7）为例加以说明。

图 13-7 中，自整角发送机转轴直接与雷达天线的高低角（即俯仰角）耦合，因

此雷达天线的高低角 α 就是自整角发送机的转角。控制式自整角接收机转轴与由交流伺服电动机驱动的系统负载（刻度盘或火炮等负载）的轴相连，其转角用 β 表示。接收机转子绕组输出电动势 E_2（有效值）与两轴的差角 γ 即 $\alpha-\beta$ 近似成正比，即

$$E_2 \approx K(\alpha - \beta) = K\gamma$$

式中 K——常数。

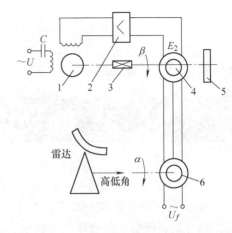

E_2 经放大器放大后送至交流伺服电动机的控制绕组，使电动机转动。可见，只要 $\alpha \neq \beta$，即 $\gamma \neq 0$，就有 $E_2 \neq 0$，伺服电动机便要转动，使 γ 减小，直至 $\gamma = 0$。如果 α 不断变化，系统就会使 β 跟着 α

图 13-7　雷达高低角自动显示系统原理图
1—交流伺服电动机　2—放大器　3—减速器
4—自整角接收机　5—刻度盘　6—自整角发送机

变化，以保持 $\gamma = 0$，这样就达到了转角自动跟踪的目的。只要系统的功率足够大，接收轴上便可带动火炮一类阻力矩很大的负载。发送机和接收机之间只需 3 根连线，便实现了远距离显示和操纵。

选用自整角机还应注意以下问题：

1）自整角机的励磁电压和频率必须与使用的电源符合，若电源可任意选择时，应选用电压较高、频率较高（一般是 400Hz）的自整角机，其性能较好，体积较小。

2）相互连接使用的自整角机，其对应绕组的额定电压和频率必须相同。

3）在电源容量允许的情况下，应选用输入阻抗较低的发送机，以便获得较大的负载能力。

4）选用自整角变压器时，应选输入阻抗较高的产品，以减轻发送机的负载。

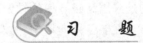 习　题

1. 自整角机定子整步绕组产生的磁动势是旋转磁动势还是脉动磁动势？为什么？
2. 简要说明力矩式自整角接收机中整步转矩是怎样产生的？它与哪些因素有关？

第十四章

旋转变压器

旋转变压器是一种精密的二次绕组（转子绕组）可转动的特殊变压器，当它的一次绕组（定子绕组）外接单相交流电源励磁时，其二次绕组的输出电压将与转子转角严格保持某种函数关系。在控制系统中它可作为计算元件，主要用于坐标变换、三角运算等；也可用于随动系统中，传输与转角相应的电信号；此外还可以用做移相器和角度-数字转换装置。

用于计算装置中的旋转变压器，可分为正余弦旋转变压器、线性旋转变压器和特殊函数旋转变压器；用于随动系统中的旋转变压器，可分为旋变发送机、旋变差动发送机和旋变变压器。以上各种旋转变压器的工作原理与控制式自整角机没有多少差别，但其精度比控制式自整角机高。

第一节 基本结构

旋转变压器的结构与普通绕线转子感应电动机类似。为了获得良好的电气对称性，以提高旋转变压器的精度，定转子绕组均为两个在空间互隔 90° 电角度的高精度正弦绕组。

旋转变压器的定转子铁心均是采用高磁导率的铁镍磁合金片或硅钢片经冲制、绝缘、叠装而成。为了使铁心的导磁性能各方向均匀一致，在铁心叠片时采用每片错过一齿槽的旋转形叠片法。

我国现代生产的 XZ 系列的正余弦旋转变压器、XX 系列的线性旋转变压器和 XL 系列的比例式旋转变压器均为接触式结构，转子绕组利用集电环和电刷与外电路相连。

无接触式旋转变压器，有一种是将转子绕组的引出线做成弹性卷带状，这种转子只能在一定的转角范围内（一般为 1~2 周）转动，称为有限转角的无接触式旋转变压器；另一种是将两套绕组中的一套自行短接，而另一套则通过环形变压器从定子边引出，这种无接触式旋转变压器的转子转角不受限制，称为无限转角的无接触式旋转变压器。

第二节 工作原理

306

一、正余弦旋转变压器

正余弦旋转变压器，一般做成两极，定子上两套绕组在空间互差 90° 电角度，这两套绕组的匝数、线径和形式是完全相同的。其中一个作为励磁绕组,另一个则为交轴绕组。励磁绕组接单相交流电源,电压为 U_f。如将励磁绕组的轴线方向确定为直轴,即 d 轴,这时将在变压器中产生直轴脉动磁通 Φ_f,如图 14-1 所示。由直轴脉动磁通在励磁绕组中产生的感应电动势则为

$$E_f = 4.44 f N_1 K_{w1} \Phi_f \tag{14-1}$$

式中　N_1——绕组串联匝数;

　　　K_{w1}——绕组因数;

　　　Φ_f——直轴脉动磁通的幅值。

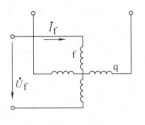

若略去励磁绕组的漏阻抗压降,则 $E_f = U_f$,当交流励磁电压恒定时,直轴磁通的幅值 Φ_f 将为一常数。由于采用正弦绕组,直轴磁场在空间呈正弦分布。

正余弦旋转变压器的转子上也有两套完全相同的绕组,它们在空间也互差 90°电角度。直轴磁通 Φ_f 与转子的正弦输出绕组 A 匝链,并在其中感应电动势 E_A。励磁绕组相当于变压器的一次绕组,正弦输出绕组 A 相当于变压器的二次绕组,它与普通双绕组变压器的区别,仅在于正弦输出绕组 A 匝链的磁通是随转子转角变化的,即取决于它和励磁绕组之间的相对位置。

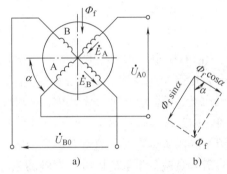

图 14-1　正余弦旋转变压器原理图

设转子正弦输出绕组的轴线和交轴之间的夹角 α 为转子转角,如图 14-1 所示。将直轴磁通分解为两个分量:一个是沿 A 绕组轴线的分量 $\Phi_f \sin\alpha$,它在该绕组中产生感应电动势;一是沿与 A 绕组垂直的 B 绕组轴线的分量 $\Phi_f \cos\alpha$。

正弦输出绕组 A 的空载电压为

$$U_{A0} = E_A = 4.44 f N_2 K_{w2} \Phi_f \sin\alpha \tag{14-2}$$

式中　N_2——转子 A、B 绕组的串联匝数;

　　　K_{w2}——转子 A、B 绕组因数。

将式(14-1)代入式(14-2),即得

$$U_{A0} = E_A = \frac{4.44 f N_2 K_{w2}}{4.44 f N_1 K_{w1}} E_f \sin\alpha = K_u E_f \sin\alpha = K_u U_f \sin\alpha \tag{14-3}$$

式中　K_u——电压比,$K_u = \dfrac{N_2 K_{w2}}{N_1 K_{w1}}$,为定、转子绕组的有效匝数比,也即为空载时输出绕组的最大输出电压与励磁电压之比,是一个常数。

从式(14-3)中可以看出,在正余弦旋转变压器中,当励磁电压恒定,转子的正弦输出绕组 A 空载时,其输出电压 U_{A0} 将与转子转角 α 呈正弦函数关系。

同理可得余弦输出绕组 B 空载时电压为

$$U_{B0} = E_B = 4.44 f N_2 K_{w2} \Phi_f \cos\alpha$$

307

$$= K_u E_f \cos\alpha = K_u U_f \cos\alpha \qquad (14\text{-}4)$$

从式（14-4）中同样可以看出，在正余弦旋转变压器中，当励磁电压恒定，转子的余弦输出绕组的空载输出电压 U_{B0} 将与转子转角 α 呈余弦函数关系。

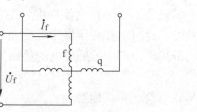

当 A 绕组接入负载阻抗 Z_A 后，将有负载电流 I_A 流过，它产生磁通 Φ_A 的方向和转子 A 绕组轴线一致。Φ_A 将使空气隙磁通分布发生畸变。

要分析 A 绕组的磁通 Φ_A 对气隙磁通分布的影响，可将 Φ_A 分解为直轴及交轴两个分量，如图 14-2b 所示。

$$\begin{cases} \Phi_{Ad} = \Phi_A \sin\alpha \\ \Phi_{Aq} = \Phi_A \cos\alpha \end{cases} \qquad (14\text{-}5)$$

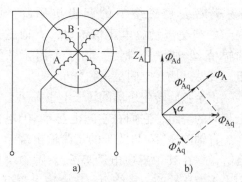

图 14-2 中励磁绕组的轴线与直轴方向重合，根据变压器原理，转子绕组 A 产生的磁通 Φ_A 在直轴方向的分量 Φ_{Ad} 对励磁磁通 Φ_f 起去磁作用。若 U_f 不变，当不考虑

图 14-2 负载时的正余弦旋转变压器

电阻和漏阻抗压降时，直轴合成磁通可视为不变，因此当 A 绕组中有电流时，f 绕组中将流入负载分量电流以补偿直轴的去磁分量。

但在交轴方向，Φ_{Aq} 与 f 绕组间没有互感作用，即 A 绕组交轴分量磁通 Φ_{Aq} 不可能由 f 绕组中的电流来补偿。

可将 Φ_{Aq} 分解为沿 A 绕组轴线和 B 绕组轴线的两个分量

$$\begin{cases} \Phi'_{Aq} = \Phi_{Aq} \cos\alpha = \Phi_A \cos^2\alpha \\ \Phi''_{Aq} = \Phi_{Aq} \sin\alpha \end{cases} \qquad (14\text{-}6)$$

磁通 Φ''_{Aq} 对转子 A 绕组没有交链，可不用考虑；磁通 Φ'_{Aq} 与 A 绕组交链将在 A 绕组中感应一自感电动势，称为交轴电枢反应感抗电动势 E_{Aq}

$$E_{Aq} = 4.44 f N_2 K_{w2} \Phi'_{Aq} = 4.44 f N_2 K_{w2} \Phi_A \cos^2\alpha \qquad (14\text{-}7)$$

有负载时，A 绕组中除了电动势 E_A 以外，还有自感电动势 E_{Aq}，因此有负载时 A 绕组的电动势不再和转角 α 的正弦成正比，而出现了很大的误差。

为了消除输出电压的畸变，必须补偿转子 A 绕组的交轴磁通。为此可将定子交轴 q 绕组短接或接上一阻抗 Z_q。当 A 绕组通过负载电流而产生交轴磁通 Φ_{Aq} 时，由于交轴上有短路绕组 q 存在，和短路变压器一样，将感应一短路电流，从而产生一磁通 Φ_q，它与 Φ_{Aq} 几乎大小相等，方向相反而互相抵消，这称为定子侧补偿。

当转子两个绕组均接有负载时，则流过绕组中的电流将产生互相垂直的两个磁通 Φ_A 和 Φ_B，其直轴分量 Φ_{Ad} 和 Φ_{Bd} 都对定子励磁绕组 f 去磁，但都可从励磁绕组的负载分量电流得到补偿，而两个磁通的交轴分量则方向相反，彼此间有互相削弱的作用，如图 14-3b 所示，故合成的交轴磁通将等于两者之差，这称为转子侧补偿。

在实际应用时，为了达到完善的补偿目的，通常采用定、转子同时补偿，可使误差减至最小。图 14-3a 为定、转子同时补偿时的接线图。

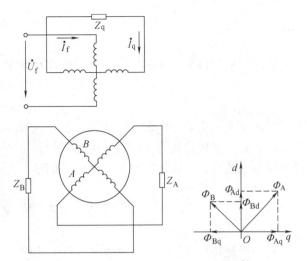

二、线性旋转变压器

线性旋转变压器是指其输出电压的大小随转子转角 α 成正比关系的旋转变压器。当偏转角 α 很小且用弧度表示时，$\sin\alpha \approx \alpha$，所以正余弦旋转变压器也可以当作线性旋转变压器来使用。不过若要求其输出电压和理想直线关系的误差不超过 $\pm 0.1\%$，那么它的转角范围仅为 $\pm 4.5°$，显然，这样小的转角范围不能满足实际使用的要求。

图 14-3　有补偿的正余弦旋转变压器
a) 接线图　b) 相量图

为了在较大的转角范围内更好地表现线性关系，可将正余弦旋转变压器按图 14-4 的方式连接，将励磁绕组和转子 B 绕组串联后再接到单相交流电源 U_f 上，定子交轴 q 绕组两端直接短路作为定子补偿，转子输出绕组 A 接有负载阻抗 Z_A。

当定子 f 绕组接入电源后，产生直轴脉动磁通 Φ_f，将这个磁通分解为 $\Phi_f\sin\alpha$ 与 $\Phi_f\cos\alpha$ 两个分量。总磁通 Φ_f 穿过 f 绕组，$\Phi_f\cos\alpha$ 仅与 B 绕组交链，$\Phi_f\sin\alpha$ 仅与 A 绕组交链。因此在 f 绕组中产生的电动势为

$$E_f = 4.44fN_1K_{w1}\Phi_f \qquad (14-8)$$

在 B 绕组中产生的电动势为

$$E_B = 4.44fN_2K_{w2}\Phi_f\cos\alpha \qquad (14-9)$$

在 A 绕组中产生的电动势为

$$E_A = 4.44fN_2K_{w2}\Phi_f\sin\alpha \qquad (14-10)$$

这些电动势都是由同一个脉动磁通 Φ_f 感应产生的，因此它们在时间上同相位，都滞后 Φ_f 90°电角度。

若略去绕组中的漏阻抗压降，则

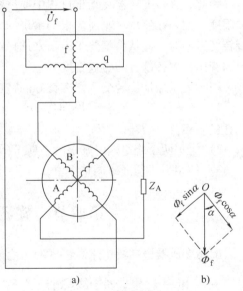

图 14-4　线性旋转变压器原理接线图

$$U_f = E_f + E_B = 4.44fN_1K_{w1}\Phi_f + 4.44fN_2K_{w2}\Phi_f\cos\alpha$$
$$= 4.44fN_1K_{w1}\Phi_f(1 + K_u\cos\alpha)$$

即

$$\Phi_f = \frac{U_f}{4.44fN_1K_{w1}(1 + K_u\cos\alpha)} \qquad (14-11)$$

式中 $K_u = \dfrac{N_2 K_{w2}}{N_1 K_{w1}}$。

将式（14-11）代入式（14-10），可得输出电压为

$$U_A = E_A = \frac{K_u U_f}{1 + K_u \cos\alpha}\sin\alpha \tag{14-12}$$

可以证明，当 $K_u = 0.52$ 时，在 $\alpha = \pm 60°$ 范围内，输出电压与转角 α 基本上成线性关系，并且在和理想直线比较时，误差不超过 0.1%。在实际设计中，因最佳电压比还与其他参数有关，通常选取 $K_u = 0.56 \sim 0.57$。

第三节　误差概述

在分析旋转变压器的工作原理时，假定任何一个绕组通过电流时，在气隙中产生的磁场在空间均为正弦分布。在这一理想条件下，采取适当的接线方式就能使输出电压的大小与转子转角成正弦函数关系，或者与转子转角成线性关系。实际上，由于许多因素的影响，使输出电压产生误差。产生这些误差的原因主要有：若绕组电流产生的磁动势在空间为非正弦分布，则除了基波外，还有高次谐波；由于定、转子铁心齿槽的影响，将产生齿谐波；铁心磁路饱和，使空间磁通密度非正弦分布而产生谐波电动势；由于电路中连接的阻抗未能满足完全补偿的条件，而使变压器中存在着交轴磁场；材料和制造工艺的影响等。

为此，旋转变压器在加工过程中要严格按照工艺要求，使工艺误差降低到所容许的限度。此外在使用时也应根据系统的要求采用必要的补偿方式消除误差。在设计旋转变压器时，应从精度要求出发来选择绕组的型式、定转子的齿槽配合、铁心的材料和变压器中各部分的磁通密度大小等，以保证变压器气隙磁场按正弦规律分布。

同时为了保证旋转变压器有良好的特性，在使用中还必须注意：

1）定子只有一个绕组励磁时，另一个绕组应连接一个与电源内阻抗相同的阻抗或直接短接。

2）定子两个绕组同时励磁时，转子的两个输出绕组的负载阻抗要尽可能相等。

3）使用中必须准确调整零位，以免引起旋转变压器性能变差。

第四节　旋转变压器的应用

旋转变压器被广泛用于高精度的角度传输系统和解算装置中，现分别举例说明。

一、用一对旋转变压器测量差角

将一对旋转变压器按图 14-5 连接。图中与发送机轴耦合的旋转变压器称为旋变发送机。与接收机轴耦合的旋转变压器称为旋变接收机或旋变变压器。前已述及，旋转变压器中定、转子绕组都是两相对称绕组。当用一对旋转变压器测量差角时，为了减小由于电刷接触不良而造成的不可靠性，常常把定、转子绕组互换使用，即旋变发送机转子绕组 Z_1-Z_2 加交流励磁电压 U_{S1}，绕组 Z_3-Z_4 短路，发送机和接收机的定子绕组

相对应连接。接收机的转子绕组 Z'_3-Z'_4 作输出绕组，输出一个与两转轴的差角 $\theta = \theta_1 - \theta_2$ 成正弦函数的电动势，当差角较小且用弧度表示时，该电动势近似正比于差角。可见一对旋转变压器可用来测量差角。

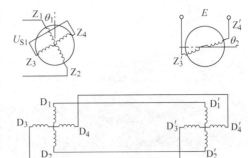

用一对旋转变压器测量差角的工作原理和用一对控制式自整角机测量差角的工作原理是一样的。因为这两种电机的气隙磁场都是脉振磁场，虽然定子绕组的相数不同（自整角机的定子绕组为三相，而旋转变压器为两相），但都属于对称绕组，

图 14-5　用一对旋转变压器测量差角的原理图
D—发送机定子绕组　D′—接收机定子绕组
Z—发送机转子绕组　Z′—接收机转子绕组

所以两者内部的电磁关系是相同的。但旋转变压器的精度比自整角机要高，如第十三章中所述的自整角机远距离角度传输系统，其绝对误差至少为 $10' \sim 30'$。而用旋转变压器作发送机和接收机时，其误差可下降到 $1' \sim 5'$。

二、旋转变压器作为解算元件时的作用

旋转变压器在计算机中作为解算元件，可以用来进行坐标变换（直角坐标变换为极坐标）、代数运算（加、减、乘、除、乘方、开方）、三角运算（正弦、反正弦、正切、反正切等）。下面仅举一个求反三角函数的例子，说明旋转变压器在计算机中的应用。

按图 14-6 接线。已知 U_1、U_2，可以求出 $\theta = \arccos U_2/U_1$。图中，电压 U_1 加在转子绕组 Z_1-Z_2 上，定子绕组 D_1-D_2 和电压 U_2 串联后接至放大器，经放大器放大后供给伺服电动机，伺服电动机通过减速器与旋转变压器机械耦合。由于转子绕组 Z_1-Z_2 和定子绕组 D_1-D_2 完全相同，$K_u = 1$，若忽略绕组 Z_1-Z_2 的电阻和漏抗，则绕组 Z_1-Z_2 所产生的励磁磁通在定子绕组 D_1-D_2 中感应出电动势 $U_1\cos\theta$。于是放大器的输入电动势为 $U_1\cos\theta - U_2$。当 $U_1\cos\theta - U_2 = 0$

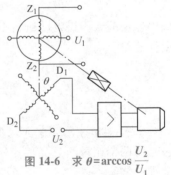

图 14-6　求 $\theta = \arccos\dfrac{U_2}{U_1}$

时，伺服电动机便停止转动，这时 $U_2/U_1 = \cos\theta$，所以转子转角 $\theta = \arccos U_2/U_1$ 即为所求。

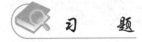

习　题

1. 试述正余弦旋转变压器的工作原理，旋转变压器有负载时电枢反应将产生什么不良影响？怎样补偿旋转变压器在有负载时输出信号电压的误差？

2. 简要说明线性旋转变压器的接线和工作原理。

第十五章

步进电动机

步进电动机是一种用电脉冲信号进行控制，并将电脉冲信号转换成相应的角位移或线位移的控制电机，说得通俗一点，就是给一个脉冲信号，电动机就转动一个角度或前进一步。因此，这种电动机也称为脉冲电动机。

步进电动机的角位移量或线位移量与电脉冲数成正比，它的转速或线速度与电脉冲频率成正比。在负载能力范围内这些关系不因电源电压、负载大小、环境条件的波动而变化。通过改变脉冲频率的高低可以在很大范围内实现步进电动机的调速，并能快速起动、制动和反转。

随着电子技术和计算技术的迅速发展，步进电动机的应用日益广泛，如数控机床、绘图机、自动记录仪表和数-模转换装置，都使用了步进电动机。

步进电动机种类很多，有旋转运动的、直线运动的和平面运动的。从结构看，它分为反应式与励磁式。励磁式又可分为供电励磁和永磁两种。按定子数目可分为单定子式与多定子式步进电动机。按相数可分为单相、两相、三相及多相的步进电动机。目前单段反应式步进电动机使用较多，具有一定的代表性，下面对这种步进电动机做简要介绍。

第一节 工作原理

图 15-1 是一个三相反应式步进电动机，定、转子铁心由硅钢片叠成。定子有六个磁极，每两个相对的极绕有一相控制绕组，转子只有 4 个齿，齿宽等于定子极靴宽，上面没有绕组。

图 15-1 三相单三拍运行时反应式步进电动机工作原理图

当 U 相控制绕组通电，而 V 相、W 相都不通电时，由于磁通具有力图走磁阻最小路径的特点，所以转子齿 1 和 3 的轴线与定子 U 极轴线对齐，如图 15-1a 所示。U 相断电、V 相通电时，转子便逆时针方向转过 30°，使转子齿 2 和 4 的轴线与定子 V

极轴线对齐，如图 15-1b 所示。V 相断电、接通 W 相，转子再转过 30°，转子齿 1 和 3 的轴线与 W 极轴线对齐，如图 15-1c 所示。如此按 U—V—W—U……顺序不断接通和断开控制绕组，转子就会一步一步地按逆时针方向转动。步进电动机转速取决于控制绕组通电和断电的频率（即输入的脉冲频率），旋转方向取决于控制绕组轮流通电的顺序，若步进电动机通电次序改为 U—W—V—U……则步进电动机反向转动。

上述通电方式，称为三相单三拍。"单"是指每次只有一相控制绕组通电，"三拍"是指 3 次切换通电状况为一个循环，第四拍就重复第一拍通电的情况。

步进电动机每拍转子所转过的角位移称为步距角。可见，三相单三拍通电方式时，步距角为 30°。

三相步进电动机除了单三拍通电方式外，还可工作在三相单、双六拍通电方式。这时通电顺序为 U—UV—V—VW—W—WU—U，或为 U—UW—W—WV—V—VU—U，即先接通 U 相控制绕组，以后再同时接通 U、V 相控制绕组；然后断开 U 相，使 V 相控制绕组单独接通；再同时接通 V、W 相，依此进行。对这种通电方式，定子三相控制绕组需经过 6 次换接才能完成一个循环，故称为"六拍"。同时这种通电，有时是单个控制绕组接通，有时又是两个控制绕组同时接通，因此称为单、双六拍。

对这种通电方式，步进电动机的步距角也有所不同。当 U 相控制绕组通电时，和单三拍运行的情况相同，转子齿 1 和 3 的轴线与定子 U 极轴线对齐，如图 15-2a 所示。当 U、V 相控制绕组同时接通时，转子的位置，应兼顾到使 U、V 两对极所形成的两路磁通，在气隙中所遇到的磁阻同样程度地达到最小。这时相邻两个 U、V 磁极与转子齿相作用的磁拉力大小相等且方向相反，使转子处于平衡。这样，当 U 相通电转到 U、V 两相通电时，转子只能逆时针方向转过 15°，如图 15-2b 所示。当断开 U 相使 V 相单独接通时，在磁拉力作用下，转子继续逆时针方向转动，直到转子齿 2 和 4 的轴线与定子 V 极轴线对齐为止，如图 15-2c 所示，这时转子又转过 15°。如通电顺序改为 U—UW—W—WV—V—VU—U 时，电动机将按顺时针方向转动。

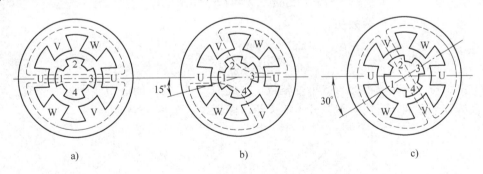

a)   b)   c)

图 15-2 单、双六拍运行时的三相反应式步进电动机

同一台步进电动机，因通电方式不同，运行时的步距角也是不同的。采用单、双拍通电方式时，步距角要比单拍通电方式减小一半$\left(\text{即}\dfrac{30°}{2}=15°\right)$。

在实际使用时，还经常采用三相双三拍的运行方式，也就是按 UV—VW—WU—UV 方式供电。这时与单三拍运行时一样，每一循环也是换接 3 次，总共有 3 种通电状态，但不同的是每次换接都同时有两相控制绕组接通。双三拍运行时，每一通电状态的转子位置和磁通路径与三相六拍相应的两相绕组同时接通时相同，如图 15-2b 所示。可以看出，这时转子每步转过的角度与单三拍时相同，也是 30°。

上述简单的三相反应式步进电动机的步距角太大，即每一步转过的角度太大，很难满足生产中所提出位移量要小的要求。下面介绍三相反应式步进电动机的一种典型结构。

在图 15-3 中，三相反应式步进电动机定子上有 6 个极，上面装有控制绕组联成 U、V、W 三相。转子圆周上均匀分布若干个小齿，定子每个磁极极靴上也有若干个小齿。

根据步进电动机工作的要求，定、转子齿宽、齿距必须相等，定、转子齿数要适当配合。即要求在 U–U′相一对极下，定子、转子齿一一对齐时，下一相（V 相）所在一对极下的定子、转子齿错

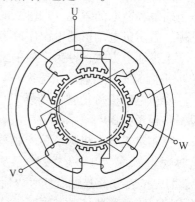

图 15-3　小步距角的三相
反应式步进电动机

开一齿距（t）的 m（相数）分之一，即为 t/m；再下一相（W 相）的一对极下定子、转子齿错开 $2t/m$，并依此类推。

以转子齿数 $z_r = 40$，相数 $m = 3$，一相绕组通电时，在气隙圆周上形成的磁极数 $2p = 2$，三相单三拍运行为例。

每一齿距的空间角为

$$\theta_z = \frac{360°}{z_r} = \frac{360°}{40} = 9°$$

每一极距的空间角为

$$\theta_\tau = \frac{360°}{2pm} = \frac{360°}{2 \times 1 \times 3} = 60°$$

每一极距所占的齿数为

$$\frac{z_r}{2pm} = \frac{40}{2 \times 1 \times 3} = 6\frac{2}{3}$$

由于每一极距所占的齿数不是整数，因此当 U–U′极下的定、转子齿对齐时，V–V′极的定子齿和转子齿必然错开 1/3 齿距，即为 3°，如图 15-4 所示。

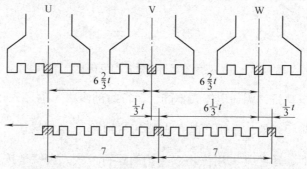

图 15-4　小步距角的三相反应式步进电动机的展开图

由图 15-4 中可以看出，若断开 U 相控制绕组而接通 V 相控制绕组，这时步进电动机中产生沿 V-V′极轴线方向的磁场，因磁通力图走磁阻最小路径闭合，就使转子受到同步转矩的作用而转动，转子按逆时针方向转动 1/3 齿距（3°），直到使 V-V′极下的定子齿和转子齿对齐。相应地，U-U′极和 W-W′极下的定子齿又分别和转子齿相错 1/3 齿距。按此顺序连续不断地通电，转子便连续不断地一步一步转动。

若采用三相单、双六拍通电方式运行，即按 U—UV—V—VW—W—WU—U 顺序循环通电，同样步距角也要减少一半，即每一脉冲时转子仅转动 1.5°。

由上面分析可知，步进电动机的转子，每转过一个齿距，相当于空间上转过 $360°/z_r$，则每一拍转子转过的角度只是齿距角的 $1/N$，因此，步距角 θ_S 为

$$\theta_S = \frac{360°}{z_r N} = \frac{360°}{40 \times 3} = 3°（空间角） \tag{15-1}$$

式中　N——运行拍数。

若采用单、双六拍运行，步距角 θ_S 为

$$\theta_S = \frac{360°}{z_r N} = \frac{360°}{40 \times 6} = 1.5°（空间角）$$

如果脉冲频率很高，步进电动机控制绕组中送入的是连续脉冲，各相绕组不断地轮流通电，步进电动机不是一步一步地转动，而是连续不断地转动，它的转速与脉冲频率成正比。由 $\theta_S = 360°/(z_r N)$ 可知，每输入一个脉冲，转子转过的角度是整个圆周角的 $1/(z_r N)$，也就是转过 $1/(z_r N)$ 转，因此每分钟转子所转过的圆周数即转速为

$$n = \frac{60f}{z_r N} \tag{15-2}$$

式中　n——转速，单位为 r/min。

步进电动机可以做成三相的，也可以做成二相、四相、五相、六相或更多相数的。步进电动机的相数和转子齿数越多，则步距角 θ_S 就越小。在一定的脉冲频率下，步距角越小，转速也越低。但是相数越多，电源就越复杂，成本也较高。因此，目前步进电动机一般最多六相，个别的也有更多相数的。

第二节　运　行　特　性

下面从两种运行状态来分析反应式步进电动机的特性。

一、静态运行状态

步进电动机不改变通电的状态称为静态运行状态，静态运行状态下步进电动机的转矩与转角特性，简称矩角特性 $T = f(\theta)$，是步进电动机的基本特性。

步进电动机的转矩就是同步转矩（即电磁转矩），转角就是通电相的定、转子齿中心线间用电角度表示的夹角 θ，如图 15-5 所示。当步进电动机通电相（一相通电时）的定、转子齿对齐时，即 $\theta = 0$，电动机转子上无切向磁拉力作用，转矩 T 等于零，如图 15-5a 所示。若转子齿相对于定子齿向右错开一个角度，这时出现了切向磁拉力，产生转矩 T，转矩方向与 θ 偏转方向相反，规定为负，如图 15-5b 所示。显然，

当$\theta<90°$时，θ越大，转矩T越大。当$\theta>90°$时，由于磁阻显著增大，进入转子齿顶的磁通量急剧减少，切向磁拉力以及转矩反而减少，直到$\theta=180°$时，转子齿处于两个定子齿正中，因此，两个定子齿对转子齿的磁拉力互相抵消，如图15-5c所示，转矩T又为零。θ再增大，则转子齿将受到另一个定子齿的作用，出现与$\theta<180°$时相反的转矩，如图15-5d所示。由此可见转矩T随转角θ作周期变化，变化周期是一个齿距，即2π电弧度。$T=f(\theta)$的形状比较复杂，它与气隙，定、转子冲片齿的形状以及磁路饱和程度有关，实践经验证明，反应式步进电动机的矩角特性接近正弦曲线，如图15-6所示（图中只画出θ在$-\pi\sim+\pi$的范围）。

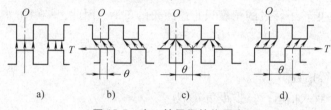

图15-5　定、转子间的作用力

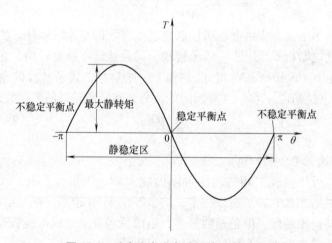

图15-6　反应式步进电动机的矩角特性

如果电动机空载，在静态稳态运行时，转子必然有一个稳定平衡位置。从上面分析看出，这个稳定平衡位置在$\theta=0$处，即通电相定、转子齿对齐位置。因为当转子处于这个位置时，如有外力使转子齿偏离这个位置，只要偏离角θ在$0°<\theta<180°$的范围内，除去外力，转子能自动地重新回到原来位置。当$\theta=\pm\pi$时，虽然两个定子齿对转子一个齿的磁拉力互相抵消，但是只要转子向任一方向稍偏离，磁拉力就失去平衡，稳定性被破坏，所以$\theta=\pm\pi$这个位置是不稳定的，两个不稳定点之间的区域构成静态稳定区，如图15-6所示。

矩角特性上，电磁转矩的最大值称为最大静态转矩T_{max}，它表示了步进电动机承受负载的能力，是步进电动机最主要的性能指标之一。

二、步进运行状态

步进电动机的步进运行状态与控制脉冲的频率有关。当步进电动机在极低的频率下运行时，后一个脉冲到来之前，转子已完成一步，并且运动已基本停止，这时电动机的运行状态由一个个单步运行状态所组成。

步进电动机的单步运行状态为一振动过程。如图 15-7 所示，当步进电动机空载，U 相通电时，转子齿 1 和 3 的轴线与定子 U 极轴线对齐。U 相断电，V 相通电时，转子将按逆时针方向转动，在转子齿 2 和 4 转到对准定子 V 极轴线的瞬间，电动机的磁阻转矩为零。但由于转子惯性的影响它将继续向逆时针方向转动。当转子齿 2 和 4 的轴线越过 V 极轴线位置后，就受到反向转矩的作用而减速直到停转。但此时转子仍受到反向转矩的作用，开始顺时针方向转动，当转子齿 2

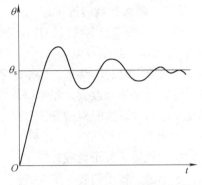

图 15-7　步进电动机转子振动过程

和 4 的轴线再次对齐 V 极轴线时，又会因转子惯性的影响同样继续沿顺时针方向转动，如此来回振荡。由于摩擦等阻尼力矩的影响，最终将使齿 2 和 4 轴线停止在 V 极轴线位置。可见，当电脉冲由 U 相切换到 V 相绕组时，转子将转过一个步距角 θ_S，但整个过程将是一个振荡过程。一般说来，这一振荡是不断衰减的，如图 15-7 所示。阻尼作用越大，衰减得越快。

当通电脉冲的频率增高时，脉冲周期缩短，因而可能出现在一个周期内转子振荡还未衰减完，下一个脉冲就来到的情况。这种运行状态表现的特性主要有如下的几个方面。

（一）动稳定区

动稳定区是指步进电动机从一种通电状态切换到另一种通电状态时，不致引起失步的区域。如步进电动机空载，且在 U 相通电状态下，其矩角特性如图 15-8 中曲线 U 所示，转子位于稳定平衡点 O_U 处。加一脉冲，U 相断电，V 相通电，矩角特性变为曲线 V。曲线 U 与曲线 V 相隔一个步距角 θ_S，转子新的稳定平衡位置为 O_V。只要改变通电状态，转子位置处于 V'–V'' 之间，转子就能向 O_V 点运动，而达到新的稳定平衡。区间 V'–V'' 为步进电动机空载状态下的动稳定区，如图 15-8a 所示。很明显，步距

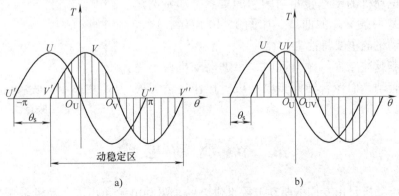

a)　　　　　　　　　　　b)

图 15-8　三相步进电动机的动稳定区

a）单三拍　b）单、双六拍

角越小，即相数增加，或拍数增加，动稳定区越接近静稳定区，步进电动机运行越稳定，如图 15-8b 所示。

（二）最大负载转矩 T_{st}

图 15-9 为步进电动机的矩角特性，图中相邻两个矩角特性的交点所对应的电磁转矩用 T_{st} 表示。当步进电动机所带负载转矩 $T_{z1} < T_{st}$ 时，在 U 相通电状态下，转子是处在失调角 θ'_U 的平衡点 a'，U 相断电，V 相通电，在改变通电状态的瞬间，由于惯性，转子位置还来不及改变，矩角特性跃变为曲线 V，这时对应角 θ'_U 的电磁转矩为特性曲线 V 上的 b 点，此时电动机转矩大于负载转矩 T_{z1}，使转子加速，转子向着 θ 增大方向运动，最后达到新的稳定平衡点 b'。如果负载转矩很大，为 T_{z2}，如图中所示，起始稳定平衡点是曲线 U 上的 a'' 点，对应的失调角为 θ''_U。当 U 相断电、V 相通电后，

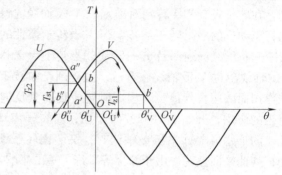

图 15-9 步进电动机的最大负载转矩

这时对应角 θ''_U 的电动机转矩为特性曲线 V 上的 b'' 点，电动机转矩小于负载转矩 T_{z2}，显然电动机不能作步进运动。所以各相转角特性的交点所对应的转矩 T_{st} 就是最大负载转矩，也称为起动转矩。最大负载转矩 T_{st} 比最大静态转矩 T_{max} 要小。随着步进电动机相数 m 或拍数 N 的增加，步距角减小，两曲线的交点就升高。T_{st} 越大，就越接近最大静态转矩 T_{max}。

步进电动机在连续运行状态时产生的转矩称为动态转矩。步进电动机的最大动态转矩将小于最大静态转矩，并随着脉冲频率的升高而降低。这是因为步进电动机的控制绕组中存在电感，具有一定的电气时间常数，使绕组中电流呈指数曲线上升或下降。频率很高，周期很短，电流来不及增长，电流峰值随脉冲频率增大而减小，励磁磁通亦随之减小，很显然，动态转矩也减小了。步进电动机的动态转矩与频率的关系，即所谓矩频特性，是一条下降的曲线，如图 15-10 所示，这也是步进电动机的重要特性之一。

当控制脉冲频率继续升高时，步进电动机将不是一步步地转动，而像普通同步电动机一样作连续匀速旋转运动。

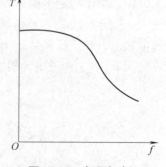

图 15-10 步进电动机的矩频特性

第三节 驱 动 电 源

步进电动机是由专用的驱动电源来供电的，驱动电源和步进电动机是一个有机的整体。步进电动机的运行性能是由步进电动机和驱动电源两者配合所反应出来的综合效果。

步进电动机的驱动电源，基本上包括变频信号源、脉冲分配器和脉冲放大器 3 个部分，如图 15-11 所示。

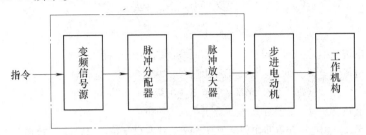

图 15-11　步进电动机的驱动电源

变频信号源是一个频率从十赫到几十千赫可连续变化的信号发生器，变频信号源可以采用多种线路，最常见的有多谐振荡器和单结晶体管构成的弛张振荡器两种。它们都是通过调节电阻 R 和电容 C 的大小来改变电容充放电的时间常数，以达到选取脉冲信号频率的目的。

脉冲分配器是由门电路和双稳态触发器组成的逻辑电路，它根据指令把脉冲信号按一定的逻辑关系加到放大器上，使步进电动机按一定的运行方式运转。

从脉冲分配器输出的电流只有几毫安，不能直接驱动步进电动机，因为步进电动机需要几安培到几十安培的电流，因此在脉冲分配器后面都装有功率放大电路，用放大后的信号去推动步进电动机。

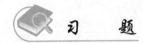

习　题

1. 什么叫步进电动机？试简要说明反应式步进电动机的工作原理。步进电动机的转速是由哪些因素决定的？

2. 简要说明步进电动机的静稳定区和动稳定区的概念。

3. 采用哪些方法可以减少步进电动机的步距角大小？

参 考 文 献

[1] 顾绳谷. 电机及拖动基础 [M]. 2版. 北京：机械工业出版社，1997.

[2] 许实章. 电机学 [M]. 北京：机械工业出版社，1980.

[3] 任兴权. 电力拖动基础 [M]. 北京：冶金工业出版社，1980.

[4] 冯欣南. 电机学 [M]. 北京：机械工业出版社，1985.

[5] 何秀伟，等. 三相与单相异步电机 [M]. 西安：陕西科学技术出版社，1981.

[6] 杨渝钦. 控制电机 [M]. 北京：机械工业出版社，1990.

[7] 李发海，等. 电机学 [M]. 2版. 北京：科学出版社，1993.

[8] 汤蕴璆，姚守猷，等. 电机学 [M]. 西安：西安交通大学出版社，1993.

[9] 孙建忠，白凤仙. 特种电机及其控制 [M]. 北京：中国水利水电出版社，2005.

[10] 陈隆昌. 控制电机 [M]. 3版. 西安：西安电子科技大学出版社，2000.

[11] 中国电工技术学会. 电工新技术丛书：第6分册 [M]. 北京：机械工业出版社，2000.

[12] 惠晶，方光辉. 新能源转换与控制技术 [M]. 北京：机械工业出版社，2008.

[13] 姚兴佳，宋俊. 风力发电机组原理与应用 [M]. 北京：机械工业出版社，2011.